처음 만나는 신재생에너지

김지홍 지음

한빛아카데미
Hanbit Academy, Inc.

지은이 **김지홍** goodjeehong@gmail.com

전북대학교에서 로보틱스와 메카트로닉스를 전공하였으며, 동대학원에서 공학박사 학위를 받았다. 한국특허정보원(KIPI), 고등기술연구원(IAE), 한국건설기계산업협회(KOCEMA)에서 근무하였다. 2013년부터 전주비전대학교 신재생에너지과 교수로 재직 중이며, 에너지메카트로닉스공학과 신재생에너지공학을 주로 강의하고 있다.

처음 만나는 신재생에너지 2판

초판발행 2025년 1월 2일

지은이 김지홍 / **펴낸이** 전태호
펴낸곳 한빛아카데미(주) / **주소** 서울시 서대문구 연희로2길 62 한빛아카데미(주) 2층
전화 02-336-7112 / **팩스** 02-336-7199
등록 2013년 1월 14일 제 2017-000063호 / **ISBN** 979-11-7340-006-3 93560

총괄 박현진 / **책임편집** 김평화 / **기획 · 편집** 송유림
디자인 박정우 / **전산편집** 임희남 / **제작** 박성우, 김정우
영업 김태진, 김성삼, 이정훈, 임현기, 이성훈, 김주성 / **마케팅** 김호철, 심지연

이 책에 대한 의견이나 오탈자 및 잘못된 내용은 출판사 홈페이지나 아래 이메일로 알려주십시오.
파본은 구매처에서 교환하실 수 있습니다. 책값은 뒤표지에 표시되어 있습니다.

홈페이지 www.hanbit.co.kr / 이메일 question@hanbit.co.kr

지속 가능한 미래를 향한 길잡이

한때 자원의 고갈 및 경제위기, 그리고 자원전쟁을 이야기할 때마다 "에너지 전환"의 필요성이 논의되었으나 저렴하고 경제적이며, 사용하기 편하다는 이유로 화석연료가 꾸준히 사용되어 왔다. 이로 인해 기후변화, 천재지변 등의 위기가 발생하자 많은 이들이 인류의 자멸적 종말이 에너지 문제에 기반했음을 인지하였으며, 이는 신재생에너지에 대한 관심으로 이어지게 되었다.

신재생에너지 공학은 전공과 무관하게 관심이 높아지고 있으나 주제와 소재의 융합학문적인 특성으로 전문 분야가 특정되지 않아 다양한 시각으로 접근 가능한, 아직은 그 영역과 한계가 뚜렷하지 않은 학문이다. 이러한 특성은 수업을 진행하는 교수자가 수업의 방향과 목적을 정할 때 혼란을 주기도 하지만, 다른 영역과 독립적으로 생성된 지식이 없으면서도 뚜렷한 영향을 미치고 융합하므로 높은 학문적, 공학적 가치가 있다. 따라서 신재생에너지 공학은 모든 공학 관련 학과가 상호협력적인 관계로 학문 및 기술적 교류를 나눌 수 있는 다학제적이며 융합적인 지식이라고 할 수 있다. 다시 말해, 신재생에너지 공학은 어떤 영역의 공학이든 융합하여 실용적인 기술과 지식으로 응용할 수 있는 것이다.

이 책은 이러한 주제 의식을 바탕으로 여러 분야의 전공자들이 현재 인류에게 가장 중요한 에너지 분야의 기술을 이해하는 것을 돕는다. 또한 다양한 전공지식과의 융합을 통해 신재생에너지 분야에 참여하고 사례를 만드는 길잡이가 될 수 있게 하였다. 특히 전기 및 기계 분야를 전공하는 공학도들이 전공지식을 기반으로 새로운 방식의 에너지시스템을 이해하는 데 많은 도움을 줄 수 있게 구성하였다.

이 책의 구성

재생에너지의 7개 분야 중 폐기물 분야를 제외한 6개 분야와 신에너지의 3개 분야 중 연료전지만을 다룬다. 1장과 2장은 신재생에너지의 이해를 돕기 위한 정책과 최신기술 동향을 설명하며, 3장에서 5장까지는 태양에너지를 중심으로 구성하였다. 6장부터 10장까지는 수업 목적에 따라 두 학기로 수업이 가능하도록 다양한 주제의 신재생에너지 분야를 다루었다. 2판에서는 신재생에너지의 분야적 특성과 실현의 시급성에 따라 정책과 산업, 기술 동향을 시작으로 세부 기술 분야를 설명하였다. 특히 태양에너지는 산업인력공단의 신재생에너지발전설비기사 자격증과 연관지어 태양에너지, 태양열, 태양광으로 세분화하였다. 10장에서는 이차전지를 추가로 기술하여 연료전지와의 차이점과 사용 분야에 대해 다루었다.

감사의 글

이 책이 출간되기까지 많은 도움을 주신 한빛아카데미㈜ 관계자분들과 송유림 편집자님께 감사드립니다. 이 책을 채택해주신 교수님들과 집필에 도움을 주신 동료 교수님들께도 감사의 말씀을 전합니다. 수많은 지식을 쌓고 세상을 배우게 해주신 은사님들과 부모님께 갚지 못할 큰 은혜를 입었습니다. 사랑하는 아내, 큰아들, 딸, 작은아들에게 감사하며, 저를 이끄신 하나님의 사랑에 감사드립니다.

지은이 **김 지 홍**

CHAPTER 02

신재생에너지의 의미

이 장에서는 1장에서 개략적으로 설명한 다양한 에너지 중 최근 가장 주목받는 신재생에너지 산업 분야와 산업 동향, 정책 등을 설명한다. 기술적이고 상세한 서술은 3장부터 이어질 것이며, 산업 동향과 정책은 신재생에너지 분야가 경제적이고 환경적인 이유로 급속한 변화가 진행되고 있어 큰 틀에서만 서술하였다.

CONTENTS

| 장 도입글 |
해당 장의 내용을 왜 배우는지,
무엇을 배우는지 설명한다.

SECTION 2.4

신재생에너지란 무엇인가

화석연료를 연소하는 방식으로 전력을 생산하는 기존 방식의 문제점을 해결할 대안으로 신재생에너지가 주목받는 이유가 무엇인지 살펴본다.

Keywords | 화석연료 | 연소 | 에너지 변환장치 | 재생에너지 |

1 대체에너지란?

화석연료를 연소했을 때 전력생산을 위한 에너지만 발생하는 것은 아니다. 부가적으로 다양한 종류의 가스와 초미세먼지[10]를 포함한 각종 먼지가 발생하여 환경오염을 일으키며, 한정된 지하자원의 고갈과 자원불균형에 의한 국제적 문제들도 발생하고 있다. 그러나 아직까지 우리나라의 대부분의 발전소는 화석에너지를 연소시켜 전력을 생산하는 화력발전소이다. 전기생산의 핵심적인 장치인 발전기가 전기를 생산하는 데 필요한 동력을 얻는 과정에서 연소열을 주로 사용하기 때문이다.

연소열은 수증기를 만드는 과정이나 가스압을 이용하는 방법 혹은 복합적인 방법과 내연기관을 이용하는 방법을 포함하는 방법에 널리 사용되는 전력생산의 핵심적인 과정으로, 연소열을 일정하게 유지하는 것과 에너지밀도를 높여 효율을 높이는 것이 중요하다.

전력계통에서 발전소가 전력을 생산하기 위해 연소라는 과정을 가장 많이 사용하는 이유는 물리적인 에너지를 전기적인 에너지로 변환하는 **에너지 변환장치**인 발전기의 동력이 필요하기 때문이다. 발전기는 기계적인 운동, 즉 회전운동 혹은 왕복운동을 이용해 전자기적인 변화를 유도하고 이렇게 유도된 전자기에너지, 즉 전기를 단자에 연결하여 전송한다.

이렇게 전기를 얻는 이유는 전기의 유용함 때문이다. 전기라는 형태를 가진 에너지의 무궁한 변화 능력은 오늘날 전기가 우리 생활에 밀접한 에너지가 된 근본적 이유라고 할 수 있다. 자원의 형태가 바뀌어도 에너지는 결국 여러 형태의 일을 할 수 있는 힘인 것이다. 잠깐 역으로 생각을 해보자.

"전기는 꼭 연소를 통한 열에서 만들어지는 에너지인가?"
"전기는 반드시 발전기를 통해서만 얻는 에너지인가?"

10 국제적으로는 지름이 10μm 이하(PM10)인 먼지를 미세먼지 혹은 부유먼지(suspended particles)라고 하고 2.5μm 이하(PM2.5), 1μm 이하(PM1)로 세분화하고 있다. 국내에서는 지름 10μm를 미세먼지(PM10)로, 2.5μm 이하를 초미세먼지(PM2.5)로 구분한다.

| 학습목표/Keywords |
핵심 내용을 키워드로
정리하여 소개한다.

| 본문 |
신재생에너지 공학을 이해하는 데
필요한 내용을 간결하게 설명한다.

| 각주 |
본문에 대한 보충 설명이나
기반이 되는 자료를 제시한다.

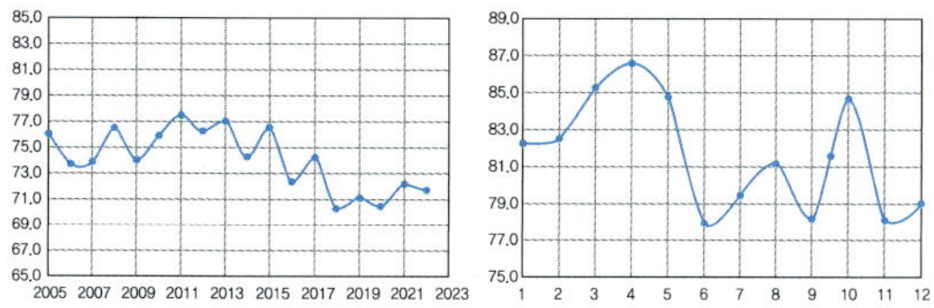

(a) 연간 부하율(2005～2022)　　(b) 월별 부하율(2022)

[그림 2-1] 2005년부터 2022년까지의 연간 부하율의 변동 그래프와 2022년도 월별 부하율의 변동 그래프

부하율과 더불어 관심 있게 봐야 하는 지표는 **이용률**(plant factor)이다. 이용률은 시설용량에 대한 평균전력량을 백분율로 나타낸 것이다. 이는 우리가 사용하는 전력생산에 필요한 설비의 적절성을 보여주는 것으로, 수요(사용량)에 대한 공급(생산량)을 평가하는 중요한 지표가 된다.

★ 이용률 ★

$$\text{이용률} = \frac{\text{평균전력}}{\text{시설용량}} \times 100$$

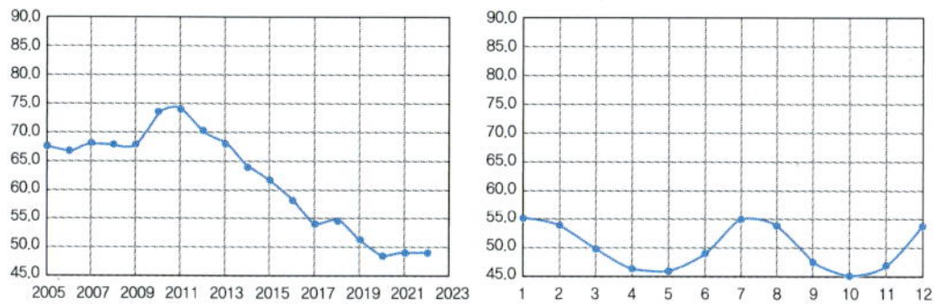

(a) 연간 이용률(2005～2002)　　(b) 월별 이용률(2022)

[그림 2-2] 2005년부터 2022년까지의 연간 이용률의 변동 그래프와 2022년도 월별 이용률의 변동 그래프

연간 이용률에 대한 지표는 1961년 55.1%로 시작되었으며, 2000년 이후의 지표는 변동이 비교적 크다. 무엇보다 70% 이하를 유지하던 이용률이 2010년과 2012년 사이에 75%를 육박했다. 최근 가파르게 감소하여 2020년에는 48.7%를 기록하였다.

그림/표

학습 내용을 이해할 수 있는
직관적인 그림과 표를 제시한다.

별표 박스

본문 중 주요 수식과 내용을
강조하여 소개한다.

CHAPTER 02 연습문제

2.1 1970년대 석유 파동 이후 종합적으로 비중이 감소한 석유 대신 비중이 증가하고 있는 에너지의 종류로 옳지 않은 것을 고르시오.

① 천연가스　② 석탄　③ 원자력　④ 재생에너지

2.2 IEA는 '에너지 기술 전망' 보고서를 발간하여 2℃, 4℃, 6℃ 에너지 전망 시나리오를 제시하고 있다. 2℃ 시나리오에 대한 설명으로 옳지 않은 것을 고르시오.

① 에너지 기술 전망의 주된 관심사이다.
② 기온 상승을 2℃로 제한할 가능성이 있는 배출 경로와 에너지시스템 전개 경로를 제시한다.
③ 2050년까지 2013년 대비 에너지 관련 이산화탄소 배출량을 60%까지 감축하는 것을 목표로 한다.
④ 도전적 시나리오로, 정책과 기술의 뚜렷한 변화를 요구한다.

2.3 온실가스 순배출 제로(NZE)를 통해 기온상승폭을 1.5℃로 유지하고자 하는 노력을 상정한 방안이자 IEA가 제시하는 기후변화에 대응키 위한 가장 적극적인 시나리오로, 전 세계 에너지 시스템이 2070년경에 넷제로에 도달하고자 하는 노력이 담긴 방법인 시나리오로 옳은 것을 고르시오.

① 현 정책 시나리오　② 제안 정책 시나리오
③ 지속 가능한 발전 시나리오　④ 혁신가속화 시나리오

2.4 온실가스 순배출 제로 시나리오에 대한 설명으로 옳지 않은 것을 고르시오.

① 가장 이상적인 시나리오로, 달성이 어렵지 않을 것이라고 예측된다.
② 목표는 2050년까지 전 세계가 순배출 제로 경로를 달성하고 기온 상승폭을 1.5℃로 유지하는 것이다.
③ 2030년까지 에너지 접근성 목표 100%를 달성한다는 전제로 도출한 방법이다.
④ 이를 구현하기 위한 청정에너지 기술이 지속적으로 개발되고 있다.

2.5 넷제로 달성을 위해 필요한 기술이 아닌 것을 고르시오.

① 이차전지 전고체기술　② 바이오에너지 관련 기술
③ 수소 및 연계 기술　④ 탄소 포집의 저장 및 활용기술

연습문제

해당 장에서 학습한 내용을
문제를 통해 확인한다.

강의 보조 자료

한빛아카데미 홈페이지에서 '교수회원'으로 가입하신 분은 인증 후 교수용 강의 보조 자료를 제공받을 수 있습니다. 한빛아카데미 홈페이지 상단의 〈교수전용공간〉 메뉴를 클릭하세요.

http://www.hanbit.co.kr/academy

연습문제 해답

이 책의 연습문제 답안은 다음 경로에서 다운로드할 수 있습니다.

한빛아카데미 홈페이지 접속 → [도서명] 검색 → 도서 상세 페이지의 [부록 / 예제소스]

참고 문헌

- 한국전력공사, 『2022년 한국전력통계(제92호)』, 2023.
- 한국에너지공단, 『2022 신재생에너지백서』, 2023.
- Richard A. Dunlap, 『Sustainable Energy, SI Edition』, Cengage Learning, 2014.
- Ralph J. Smith and Richard C. Dorf, 『Circuits, Devices and Systems, 5th Ed.』, Wiley, 1991.
- Charles A. Gross, 『Power System Analysis, 2nd Ed.』, Wiley, 1986.
- Cyril W. Lander, 『Power Electronics, 2nd Ed.』, McGraw-Hill, 1987.
- James Larminie, 『Fuel Cell Systems Explained, 2nd Ed.』, Wiley, 2003.
- European Marine Energy Centre(EMEC) Ltd., http://www.emec.org.uk/marine-energy/wave-devices/
- DOE USA, Office of ENERGY EFFICIENCY & RENEWABLE ENERGY, https://www.energy.gov/eere/geothermal/geothermal-basics

Contents

Contents

CHAPTER 02 신재생에너지의 의미

Contents

CHAPTER 03 태양에너지

CHAPTER 04 태양열에너지

Contents

CHAPTER 06 풍력에너지

Contents

Contents

CHAPTER 10 수소 연료전지와 이차전지

CHAPTER
01

에너지와 전기

오늘날 에너지와 관련된 문제는 인류를 위협하고 있다. 이 장에서는 에너지 자원의 개발과 소비, 그리고 오염 문제를 통해 그 이유를 알아본다. 또한 에너지 문제를 개선하고 해결하기 위해 등장한 신재생에너지에 대해서도 학습한다.

CONTENTS

SECTION
1.1 에너지란 무엇인가

에너지의 의미를 확인하고 인류의 에너지 소비 형태와 그 문제점 및 에너지의 종류에 대해 살펴본다.

Keywords | 에너지의 의미 | 에너지의 역사 | 산업혁명과 에너지 | 전기 |

1 에너지의 정의

에너지(Energy)라는 단어는 그리스어로 일을 의미하는 'Ergon'에서 유래하였다고 한다. 물리적으로 일과 에너지가 동일한 물리적 성질을 갖는다는 것을 중고등학교 과학시간에 배운 적이 있을 것이다. 사전에서는 에너지의 의미를 '물체가 일을 할 수 있는 능력'이라고 소개하고 있다.

이와 같이 에너지를 '일을 할 수 있는 능력'이나 '물질을 화학적 혹은 물리적으로 변화시킬 수 있는 능력'으로 정의한다면 인류의 발전과 발달은 에너지를 효과적이고 효율적으로 배분하고 사용하는 기술, 그리고 필요분과 잉여분의 에너지를 관리하고 계획하는 기술의 진보라고 설명할 수 있을 것이다. 산업화된 현대 사회에서 에너지는 상품의 제조 및 서비스 제공 등 문명 생활에 필요한 동력을 제공하는 모든 자원뿐만 아니라 제공하는 그 행위까지 포함하는 단어가 되었다. 이번 장에서는 에너지를 에너지의 자원, 즉 에너지를 제공하는 물질이나 자연현상에 가까운 의미로 사용할 것이다.

2 인류의 에너지 소비 역사

인류의 에너지 소비변화

백만 년 전 초기 원시 인류의 1인당 에너지 소비량을 열량으로 계산하면 하루에 2,000 kcal 정도였을 것이다.[1] 이때는 체내 소화를 통해 획득한 대부분의 열량이 신체의 보존과 활동을 위해 사용된 것으로 추정된다. 도구를 사용하는 수렵시대에 이르러서는 하루에 5,000 kcal 정도를 소모했다. 이때는 체내 소모와 더불어 도구를 사용해 음식의 보온과 조리 및 안전을 위해 에너지를 사용하게 되었다.

음식을 조리하기 위해 불을 사용하기 시작하면서 인류는 더 많은 양의 에너지를 신체에 공급할 수 있게 되었다. 음식의 조리와 불의 사용은 신체 외적인 이유와 형태로 에너지를 사용하는 첫걸음이었을 것이다.

1 Estimated Daily Consumption of Energy per Capita at Different Historical Points. Adapted from: E. Cook, 'The Flow of Energy in an Industrial Society' Scientific American, 1971, Page. 135.

농경시대의 에너지 소비

농경시대에 이르러 신체 보존이나 활동과 더불어 부족 공동체의 생산력과 안전을 위해 조직적으로 소모되는 에너지가 증가하였다. 에너지 소비의 증가로 인류는 더 많은 연소 재료와 화력이 필요해졌을 것이며, 연소 재료들의 질적인 면, 즉 연소열의 크기인 단위열량 혹은 에너지의 밀도에도 관심을 갖게 되었을 것이다. 이는 원료들의 화력을 비교해 에너지 밀도가 높은 물질을 찾는 계기가 되었지만 기술적인 한계로 초식동물의 배설물에서 유발되는 메탄과, 나뭇가지를 불완전 연소시킨 뒤 탄화시킨 상태로 사용하는 숯이 원료의 전부였을 것으로 추정된다.

산업화시대의 에너지 소비

산업혁명을 통해 산업화시대에 돌입하며 농경사회에서 벗어난 인류는 증기기관이라는 장치를 이용해 거대한 동력을 얻을 수 있는 방법을 고안하였고, 장치를 이용하기 위해 높은 열량의 연소열을 유지할 수 있는 원료가 필요하였다.

장작과 초식동물의 마른 분뇨 등 바이오매스(biomass)로부터 얻을 수 있는 열량은 에너지 밀도가 높지 않았다. 더욱이 산업 생산현장에서 이런 연료를 구매, 저장, 운반하는 것은 증기기관장치를 이용, 유지하는 것보다 비효율적이고 비생산적이었다. 따라서 에너지 밀도가 높고 저장과 운반이 용이한 원료가 필요하였으며, 숯과 같이 연소열이 높으면서 운반도 비교적 편리한 석탄이 주목받게 되었다.

그러나 이런 석탄 중심의 상황은 상업적으로 대규모 석유를 정제하며 달라지기 시작했다. 외연기관[2]이라고 불렸던 그때까지의 증기기관은 석탄을 태워 용기 내의 물을 외부에서 가열하여 증기를 발생시키고 그 증기의 압력을 동력으로 사용해 왔는데, 증기를 발생시키는 보일러와 그것을 동력으로 바꾸는 실린더 등이 필요하였기 때문에 증기기관의 크기는 클 수밖에 없었다. 증기기관차를 떠올리면 어느 정도의 크기인지 상상할 수 있을 것이다.

반면 석유 정제로 얻어지는 휘발유는 에너지 밀도가 높고 실린더 내에서 연소시켜 온도 상승으로 인한 압력 상승을 동력으로 이용할 수 있었다. 내연기관이라고 불리는 이 방식은 외연기관에 비해 콤팩트하고 큰 출력을 낼 수 있어 자동차나 항공기의 엔진으로 사용되며 급속도로 퍼지게 되었다.

현대의 필수 에너지, 전기

현대에 이르러 인류는 과거 가족구성원 전체가 매달려 손수 하던 가정의 많은 일들을 자동장치를 사용하여 수행하고 있다. 이런 장치를 구동하기 위해 필요한 대부분의 에너지는 전기에너지로, 전기는 공급과 휴대가 편리하고 변환이 뛰어나다는 융통성과 호환성이 있다. 이는 다른 에너지와 비교하였을 때 월등한 장점이자 이점이다. 전기는 화석연료처럼 채굴하거나 바이오매스처럼 모으는 것이 아니라 여러 방법으로 생산하는데, 이렇게 전기를 생산하는 것을 **발전**이라고 한다.

---

2 외연기관은 보일러를 사용해 연소한 열을 이용하는 기관이고 내연기관은 연소실 내부 연소로 에너지를 얻는 기관이다.

전기는 패러데이 법칙의 전자기 유도현상을 통해 생산할 수 있다. 회전운동은 이러한 전자기 유도현상을 일으키기 위한 주기운동의 한 방법이다. 이때 회전운동을 만들어내는 근원인, 토크(Torque)라고도 하는 회전력은 터빈을 이용해 만들어지며, 터빈은 열기관장치에 의해 발생하는 압력으로 구동된다. 이때 열기관의 주요 열원은 연소로, 화석연료를 이용한다. 즉 대규모 화력발전소는 연소를 통해 화석연료(fossil fuel)의 에너지를 전기에너지로 변환한다.

★ 에너지의 생산과 소비변화 ★

- **산업혁명 이후 근대의 에너지 변환 흐름 : 기계운동**
  화석에너지의 공급 → 연소 → 열 발생 → 보일러로 수증기 발생 → 수증기를 모아 압력 발생 → 압력을 통한 터빈 구동 → 회전력 발생 → 기계 구동
- **근대 이후 현대의 에너지 변환 흐름 : 전력 생산**
  화석에너지의 공급 → 연소 → 열 발생 → 보일러로 수증기 발생 → 수증기를 모아 압력 발생 → 압력을 통한 터빈 구동 → 회전력 발생 → 발전기 구동 → 전자기력의 원리에 의한 전력 생산

현재 전 세계 평균 성인 한 명이 소모하는 에너지의 양은 약 230,000 kcal로,[3] 열량에너지 단위인 줄(J)[4]로 환산하면 96.232×10^7 J이고 우리가 사용하는 에너지 단위인 와트시(Wh)로는 약 267.31 kWh이다. 이렇게 인류가 소비하는 에너지가 비약적으로 증가한 것은 여러 장치와 설비가 발달하고 인류의 활동 영역이 증가하였기 때문이다.

Note 에너지 단위 참조

- 질량 1 [kg]의 물체에 1 [m/s^2]의 가속도를 생기게 하는 힘을 1 [N]으로 정의한다.
- 1 [Nm] (뉴턴미터)는 1 [kg]의 물질을 1 [s] 동안에 1 [m] 움직이는 데 필요한 힘이다.
- 1 [dyne]은 1 [g]의 물질을 1 [cm] 움직이는 데 필요한 힘이다.
- 1 [dyne] = 1×10^{-5} [N]의 관계가 있으며, 에너지의 단위로는 [J] (줄, Joule)을 사용한다.
- 1 [N · m] = 1 [J]이며, CGS 단위계에서 사용하는 [erg] 단위와의 관계는 1 [J] = 10^7 [erg]이다.
- 1 [J] = 1 [N · m] = 1 [kg m^2/s^2] = 0.24 [cal] = 1 [W] = 1 [VC]이다.[5]

3 'A New Outlook and New Resources', DOW: Deep Ocean Water as Our Next Natural Resource, Masayuki Mac Takahashi, Pages. 1–7.

4 전류에 의해 도체 내에서 발생하는 열로, 전기회로에서 전기저항이 R인 저항체에 전류 I가 흐르면 이 저항체에 단위시간당 RI의 열량이 발생하는 것을 줄열이라고 한다. 제임스 프레스콧 줄에 의해 실험적으로 처음 발견되었으며, 1 kcal = 4,184 J이다.

5 쿨롱(C)은 전하의 단위로, 1 C은 6.25×10^{18} 개(전자의 개수)이다.

SECTION
1.2 에너지의 형태

에너지를 분류하고 구분해 에너지의 종류와 특성을 이해하고 에너지원과 사용방법에 의한 분류의 의미를 이해한다.

Keywords | 1 · 2차에너지 | 에너지 밀도 | 에너지 순환 | 효율과 손실 | 탄소순환 |

1 가공 여부에 따른 분류

에너지 산업 분야와 연계해 가공 여부에 따라 에너지를 생산하여 형태를 변형하는 가공과 목적에 의해 사용되는 소비로 나누어 생각해볼 수 있다. 이런 과정들에 따라 에너지는 **1차에너지**, **2차에너지**, **최종에너지**로 구분할 수 있다. 1차에너지는 자연에서 채굴하거나 획득되는 에너지를 말한다. 화석에너지나 방사선 원소와 같이 지하자원으로 매장되어 있거나 태양광 혹은 태양열 그리고 풍력, 해수력, 지열 같은 자연상에서 제공되는 천연자원이 1차에너지에 해당한다.

1차에너지		2차에너지		최종에너지
자연으로부터 얻을 수 있는 에너지	➡	변환·가공하여 운반, 저장	➡	소비 형태
태양열·조력·파력·풍력·수력·지열, 석탄·석유·천연가스, 원자력(우라늄), 장작, 숯, 목탄 등		전기, 도시가스, 석유 제품, 코크스 등		열, 빛, 동력

[그림 1-1] 가공 여부에 따른 에너지의 분류

2차에너지는 1차에너지를 가공하고 정제해 **에너지의 밀도**를 높이는 공정을 거침으로써 그 가치를 높이거나 자연에 존재하는 에너지의 각종 형태를 산업상 혹은 편의상 인류가 사용할 수 있는 형태로 변환시킨 것으로, 대개는 전기에너지 형태로 변환된다. 전기는 원료가 되는 형태의 에너지원을 가공해 생산하며, 그 예로 화력발전소 등이 있다. 2차에너지는 바로 전기를 생산할 수 있는 원료가 되기도 하지만 공정과 원료의 종류에 따라 가공해 또 다른 형태의 2차에너지인 전기를 생산하기도 한다. 화석연료 중 석유는 원유의 형태에서 증류의 방법으로 가공되어 목적에 따라 휘발유, 경유, 등유 등으로 나누어진다.

최종에너지는 소비자나 산업현장의 필요에 따라 2차에너지를 용도에 맞는 에너지의 형태로 변환하여 사용하는 것이다. 예를 들어 가공된 2차에너지 형태인 전기에너지는 가정으로 송전되면 형광등을 이용한 빛에너지로, 전기밥솥을 이용한 유도가열 방식에 의한 열에너지로, 세탁기에서 모터를 이용한 회전운동에너지로 변환되어 최종적으로 사용되는 것이다.

2 에너지 형태에 따른 분류

에너지는 가공 여부뿐만 아니라 형태에 따라서도 분류할 수 있다. 에너지 형태에 따른 분류는 에너지의 상태나 에너지의 변환형태를 의미하는 것으로 생각해도 좋다. 이 책에서는 재생에너지의 이용과 활용을 목적으로 물리적인 변화에 초점을 맞춰 다음과 같이 분류하였다.

역학적에너지

에너지는 운동에 따른 **운동에너지**(kinetic energy)와 위치에 따른 **위치에너지**(potential energy)로 나뉘며, 운동에너지와 위치에너지의 합을 **역학적에너지**(mechanical energy)라고 한다.

앞서 에너지는 일을 할 수 있는 능력이라고 정의하였다. 에너지 사용의 목적이 바로 일을 하는 것이므로 이들의 관계를 정의하면 다음과 같다.

$$E\,(\text{에너지}) = W\,(\text{일}) \tag{1.1}$$

식 (1.1)은 움직이는 물체에 작용한 힘과 움직인 거리를 정의한 것으로, 벡터[6]라는 개념을 이용해 에너지와 일을 수학적으로 표시한 것이다. 힘이 작용한 물체의 움직임의 변화는 속도의 변화로 나타나게 되는데, 이 속도의 변화를 가속도라고 한다.

$$F = ma\,(\text{힘} = \text{질량} \cdot \text{가속도}) \tag{1.2}$$

$$W = Fs\,(\text{일} = \text{힘} \cdot \text{움직인 거리}) \tag{1.3}$$

물건을 들고 가만히 있다면 움직임은 0이므로 앞선 정의에 따르면 일 역시 0이 될 것이다. 물건을 들고 있는 팔이 힘이 들고 에너지를 소비해 피곤한데도 일을 한 것이 아닌 것이다. 일은 에너지라고 하였는데, 그럼 팔의 근육이 소비한 에너지는 어디로 사라진 것일까? 당연히 물건을 들어올리는 동안 수직 방향으로 물체는 일을 하였다.

상대적 위치에 따라 물건의 상태, 즉 높이를 유지하는 동안 작용한 힘은 중력에 의해 지면과 수직인 방향으로 중력가속도[7]의 영향을 받는다.

$$F = mg\,(\text{힘} = \text{질량} \cdot \text{중력가속도}) \tag{1.4}$$

이는 수직과 평행한 방향의 높이를 통해 에너지를 축적한 것으로, 이를 **위치에너지**라고 한다. 위치에너지는 중력 방향과 수직으로 작용하는 힘에 의해 생성되는 에너지로, 움직임 없이 높이에 의해 보존되는 잠재적(potential) 에너지이다.

---

6 속도는 속력과 구별해 방향과 크기를 갖는 벡터의 형태이다.

7 중력이 이끄는 힘에 의해 물체가 지구 쪽으로 떨어질 때의 가속도를 중력가속도 $g = Gm/r^2$ (중력상수 · 지구 질량/지구 반지름^2)이라고 한다.

★ 위치에너지 ★

$$W = mgh \text{ (위치에너지 = 힘× 높이)} \tag{1.5}$$

한편 수평을 따라 이동하도록 물체에 가한 힘에 의한 일을 에너지로 계산하면 식 $W = Fs$ 로부터 다음을 얻을 수 있다.

$$dW = F \cdot ds = m \cdot a \cdot ds = m\frac{dv}{dt}dS = m\frac{dS}{dt}dv = mv \cdot dv \tag{1.6}$$

$$\int_a^b dW = \int_a^b mv \cdot dv = \int_a^b m\frac{1}{2}d(v \cdot v) = \int_a^b d\left(m\frac{1}{2}v^2\right) \tag{1.7}$$

식 (1.6)과 식 (1.7)의 마지막의 각 2개의 식에서 적분 안의 식은 미소변위 벡터의 내적으로 표시된 것으로, 다음과 같다.

★ 운동에너지 ★

$$dW = d\left(m\frac{1}{2}v^2\right) \rightarrow W = \frac{1}{2}mv^2 \tag{1.8}$$

이렇게 유도된 식 $\frac{1}{2}mv^2$을 **운동에너지** 식이라고 한다. 굴러가는 수레바퀴의 에너지를 생각해보자. 수레바퀴는 움직이므로 운동에너지가 있으며, 회전하므로 회전운동과도 연관이 있음을 고려해야 한다. 회전하는 바퀴의 속도를 회전속도인 각속도 'ω'로 표시할 수 있는데, 원둘레를 따라 움직이는 속도는 $v = 2\pi r/T$로 표시할 수 있다. 이를 바탕으로 다음과 같이 각속도를 유도할 수 있다. 이때 $\frac{1}{T}$은 주파수 f로 나타낸다.

$$v = 2\pi f \cdot r \rightarrow v = \omega \cdot r \tag{1.9}$$

이로부터 각속도는 다음과 같다.

$$\omega = \frac{v}{r} \tag{1.10}$$

• v : 속도 • r : 회전체의 반지름

회전하는 물체는 일반적으로 관성의 성질에 따라 회전운동[8]을 지속하려는 성질이 있다. 이런 성질은 관성모멘트(inertia moment) 'I'로 표시하며, 회전운동에서 질량 대신 사용한다. 각속도와 관성모멘트를 이용해 표시한 회전운동에 대한 에너지를 **회전운동에너지**라고 한다.

8 회전운동과 원운동을 하는 물체는 늘 제자리에 돌아오므로 이동거리가 0이 되어 속도도 0이 된다. 이런 이유로 각도를 이용한 속도인 각속도(ω)를 사용한다.

★ 회전운동에너지 ★

$$W = \frac{1}{2}I\omega^2 \tag{1.11}$$

운동에너지와 위치에너지는 상호작용하며 에너지의 형태를 변화시킨다. 예를 들어 어떤 물체가 낙하할 때 그 물체의 높이는 줄어들지만 낙하속도는 증가하는 것을 생각해보면 위치에너지가 줄어들어도 운동에너지는 증가하는 관계를 갖는 것을 알 수 있다. 낙하하는 물체의 에너지 변화와 같이 외부 영향이 없다면 모든 물체가 갖는 에너지는 형태가 바뀔 뿐 크기는 보존됨을 짐작할 수 있다.

열에너지

물체의 온도와 관련된 에너지인 **열에너지**(thermal energy)는 열량[9]을 계산해 에너지의 크기를 표시한다. 물질의 거시적 열에너지 변화는 비열을 이용하여 계산하는데, 고체나 액체의 열에너지의 크기를 Q라고 하고 온도의 변화를 ΔT 라고 할 때 다음과 같이 관계를 정의할 수 있다.

$$Q = mC\Delta T \tag{1.12}$$

여기에서 C 는 비열이다. 고체를 녹여 액체를 만드는 동안, 즉 **상변화**[10]가 일어나는 동안 공급된 열에너지는 온도를 높이는 데 사용되지 못하고 분자들의 결합력을 끊는 데 사용된다. 이렇게 온도를 높이는 데 사용되지 못하고 상태변화에 사용된 열을 **잠열**(latent heat)이라고 한다. 고체가 녹아 만들어진 액체[11]가 식으면, 즉 열에너지가 빠져나가면 결합력에 의해 다시 고체로 상변화가 일어난다.

자유롭게 움직이며 온도에 민감한 물질인 기체 분자의 운동에너지는 온도에 따라 달라지며, **절대온도**[12]에 **볼츠만 상수** k를 곱한 값과 같아진다.

$$\frac{1}{2}mv^2 = \frac{3}{2}kT \tag{1.13}$$

볼츠만 상수 1.3806×10^{-23} J/K 에 **아보가드로수** 6.022×10^{23} mol^{-1}을 곱해 기체 상수 $R=$ 8.315 J/mol·K 를 만들고 이 기체 상수에 기체의 몰수 n을 곱하면 식을 변형시킬 수 있다.

★ 열에너지 ★

$$W = \frac{3}{2}nRT \tag{1.14}$$

---

9 열량의 단위는 칼로리(cal)로, 1 cal는 15℃에서 물 1 g의 온도를 1℃ 올리는 데 필요한 열을 말한다.

10 고체, 액체, 기체의 상태를 변화시키는 것을 말한다.

11 고체를 녹여 액체로 만드는 데 사용한 열은 용융잠열(melting heat)이라고 한다.

12 이상기체의 부피가 0이 되는 영하 273.16℃를 기준 온도 0K로 하는 온도로, 영국의 과학자 켈빈에 의해 정해졌다.

전기에너지 및 핵에너지

전자기장을 이용해 생산하는 **전기에너지**(electric energy)는 전자의 이동을 통해 만들어지는 에너지로, 전자의 흐름을 전압(V)과 전류(I)로 설명한다. 저항(R)을 이용해 전압과 전류의 관계를 식으로 표현하면 다음과 같다.

$$V = IR, \quad I = \frac{V}{R} \tag{1.15}$$

전기에너지인 전력은 전류와 전압의 곱으로 표시하며, 식 (1.16)과 같이 나타낸다.

★ 전기에너지(전력) ★

$$W = IV = I^2R = \frac{V^2}{R} \tag{1.16}$$

일반적으로 에너지는 에너지의 크기에 단위시간을 나눈 **일률**로 계산하며, 전력의 일률은 열량 ÷ 시간(J/s)으로 나타낼 수 있다. 1초 혹은 1분이나 1시간 동안의 에너지의 양을 계산하려면 일률 단위에 시간을 곱해 표시하면 된다. 전기에너지는 일률에 시간(h)을 곱해 시간에 따른 전력으로 이야기하는 경우가 많으며, 다음과 같이 전자기에너지, 즉 파동 형태의 파장(λ)과 주파수(f)가 빛의 속도(c)에 의해 만드는 에너지도 생각할 수 있다.

$$f = \frac{c}{\lambda} \tag{1.17}$$

막스 플랑크(Max Planck)는 흑체복사 실험을 통해 모든 물체가 갖는 복사에너지는 파장 혹은 주파수와 밀접한 연관이 있음을 밝혔으며, 주파수에 플랑크 상수($h = 6.626 \times 10^{-34}$ J · s)를 곱해 에너지의 크기로 다음과 같이 환산하였다.

★ 복사에너지 ★

$$E = hf = h\frac{c}{\lambda} \tag{1.18}$$

핵에너지는 원소의 핵을 이루는 중성자와 양성자가 반응해 방출하는 에너지로, 질량과 에너지의 등가성을 정의한 아인슈타인에 의해 식 (1.19)와 같이 정의되었다.

★ 핵에너지 ★

$$E = mc^2 \tag{1.19}$$

화학에너지와 연소

원자, 분자 내의 전자, 핵의 상대적 위치와 관련된 **화학에너지**(chemical energy)에는 화학전지, 합성연료 등이 있다. 연소의 대표적인 사례는 탄소($^{16}_{6}C$)와 산소($^{16}_{8}O$)의 결합과 발열 과정으로, 25℃ 1기압에서 1몰인 탄소의 연소는 다음과 같은 과정을 거쳐 연소열을 발생시킨다.

$$C + O_2 \rightarrow CO_2 + 32.8\ [\mathrm{kJ/g}] \tag{1.20}$$

메탄(메테인)(CH_4)과 에탄올(C_2H_6O)의 연소에서도 유사한 과정을 거쳐 열이 발생한다.

$$CH_4 + 2O_2 \rightarrow CO_2 + 2H_2O + 55.5\ [\mathrm{kJ/g}] \tag{1.21}$$

$$C_2H_6O + 3O_2 \rightarrow 2CO_2 + 3H_2O + 29.7\ [\mathrm{kJ/g}] \tag{1.22}$$

3 에너지 변환의 이해

에너지 변환과 순환

에너지는 다양한 방법으로 소비되어 다양한 일을 한다. 소비된 에너지는 일을 하고 사라진다고 생각할 수 있지만 사실 모든 에너지는 보존되므로 사라지는 것이 아니라 변환되는 것이다. 따라서 어떤 면에서는 상태가 변하였다고 말할 수 있다.

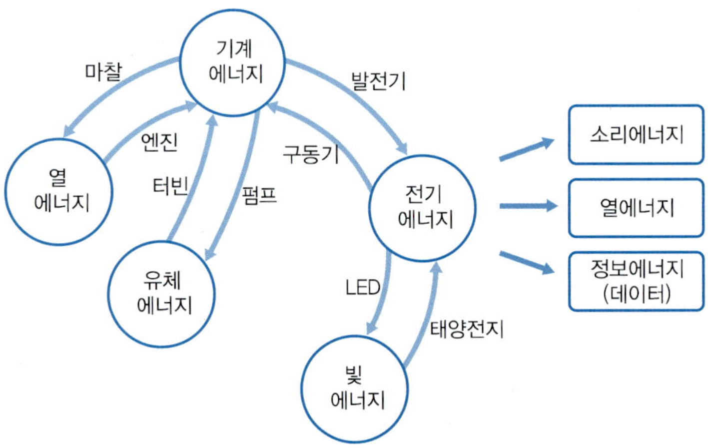

[그림 1-2] 에너지 변환에 의한 순환과 장치들

[그림 1-2]와 같은 에너지 변환을 통해 일을 하거나 저장할 수 있는데, 기계에너지는 펌프에 의해 유체에너지로, 제동장치에 의해 열에너지로, 발전기에 의해 전기에너지로 변환된다. 유체에너지는 터빈에 의해 기계에너지로 다시 변환되며, 열에너지는 내연기관에 의해 운동 형태의 기계에너지로 변환된다. 전기에너지는 다시 모터 등의 구동기(actuator)에 의해 회전의 기계에너지로 변환되며, 빛에너지는 광전효과를 일으키는 태양전지에 의해 전기에너지로 변환된다.

물론 모든 변환 과정이 완벽하게 순환하며 변환되는 것은 아니다. 변환 과정 중 일부는 다른 쪽으로 변환되기도 한다. 예를 들어 전기에너지가 모터에 의해 기계에너지로 변환되면서 전기에너지의 일부는 마찰이나 회로의 저항에 의해 열에너지로 변환되거나 소음 등의 진동에너지로 변환되기도 한다.

이런 관계로부터 우리가 필요로 하는 에너지의 형태를 변화시켜 다양한 일을 할 수 있다. 다시 말해 **에너지의 상태를 변환하는 과정 속에서 우리가 필요로 하는 일을 하도록 활용**한다고 하는 것이 맞을 것이다. 현대 사회에서는 전기에너지를 다양한 방법과 장치들로 시간과 장소의 필요에 따라 우리가 원하는 형태로 변화시켜 사용할 수 있게 되었다. 과거 원시시대부터 산업혁명이 태동하던 시기까지 인류가 사용하던 에너지가 불(火)이었다면 이제는 전기가 그 자리를 물려받은 것이다.

에너지 보존 법칙

에너지가 원치 않는 형태로 변환되는 것을 **손실**(loss)이라고 하고 에너지가 한 방향으로 변환되거나 일을 하는 비율을 **효율**(efficiency)이라고 한다. 이들 사이의 변환의 관계는 마치 입력과 출력의 관계와 같으므로 효율은 입력과 출력의 비율로 계산할 수 있다.

★ 효율 ★

$$\text{효율} = 1 - \frac{\text{손실}}{\text{입력}} = \frac{\text{입력} - \text{손실}}{\text{입력}} = \frac{\text{출력}}{\text{입력}}$$

이렇게 에너지는 그 형태를 바꿔가며 용도와 편의성에 따라 사용한다. 그러나 그 크기는 **에너지 보존 법칙**[13]에 의해 외부와 차단된 독립된 시스템에서는 항상 일정한 양을 유지한다.

[그림 1-3] 에너지 변환 과정

에너지는 형태가 바뀌어도 총량은 변하지 않는다. 에너지의 형태가 변화할 때에는 여러 종류의 복합적인 형태로 변화하는데, 변화된 에너지의 형태들 중 사용하고자 하는 목적에 맞는 에너지의 형태는 선택적이고 제한적이다. 그러므로 이렇게 변화된 에너지 중 목적에 맞는 에너지의 크기나 양은 기존 에너지보다 작을 수밖에 없다. 이런 관점에서 목적한 형태로 변화한 뒤의 에너지의 크기를 변화 전

13 럼포드(Rumford), 줄, 맥스웰, 볼츠만 등 19세기 과학자들의 오랜 연구의 결과물인 에너지 보존 법칙은 20세기에 알버트 아인슈타인의 특수 상대성이론으로 인해 질량-에너지 보존 법칙으로 확장되었다. 특수 상대성이론에서는 질량은 에너지의 한 종류이며, 같은 관성계에서 시간의 변화에 대해 불변하는 양이다.

에너지의 크기로 나눈 비율을 효율이라고 하며, 잃어버린 에너지의 크기, 즉 원하지 않은 형태로 변화된 에너지들이 갖는 크기를 손실이라고 한다.

★ 에너지 보존 법칙 ★

외계의 접촉이 없을 때 고립계에서 에너지의 총합은 일정하다. 따라서 외부와 에너지 교환이 없는 고립계 내에서 에너지는 사라지거나 생겨나지 않고 그 형태만 변화한다.

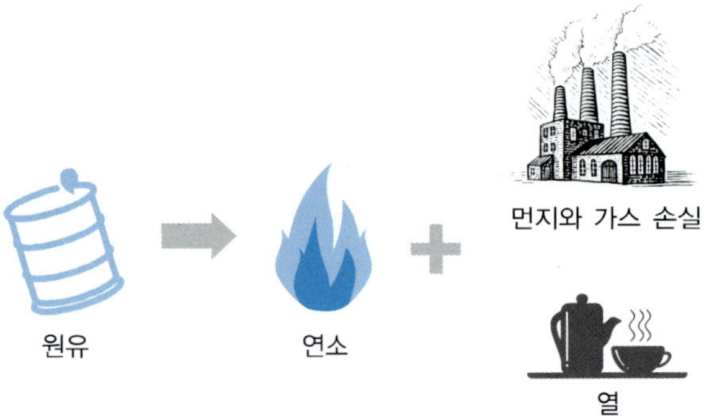

[그림 1-4] 원유가 가지고 있는 에너지는 연소에 의해 열과 먼지와 가스로 변화하며, 이 중 열만 취해 사용하면 나머지 불필요한 먼지와 가스는 버려지게 된다.

SECTION 1.3

화석연료와 에너지

전통적인 에너지 자원인 석탄과 석유에 대해 알아보고 이들의 문제점을 환경 측면에서 이해하며, 셰일가스와 셰일오일에 대해 알아본다. 그리고 이로 인해 불거진 환경문제와 이를 해결하기 위한 대책을 살펴본다.

Keywords | 화석연료 | 셰일가스 | 셰일오일 | 열순환 | 온실효과 | 탄소순환 |

1 석탄과 석유의 생성 과정

석탄은 동일 지질시대의 식물들이 따뜻한 늪지대에 묻힌 후 변성된, 탄소를 주성분으로 하는 고체상태의 자원으로, 탄소의 함량에 따라 토탄, 갈탄, 역청탄, 무연탄으로 구분한다. 식물이 말라죽은 뒤 공기와 접촉하면 부식이 일어나는데, 만약 식물체의 물질이 물에 잠겨 공기가 차단되면 부식이 진행되지 않고 긴 세월이 지난 뒤 이탄(peat)이 된다. 이후 지각 변동에 의해 이탄이 침강하면서 열과 압력을 받아 불순물과 휘발성 물질들이 제거되고 탄소가 남는 과정에서 이탄이 건류(dry distillation), 가압 작용을 일으키면 석탄이 된다. 오랜 기간 탄소 함량이 점점 쌓이고 높아지면서 많은 에너지를 낼 수 있게 된 것이다. 이런 과정을 **석탄화 작용**이라고 한다.

석탄을 형성하는 식물은 주로 고생대 석탄기의 육생식물로 추정하고 있으며, 생성 연대는 2~3억 년 전으로 추정된다. 당시 거대식물과 동물들이 번성한 것을 보아 대기 중 산소의 농도가 높았던 것으로 추측하고 있다. 지층을 조사하면 고생대 석탄기[14]에 목질계식물이 처음 등장한 것을 확인할 수 있다. 이처럼 껍질이 단단한 식물은 해충이나 세균 등에 상대적으로 피해를 덜 받으며, 사후 미생물에 의해 분해되지 않고 그대로 탄화되어 석탄이 되었다. 이런 과정이 고생대의 페름기까지 이어지면서 대규모 석탄이 생성되었다. 이렇게 구성된 대규모의 석탄, 즉 탄소 밀집체는 페름기 말엽 대규모 화산 폭발에 의해 한꺼번에 연소되어 짧은 시간에 대량의 온실가스를 대기 중에 방출하는 원인이 되었고, 페름기 대멸종에 크게 기인하게 되었다. 이와 완전히 같지는 않지만 산업혁명부터 현대까지 약 250년의 기간 동안 인류 역시 다량의 화석연료를 소비함으로써 비슷한 상황을 맞닥뜨리게 되었다.

석유는 탄화수소의 혼합물로 이루어진 점성이 큰 액체로, 특정한 지질구조를 가진 지역[15]에서만 발견된다. 단위부피당 에너지가 크기 때문에 에너지 밀도가 높아 수요가 많으며, 석유화학제품인

14 1822년 영국의 지질학자 W.D. 코니베어가 붙인 명칭으로, 영국의 지층 중에서 방대한 석탄을 포함하고 있어 붙어진 이름이다.

15 석유는 저류암으로부터 석유나 가스가 새어 나가지 못하도록 물이 스며들지 못하는 불투수층의 덮개암이 있는, 배사 형태로 된 지질구조 지역에서 발견된다.

00플라스틱 등의 주원료가 된다. 석유의 90%는 지질시대의 식물성 플랑크톤이 광합성에 의해 대기 중의 탄소를 체내에 고착하고 죽은 뒤 퇴적된 유기물이 오랜 기간에 걸쳐 열과 압력을 받은 다음 점토 광물의 촉매작용과 특수한 세균의 작용으로 화학변화가 일어나 만들어지는 것으로 알려져 있다.

석탄이나 석유는 오랜 탄화작용으로 인해 탄소의 축적량이 많아 에너지 밀도와 열량이 높으므로 이 지하자원을 연소시켜 필요한 열량을 얻을 수 있다. 연소는 열이 발생하는 화학 반응으로, 연소물질과 시간의 경과에 따라 건조, 착화, 연소, 후연소, 회분의 잔류 순으로 이루어진다. 연소를 통해 얻은 열로 기관(engine)을 구동시킬 힘을 얻게 되며, 기관의 구동을 통해 획득한 운동이나 일로부터 복잡하고 거대한 기계를 구동시킬 수 있게 된다. 즉 운동과 회전 등의 역학적 에너지를 얻는 과정이 바로 화석연료를 이용한 연소로부터 시작되는 것이다.

2 셰일가스와 셰일오일

셰일가스(shale gas)는 오랜 기간 모래와 진흙이 수평으로 쌓여 단단하게 굳은 퇴적암인 셰일층에 매장되어 있다. 메탄이 70~90%, 에탄이 5%, 컨덴세이트가 5~25% 정도 혼합되어 구성된 가스로, 천연가스와 성분이 비슷하다. 1800년대 이미 천연가스와 함께 발견되었으나 채굴이 어려워 개발 단가가 높아 경제성이 없었다. 그러나 매장된 양이 매우 많았는데, 실제로 미국 에너지부는 자국 내 매장된 셰일가스가 25조m^3에 달한다고 밝힌 바 있다. 정리하면 셰일가스는 지하 퇴적암층인 셰일층에 함유된 메탄가스이며, 셰일오일은 셰일층에 갇혀 지표면으로 이동하지 못하고 머물러 있는 원유를 말한다.

셰일(shale, 혈암)은 지표 아래 약 3km 깊이에 얇지만 넓은 면적에 형성되어 있는 퇴적 암반층으로, 채굴을 위해서는 셰일층에 광범위하게 분포한 셰일자원의 특성에 맞는 채굴기술의 개발이 필요했다. 그리하여 기존에 사용하던 수직시추법에 수압파쇄법과 수평시추법을 적용한 채굴기술을 개발하고 발전시키면서 2000년대에 들어 셰일혁명이 시작되었다.

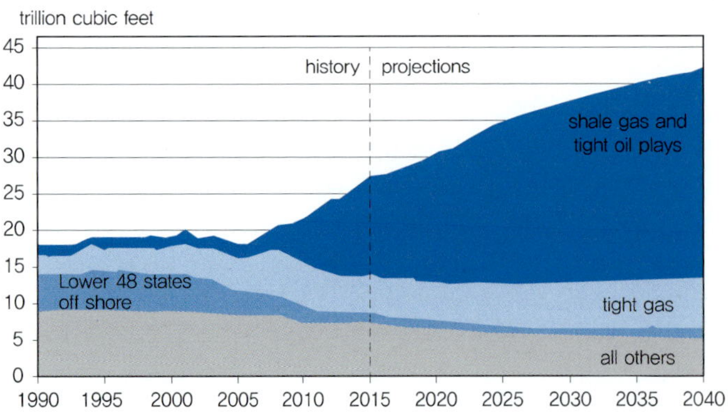

[그림 1-5] 1990년 이후 2040년까지의 미국 내 천연가스 생산량 변동[16]

---

16 U.S. Energy Information Administration, Annual Energy Outlook 2016

마침내 2004년도에 텍사스의 중소 석유 회사 회장인 조지 미첼이 500~1000기압 이상의 높은 압력으로 물과 모래, 화학 첨가물을 섞어 뿜어내 지반을 파쇄하는 프래킹(fracking) 기법을 자체 개발해 경제성 있는 채굴에 성공하였다. 이후 많은 독립 에너지 기업들이 채굴에 동참하여 2011년부터 생산이 본격적으로 이루어졌다. 최근 미국 셰일산업계는 연구 개발과 운영 개선 등의 기술 혁명을 통해 생산성을 두 배 가까이 높여 국제 유가가 배럴당 20달러까지 떨어져도 셰일오일의 생산이 가능한 경쟁력을 갖추었다. 이를 통해 풍부한 자원을 바탕으로 저렴한 셰일에너지를 원료로 한 화학플랜트 공장을 지으려는 일본·한국·대만·사우디 석유화학 기업들의 미국 진출 역시 늘고 있다.

그러나 늘어난 생산성과 함께 수압파쇄법과 수평시추법 등의 채굴기술에 의한 지반침하와 오염된 폐수로 인한 환경파괴를 우려하는 목소리도 나오고 있다. 실제로 수압파쇄법은 많은 양의 물을 소비하는 방법이므로 지하수의 오염을 일으키고 주변의 수자원을 고갈시킬 것으로 예측된다. 또한 셰일가스의 주성분인 메탄은 지구온난화를 일으키는 물질로, 분자 하나당 이산화탄소의 23배의 영향력을 가지고 있어 대기 중에 유출되면 지구온난화에 매우 중대한 영향을 끼칠 것이 우려된다.

3 연소의 한계

연소의 한계는 연소 시 모든 에너지가 열로 변환되지 못한다는 것과 열을 이용해서 일을 하는 **열순환장치**(열기관, heat engine)가 **카르노 사이클**(Carnot cycle)에 의해 변환효율[17]이 제한된다는 것이다.

카르노 사이클(카르노 순환)은 카르노가 발표한 열역학상의 가역 사이클로, 열기관의 최고 효율을 알기 위한 사이클이다. 즉 등온변화와 2개의 단열변화를 가상하고 기체를 '등온팽창 → 단열팽창 → 등온압축 → 단열압축'의 순서로 변화시켜 처음 상태로 복귀시키는 열역학 사이클을 말한다.

예를 들어 증기기관에 열을 가하면 증기가 팽창하면서 기관차가 움직이는데, 카르노 효율을 구하면 일정량의 열을 가하였을 때 얼마만큼 앞으로 나아가게 되는지를 알 수 있다. 이러한 카르노 효율은 열 사이클을 사용해서 열에너지를 운동에너지나 전력으로 변환하는 경우의 효율에 관한 카르노의 정리[18]에 의한 것으로, 열역학 제2법칙[19]을 표현하는 한 방법이다.

★ 카르노 효율 ★

$$\text{카르노 효율} = \frac{\text{고온열원의 온도} - \text{저온열원의 온도}}{\text{고온열원의 온도}} \tag{1.23}$$

17 열기관의 효율은 카르노 사이클에 의해 제한되며, 그 효율은 35~45%이다.

18 2개의 열원 사이에서 일하는 열 사이클의 효율은 가역 사이클의 경우에는 모두 똑같다. 2개의 열원의 온도만으로 결정되므로 비가역 사이클의 경우 가역 사이클보다 효율이 작다.

19 열역학 제2법칙은 열적으로 고립된 계의 총 엔트로피가 감소하지 않는다는 법칙으로, 상호 온도차에 의해 차가운 부분과 뜨거운 부분이 각각 존재할 때 열은 스스로 차가운 물체에서 뜨거운 물체로 옮겨 갈 수 없다는 것이다.

앞선 식에서 온도는 절대온도이다. 식에서 효율이 100%가 되는 것은 저온열원의 온도가 절대영도일 때뿐이다. 그러나 열역학 제3법칙에 의해 절대영도에는 도달할 수 없으므로 효율 100%의 열 사이클은 존재하지 않는다. 또한 열역학 제1법칙은 에너지 보존 법칙으로, 외부의 에너지 공급 없이 기관은 무한히 기동할 수 없다.

그러나 이런 연소의 화학작용에는 원치 않는 부작용이 있다. 연소에 사용된 공기에는 산소보다 많은 질소가 포함되어 있고 화석연료에는 황이 포함되어 있으므로 연소 시 산화 반응으로 인해 산화된 질소(NO_x)와 산화된 황(SO_x)이 발생한다. 또한 연소의 반응에 따른 결과로 유기물인 화석연료가 산소와 결합해 탄소가스(CO_x) 등이 발생한다. 특히 탄소가스 중 이산화탄소(CO_2)는 온실가스[20]의 주범으로 지목되고 있으며, 이 외에도 먼지와 분진 등이 환경을 오염시키고 있다.

4 탄소순환

대기 중에 대기오염과 온실효과의 주범인 탄소가 증가한 것은 화석연료의 연소가 가져온 결과이다. 그렇다면 화석연료의 탄소는 어디에서 왔을까? 사실 탄화수소는 화석연료의 주 구성물질이다. 탄소는 대기 중에서 이산화탄소 형태로 존재하며, 식물의 광합성작용에 의해 생물체 내로 유입되거나 물에 용해된다. 물에서는 탄산이온과 탄산수소 이온으로 존재하며, 대기권에 방출되거나 화학 반응을 통한 침전물의 형태로 지면에 퇴적된다. 지면에서는 석회암 혹은 유기탄소(퇴적암)와 탄화수소(화석연료) 형태로 존재하며, 물에 녹거나 연소, 화산활동 등을 통해 대기에 방출된다. 유기물인 생물은 호흡과 음식으로 탄소를 섭취해 배설물을 통해 배출하며, 사체에 포함된 탄소는 화석화되며 땅으로 배출된다.

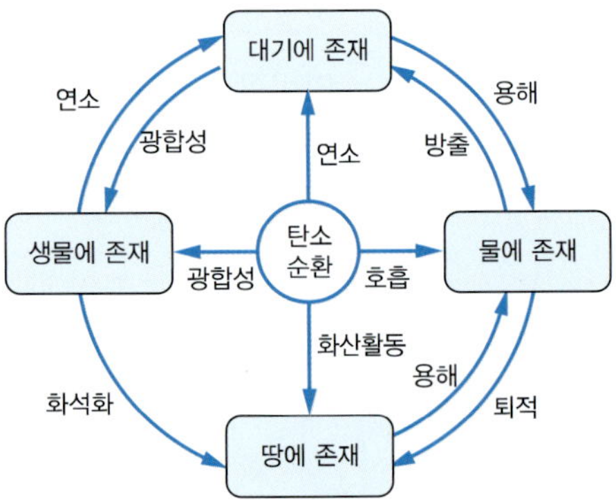

[그림 1-6] 탄소순환 경로와 요인

이런 순환 과정을 통해 탄소는 늘 지구에 동일한 양으로 존재하며, 적정량을 유지하면서 균형을 유지한다. 이산화탄소는 태양복사에너지 중 13 ~ 19μm 파장 대역을 흡수한다. 일정량의 이산화탄소는

20 온실가스의 구성 비율은 수분 70%, 이산화탄소 10%, 메탄 3%이다.

추위로부터 지구를 지켜주는 매우 중요한 요인으로, 만약 일정 수준 이하로 줄어든다면 우주로 방출하는 복사열이 늘어 지구는 쉽게 열을 빼앗기고 빙하기를 맞이하게 될 것이다. 대기 중에 270 ppm 수준에 이르는 이산화탄소는 밖으로 나가는 복사에너지를 흡수하고 이를 보존해 지구를 데운다.

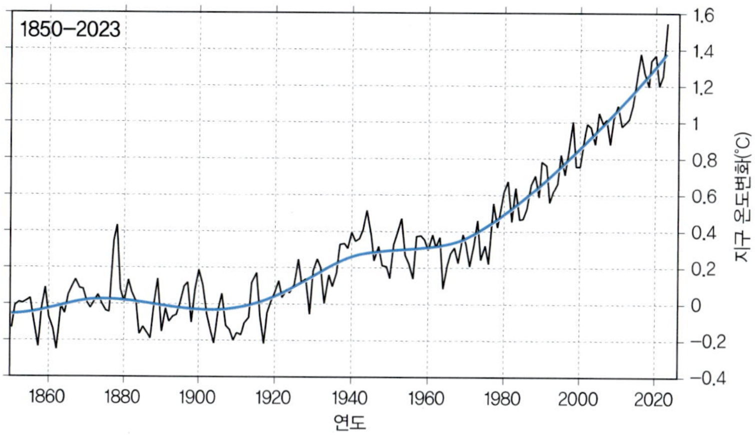

[그림 1-7] 1850년부터 2023년까지의 지구 평균온도변화 그래프[21]

사실 이산화탄소는 열을 저장하는 능력이 메탄이나 수분에 비하면 매우 낮다. 그러나 대기 중 총량은 질소와 산소를 제외하면 가장 많으며, 화석연료의 사용으로 매우 큰 폭으로 증가하고 있다. 자료에 따르면 2030년까지 이산화탄소의 농도는 배로 증가할 것으로 보여지는데, 이는 지구의 온도를 1～4℃ 상승시킬 것이다. [그림 1-7]과 [그림 1-8]은 화석연료를 사용한 뒤 지구의 평균온도가 얼마나 높아졌는지를 나타낸 것이다.

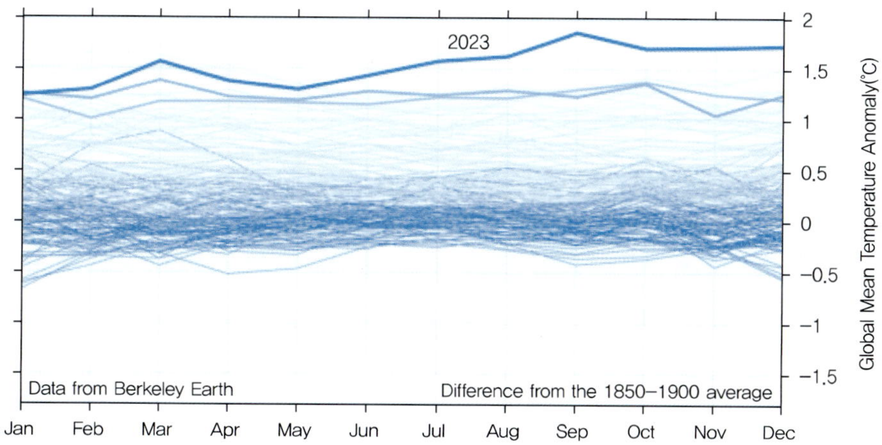

[그림 1-8] 1850년부터 2023년까지의 월별 지구 평균기온변화 [Berkeley Earth][22]

21 Robert Rohde. "Global Temperature Report for 2023", BERKELEY EARTH. 12 Jan. 2024.

22 Robert Rohde. "Global Temperature Report for 2023", BERKELEY EARTH. 12 Jan. 2024.

5 지구에 존재하는 에너지의 근원

에너지는 종류와 형태가 무척 다양하다. 어디에, 무엇에 사용되는 어떤 종류의 에너지냐에 따라 모양과 형태뿐만 아니라 쓰임과 용도가 다르기 때문이다. 1.1절에서 살펴본 에너지의 정의를 다시 한 번 생각해보자. 일을 할 수 있는 능력이란 물질의 물리적 혹은 화학적 상태변화에 기여하는 것을 의미한다. 따라서 상태변화에 쓰이거나 쓰일 수 있는 것을 포함해 무수히 많은 에너지와 에너지가 될 수 있는 에너지원이 세상에 존재한다.

지금까지 우리가 사용하고 있는 지구상의 에너지는 대부분 태양에너지로부터 만들어진 것이다. 현재 인류가 사용하고 있는 주된 에너지원인 석탄과 석유는 화석화된 생물의 에너지로, 화석연료 혹은 지하자원이라고 불린다. 생물에너지의 생성과 화석에너지로의 변화, 그리고 연소에 의한 소비는 **에너지 순환의 과정**이며, 햇빛이 생물의 성장과 에너지 축적에 매우 큰 영향을 끼쳤다는 것을 상기하지 않을 수 없다. **구름, 비, 바람 등의 생성과 기후 및 계절의 변화**도 태양의 영향이다.

그러나 인류가 사용하는 에너지가 태양에 의존하는 형태로만 존재하는 것이 아님을 눈여겨볼 필요가 있다. 인류가 사용하는 에너지는 다양한 형태로 존재해 왔으며, 에너지 밀도와 비용, 획득과 활용의 용이함에 따라 구분할 수 있다. 또한 에너지를 인류가 사용한 모양과 형태로만 구분하지 않고 형성 방법에 따른 구분으로 확대해보면 식물의 에너지 생성 및 축적 방법과 가축과 같은 동물자원을 이용한 동력, 수레바퀴나 물레 같은 회전운동의 형태를 이용하는 기구적 에너지도 생각해 볼 수 있다.

6 21세기의 에너지 문제와 해결 방안

에너지 자원과 환경

인류는 초기 원시시대부터 현재까지 문화와 문명의 발전과 더불어 기술의 발달을 이루고 있다. 그 찬란함의 이면에는 에너지의 발견과 소비가 뒷받침되어 있었다. 사실 과학과 기술의 발달은 에너지 활용과 에너지 밀도의 고도화와 같이 효율을 위한 발전이었다. 인류가 산업혁명을 이루기 전까지 단순하면서도 확실한 에너지인 불, 즉 화력에 집중했다면 산업혁명 이후에는 에너지 밀도뿐만 아니라 저장과 운반에도 관심을 갖기 시작했는데, 이런 이유로 에너지 밀도가 높고 관리가 편리한 **석유**와 **가스**가 현재 인류의 주 에너지원이 되었다.

그러나 20세기 후반에 들어 인류는 에너지 사용에 있어 다른 고민을 하게 되었다. 바로 자원이라 불리는 에너지원과 우리가 사는 지구 환경에 관한 것이다.

우리가 사용하는 에너지의 대부분은 오늘날 **기후변화**와 **환경오염**의 중대한 원인으로 받아들여지고 있다. 특히 2007년 우리나라의 이산화탄소(CO_2) 배출량은 경제협력개발기구(OECD) 회원국 가운데 네 번째로 많았던 것으로 조사되었으며, 특히 10년 전과 비교하였을 때 OECD 전체 이산화탄소

배출량은 감소세를 보였으나 우리나라는 두 자릿수 증가율을 기록하는 등 국제사회의 온실가스 감축 움직임에 동참하지 못하고 있는 것으로 평가되었다.[23] 기존의 교토의정서 불참국인 미국 외에도 일본, 러시아, 캐나다, 뉴질랜드 등이 제2차 공약기간에 불참을 선언하면서 세계기후협약 이행이 늦추어지고는 있지만[24] 머지않아 우리도 참여하지 않을 수 없어 신재생에너지 개발의 필요성은 더욱 강조되고 있다.

또한 현대 사회의 가장 큰 문제는 에너지의 이기적인 사용과 불균등한 분포, 분배로 인한 **에너지의 불평등**과 이로부터 야기된 국제적 분쟁, 적대적 관계 형성 등의 **에너지의 무기화**라고 할 수 있다.

앞서 인류의 에너지 소비량은 신체보존과 활동을 위한 소비로부터 문명과 첨단 과학기술 장비와 설비들을 이용하기 위한 소비로 그 규모가 증가하였다고 설명하였다. 이런 규모 증가의 원인이 고도화되고 복잡해진 기계기술과 전자기술의 영향임은 자명하다. 기술의 발달로 고도화된 첨단장치들이 인류에게 편리함과 안락함을 제공하면서 첨단장치들이 다양한 일들을 정밀하게 수행하기에 낭비되는 요소가 없고 효율이 높은 장치로만 생각하기 십상이다. 그러나 과연 그럴까? 새로운 장치가 나올 때마다 장치의 효율이 개선되었다고 홍보하고 있으나 장치의 크기나 용량이 증대되어 생산량도 증대되고, 기능이 고도화되면서 생산량과 함께 소비되는 에너지의 양도 많아져 결국 더 많은 에너지를 투입해야 하는 상황이 되었다.

이제 에너지 기술은 효율과 안정성을 비교하고 비용을 감안해 최적화된 에너지 공급과 수요의 방식을 제시해야 한다. 기술자들은 기계 및 전기기술을 기반으로 이런 방안들에 대한 기술적 문제를 평가하며, 정보통신기술과 제어지능화기술을 동원해 진보된 **에너지 생산과 관리** 방식을 찾고 있다.

21세기의 에너지 문제는 과학과 기술적인 문제에 국한된 것은 아니다. 때로는 이런 공학적인 문제보다 경제적 문제, 즉 소비와 공급, 비용에 대한 문제가 더 많은 주목을 받는다. 우리는 환경과 기후에 대한 사회적 비용을 감안해 경제적 효율과 안정성 향상을 모색하고 기술의 발전 방향을 평가해야 한다.

교토의정서와 파리협정

1997년 온실가스 배출량 감축을 위한 **교토의정서**(Kyoto Protocol)[25]가 채택되었다. 감축 의무부담 국가 40여 개국이 전 세계 온실가스 배출량의 22%에 대해 협약을 맺었으며, 개별 국가에게 온실가스 감축목표를 할당하였다. 그중 교토의정서에서 언급한 **탄소배출권**은 기후변화에 영향을 미치는 여러 원인물질을 배출할 수 있는 권리를 상업적으로 거래할 수 있는 **배출권거래제**(ETS)라는 근거를 마련해 경제적 원리로 전 지구적 문제를 관리할 수 있는 방안을 제시한 매우 중대한 사례이다.

---

23 BP Statistical Review of World Energy 2018

24 외교부 기후변화협상 소개 웹페이지 'POST – 2020 신기후협상 개시', http://www.mofa.go.kr/www/wpge/m_20150/contents.do

25 교토의정서는 이른바 '신축성 메커니즘(flexibility mechanism)'으로 불리는 청정개발체제(CDM, clean development mechanism), 배출권거래제(ETS, emission trading scheme) 및 공동이행제도(JI, joint implementation)를 도입해 온실가스를 효과적으로 감축하고 개도국의 지속가능한 발전을 지원할 수 있는 계기를 마련하였다.

2015년에는 **파리협정**(Paris agreement)을 맺고 모두가 참여하는 포괄적(universal and comprehensive) 체제를 구축하였다. 2015년 유엔 기후변화회의에서 채택된 파리협정은 지구온난화의 '역사적 전환점'이 되었다. 에너지 전환에 강력한 신호가 된 파리협정을 통해 **지구 기온 상승을 1.5℃까지 억제**하는 노력을 추구하면서 21세기 후반부까지 **온실가스 순제로 배출이라는 장기 목표**를 정하였다. 이를 바탕으로 세계 무대에서 저탄소기술 혁신의 중요성에 대한 강한 공감대가 형성되었으며, 저탄소기술에 대한 투자를 촉진할 목적으로 새롭게 미션 이노베이션(mission innovation)과 기술혁신에너지연합(breakthrough energy coalition) 등이 창설되었다.

파리협정 체제에서는 197개국이 전 세계 배출량의 95.7%(INDC 제출 161개국 기준)에 대해 협약을 맺었으며, 당사국이 스스로 **온실가스 감축 목표**(NDC)[26]를 설정하도록 규정하였다. 파리협정은 배출량 감축뿐만 아니라 적응, 재원, 기술 이전, 투명성 등 다양한 분야를 포괄하고 온도 목표를 구체화하였다. 기존 기후변화협약이 온실가스가 기후 체계에 위험한 영향을 미치지 않을 수준으로 대기 중 온실가스 농도를 안정화시키는 것이 목표였던 것에 비해 파리협정에서는 보다 구체적인 방안의 목표를 제시했다. 파리협정에서 주목할 만한 부분은 주기적 점검 및 지속적 목표 강화시스템을 구축하였다는 점으로, 이는 교토의정서에 규정되지 않은 요소이다. 파리협정의 국가들은 감축 목표를 지속적・점진적으로 강화하는 체제를 갖추고 5년마다 국제사회 차원의 종합적 이행 상황을 점검하며, 차기 NDC는 이전 NDC보다 강화되어야 한다는 진전 원칙을 적용하기로 합의하였다.[27]

국가 탄소중립 녹색성장 전략

2023년 4월 대한민국 정부는 「기후위기 대응을 위한 탄소중립・녹색성장 기본법(이하 기본법)」 제7조의 "정부는 국가비전을 달성하기 위하여 국가 탄소중립 녹색성장 전략을 수립하여야 함"(기본법 제7조 제2항)을 법적 근거로 탄소중립 녹색성장 전략을 공표하였다. 이는 2050년까지 탄소중립 사회로 이행하고 환경과 경제의 조화로운 발전을 도모하는 것을 목표로 한다.

국제적으로 기후위기 대응의 중요성이 커지고 탄소중립 사회로의 전환이 트렌드가 됨에 따라 국내에서도 국가비전 및 제도적 기반을 재정립해[28] 2050 탄소중립 선언 및 추진 전략을 2020년에 마련하였다. 2021년에는 대통령령으로 「2050 탄소중립위원회의 설치 및 운영에 관한 규정」에 따라 "2050 탄소중립위원회"가 출범하였으며, 이를 2022년 3월에 시행된 「기후위기 대응을 위한 탄소중립·녹색성장 기본법」에 따라 "2050 탄소중립녹색성장위원회"로 개편하였다. 이뿐만 아니라 2021년에 "기후위기 대응을 위한 탄소중립・녹색성장 기본법"을 제정해 세계에서 14번째로 2050 탄소중립 비전을 법제화하고 2030 NDC 목표를 명시했다. 이는 2050 탄소중립 시나리오를 마련하고 2030 국가 온실가스 감축 목표를 상향 조정해 2050년까지 순배출량 0을 달성하기 위한 방안으로, 2030년까지 2018년 총배출량 대비 40% 감축하는 것을 목표로 제시하였다.

---

26 NDC(nationally determined contribution)는 각 당사국이 감축, 적응, 재원, 기술, 역량배양, 투명성 등 분야에서 취할 노력을 스스로 결정해 제출한 목표를 의미한다.

27 '파리협정(Paris agreement) 의의 및 특징', 외교부 > 외교정책 > 기후변화・환경 > 활동현황

28 '탄소중립・녹색성장 국가전략 및 제1차 국가 기본계획(안) > 2050 탄소중립녹생성장위원회 > 소식・알림 > 공지사항

SECTION
1.4 전기와 에너지

현재 가장 주목받는 에너지이자 가장 보편화된 에너지인 전기를 생산하고 수송하는 과정을 이해하고 더 나아가 전기를 생산하는 산업인 발전산업에 대해 이해한다.

Keywords | 전기에너지 | 발전과 송전 | 변환장치 |

1 에너지 사용방법의 변화

에너지 소모가 증가하면서 에너지 사용방법에도 많은 변화가 생겼다. 가장 큰 변화는 에너지 소비 형태가 다양해진 것이다. 단순히 난방이나 조리를 위한 소비에서 벗어나 다양한 종류의 에너지를 사용하는 설비와 장치, 그리고 에너지 운송법과 저장법이 개발되었다. 엔진과 동력전달기구를 이용해 기계를 구동하기 위해 에너지를 소모하던 시대를 지나 각종 형태의 정보와 자료의 수집 및 편집을 위해 에너지를 사용하는 시대에 이르렀으며, 의료기기와 주방기기들도 정보를 전달하거나 장치를 구동하기 위해 여러 형태의 에너지를 소모하게 되었다.

즉 동력으로 사용되면서 정보를 처리하고 저장하는 한편 새로운 정보를 생성하기도 하는 에너지 수단이 등장하며 에너지 수요의 대상과 폭이 매우 혁신적으로 늘어나게 되었다. **1차 산업혁명**이 기계기술의 혁명이라면 **2차 산업혁명**은 에너지의 혁신이라고 하는 전기기술의 혁명인 것이다.

전기가 에너지로 사용된 계기는 동력원으로 사용할 수 있는 장치의 개발과 이용의 확대에 있다. 1895년 미국 볼티모어에서 세계에서 첫 번째 전기철도가 운영되었는데, 이는 1825년 영국 스톤턴에서 세계 최초 상업용 열차가 운영된 지 단 70년 만의 일이었다. 농경사회에서 산업사회로 전환된 기간을 생각해보면 매우 급속한 변화가 아닐 수 없다.

★ 산업혁명의 역사적 단계 ★

- 1차 산업혁명 : 자동화된 동력전달 기계기술의 등장과 대량생산
- 2차 산업혁명 : 전기에너지와 석유 소비 확대
- 3차 산업혁명 : 컴퓨터와 네트워크를 이용한 광범위한 정보생산과 에너지 대량소비

2 전기의 장점

기계동력은 에너지원인 고밀도자원을 순간적으로 연소시켜 발생하는 폭발력 혹은 고온의 열을 이용한 수증기의 증기압을 동력전달장치에 의해 전달해 사용한다. 이 과정은 한 곳에서 연속적으로 수행되며, 1차에너지 형태를 정제해 2차에너지 형태로 가공한다. 이를 저장하고 운반하려면 추가적인 비용이 발생한다.

반면 전기는 다양한 방식으로 생산할 수 있는 2차에너지 형태로, 기계동력에 비해 저장과 운반이 비교적 용이하다. 전선만 있으면 어디든 전달이 가능하고 필요시 일부 저장과 휴대가 가능하다. 또한 생성한 곳에서 바로 소비하지 않고 거리와 장소에 상관없이 필요한 장소에서 필요한 양의 에너지를 사용할 수 있다. 그만큼 전기 수요가 늘어났고 전기는 에너지의 대명사나 다름없는 상황이 되었다.

★ 전기에너지의 특징 ★

- 운반, 저장, 휴대가 쉽다.
- 생성 수단, 소비형태가 다양하다.
- 관리 및 제어가 쉽다.

우리는 열을 얻기 위해 전열기를 사용하고 기계를 구동하기 위해 전동기를 사용하며, 조리를 위해 전자레인지를 사용한다. 또한 정보를 얻기 위해 텔레비전과 컴퓨터를 이용하며, 친구와 이야기를 하고 정보를 공유하기 위해 스마트폰을 사용한다. 전기자동차와 같은 운송수단의 구동을 위해 에너지를 사용하고 세탁과 공기정화 및 환경유지를 위해 모터와 센서를 사용한 공조시스템을 구비하기도 한다. 이 모든 일들은 전기가 있기에 가능한 일들로, 이뿐만 아니라 2차에너지인 전기에너지를 다양한 방법으로 사용하는 에너지의 최종 소비 형태가 도처에 널려있다.

이전에는 이런 일들을 수행하기 위해 다양한 에너지를 사용해야 했으나 이제는 전기로 모두 해결할 수 있다. 왜 전기가 모든 역할을 대신하게 되었을까?

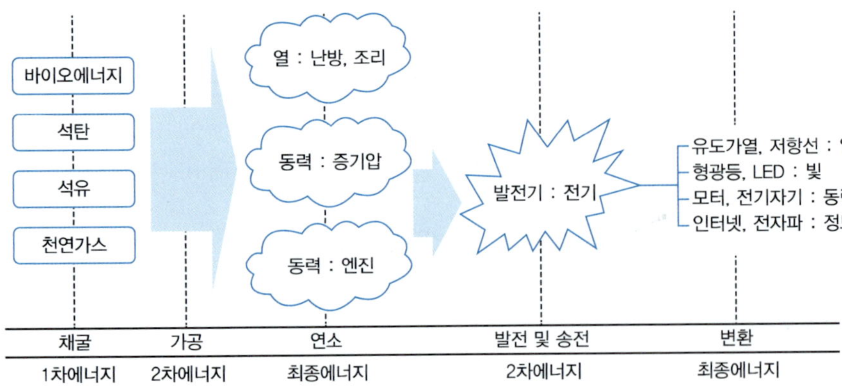

[그림 1-9] 전통적 에너지원으로부터 에너지를 생산하고 소비하는 과정

3 전기의 편안함을 위한 장치들

전기의 변화능력은 참으로 놀랍다. 이런 변화무쌍한 전기는 수송과 유통에도 능한데, 멀리 떨어져 있는 발전소에서부터 도심의 가정과 사무실 및 공장까지 배달되는 전력은 무한한 것처럼 보인다. 단지 지름 몇 밀리미터의 전깃줄 몇 가닥에 의지해 전송된 에너지가 이토록 많은 일을 할 수 있다는 것은 매우 놀라운 일이다. 이처럼 우리 주변에 너무 흔하고 풍부해서 인식하지 못하지만 전기는 일상에 매우 깊숙하게 자리잡고 있다. 석탄이나 석유의 운반과 저장방법과 비교하면 전기가 얼마나 편리하고 사용하기 쉬운지 알 수 있다.

전기의 이런 이점은 이동 및 송배전의 자유로움과 건전지와 축전지를 이용한 휴대의 간편함, 그리고 적용과 변환의 용이함으로 정의할 수 있다. 이러한 장점은 **전력변환장치**[29]라고 불리는 전기기기와 전력설비들의 도움이 절대적이며, 정밀하고 안정적인 전력공급과 전력품질의 유지를 위해서는 **전력용 반도체 소자**와 소형 컴퓨터, 마이크로프로세서, 센서 등을 이용한 제어장치가 필수적이다. 현대의 대부분의 자동화 설비들이 그러하듯 전력설비도 인터넷과 긴밀하게 연결되어 자동화된 운영과 실시간 원격 모니터링과 제어의 관리를 통해 보다 안전하고 효율적으로 사용할 수 있게 스마트화 되고 있다. 대표적으로 스마트 그리드(Smart-Grid)를 구성하기 위해 핵심이 되는 실시간 전력사용량을 모니터링하고 통제할 수 있는 장치인 AMI(Advanced Metering Infrastructure)와 전력관리장치인 EMS(Energy Management System)가 있다.

현대의 에너지 공급은 전기를 공급하는 전력설비와 송전된 전기를 수요자의 필요에 맞게 사용할 수 있도록 하는 전기설비가 반드시 필요하다. 즉 고전압부터 저전압에 이르는 다수의 전압과 교류의 주파수에 따라 전기의 종류는 다양하지만 기본적으로 전기의 공급은 수요자의 요구사항을 기술적 지원을 통해 해결하고 있다.

29 전기적 특성을 변환시키는 장치이다. 전기는 전압, 전류, 주파수 등의 특성을 갖는 물리현상으로, 사용상의 안전과 필요에 따라 전기적 특성을 변환시킬 수 있다.

CHAPTER

01 연습문제

1.1 에너지에 대한 설명으로 의미가 다른 것을 고르시오.

① 사전적으로는 '물체가 일을 할 수 있는 능력'으로 정의한다.
② 일할 수 있는 능력을 제공하는 물질이나 자연현상을 말한다.
③ 산업현장에서 동력을 얻는 데 필요한 연료를 말한다.
④ 물질을 화학적 혹은 물리적으로 변화시킬 수 있는 능력을 말한다.

1.2 산업혁명을 통해 산업화시대가 되면서 농경사회와 달라진 에너지 사용의 특징이 아닌 것을 고르시오.

① 높은 열량의 연소열을 유지할 수 있는 원료를 선호하였다.
② 바이오매스의 열량을 높여 에너지 밀도를 향상하였다.
③ 내연기관은 효율을 위해 에너지 밀도가 높은 에너지원인 석유를 사용하였다.
④ 증기기관에 사용하는 석탄은 석유에 비해 화력이 낮아 더 많은 양을 소비하였다.

1.3 성인 한 명이 하루에 소비하는 에너지는 약 23×10^4 kcal이다. 이 에너지의 크기를 Wh로 환산한 것으로 옳은 것을 고르시오.

① 4,184 kW　　② 267.31 kW　　③ 96.232 kW　　④ 860.4 kW

1.4 다음은 에너지의 가공 여부에 따른 1차에너지에서 최종에너지까지의 의미를 단계별로 서술한 표이다. 빈칸의 알파벳과 설명을 연결한 것으로 옳지 않은 것을 고르시오.

1차에너지	→	2차에너지	→	최종에너지
(A)		(B)		(C)
태양열·조력·파력 풍력·수력·지열, 석탄·석유·천연가스, 원자력(우라늄), 장작, 숯, 목탄 등		전기, 도시가스, 석유 제품, 코크스 등		열, 빛, 동력

① A – 자연으로부터 얻을 수 있는 에너지　　② C – 소비 형태
③ B – 변환·가공하여 운반, 저장　　④ C – 재사용 연계

1.5 1차에너지를 가공하고 정제하여 2차에너지 형태로 만드는 것은 동일 무게 혹은 부피 대비 열량을 높이기 위한 것이다. 이렇게 같은 물리량 대비 열량을 지칭하는 표현으로 옳은 것을 고르시오.

① 에너지 밀도 ② 에너지 가격 ③ 에너지 크기 ④ 에너지 효율

1.6 $a\,\mathrm{m/s^2}$의 가속도로 $s\,\mathrm{m}$를 움직인, 질량이 $m\,\mathrm{kg}$인 물체가 한 일을 계산하시오(단, 마찰과 저항 등은 무시한다).

① $W = Ma^2S$ ② $W = MaS$ ③ $W = \frac{1}{2}Ma^2$ ④ $W = \frac{1}{2}MS$

1.7 수직낙하하는 물체는 중력가속도(g)의 영향으로 낙하하여 지면과 가까워져 높이가 낮아질수록 속도가 빨라진다. $h\,\mathrm{m}$의 높이에서 낙하하기 시작한, 질량이 $m\,\mathrm{kg}$인 물체가 지면에 도착했을 때의 속도를 계산하시오(단, 저항 등은 무시한다).

① $v = \frac{\sqrt{gH}}{2}$ ② $v = \frac{gH}{2}$ ③ $v = 2gH$ ④ $v = \sqrt{2gH}$

1.8 역학적 에너지는 상호작용을 통해 속도와 위치의 관계에서 에너지의 형태를 바꿔도 에너지가 보존된다. $v\,\mathrm{m/s}$의 속도로 수직으로 쏘아 올린, 질량이 $m\,\mathrm{kg}$인 물체가 최대로 올라갈 수 있는 높이를 계산하시오(단, 저항 등은 무시한다).

① $H = \frac{v}{2g}$ ② $H = \frac{v^2}{g}$ ③ $H = \frac{v^2}{2g}$ ④ $H = \frac{v}{g}$

1.9 원운동을 통해 회전하고 있는 물체는 제자리를 주기적으로 지나가는, 실질적으로 속도가 0인 운동을 하고 있다. 따라서 회전하는 물체의 속도는 거리가 아니라 초당 움직인 각도인 각속도로 표시한다. 각속도의 표현으로 옳지 않은 것을 고르시오.

① $\omega = 2\pi r/T$ ② $\omega = \frac{v}{r}$ ③ $\omega = 2\pi/T$ ④ $\omega = 2\pi f$

1.10 열에너지에 의한 상변화와 잠열의 관계를 설명한 것으로 옳지 않은 것을 고르시오.

① 고체에서 액체로 상태가 변하는 동안을 상변화라고 한다.
② 상변화가 일어나는 동안 공급된 열에너지는 온도를 높이는 데 사용한다.
③ 상태가 변하는 동안 열에너지는 분자들의 결합력을 끊는 데 사용된다.
④ 온도를 높이는 데 사용하지 못하고 상변화에 사용한 열을 잠열이라고 한다.

1.11 자유롭게 움직이며 온도에 민감한 물질인 기체 분자의 운동에너지를 기체 상수 R을 이용해 표현한 것으로 옳은 것을 고르시오(단, 기체의 몰수는 n으로 표현한다).

① $\frac{1}{2}mv^2 = \frac{3}{2}kRT$ ② $\frac{1}{2}mv^2 = \frac{3}{2}nRT$

③ $\frac{1}{2}mv^2 = \frac{3}{2}RT$ ④ $\frac{1}{2}mv^2 = \frac{3}{2}nkR$

1.12 에너지는 에너지의 크기에 단위시간을 나눈 일률로 계산하며, 전력의 일률은 열량 ÷ 시간 (J/s)으로 나타낼 수 있다. 1초 혹은 1분이나 1시간 동안의 에너지의 양을 계산하려면 전력의 일률 단위에 시간을 곱해 표시한다. 이러한 계산의 단위로 옳은 것을 고르시오.

① Wh ② W/h ③ h/W ④ W/J

1.13 25℃ 1기압에서 1몰인 탄소의 연소 시 1kJ의 에너지가 생성될 때 발생하는 CO_2의 양을 계산하시오(CO_2의 분자량은 44g/mol이다).

① 0.1g ② 0.2g ③ 0.3g ④ 0.4g

1.14 에너지 보존 법칙에 따라 변화를 반복해도 에너지의 양은 변하지 않지만 이를 통해 에너지로 일을 하거나 저장하는 것은 가능하다. 이러한 관계를 옳게 설명한 것을 고르시오.

① 에너지의 크기를 변환하는 과정에서 우리가 필요로 하는 일을 하도록 활용한다.
② 에너지의 상태를 변환하는 과정에서 우리가 필요로 하는 일을 하도록 활용한다.
③ 에너지의 손실을 일으키는 과정에서 우리가 필요로 하는 일을 하도록 활용한다.
④ 에너지의 외부작용의 과정에서 우리가 필요로 하는 일을 하도록 활용한다.

1.15 효율의 최대 크기는 0 이상이고 1 미만이다. 이에 대한 설명으로 옳지 않은 것을 고르시오.

① 에너지 보존 법칙에 의해 독립된 시스템에서는 항상 일정한 에너지 양을 유지하기 때문이다.
② 에너지가 한 방향으로 변환되거나 일을 하는 비율을 효율이라고 하기 때문이다.
③ 입력에너지의 크기를 기준으로 변환된 출력량의 최대 크기는 장치의 성능에 따라 확대되기 때문이다.
④ 원래의 양이 사라지는 것이 아니라 변환되어 다르게 존재하기 때문이다.

1.16 손실과 효율에 대한 설명으로 옳지 않은 것을 고르시오.

① 효율은 입력에 대한 출력의 비율이다.
② 효율은 입력에 대한 손실의 비율을 최대 효율을 의미하는 1에서 뺀 것이다.
③ 일의 결과 중 잘된 결과와 잘못된 결과를 합한 것이 투입한 에너지의 크기가 된다.
④ 일을 하는 중에 사용하지 못하고 버린 에너지를 손실이라고 한다.

1.17 화석연료의 생성 과정 중 석탄화 과정에 대한 설명으로 옳지 않은 것을 고르시오.

① 석탄은 지질시대의 동물들이 따뜻한 늪지대에 묻힌 후 변성된 것이다.
② 식물체의 물질이 공기와 차단되어 긴 세월이 지나면 이탄이 된다.
③ 열과 압력을 받아 불순물과 휘발성 물질들이 제거되고 탄소가 남는 과정이다.
④ 오랜 기간 탄소 함량이 점점 쌓이고 높아지는 석탄화 작용을 겪는다.

1.18 셰일층에 저장되어 있는 셰일오일과 셰일가스는 엄청난 매장량에도 불구하고 진흙이 섞여 있어 채굴이 어려운 환경으로 인해 개발이 어려웠다. 이를 극복하기 위해 도입된 방법을 고르시오.

① 수직시추법
② 수압파쇄 수평시추법
③ 수평시추법
④ 수압파쇄 수직시추법

1.19 열순환장치와 카르노 사이클의 관계에 대한 설명으로 옳은 것을 고르시오.

① 연소 시 모든 에너지가 열기관에 열을 발생하는 데 사용된다.
② 카르노 사이클에 의해 열순환장치의 변환효율이 제한된다.
③ 열역학상의 에너지 변환의 방향이 한 방향이다.
④ 단열변화 시 단열팽창 압축, 등온압축 팽창의 순서로 변화한다.

1.20 탄소순환 과정을 통해 이산화탄소가 대기 중에 증가하는 과정으로 옳은 것을 고르시오.

① 대기 중의 탄소는 이산화탄소 형태로 존재하며, 식물에 의해 광합성작용 후 생물체 내로 유입되거나 물에 용해된다.
② 물에서는 탄산이온과 탄산수소 이온으로 존재하는데, 대기권에 방출하거나 화학 반응을 통해 침전물의 형태로 지면에 퇴적된다.
③ 지면에서는 석회암 혹은 유기탄소(퇴적암)와 탄화수소(화석연료) 형태로 있으며, 물에 녹거나 연소나 화산활동 등으로 대기에 방출된다.
④ 유기물인 생물은 호흡과 음식으로 탄소를 섭취하여 배설물이나 사체에 포함된 탄소를 화석화하여 땅으로 돌려보낸다.

1.21 교토의정서의 의의는 에너지 소비와 환경의 공학적이고 과학적인 문제를 보다 관심이 높은 경제적인 문제로 변환한 것에 있다. 교토의정서에 대한 설명으로 옳은 것을 고르시오.

① 자율성에 근거한 CO_2 감축안을 제시했다.
② 모두가 참여하는 포괄적 체제를 구축했다.
③ 배출권거래제라는 근거를 마련했다.
④ 기후변화에 영향을 미치는 여러 원인물질을 규정했다.

1.22 빈칸에 들어갈 내용을 올바르게 나열한 것을 고르시오.

전기에너지에는 다양한 장점이 있으며, 이동 및 송배전의 자유로움과 건전지와 축전지를 이용한 휴대의 간편함, 그리고 적용과 변환의 용이함으로 정의할 수 있다. 이러한 장점은 (　　　)의 도움이 절대적이며, 정밀하고 안정적인 전력공급과 전력품질의 유지를 위해서는 (　　　) 혹은 마이크로프로세서, 그리고 센서 등을 이용한 제어장치가 필수적이다.

① 전력용 반도체 소자, 전력변환장치
② 전력변환장치, 전력용 반도체 소자
③ 전력용 반도체 소자, 소형 컴퓨터
④ 소형 컴퓨터, 전력용 반도체 소자

CHAPTER

02

신재생에너지의 의미

이 장에서는 1장에서 개략적으로 설명한 다양한 에너지 중에서 최근 가장 주목받는 신재생에너지의 산업 분야와 산업 동향, 정책 등을 설명한다. 기술적이고 상세한 서술은 3장부터 다룰 것이다. 다만 산업 동향과 정책은 신재생에너지 분야가 경제적이고 환경적인 이유로 급속히 변화하고 있어 큰 틀에서만 서술하였다.

CONTENTS

SECTION

2.1 세계 에너지 현황

에너지는 수요와 공급의 균형이 매우 중요하고 수급균형의 원리에 따라 움직인다. 그럼에도 불구하고 경제논리와 기술적 진보가 서로 융합하기도 하고 대립하기도 하는 것은 예측과 통계의 불확실성이 높기 때문이다.

Keywords | 에너지 통계 | 국제에너지기구(IEA) | 에너지 기술 전망 |

1 세계 에너지 소비 현황

COVID-19로 발생했던 팬데믹은 에너지 분야에 엄청난 영향을 미쳤다. 실질적으로 영향을 미친 기간은 짧았으나 기후온난화의 주범인 이산화탄소의 배출 원인이 에너지였음을 명확하게 보여 주었다.

BP의 에너지 통계(2021)[1]에 따르면 2020년 세계 1차 에너지 소비량은 2019년 대비 4.5% 감소하였다. 이는 COVID-19의 영향으로 에너지 소비 증가율이 2019년 1% 증가한 것과 비교했을 때 5배나 감소한 수치이다. 2020년의 에너지 부문 이산화탄소 배출량 또한 지난 10년간의 평균 증가율인 1.4%보다도 낮은 6.2%의 감소세를 기록했지만 2021년에는 이산화탄소 배출량이 다시 10% 이상 급격하게 상승하였다.

같은 보고서에서 석탄 소비는 전체적으로 4.2% 감소하였으며, 사용되는 1차에너지 중 석탄의 비율은 27.18%로 내려갔다고 분석하고 있다. 석유는 1.73% , 천연가스는 5.4% 감소하였다고 보고하고 있다. 반면 재생에너지의 비율은 9.7%라는 두드러진 증가세를 보였다. 실제로 2020년 1차에너지 소비 비중 중 재생에너지가 12.5%를 기록하였다.

1970년대에 석유 파동 이후 발전 및 난방용 석유의 수요는 급감하였지만 수송용 수요는 안정적으로 증가하였다. 정리하면 과거에 비해 석유의 비중은 감소한 반면 천연가스와 원자력, 재생에너지의 비중이 종합적으로 증가하였다.

2 2000년대 이후의 재생에너지 현황 및 전망

2000년대 이후 에너지 안보와 온실가스 감축이 중요한 관심사가 되면서 재생에너지는 가장 빠른 증가세를 보이고 있다. 환경문제와 기후문제 등이 전 지구적인 문제로 대두되면서 화석연료 사용에 대한 대안으로 각 나라들이 신재생에너지에 기술과 자본을 투자하고 있는 것이다.

1 BP Statistical Review of World Energy 2021

이런 이유로 국제에너지기구(IEA)는 세계적 규모의 에너지 정책과 환경 및 기후변화의 연관성을 상정하여 시나리오를 구상하고 향후 에너지 산업을 전망하고 있다. IEA는 2014년 발간된 '에너지 기술 전망(Energy Technology Perspectives, ETP 2014)' 보고서를 통해 세 가지 온도 상승과 관련한 기술적인 에너지 사용 전망 시나리오를 제시하고 있다.

■ 2℃ 시나리오(2DS)

2℃ 시나리오는 에너지 기술 전망의 주된 관심사이다. 지구 평균 기온 상승을 2℃로 제한할 가능성(50% 이상)이 있는 배출 경로와 에너지시스템 전개 경로를 제시하며, 2050년까지 2013년 대비 에너지 관련 이산화탄소 배출량을 60%까지 감축하는 것을 목표로 한다.

■ 4℃ 시나리오(4DS)

4℃ 시나리오는 각국이 배출량을 제한하고 에너지 효율을 향상하고자 약속한 바를 고려한다. 장기 기온 상승을 4℃로 제한할 수 있으며, 도전적 시나리오로서 정책과 기술의 뚜렷한 변화를 요구한다.

■ 6℃ 시나리오(6DS)

6℃ 시나리오는 현재의 배출 추세가 대체로 연장되는 것이다. 1차에너지 수요와 이산화탄소 배출량이 2050년까지 약 60% 증가하는 것을 가정한다.

이런 온도 상승 시나리오를 바탕으로 IEA는 에너지 정책에 대한 시나리오를 신규 정책 시나리오(New Policies Scenario, NPS), 현 정책 시나리오(Current Policies Scenario, CPS), 450 시나리오(450 Scenario)로 구분하여 제안하였다. 그러나 기후·환경문제의 심각성을 고려하여 신규 정책 시나리오는 제안 정책 시나리오(Stated Energy Policies Scenario, STEPS)로 변경되었다. 또한 450 시나리오는 목표로 하는 대기 중 온실가스 농도를 450 ppm 으로 안정화하여 지구 기온 상승을 2℃로 억제하는 것을 목표로 하는 에너지 경로 설정 시나리오였는데, 이 목표가 파리협약의 목표와 부합하지 않음을 확인하여 2016년 세계 에너지 전망(World Energy Outlook, WEO) 보고서에서 지속 가능한 발전 시나리오(Sustainable Development Scenario, SDS)로 변경되었다.

■ 제안 정책 시나리오(Stated Energy Policies Scenario, STEPS)

신규 정책 시나리오가 변경된 것으로, IEA의 기준 시나리오에서 국가 온실가스 감축 목표(Nationally Determined Contribution, NDC)와 화석연료 보조금 삭감계획을 포함하여 각국이 발표했던 계획과 정책 공약을 고려하여 작성되었다. 시나리오 중 가장 실현 가능성이 높다고 예상되며, 에너지 수요 증가와 이산화탄소 배출량 증가 사이의 연결고리를 약화하거나 분리하는 데 이바지할 것으로 예측된다. 이와 관련해 STEPS의 중간 정도의 강도 구현 시나리오인 목표 선언 시나리오(Announced Pledges Scenario, APS)가 있다.

■ 현 정책 시나리오(Current Policies Scenario, CPS)

현재 시행 중인 정책에 변화가 없음을 가정한다.

■ 지속 가능한 발전 시나리오(Sustainable Development Scenario, SDS)

온실가스 순배출 제로(NZE)[2]를 통해 **기온 상승폭을 1.5℃로 유지**하고자 하는 노력을 상정한 방안이다. IEA가 제시하는 기후변화에 대응하기 위한 가장 적극적인 시나리오로, 달성이 어렵지만 전 세계 에너지시스템이 2070년경에 넷제로(Net Zero), 즉 순배출 제로에 도달하고자 하는 노력을 담은 방법이다. 이를 위해 혁신 가속화 시나리오(Faster Innovation Case, FIC)를 제시하며, 800개 이상의 기술 옵션을 고려하여 전 세계 에너지시스템이 2050년에 넷제로에 도달하기 위한 기술적 논의점을 제시한다.

다양한 산업 부문에서, 특히 전기차와 같은 수송 분야에서 전력화 비중이 커지면서 전력소비 비중은 다른 최종에너지보다 크게 높아지고 있다. 실제로 2040년까지 세계 전력수요가 1차 에너지 수요의 2배 이상 늘어 연간 2.1%로 증가할 전망이며, 세계 최종에너지 소비(Total Final Consumption) 부분에서 2018년 19%를 차지했던 전력 비중은 '지속 가능한 발전 시나리오'에서 2040년 31%까지 도달할 전망이다. 이는 다음의 시나리오를 실현하기 위해 유도되는 과정이라고 할 수 있다.

■ 온실가스 순배출 제로(NZE, Net Zero Emission)

가장 이상적인 시나리오로, 달성이 쉽지 않을 것이라고 예측된다. 2050년까지 전 세계가 순배출 제로 경로를 달성하고 기온 상승폭을 1.5℃에서 유지하며, 2030년까지 에너지 접근성 목표 100%를 달성한다는 전제로 도출한 방법이다. 단, 이를 구현하기 위한 청정에너지 기술이 지속적으로 개발되고 있으나 NZE 실현을 활성화할 수 있는 정책이 부족하다는 문제점이 있다.

에너지 기술 전망 시나리오를 제시한 IEA는 지속 가능한 발전 시나리오는 에너지 부문의 급속한 전환을 제시하면서 에너지 효율화(Energy Efficiency)와 재생에너지(Renewabls) 도입이 필요함을 강조하고 있다. 또한 넷제로 달성을 위해 배터리, 탄소포집의 저장 및 활용(Carbon Capture Utilization and Storage, CCUS), 수소 및 연계 기술, 바이오에너지 관련 기술들이 필요하다고 보고 있다.

---

2 온실가스(GHG)의 배출량과 흡수량을 같게 하여 순(Net)배출을 0(Zero)으로 만드는 것을 의미한다.

SECTION
2.2 우리나라 전력통계

대한민국의 에너지 관련 수치 정보 자료는 매년 한국전력에서 제작하는 한국전력통계를 통해 발표되고 있다. 이런 통계자료는 산업 동향과 맞물려 매우 중요한 경제지표와 기술지표로 사용되고 있다.

Keywords | 부하율 | 이용률 | 수급균형 | 한국전력통계 |

1 부하율과 이용률

1장에서는 다양한 에너지의 형태와 문명 발달에 따른 에너지의 변천사에 대해 이야기하였다. 기술의 발달은 자동화와 자율성을 고도로 발전시켰고 이에 따라 에너지의 휴대성, 자유로움, 편안함 등의 요구사항은 높아졌다. 에너지 이용방법 또한 매우 다양해져 열과 빛뿐만 아니라 정보와 통신, 동력 등 변환하기 쉽고 동시에 여러 일을 할 수 있도록 에너지를 사용하는 것이 요구되고 있다. 앞서 이런 요구사항과 다양한 조건에 적합한 에너지 형태는 전기로 귀결됨을 설명하였다. 따라서 전력의 생산과 전송 및 안전하고 안정적인 사용은 현대 사회에 필수 불가결한 것이 되었다.

대한민국의 2022년 한 해 전력생산량(gross generation)은 594,400 GWh[3] 정도이며, 이만큼의 전력을 생산하기 위한 생산설비용량, 즉 시설용량(generating facilities)은 138,194 kWh 이다. 이때 중요한 지표는 평균전력(average load)과 최대전력(peak load)으로, 각각 67,853 kWh와 94,509 kWh 정도이다. 이는 71.8%의 부하율을 나타내는 것으로, **부하율**(load factor)이란 최대전력에 대한 평균전력의 비율을 백분율로 표시한 것이다.

★ 부하율 ★

$$\text{부하율} = \frac{\text{평균전력}}{\text{최대전력}} \times 100$$

한국전력에서 통계자료를 발간하기 시작한 1961년의 부하율은 66%였으며, 그 이후 매년 연간 부하율은 평균 75%를 유지하고 있다. [그림 2-1]은 2022년까지의 연간 및 월별 부하율을 나타낸 것이다. 연간 부하율에 비해 월별 부하율이 높은 것은 월별 최대전력과 평균전력의 차이가 크지 않기 때문이며, 계산 원리에 따라 연중 최대전력은 계절적 요인으로 평균전력과 비교하여 매우 큰 차이가 있기 때문이다. 즉 여름과 겨울이면 온도변화에 따라 전력 사용량이 급격히 변동한다는 것이다.

3 2022년 한국전력통계 제92호 (2023.05)

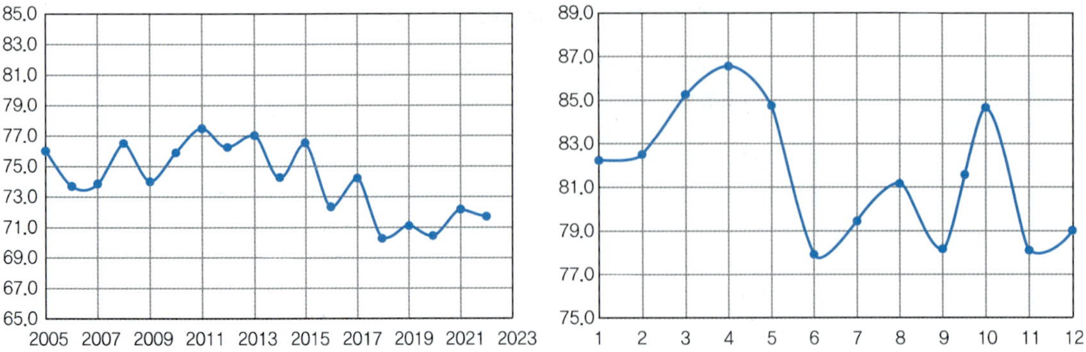

(a) 연간 부하율(2005～2022) (b) 월별 부하율(2022)

[그림 2-1] 2005년부터 2022년까지의 연간 부하율의 변동 그래프와 2022년도 월별 부하율의 변동 그래프

부하율과 더불어 관심 있게 봐야 하는 지표는 **이용률**(plant factor)이다. 이용률은 시설용량에 대한 평균전력량을 백분율로 나타낸 것이다. 이는 우리가 사용하는 전력생산에 필요한 설비의 적절성을 보여주는 것으로, 수요(사용량)에 대한 공급(생산량)을 평가하는 중요한 지표가 된다.

★ 이용률 ★

$$\text{이용률} = \frac{\text{평균전력}}{\text{시설용량}} \times 100$$

연간 이용률에 대한 지표는 1961년 55.1%로 시작되었으며, 2000년 이후의 지표는 변동이 비교적 크다. [그림 2-2]는 2022년까지의 연간 및 월별 이용률을 나타낸 것이다. 무엇보다 70% 이하를 유지하던 이용률이 2010년과 2012년 사이에 75%를 육박했다. 최근 가파르게 감소하여 2020년에는 48.7%를 기록하였다.

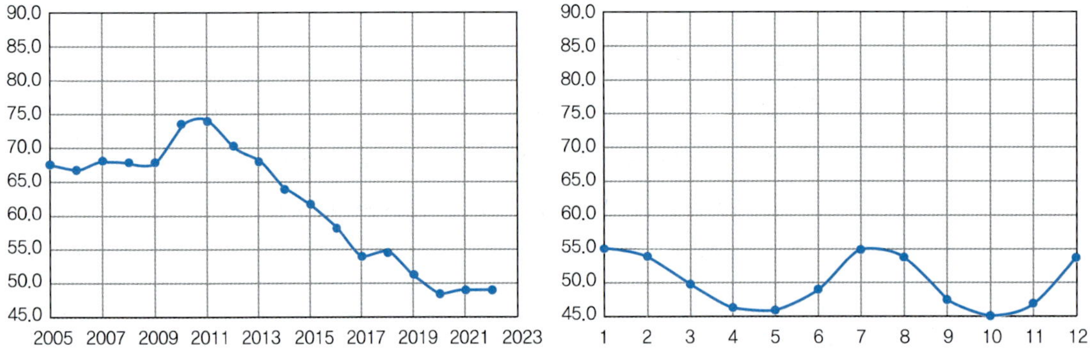

(a) 연간 이용률(2005～2002) (b) 월별 이용률(2022)

[그림 2-2] 2005년부터 2022년까지의 연간 이용률의 변동 그래프와 2022년도 월별 이용률의 변동 그래프

전력생산 설비용량과 발전량의 꾸준한 증가가 있었으나 부하율의 3.9%로 변동이 크지 않은 것에 비해(77.7% → 73.8%), 이용률이 19.9%라는 큰 폭으로 변화(73.9% → 54.0%)한 것은 눈여겨봐야 할 일이다.

에너지의 생산과 소비의 예측은 정책이나 경제적인 문제에 민감하게 영향을 받으며, 연간 지표는 거시적으로 계획을 세우고 예측하는 데 필요한 자료가 된다. 무엇보다 추세에 대한 예측을 통해 수급균형을 맞추는 것은 매우 중요한 문제이다. 수급균형은 수요와 공급의 균형으로, 전력은 생산과 소비가 일치하는 것이 기술적으로 매우 중요하다. 전력의 부족은 정전을 야기하며, 전력의 과잉은 전력사고를 야기할 수 있기 때문이다.

부하율의 연도별 수치변화와 함께 중요한 것은 월별 수치이다. 월별 최대전력 수치는 7~8월과 12~2월에 90 MWh 정도로 높고 4월과 5월에 70 MWh 정도로 낮다. 반면 부하율은 6~9월과 11~2월에 낮다. 부하율이 평균전력과 최대전력을 비교하는 방식임을 생각하면 여름과 겨울의 최대전력은 당월 평균전력을 상당히 상회하며, 여름의 가장 무더운 시간과 겨울의 가장 추운 시간의 전력량이 최대를 이루고 있음을 짐작할 수 있다.

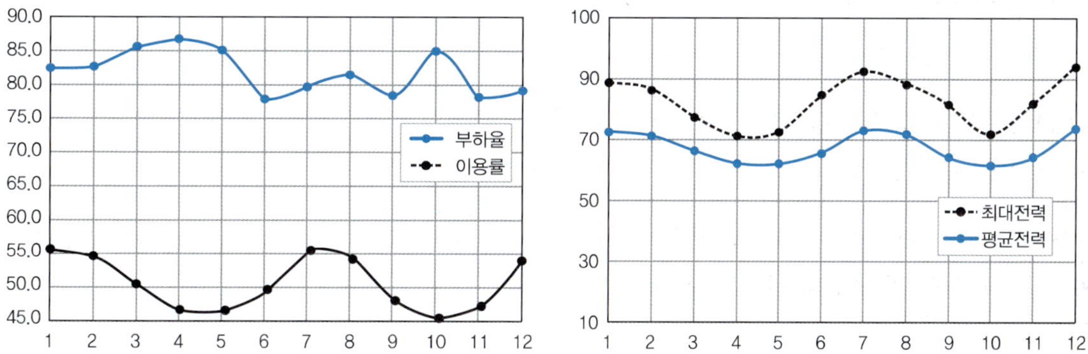

(a) 월별 부하율과 이용률(백분율)

(b) 월별 평균전력과 최대전력(MWh)

[그림 2-3] 2022년 월별 부하율과 이용률 및 월별 평균전력과 최대전력의 변동 그래프

[그림 2-3]을 통해 월별 평균전력은 연간 평균전력에서 크게 벗어나지 않고 있음을 알 수 있다. 계절별로 전력사용량이 증감하고 있는 형태를 볼 수 있으며, 이용률이 계절변화에 따른 평균전력이나 최대전력의 변화와 형태적으로 유사함을 보이고 있다.

계절 외에도 전력의 균형을 맞추기 어려운 요인 중 또 다른 하나는 발전소 운영에 있다. 발전설비를 가동하고 정지하는 공정과 시간의 통제는 매우 어렵다. 가정에서는 스위치를 누르면 바로 전기가 통해 전등이 켜지지만, 전력생산을 위해 발전소의 시작 버튼을 누른다고 해서 바로 전력이 생산될 수 있는 것이 아니기 때문이다. 따라서 발전설비의 평균전력생산과 최대전력의 차이가 터무니없이 크지 않게 조절하는 것이 반드시 필요하다.

2 국내 발전설비별 용량

앞서 2022년 국내 발전설비용량은 138,194kWh라고 하였다. 그렇다면 발전설비별 용량은 어떻게 될까? [표 2-1]은 한국전력에서 발간한 『2022년 한국전력통계(제92호)』에 나와 있는 발전전력량 추이 표이다.

[표 2-1] 에너지원별 발전전력량 추이 (단위 : GWh)

구분	2017	2018	2019	2020	2021	2022
수력(hydro)	6,995	7,270	6,247	7,148	6,737	7,256
기력(steam)[4]	237,332	237,498	220,918	189,426	191,575	188,477
복합(combined cycle)[5]	99,619	116,836	110,289	111,759	130,358	123,996
내연력(internal Combustion)[6]	513	528	579	405	491	570
원자력(nuclear)	148,427	133,505	145,910	160,184	158,015	176,054
집단(group)[7]	36,194	47,033	46,058	45,567	48,326	49,159
신재생(new & renewable)	24,145	27,177	30,526	31,057	39,102	47,266
기타	-	-	1,367	4,940	1,181	1,172
합계	**533,225**	**569,847**	**561,894**	**550,486**	**575,785**	**593,950**

[표 2-1]에서 집단[8]이란 집중된 에너지 생산시설인 열병합발전소(CHP)나 소각로 등에서 LNG, 유연탄 등의 연료를 사용하여 열과 전기를 동시에 생산하여 판매하는 시설이다. 생산된 열은 아파트, 빌딩 등의 난방열 혹은 산업체의 공정용으로 소비자에게 직접 공급되며, 생산된 전기는 전력거래소에 판매된다. 연소를 통한 발전설비이므로 미세먼지와 SO_x, NO_x 등이 배출되지만 극히 적은 양이기에 기존 화력발전소에 비하면 친환경설비에 가깝다.

복합화력발전은 발전설비를 1차와 2차 설비로 조합한 발전 방식이다. 1차 설비인 가스터빈 내부에서 연료를 태워 만든 고온의 연소가스로 발전하며, 1차 설비에서 배출되는 가스에 남아있는 열을 이용해 2차 설비인 배열회수보일러로 생산된 고온고압의 증기로 2차로 발전한다.

4 증기터빈을 이용한 화력발전소를 말한다.

5 1차 가스터빈, 2차 증기터빈(혹은 열공급) 발전 형식을 말한다.

6 연소실 내에서 공기와 연료를 혼합하여 고압의 동작가스를 만들어 기계적인 일로 변화하는 내연기관으로, 전기를 생산하는 발전소를 말한다.

7 집단(열병합)은 2004년 1월부터 수력 및 중유로부터 분리되었다. 소수력은 대체에너지로 포함되다 2006년 이후 수력으로 분류되었다.

8 에너지법 제7조(지역에너지계획의 수립) 2항의 5. 「집단에너지사업법」 제5조 제1항의 '집단에너지 공급대상지역으로 지정된 지역의 경우 그 지역의 집단에너지 공급을 위한 대책에 관한 사항'과 「집단에너지사업법」 제2조(정의)<개정 2017. 11. 28.> 제1항에 따라 집단에너지란 2개 이상의 사용자를 대상으로 공급되는 열 혹은 열과 전기를 말한다.

복합화력은 연료의 연소열을 가스터빈과 배열회수보일러에서 각각 1차와 2차의 다단 방식으로 2회 활용하므로 에너지 이용 효율성이 높고 설비운전 시작부터 전력생산까지 걸리는 시간이 짧아 전력수요에 변동이 발생했을 때 빠르게 대응하는 속응성이 높다. 또한 청정연료인 천연가스를 사용하여 황산화물, 분진, 매연 등이 거의 발생하지 않는다.

복합화력의 발전용량과 집단에너지의 설비는 매년 증가하는 추세이다. 신재생에너지의 용량 역시 2017년에 비해 2022년에 1.95배 증가하였다. 내연력발전설비도 미미하지만 꾸준히 사용되는 발전설비이다. 우리나라의 내연발전소는 주로 제주내연, 울릉도내연, 조도내연 등 전력선이 보급되기 어려운 섬 중심으로 운전 중에 있다.

2022년 기준 신재생에너지 발전설비는 전체 설비 중 7.57%를 차지하고 있다. 가장 높은 비율은 화력발전소의 한 형태인 수증기발전설비로, 전체 설비 중 30.18%를 차지한다. 기력, 복합, 내연력발전설비는 화석연료를 연소시켜 발전하는 화력발전 형태의 발전소이다. 이들의 합이 50.12%이고 원자력이 뒤를 이어 28.19%를 차지하고 있다. 일반적으로 수력과 신재생을 묶은 대체에너지 발전의 양은 8.73%이다. 이전에는 폐기물에너지를 주로 활용하는 집단발전 분야가 재생에너지의 일부로 포함되었으나 개정된 '신에너지 및 재생에너지 개발·이용·보급 촉진법'이 2019년 10월부터 시행되면서 폐기물에너지는 국내 재생에너지원 분류 범주에서 제외되었다.

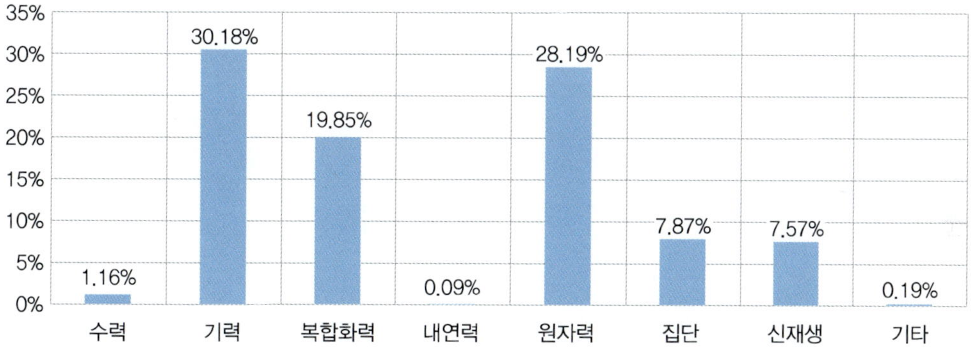

[그림 2-4] 발전설비별 용량 비율(2022년)

SECTION 2.3

전력계통

전력을 생산하고 소비지인 산업체나 사무실 혹은 가정에 보내어 소비하는 과정에서 사용되는 모든 설비와 그 요소들의 네트워크를 전력계통이라고 한다.

Keywords | 전력계통 | 송배전 | 직류와 교류 | 주파수제어 | 전력 |

1 전력계통이란?

전기를 생산하는 방식에 따라, 그리고 전기를 생산하기 위한 원료인 1차에너지의 종류에 따라 발전소를 구분할 수 있다. 앞서 살펴본 한국전력의 통계자료에서는 발전소를 원료와 방식으로 구분하는데, 집단 발전설비는 화석연료를 주원료로 하며, 화력발전소 형태의 기력, 복합, 내연력 방식을 사용하고 있다.

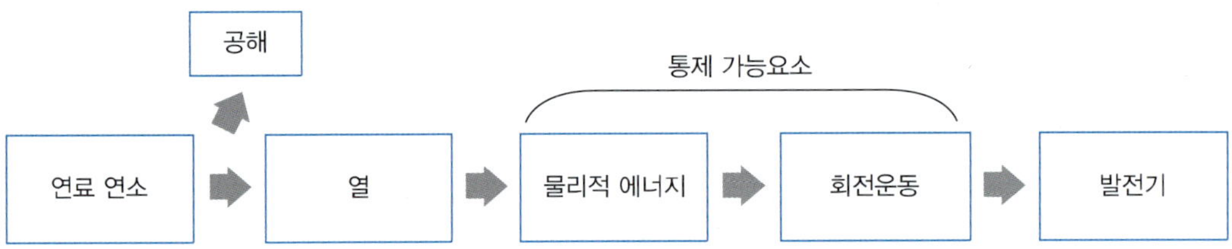

[그림 2-5] 전력시스템을 위한 일반적인 형태

우리가 알고 있는 대부분의 발전소 형태를 살펴보면 [그림 2-5]와 같이 연소를 통해 우리가 필요한 형태인 열에너지를 이용하는 화력발전소가 주를 이룬다. 화력발전소는 전력을 생산하기 위한 핵심적인 장치로 발전기와 보일러를 갖추고 있다. 보일러에 투입되는 에너지, 즉 연소용 연료의 양을 조절하여 증기압 혹은 가스압을 조절하며, 이 압력에 의해 터빈이 회전하도록 한다. 회전하는 터빈은 회전력, 즉 토크를 통해 발전기의 회전축을 회전시켜 전기를 생성한다. 그러나 발생한 전기는 우리가 사용하는 60 Hz 단상 220 V 혹은 3상 380 V 의 형태가 아니고 일정한 형태를 꾸준하게 유지하는 것도 아니어서 곧바로 소비하기에는 매우 위험하다. 따라서 우리가 사용하는 표준 형태의 전압과 주파수 등을 '유지하도록 제어된' 전력을 공급할 수 있도록 전력변환장치를 이용해야 한다.

이렇게 전기를 생산하는 발전으로부터 전력망을 이용한 송전과 배전을 통해 소비측인 수용가에게 공급하는 일련의 과정을 **전력계통**(electric power system)이라고 한다.

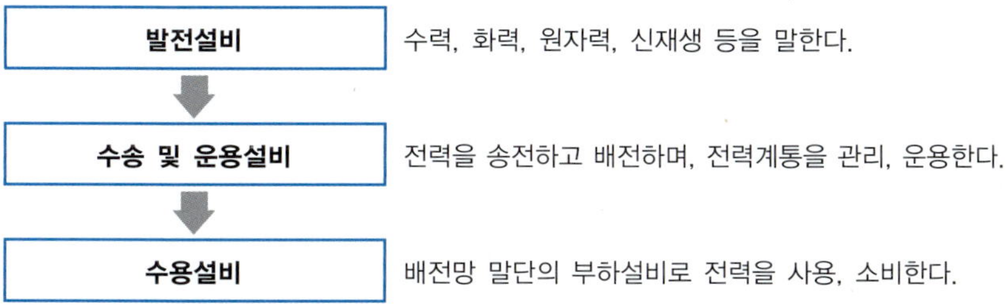

[그림 2-6] 전력계통의 구성

전력계통은 전력을 생산하기 위한 발전설비(수력, 화력, 원자력, 신재생 등)와 발전설비에서 생산된 전력을 수용 장소까지 수송하고 배분하기 위한 설비로, 송전선, 변전소, 배전선 등의 설비인 수송 및 운용설비, 그리고 수송된 전력을 소비하고 사용하기 위한 모든 일련의 설비인 수용설비로 구성된다.

발전소에서 생산된 전기의 전압은 15~25kV가 일반적이다. 그러나 소비자에게 공급되는 전력은 전압의 제곱에 비례하여 결정되므로 이 정도의 낮은 전압을 통해서는 대전력을 원거리에 송전하기에 적당하지 않다. 그러므로 발전기 안에 승압변압기를 설치하여 대전력의 장거리 송전에 적당한 전압, 즉 154kV, 345kV, 765kV로 승압하여 공급하게 된다. 공급된 승압전압을 다시 변전소에서 154kV, 22.9kV로 강압하여 용도에 맞게 수용가로 공급하게 되는데, 이때는 배전용 변압기를 통하여 공급하게 된다(국내 여건상 배전전압은 22.9kV로 통일되어 있다). 이런 일련의 과정을 송배전계통이라고 한다.

[그림 2-7] 송배전계통 개념도[9]

2 우리나라의 전력송전 방식

국내의 전력송전 방식은 발전으로부터 배전의 말단에 이르기까지 거의 전부가 교류공급 방식에 의해 이루어지고 있다. 예외적으로 제주도는 전력계통의 공급신뢰도 향상 및 발전원가 절감을 위해 해남과 제주, 그리고 진도와 제주 간에 한해 직류공급 방식을 채택하고 있다.

9 '한전 전력통계속보' (2018.10)

[표 2-2] 직류공급 방식

	해남, 제주	진도, 제주
전압	교류 154kW ↔ 직류 ±180KW	교류 250kW ↔ 직류 ±250kW
용량	150MW×2 pole	200MW×2 pole
케이블	HVDC케이블 Solid Type – cu 800mm^2	HVDC케이블 Solid Type – cu 900mm^2
정격	180kW, 840A, 150MW	250kW, 800A, 200MW

직류공급 방식의 장점은 다음과 같다.

❶ **절연계급을 낮출 수 있다.**

교류공급 방식의 전압 최곳값에 $\frac{1}{2}$배의 전압을 사용하므로 전선들의 절연이 용이해진다. 케이블의 경우 과충전 용량이나 유전체 손실이 발생하지 않는다.

❷ **송전효율이 좋다.**

무효전력이나 표피효과에 대한 손실이 없어 효율이 좋다.

❸ **안정적이다.**

리액턴스 혹은 위상각에 대해 고려할 필요가 없으므로 교류 방식에 비해 비교적 안정적이다.

❹ **직류에 의한 계통연계는 단락용량이 증가하지 않으므로 교류계통의 차단용량이 작아도 된다.**

❺ **비동기연계가 가능하여 주파수가 다른 계통 간의 연계가 가능해진다.**

이런 이유로 대용량 장거리 송전, 해저 케이블을 포함한 직류 송전, 비동기연계-서로 다른 주파수 계통 간 연계, 과밀도시 지역의 직류 송전에 직류 송전계통이 적용되며, 국내에서는 해남과 진도에서 제주로 송전하는 방식에 사용되고 있다.

그러나 이런 직류공급 방식의 장점에도 불구하고 장거리 송전과 전압변경의 용이함을 이유로 국내에서는 주로 교류공급 방식의 송전을 사용하고 있다.

교류공급 방식의 장점은 다음과 같다.

❶ **전압의 승압 및 강압이 쉽다.**

부하의 용도에 다른 전압을 공급하기 위해 변압기를 활용하여 승압 및 강압을 용이하고 효율적으로 운용할 수 있다.

❷ **회전자계를 얻을 수 있다.**

국내의 여건상 60% 이상의 동력부하에 공급하는 교류전력을 통해 3상 교류를 공급함으로써 회전자계를 쉽게 얻을 수 있다.

❸ **일관된 운용이 가능하다.**

국내 부하의 대부분이 교류 방식으로 되어 있으므로 발전에서 변전까지의 전 과정을 합리적이고 경제적으로 운용할 수 있다.

3 수요측 부하의 변화에 따른 발전량 제어방법

주파수의 성분을 갖는 교류는 수급균형을 이루는 방법과 제어 방식에 **주파수 제어**라는 매우 유용한 해법을 제공하고 있다. 간단하게 그 방법을 설명하자면 응동(response)이라고 불리는 방식을 이용하여 수요측의 부하의 크기에 공급측의 발전량을 즉각적으로 대처하도록 하는 것으로, 응동의 근거는 바로 주파수 변동이다.

수용가 혹은 수용부하라고 불리는 수요측 부하의 크기가 변동될 때는 수요가 늘어나는 경우와 줄어드는 경우가 있다. 먼저 수요가 줄어든다는 것은 부하의 크기가 줄어든 것을 의미한다. 전력의 잉여분이 증가하면 발전기의 회전속도에 영향을 미치는 자력과 토크의 관계가 느슨해지며, 발전기 축의 회전속도가 동일한 연료량과 열량에 대해 빠른 속도로 변동된다. 발전기의 회전속도(주파수)의 변화가 결과적으로 빠른 회전속도에 의한 빠른 주파수가 되어 경부하를 감지하면 발전기가 정상이 될 수 있게 회전속도(주파수)를 줄이도록 에너지 공급량을 줄인다.

반대로 수요가 늘어난다는 것은 부하의 크기가 늘어난 것을 의미한다. 전력의 부족분이 증가하면 발전기의 회전속도에 영향을 미치는 자력과 토크의 관계는 빡빡해지며, 발전기 축의 회전속도가 동일한 연료량과 열량에 대해 느린 속도로 변동된다. 발전기의 회전속도(주파수)의 변화가 결과적으로 느린 회전속도에 의한 느린 주파수가 되어 과부하를 감지하면 발전기가 정상이 될 수 있게 회전속도를 늘리도록 에너지 공급량을 늘린다. [그림 2-8]은 이 과정을 나타낸 것이다.

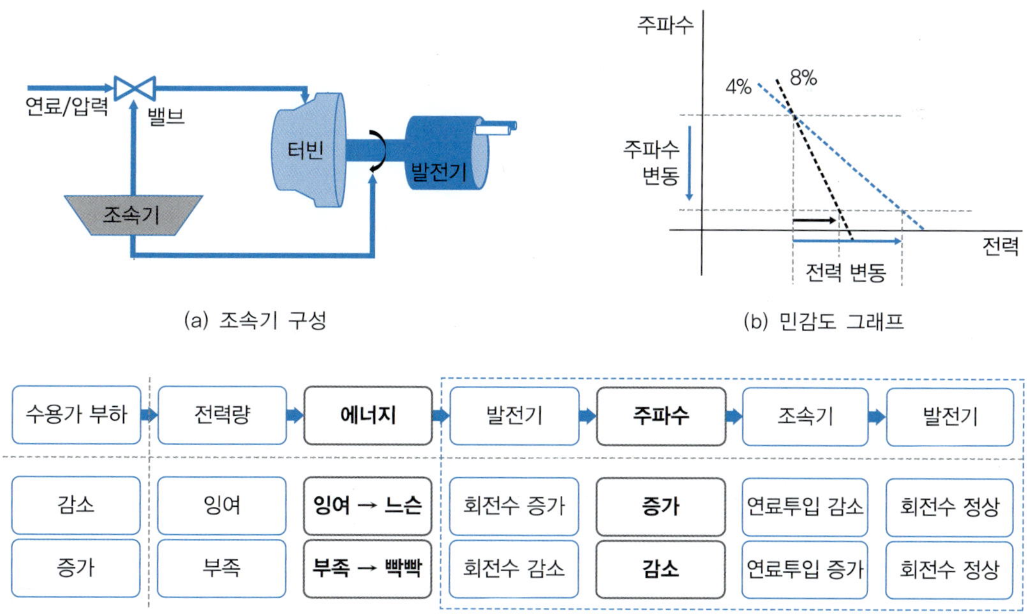

(a) 조속기 구성 (b) 민감도 그래프

(c) 주파수 제어 과정

[그림 2-8] 주파수 응답에 의한 응동

이런 제어 과정은 주파수에 의한 응답과 수요에 대한 응답 과정으로 자연스럽게 이루어지며, 그 과정에서 조속기(governor)가 속도를 조정하는 연료 투입의 양을 제어하게 된다. 이런 성질에 대한 지표인 속도조정률 δ는 다음과 같이 전개할 수 있다.

★ 속도조정률 δ ★

$$\delta = \left(\frac{\text{평시출력 회전수} - \text{출력변화 회전수}}{\text{정격 회전수[rpm]}} \Big/ \frac{\text{평시출력} - \text{출력변화[MW]}}{\text{정격출력[MW]}} \right) \times 100\%$$

$$N = \frac{f}{p} \text{ 일 때 } (p: \text{극수}),\quad \delta = \frac{\dfrac{\Delta N}{N}}{\dfrac{\Delta P}{P}} \times 100\% = \frac{\dfrac{\Delta fp}{fp}}{\dfrac{\Delta P}{P}} \times 100\% = \frac{\dfrac{\Delta f}{f}}{\dfrac{\Delta P}{P}} \times 100\%$$

앞선 식에서 속도조정률은 비율에 대한 백분율로 표시되며, [그림 2-8(b)]와 같이 동일한 부하 변동에 대해 주파수 변화가 작다는 것은 조속기의 동작이 민감하다는 뜻이다. 즉 전력 변동에 대한 주파수 변동은 작은 변동인 8%의 민감도가 큰 변동인 4%의 민감도와 동일한 주파수 변동이 민감도에 따라 발생한다는 것이다.

[표 2-3] 전기 방식에 의한 전송전력(국내의 경우 3상 3선식 채택)

전기 방식	송전전력	전선 1선당 송전전력		비고
		송전전력	백분율(%)	
단상 2선식	$VI \cdot \cos\theta$	$VI / 2$	100%	–
단상 3선식	$2 \cdot VI \cdot \cos\theta$	$2 \cdot VI / 2$	133%	–
3상 3선식	$\sqrt{3} \cdot VI \cdot \cos\theta$	$\sqrt{3} \cdot VI / 2$	115%	–
3상 4선식	$3 \cdot VI \cdot \cos\theta$	$3 \cdot VI / 2$	150%	상전압 · 상전류 기준
	$\sqrt{3} \cdot VI \cdot \cos\theta$	$\sqrt{3} \cdot VI / 2$	86.6%	선간 전압 · 선전류 기준

교류 송전 방식을 표시한 [표 2-3]과 같이 전기 방식에 따라 송전전력의 크기는 다양하고 복잡하다.

$$P = VI\cos\theta \text{ [W] (단상 기준)} \tag{2.1}$$

- V : 선간전압[V]
- I : 선도전류[A]
- $\cos\theta$: 역률
- P : 송전전력[W]

이때 발생하는 전력손실 Pe는 전선의 내부저항에 의해 발생한다. 전류 I를 식 (2.1)로부터 유도하여 정리하면 전력손실은 다음과 같다.

$$Pe = I^2R = \left(\frac{P}{V\cos\theta} \right)^2 R \tag{2.2}$$

- Pe : 전력손실[W]
- R : 전선 한 가닥의 저항[Ω]

식 (2.2)에서 유도된 전력손실과 식 (2.1)의 전력을 통해 송전전력손실률 k를 유도하면 다음과 같다.

$$k = \frac{Pe}{P} = \frac{P^2 R}{V^2 \cos^2\theta} \frac{1}{P} = \frac{PR}{V^2 \cos^2\theta} \tag{2.3}$$

앞서 구한 전력손실률 k를 이용해 공급전력을 구하면 다음과 같다.

★ 공급전력 P ★

$$P = k\frac{V^2 \cos^2\theta}{R} \propto V^2 \tag{2.4}$$

또한 전기저항은 길이 l에 비례하고 단면적 A에 반비례하므로 길이와 단면적으로 전력손실률을 구하면 다음과 같다.

$$k = \frac{P\rho l}{A V^2 \cos^2\theta} \tag{2.5}$$

- l : 송전거리 [m]
- A : 단면적 [m^2]

송전전력의 크기와 송전전력손실률을 통해 필요한 전선의 단면적, 즉 굵기는 다음 식으로 구할 수 있다.

$$A = \frac{P\rho l}{k V^2 \cos^2\theta} \tag{2.6}$$

그러므로 전압을 3배 높이면 전력손실은 $\frac{1}{9}$배, 전력손실률은 $\frac{1}{9}$배, 공급전력은 9배, 전선의 단면적은 $\frac{1}{9}$배가 되어 전력송전이 유리해진다.

Note 표준전압 및 공칭전압

- **표준전압** : 송전전압을 몇 개의 적당한 전압으로 통일하면 기기, 애자, 지지물 등을 규격화해서 제작할 수 있고 다른 송배전계통의 선로와도 연결이 용이해진다. 이런 이유로 계통의 전압을 표준화하여 정한 것이 표준전압이다.
- **공칭전압** : 전선도를 대표하는 선간전압을 말한다.
(3.3/5.7, 6.6/11.4, 13.2/22.9, 22/38, 66, 154, 345, 755) [kV]
- **최고전압** : 전선도에 발생하는 최고의 선간전압을 말한다.
(3.4/5.9, 6.9/11.9, 13.7/23.8, 23/40, 69, 170, 362, 800) [kV]

SECTION
2.4 신재생에너지란 무엇인가

화석연료를 연소하는 방식으로 전력을 생산하는 기존 방식의 문제점을 해결할 대안으로 신재생에너지가 주목받는 이유가 무엇인지 살펴본다.

Keywords | 화석연료 | 연소 | 에너지 변환장치 | 재생에너지 |

1 대체에너지란?

화석연료를 연소했을 때 전력생산을 위한 에너지만 발생하는 것은 아니다. 부가적으로 다양한 종류의 가스와 초미세먼지[10]를 포함한 각종 먼지가 발생하여 환경오염을 일으키며, 한정된 지하자원의 고갈과 자원불균형에 의한 국제적 문제들도 발생하고 있다. 그러나 아직까지 우리나라의 대부분의 발전소는 화석에너지를 연소시켜 전력을 생산하는 화력발전소이다. 전기생산의 핵심적인 장치인 발전기가 전기를 생산하는 데 필요한 동력을 얻는 과정에서 연소열을 주로 사용하기 때문이다.

연소열은 수증기를 만드는 과정이나 가스압을 이용하는 방법 혹은 복합적인 방법과 내연기관을 이용하는 방법을 포함하는 방법에 널리 사용되는 전력생산의 핵심적인 과정으로, 연소열을 일정하게 유지하는 것과 에너지밀도를 높여 효율을 높이는 것이 중요하다.

전력계통에서 발전소가 전력을 생산하기 위해 연소라는 과정을 가장 많이 사용하는 이유는 물리적인 에너지를 전기적인 에너지로 변환하는 **에너지 변환장치**인 발전기의 동력이 필요하기 때문이다. 발전기는 기계적인 운동, 즉 회전운동 혹은 왕복운동을 이용해 전자기적인 변화를 유도하고 이렇게 유도된 전자기에너지, 즉 전기를 단자에 연결하여 전송한다.

이렇게 전기를 얻는 이유는 전기의 유용함 때문이다. 전기라는 형태를 가진 에너지의 무궁한 변화 능력은 오늘날 전기가 우리 생활에 밀접한 에너지가 된 근본적 이유라고 할 수 있다. 자원의 형태가 바뀌어도 에너지는 결국 여러 형태의 일을 할 수 있는 힘인 것이다. 잠깐 역으로 생각을 해보자.

"전기는 꼭 연소를 통한 열에서 만들어지는 에너지인가?"
"전기는 반드시 발전기를 통해서만 얻는 에너지인가?"

---

10 국제적으로는 지름이 10μm 이하(PM10)인 먼지를 미세먼지 혹은 부유먼지(suspended particles)라고 하고 2.5μm 이하(PM2.5), 1μm 이하(PM1)로 세분화하고 있다. 국내에서는 지름 10μm를 미세먼지(PM10)로, 2.5μm 이하를 초미세먼지(PM2.5)로 구분한다.

연소 없이, 열 없이, 발전기 없이도 전기를 생산할 수 있다. 화석연료를 대체하여 전기를 생산하는 **대체에너지**(alternative energy)[11]를 활용하면 된다. 연소 과정을 거치지 않거나 발전기를 대체하여 발전할 수 있는 방법들은 이미 우리 생활 곳곳에서 사용되고 있다.

그중에서 최근 전기생산을 위해 가장 주목받고 있고 발전된 기술은 원자력이다. 원자력에너지는 핵분열을 통해 열을 얻어 증기압을 발생시키고 증기의 힘으로 터빈을 돌려 전기로 변환하는 방법이다. 원자력은 연소가 아닌 핵분열을 통해 열을 발생시키므로 탄소가스가 배출되지 않아 온실효과를 발생시킬 확률이 낮다. 또한 비용 면에서도 상대적으로 가장 경제적이어서 신재생에너지와 견줄 정도이다. 그러나 핵폐기물과 방사능 등의 안전상의 이유로 사람들이 기피하는 경향이 있다. 2011년 일본 후쿠시마에 발생한 지진해일로 원전이 붕괴되어 방사능이 유출되면서 전 세계적인 경각심을 불러일으키기도 했다.

그렇다면 대체에너지의 한 분류인 **신재생에너지**는 무엇인지 알아보자.

2 신재생에너지 분야

신재생에너지라는 용어는 '신에너지(new energy)'와 '재생에너지(renewal energy)'의 결합어이다. 우리나라는 신재생에너지의 기술 개발 및 이용·보급을 촉진하기 위해 신재생에너지사업과 관련된 법령이 제정되어 있다. 기본법으로 '신에너지 및 재생에너지 개발·이용·보급 촉진법'이 제정되어 있고 이 외에도 전기 관련 법과 건축 관련 법령을 통해 발전사업과 설비에 관한 규정들이 마련되어 있다. 이러한 법 규정들 속에 신재생에너지에 관한 규정에서는 미래에 사용될 신재생에너지로 석유, 석탄, 원자력, 천연가스가 아닌 11개 분야의 에너지를 지정[12]하였으며, 이를 다음과 같이 세분화하였다. 단, 2014년 개정 법령과 2019년 개정 내용에 차이가 있어 폐기물 발전은 재생 가능한 에너지 지령에 근거한 '지속 가능한 에너지원'으로 규정되어 있지 않아 보조금 제도에서 제외하여 재생에너지 범주에 넣지 않았다.

- **신에너지 3개 분야** : 연료전지, 석탄액화·가스화, 수소에너지

- **재생에너지 7개 분야**[13] : 태양열, 태양광발전, 바이오매스, 풍력, 소수력, 지열, 해양에너지

---

11 Energy fuelled in ways that do not use up natural resources or harm the environment(천연자원을 소모하거나 자연환경을 해치지 않는 방법으로 얻어지는 에너지), Oxford Dictionary. Accessed May 2, 2008.

12 신재생에너지 개발 및 이용·보급촉진법 ([시행 2014. 4. 22.] [법률 제12296호, 2014. 1. 21., 일부개정]) 제2조

13 2019년 10월부터 개정된 '신에너지 및 재생에너지 개발·이용·보급 촉진법'이 시행되면서 폐기물에너지는 국내 재생에너지원 분류 범주에서 제외됐다.

3 신에너지의 정의와 종류

신에너지란 기존에 화석연료 등의 연소에 의존하던 에너지원을 다른 형식과 방법으로 사용하여 에너지를 공급받는 것이다. 신에너지의 종류로는 수소에너지와 연료전지, 석탄액화・가스화가 있다.

수소에너지와 연료전지

IEA에 따르면 2020년 기준 수소생산량은 천연가스 개질 59%, 부생수소 21%, 석탄 19%, 그 외 석유 및 전기분해를 활용한 수소생산 등이 1%를 차지하고 있으며,[14] 주요국을 중심으로 탄소중립 실현을 위해 청정 수소생산 규모를 확대하고 있다.

수소에너지는 생산에 대한 원료와 방법, 생산 과정에서 발생하는 CO_2 배출량에 따라 [표 2-4]와 같이 그레이, 블루, 그린 수소 등으로 구분된다.

[표 2-4] 수소에너지 분류[15]

구분	원료	생산방법	CO_2 배출량
그레이	석탄, 천연가스	개질	8.5 ~ 10 kg/kgH_2
블루	석탄, 천연가스	개질 + CCS (탄소포집)	0.8 ~ 4.4 kg/kgH_2
그린	재생에너지	수전해	0 kg/kgH_2

수소는 탄소중립 이행을 위해 수송과 발전 분야에서 연료전지를 이용한 친환경 전력생산기술에 활용되고 있다. 수송 분야에서는 수소전기차를 선두로 수소전기 트럭과 버스가 출시되었으며, 건설기계, 열차, 선박에 적용하기 위한 기술 개발이 활발히 이루어지고 있다. 발전용 연료전지에서도 가정, 건물, 발전소용 연료전지 시장이 확대되고 있다.

이런 수소를 연료로 하여 전기를 생산하는 전지가 연료전지이다. 연료전지는 수소와 산소가 가진 이온결합이라는 화학적 에너지를 직접 전기에너지로 변환시키는 전기화학적 장치이다. 1962년 제미니 계획에 의해 우주 및 군용의 알칼리 연료전지 연구가 처음 시작되었다.[16]

연료전지는 연료극이라고 불리는 양극과 산소극이라고 부르는 음극에 수소와 산소를 공급하여 고분자 전해질막을 통과한 이온을 통해 연속적으로 전기를 생산하는 새로운 발전방법이다.

---

14 IEA, Global hydrogen review, November, 2021

15 Australian hydrogen market study, Advisian, May, 2021

16 '에너지선진국의 연료전지 개발', 한국에너지기술연구소 (2003)

연료전지는 연료극과 고분자 전해질막, 그리고 산소극을 하나의 세트로 결합한 모듈을 여러 개로 적층하여 만든 스택(stack)을 중심으로 연료전지에 공급할 수소를 생성·공급하는 개질기와 스택의 지속적인 동작과 발전효율 유지를 위한 BOP(balance of power or plant) 장치로 구성된다.

★ 연료전지의 구성 ★

개질기, 스택(연료극 + 멤브레인 + 산소극), BOP(가습, 방열, 통풍)

발전시스템은 수소 원소를 함유한 LPG, LNG, 메탄가스 등으로부터 이온 결합되어있는 분자들을 분리하여 연료전지의 주 연료인 수소를 분리해내는 분자 분해장치인 연료 개질장치와 이러한 연료 개질장치에서 들어오는 수소를 이온화하여 전자와 수소이온을 분리한 다음 수소이온만 통과할 수 있도록 하는, 연료전지 내부의 얇은 전해질 막인 멤브레인(polymer electrolyte membrane, PEM)이 필요하다. 또한 수소이온으로부터 분리된 전자가 이동하며 전류를 발생시킬 전기적 경로인 전선로, 그리고 멤브레인을 통과한 수소 양이온과 공기 중 산소의 음이온을 결합하여 직류 전기와 물, 열을 발생시키는 연료전지 스택이 필요하다. 플랜트의 효율을 높이기 위해 연료전지 반응에서 생기는 반응열과 연료 개질 과정에서 나오는 폐열 등을 이용하는 장치도 부수적으로 필요하다.

이러한 기본적인 장치 외에도 연료전지에서 나오는 직류를 교류로 변환시키는 전력변환장치가 추가로 구성된다. 최근 들어서는 고온 및 저온 전환 반응이 한 종류의 촉매로 가능하도록 하는 기술이 개발되고 있다.

연료전지는 작동온도와 주연료의 형태에 따라 전해질을 구성하는 물질이 다양하며, 전해질 구성 물질에 따라 알칼리형(AFC), 인산염형(PAGC), 용융 탄산염형(MCFC), 고체 전해질형(SOFC), 고분자 전해질형(PEMFC) 등으로 구분된다. 대개 고온에서 동작하는 연료전지가 대용량 발전에 사용된다.

2020년 10월에 개최된 제2차 수소경제위원회에서는 수소발전 의무화제도(Hydrogen energy portfolio standard, HPS) 도입을 의결하였다. 이를 통해 기존의 신재생에너지 공급 의무화 제도인 RPS에서 연료전지를 분리하여 발전용 연료전지의 안정적인 보급체계 구축을 추진하고 있다. 또한 그린수소의 생산 판매 의무화, 공공기관의 수소 활용 의무하 등 HPS가 확대되었다. 국내에서는 '수소도시 건설 및 운영에 관한 법률'을 제정하여 수소 시범도시 조성을 촉진하고, 2022년 시범도시 건설을 시작으로 2030년에는 전국 시·군·구의 10%를, 2040년에는 30%를 수소도시로 조성하는 목표를 세우고 있다.

석탄액화

가채매장량을 연간생산량으로 나눈 가채연수(Reserve/Production ratio, RP ratio)로 따지면 세계의 원유 매장량은 54.2년치 정도인 반면 석탄 매장량은 112년이며, 원유와 달리 모든 나라에 골고루 매장되어 있다.[17] 이렇게 비교적 풍부한 석탄자원을 탄소배출이 많은 연소 방식 대신 비연소 방식으로 사용하기 위해 개발한 기술 중 하나는 석탄을 액화하여 청정한 방식으로 사용하는 석탄액화(coal to liquid, CTL)[18]기술이다.

석탄액화기술은 고체상태의 석탄을 액체연료로 전환시키는 기술로, 석탄가스화, 탈황, 이산화탄소 분리 등의 과정을 거쳐 만들어진 합성가스를 피셔-트로프슈(Fischer-Tropsch) 등의 공정을 통해 중질유, 가솔린, 올레핀 등의 합성석유로 제조하는 것이다. 이러한 석탄액화기술에는 직접액화기술과 간접액화기술이 있다. 직접액화기술은 430 ~ 460℃의 고온에서 약 100 ~ 280기압의 고압을 가해 반응 조건을 만들고 수소를 첨가하여 수소와 탄소 비율을 1.5 : 2.0 정도로 증가시켜 에너지 밀도를 높인다. 간접액화기술은 석탄을 가스화하여 일산화탄소와 수소가 주성분인 합성가스를 만들고 이를 피셔-트로프슈 공정이나 MTG(methanol-to-gasoline) 공정을 거쳐 합성 연료유를 생산한다.

석탄액화가 여타의 에너지원 대비 경쟁력을 갖기 위해서는 반응 조건의 완화와 품질개선이 이루어져야 하므로 이를 위한 연구가 중점적으로 수행되고 있다. 대표적인 석탄액화 공정으로는 미국의 촉매 2단 공정인 CTSL(catalytic two stage process)과 일본의 NEDOL 공정이 있으며, 현재는 미국, 일본, 영국, 독일과 같은 선진국을 중심으로 경제성 향상을 위해 국가적인 차원에서 핵심기술인 **반응 효율의 극대화 및 최적화를 위한 고활성 신촉매 개발기술 및 공정 최적화**가 연구되고 있다.

석탄가스화

석탄가스화(coal gasification)기술은 석탄으로부터 가연성 가스를 제조하는 가스화 반응을 통해 제조된 가스를 정제하여 가스터빈 및 증기터빈 등을 구동하는 새로운 발전기술이다. 가스화 반응은 석탄에 함유된 탄소, 수소의 부분 연소 반응과 연소 시 생성된 물질과 남아있는 미반응 탄소와의 반응으로 구성된다.

석탄가스화는 1970년대 초 독일에서 환경문제를 줄이고 발전효율을 향상시키기 위해 석탄가스를 활용하여 가스화 복합발전시스템(Integrated gasification combined cycle, IGCC)을 적용하며 발전하였다. 석탄가스는 연료 내 황과 질소가 황화수소(H_2S)와 암모니아(NH_3)로 배출되므로 포집이 쉽다. 따라서 석탄으로부터 청정 에너지원을 확보할 수 있으므로 탄소배출 최소화를 목표로 하는 국제 환경규제에 탄력적으로 대처하기 위해 국가적 차원의 기술 확보가 필요하다.

17 BP Statistical Review of World Energy

18 세계대전 중에 독일에서 자국의 부족한 항공기 및 휘발유 연료를 충당하기 위해 최초로 개발되었다.

4 재생에너지를 통한 전력생산방법

재생에너지는 전 세계에서 기술적, 정책적으로 매우 관심이 높고 빠르게 확산되는 에너지원이 되고 있다. REN21(Renewable Energy Network 21)의 '재생에너지 2016 세계 현황 보고서'[19]에 따르면 세계적으로 재생에너지 발전용량은 급격히 늘어나 2015년에만 147 GW가 신규로 설치되었다고 한다.

이처럼 다양한 분야에서 재생에너지의 사용이 확대되고 있으며, 가구 단위와 같이 소규모로 나누어 발전시스템을 구성하는 분산형 재생에너지가 세계적으로 에너지 부유층과 빈곤층 간의 격차를 좁혀 가는 해결책으로 제시되고 있다.

현대적 재생에너지에서는 주로 열에너지(바이오매스, 지열, 태양열 등)의 비중이 최종에너지의 4.2%로 가장 크고 수력이 3.9%, 태양광과 풍력 등 발전이 1.4%, 바이오연료가 0.8%를 차지하고 있다. 열에너지의 이용과 수력의 이용은 재생에너지 중에서도 비교적 역사가 긴 분야인 만큼 관련 비중이 높다.

전력생산을 위한 재생에너지의 사용이 증대되고 있음을 고려할 때 기존 전력생산과 비교하여 자원이 아닌 기술에 의존하는 에너지인 재생에너지를 통한 전력생산방법은 무척 다양하다. 발전기를 사용하는 발전 형태뿐만 아니라 발전기를 사용하지 않는 발전 형태도 있다. [표 2-5]는 다양한 변환장치 시스템을 나타낸 것이다.

[표 2-5] 재생에너지를 이용한 발전시스템에서의 변환장치시스템

구분	원리	전기성질	설비
발전기 이용 방식 (태양열, 풍력, 수력, 조력)	회전운동 → 발전기	회전속도 → 주파수 회전력 → 전력	교류발전 : PCS
태양전지 방식	광전효과 : 빛 → 전기	일사량 → 기전력	직류발전 : 인버터
수소 이용 방식	수소 양이온 + 전자	반응속도 → 기전력	직류발전 : 인버터

광전효과(photoelectric effect)를 이용하는 태양광발전장치는 빛을 전기로 변환시켜주는 장치에 의해 전력을 생산하므로 발전기가 필요 없다. 연료전지 역시 분자들 간의 이온 결합에 필요한 전자의 이동 경로만 만들어지면 기전력이 발생하여 전력이 형성되는 구조이므로 마찬가지이다. 이런 발전 특성에 따라 발전설비의 구성도 다양해진다.

19 REN21은 'Renewable Energy Policy Network for the 21st Century'의 약칭으로 세계 재생에너지 정책 이해관계자 네트워크이다. 매년 재생에너지 개괄을 담은 종합적인 보고서인 '재생에너지 세계 현황 보고서(Renewables Global Status Report)'를 발간한다.

5 재생에너지의 정의와 종류

제2차 세계대전 이후 전력생산을 위해 대규모로 쓰이던 화석연료는 환경오염, 자원쟁탈을 위한 국지적 전쟁, 투기적 자원거래와 더불어 자원고갈에 대한 두려움을 낳았다. 그리하여 인류는 불편하고 대가가 큰 방식을 벗어나 친환경적이며 경제적으로도 자유롭게 사용할 수 있는 에너지의 재료인 자연자원에 다시 관심을 갖게 되었다. 이렇게 자연에 존재하는 에너지 자원을 이용해 우리가 쓸 만한 에너지로 재생하고자 등장한 것이 재생에너지이다.

자원이 에너지가 되는 과정은 자원의 종류와 에너지의 종류에 따라 다르지만 일반적으로 자연에서 에너지를 얻어 일을 하고 일을 통해 발생한 다른 에너지가 다시 자연의 일부로 돌아가는 순환 과정이 반복된다. 예를 들어 과거 원시대기에 가득했던 이산화탄소는 공기 중의 수분에 녹거나 식물의 광합성에 사용되어 물과 식물에 고착되었다. 물에 스며든 이산화탄소는 바다로 흘러가 오랜 세월 바다의 밑바닥에 쌓이게 되었고, 심해의 낮은 온도와 수압으로 인해 수면이나 대기로 나오지 못하게 갇히게 되었다. 광합성에 의해 식물에 고착된 탄소는 식물과 함께 땅속에 묻혀 석탄이 되기도 하였다.

재생에너지도 에너지와 자원 순환 과정의 일부이지만 탄소와는 달리 순환 과정에서 악영향을 끼치지 않는다. 재생에너지는 영어로 renewable energy라고 표현하는데, renewable의 뜻은 다음과 같다.

❶ 다 써버렸거나, 부서졌거나, 잃어버린 뒤에 다시 이용 가능하도록 되돌릴 수 있는 것
❷ 계약이나 법적 문서 혹은 라이센스 등이 미리 결정된 유효기간을 연장할 수 있는 것

첫 번째가 우리가 사용하는 의미이다. 재생에너지는 '지속 가능한 에너지'라고 표현하기도 하는데, IEA에서 정의한 재생에너지는 '자연계에 널리 존재하는 에너지원'과 '비고갈성'이라는 주요한 두 가지 특징을 지니고 있다.

예전 에너지 생산에 활용된 주요 자원은 화석연료였지만 최근에는 기후환경 지속 가능성 및 인프라 구축의 경제성, 그리고 탄소배출 제로 혹은 탄소순환 고리의 배출 제로를 목적으로 자연에서 얻을 수 있는 재생에너지에 관심을 두게 되었다. 그동안 화석에너지는 연소로 직접적인 빛이나 열을 만들고 보일러 등의 엔진을 통해 이를 역학적 에너지로 변환하여 사용하였지만 고도의 산업화시대 및 정보화시대가 되면서 전기에너지로의 변화가 많아졌다. 마찬가지로 과거 태양광이나 태양열을 이용해 직접적인 빛과 열을 이용하던 에너지 사용방법은 최근에는 더 많고 안전하며, 쾌적한 전기생산을 위한 방법으로 변화하고 있다.

태양에너지와 풍력에너지는 현재 선진국에서 기술 개발이 활발히 진행되어 실용화 단계에 접어든 재생에너지이다. 바이오매스, 지열, 파력, 조력 등을 이용한 재생에너지 개발도 활발히 진행되고 있다.

태양열에너지

태양열에너지는 태양의 복사에너지 중 열에너지를 이용하는 방법으로, 공해가 없고 무한의 에너지를 공급받을 수 있으며, 에너지원의 획득 비용이 없다는 이상적인 장점이 있다. 고도의 기술이나 복잡한 기구 없이 적정기술을 통해 태양열을 활용할 수 있어 에너지 사정이 좋지 않고 기술이 낙후된 나라에도 국제기구의 도움으로 온수와 살균 등을 위한 간단한 에너지 활용기술과 기구들이 보급되고 있다. 그러나 에너지 밀도가 낮고 날씨나 시간에 따라 태양열을 활용하지 못하는 특성 때문에 아직 가정과 산업에 사용하기에는 비경제적이며, 에너지 수급과 변환이 용이하지 않아 계획적으로 에너지의 생산과 소비를 관리하기 어렵다는 단점이 있다.

태양광에너지

태양광에너지는 빛에너지를 전기에너지로 바꾸는 태양전지에 전적으로 의존하는 에너지 분야이다. 벨 연구소에서 1956년 고순도 단결정 실리콘이 개발되어 4%의 효율을 가지는 태양전지가 제작되면서 태양광에너지의 개발이 시작되었다. 이후 1958년에 발사된 뱅가드(Vanguard) 1호 위성이 처음 태양전지(soar cell)를 이용하여 태양광발전(photovoltaic, PV)으로 전기를 생산했으며, 1960년대에 우주탐험의 시작과 함께 우주선에 전기를 공급하기 위해 PV에 대한 많은 연구가 진행되었다.

1980년대에는 단결정 실리콘 태양전지 효율이 약 20%에 도달하였으나 공정상의 이유로 쉽게 상용화되지 못하였다. 그러나 최근에는 여러 공학기술의 발달로 태양전지의 생산 단가가 낮아졌고 화석연료의 고갈과 가격문제 등으로 화석연료에 대한 비용이 상승하면서 상대적으로 태양광발전의 핵심 부품인 태양전지에 대한 관심과 수요가 늘어 대량생산체제의 상용화가 이루어졌다.

태양광은 햇빛이 있는 곳이면 어느 곳에서나 간단히 설치할 수 있고 한번 설치하면 유지 비용이 거의 들지 않으며, 태양전지의 숫자만큼 전기를 생산하므로 많이 설치할수록 많은 양의 전기를 얻을 수 있다. 또한 별도의 기계 가동 부분이 없으므로 소음과 진동 등이 없어 환경오염을 일으키지 않고, 수명도 20년 이상으로 길어 비교적 오랫동안 이용할 수 있다.

이런 장점들로 인해 최근에 태양광발전기의 설치가 늘고 있으나 에너지 밀도가 낮아 유의미한 정도의 에너지를 얻으려면 많은 수의 태양전지를 사용해야 하므로 공간이 많이 필요하다. 또한 태양전지의 재료로 아직까지 값이 비싼 반도체 재료인 실리콘을 사용하며, 발전된 전력의 품질을 유지하고 전력망에 연계하기 위한 핵심장치인 인버터의 가격이 비싸 태양광발전시스템의 초기 설치에 많은 비용이 든다는 단점이 있다. 에너지의 변환효율이 아직 20% 미만으로 낮아 변환효율을 높이기 위한 많은 연구가 필요하기도 하다.

풍력에너지

풍력은 국가규모의 신재생에너지 전력생산 프로젝트의 일환으로, 각국에서 경쟁적으로 개발 중인 무한정의 청정에너지원이다. 화석연료를 대신하여 자원 고갈에 대비할 수 있을 뿐만 아니라 재생에너지 중 전력생산 대비 가장 설치 비용이 적게 들고 건설 및 설치기간이 짧다. 또한 태양광에 비해 차지하는 지면의 면적이 넓지 않아 농사, 목축 등 토지 이용의 효율성을 높일 수 있어 친환경적이며, 규모가 웅장하므로 관광단지로도 개발이 가능하다.

다만 풍력발전시설단지는 설치환경에 따라 육상과 해상의 추가적인 토목건설 비용이 큰 폭으로 높아지기도 한다. 또한 바람이 항상 부는 것이 아니므로 발전량을 예측하고 수용가의 수요량에 맞춰 전력을 생산하기 어렵다. 결국 항상 수급균형을 위해 다른 발전 방식의 발전소와 연동해야 하며, 일기예보에 의존하여 계획적으로 발전을 하거나 에너지를 저장하기 위한 기술을 사용해야 한다. 대규모의 풍력발전단지는 전력망에 많은 영향을 미치므로 상정사고 대책을 마련하는 등의 여러 준비가 필요하여 운용과 관리의 비용이 많이 든다.

바이오에너지

바이오에너지는 원재료의 상태와 종류에 따라 바이오연료(bio-fuel), 바이오매스(bio-mass) 등으로 구분되며, 잠재적인 에너지의 가치가 높아 활발한 연구가 진행되고 있다. 그러나 바이오연료의 원료가 되는 사탕수수와 옥수수 등을 재배하기 위해 산림을 개간하여 산림이 고갈될 수 있다는 우려를 낳고 있다. 또한 바이오매스의 공정 중에 자연발생하는 세균이나 박테리아, 효소 등에서 나오는 악취와 유독가스의 배출 등 원재료로부터 에너지를 얻기까지의 과정에서 다소 혐오적인 환경에 대한 처리시설을 갖춰야 한다는 단점이 있다.

그러나 중요한 사실은 식물은 광합성을 통해 대기 중의 이산화탄소를 탄수화물로 변환하여 고정한다는 것이다. 그 결과 생기는 것이 바이오매스이며, 바이오매스를 태워서 발생하는 이산화탄소는 따지고 보면 먼저 대기 중에 존재하고 있던 것이므로 대기 중의 이산화탄소의 양을 증가시키는 것은 아니다. 이를 **탄소중립**(carbon-neutral)이라고 한다.

우리나라의 경우 바이오에너지는 원료의 기원과 생산기술에 따라 1, 2, 3세대로 구분할 수 있다. 1세대는 공정이 단순하고 비용이 저렴하지만 원료 확보를 위한 넓은 경작지가 필요하다. 2세대는 목질계나 섬유질을 원료로 사용하는 바이오에너지이며, 3세대는 대규모 경작지가 필요 없고 CO_2 저감에도 기여할 수 있어 기존 바이오 원료를 대체할 새로운 원료로 주목받는 해수 혹은 담수의 조류를 원료로 사용한다.

바이오매스의 잠재량은 임산, 농산, 축산, 생활폐기물, 에너지 작물 등의 생산량을 기준으로 이론적 잠재량과 기술적 잠재량으로 구분할 수 있다. 2020년 기준 국내 바이오에너지 잠재량은 임산 > 생활폐기물 > 농산 > 에너지 작물 > 축산 순으로 파악되고 있다.

[표 2-6] 국내 바이오매스의 이론적 잠재량[20] (단위 : 10^3 toe/year)

구분		2020	2030	2050	비고
산림 목재	임산	12,849	13,350	15,123	침엽 · 활엽수림, 혼효림 등
폐자원	농산	2,979	3,068	2,829	볏짚, 왕겨, 고춧대, 고구마줄기, 사과 전정지 등
	축산	1,705	1,705	1,705	우분, 계분, 축분 등
	생활	8,960	8,960	8,960	음식 물류, 하수 슬러지 등
에너지 작물		2,720	4,081	9,180	유채, 해바라기, 옥수수 등
합계		29,213	31,164	37,797	

소수력에너지

모든 수력에너지가 댐을 건설하고 물의 흐름을 바꾸어 가두는 등의 규모가 큰 토목공사를 필요로 하는 것은 아니다. 소수력발전은 자연에 있는 작은 수로나 개천을 이용해 수력발전을 하거나 작은 시설을 여러 군데 설치하여 분산형 전원으로 사용하는 방법이다.

소수력 활용은 발전원가가 저렴하고 공해가 없으며, 소규모로 설치하기 때문에 입지에 대한 환경영향이 크지 않고 다수의 소형 발전시설을 여러 장소에 설치할 수 있다는 장점이 있다. 그러나 일반적 수력발전시설에 대한 비용과 민원을 해결해야 하며, 유량과 유속 등의 하천을 이용하는 에너지이기에 대형화하는 대신 다양한 형태로 개발해야 한다. 또한 강우로 인한 유량의 변동에 따라 발전량과 저수율의 관계에 따른 불균형과 불일치가 발생하기도 한다. 즉 유량과 유속 등에 영향을 받을 수 있어 지역적 요인을 잘 살펴야 한다.

우리나라의 수력에 대한 잠재량을 분석한 결과를 보면 이론적 잠재량은 28 GW이고 기술적 잠재량은 12 GW이며, 시장 잠재량은 2.5 GW인 것으로 예측되었다. 개발 가능성이 높고 경제성까지 고려된 소수력 분야 시장 잠재량을 기준으로 볼 때 아직 국내에서 개발 가능한 잠재량이 이미 개발된 수력의 총 용량인 1.8 GW보다 많은 2.5 GW인 것은 시장 측면에서 고무적인 일이라고 할 수 있다.[21]

지열에너지

지열은 일반적으로 지표에서의 깊이 100미터당 2.5℃씩 온도가 상승하고 동일 깊이에서는 연중 일정한 온도를 유지한다. 따라서 에너지의 변동이 매우 적어 전력생산 측면에서 여타의 신재생에너지원에 비해 매우 매력적인 발전원이다. 여름에는 지하가 지표의 대기온도보다 낮고 겨울에는 대기온도보다 높아 지하수가 여름에는 시원하고 겨울에는 따뜻하게 느껴지는 것과 같은 이득이 있다.

이를 활용하는 지열에너지는 발전 비용이 저렴하고 성분이 깨끗하며, 시간, 날씨, 기후, 계절적 요인에 영향을 받지 않고 발전 가능하다는 장점이 있다. 무엇보다도 언제나 동일한 에너지를 사용할 수

20 기후변화와 에너지믹스 대응 바이오연료 다변화 모색 심포지엄, 2022년 한국바이오연료포럼 정기 심포지엄

21 강용혁 외, [특집] 신재생에너지 기본계획 수립을 위한 수력에너지의 잠재량, 물과 미래 52 no.3 (2019)

있다는 매우 큰 장점을 가지고 있어 계획적인 발전으로 전력생산과 통제가 용이하여 안정적인 수급 균형을 이룰 수 있다.

지열은 지하의 열원의 위치에 따라 지하 깊은 심부지열과 옅은 천부지열로 구분하며, 경제적 비용 측면으로 볼 때 깊이에 따라 개발 비용에 차이가 있다. 단, 지표 근처에 위치한 곳이 비용적인 측면이나 운용과 효율에서 유리하지만 지하 깊숙한 열원을 찾아야 하는 우리나라에는 아직 상업적인 적격지가 없다.

해양에너지

해양에너지의 종류에는 조수간만을 이용하는 조력, 파동의 기계적에너지를 이용하는 파력, 해수면과 심해의 온도 차를 이용하는 해양온도차발전 등이 있다.

■ 조력발전

기본적인 방법이 수력과 비슷하며, 공해 없이 깨끗하고 양이 무한하다. 조수간만의 차가 주기적이고 계산적으로 예측 가능하여 에너지 공급량이 규칙적이라는 큰 장점을 가지고 있다. 그러나 발전소 건설로 바닷물이 막히면서 해안가 갯벌의 수몰 지역이 발생할 수 있으며, 해안선을 교란하여 해안 생태계에 영향을 미칠 수 있고 설치하는 토목건축물의 시설 규모가 크다는 단점이 있다.

■ 파력발전

발전 시에 발생하는 공해가 없어 깨끗하며, 파도가 에너지원인 만큼 그 양이 무한하다. 시설 장비의 특성에 따른 차이는 있겠지만 장소의 제약 없이 어디서든 에너지를 공급받을 수 있다. 그러나 발전량에 비해 시설비가 비싸 상용화가 어렵고 에너지 밀도가 작으며, 육지에서 멀리 떨어진 바다에 설치해야 하기 때문에 소비자와의 거리가 멀다는 단점이 있다.

■ 해양온도차발전

지열과 비슷한 개념의 해양에너지로, 소규모 발전이 가능하고 카르노 사이클을 이용하는 열교환기와 열순환장치(heat pump) 등으로 구성된다. 소비자와의 거리가 멀고 에너지 밀도가 작으며, 아직은 연구 중인 시설인 관계로 시설비가 비싸다는 단점을 극복해야 한다.

6 우리나라의 에너지 효율 향상과 신재생에너지 확대 보급

저탄소 녹색성장에서 에너지 전략의 핵심은 에너지 이용 효율화와 청정에너지 사용 확대이다. 기후변화에 대응하고 자원 위기를 극복하기 위해 각국은 에너지 저소비・고효율 및 청정에너지 확대를 에너지 전략의 핵심으로 추진하고 있다.

특히 신재생에너지 산업 부양을 위한 제도인 RPS[22] 제도를 통해 의무적으로 신재생에너지를 공급하도록 하여 발전사들이 신재생에너지 이용 비율을 높이도록 하고 있으며, 이와 더불어 발전사와 발전사업자들 사이에 필요한 부분의 공급량을 REC[23]를 통해 거래함으로써 신재생에너지 발전 사업의 성장을 도모하고 있다. 또한 정부 보조금이 없는 민간사업자가 설비 설치와 사후관리를 하는 조건으로 토지 혹은 시설에 대한 대여료를 지불하는 대여사업을 통해 대여료, 대여기간, REP[24] 가격 등을 합리적으로 산정하고 소비자와 대여사업자의 참여를 확대하고 있다.[25]

정부는 재생에너지의 장기목표를 제시하고 이를 이행하기 위한 전략을 마련하고자 「재생에너지 3020 이행계획(안)」, 「재생에너지산업 경쟁력 강화 방안」 등을 추진하였다.

[표 2-7] 제5차 신재생에너지 기본계획상 5개 분야 추진 전략[26]

추진전략	주요 내용
(보급) 질서있고 지속 가능한 신재생 보급 확산체계 마련	• 참여주체 · 입지 다변화 및 보급 확대를 뒷받침하는 규제 개선 • 민간 · 공공투자 활성화와 더불어 안전을 우선하는 신재생 확대
(시장) 시장 효율성 제고 및 다양화 촉진	• RPS 시장의 효율성 제고 및 신에너지 분리 등 고도화 추진 • 비(非)전력, 분산에너지로의 저변 확대 병행
(수요) 재생에너지의 다양한 수요기반 창출	• RE100을 중심으로 재생에너지 사용기반 강화 • 자가용 설비, 수요 · 공급 이전 등 신규 수요 확보전략 병행
(산업) R&D 혁신역량 재고 및 생태계 활성화	• 사업화 연계 R&D로 신재생에너지 신(新)시장 창출에 기여 • 기업 경쟁력-고용 확대-세계시장 진출의 선순환 구조 마련
(인프라) 계통보강 및 운영관리 체계 정비	• 선제적 계통투자 등을 통한 적기 계통접속 지원 • 계통 혼잡 대응 및 변동성 완화를 위한 계통운영 체계 개선

이런 전략을 통해 재생에너지 확대와 관련 산업 강화를 위해 노력해왔으나 풍력보급 확산 부진과 수용성 · 안전성 · 환경성에 대한 재고 필요성, REC 시장의 변동성 확대에 따른 발전사업자의 수익성 저하, 계통 안정성 보강 등 지속 가능한 확산기반 확충을 위한 체계적 준비와 설비 보급-산업생태계 육성 간 선순환구조의 필요성이 제기되었다. 이에 정부는 신재생에너지 정책심의회 심의 · 의결을 거쳐 2020년 12월 「제5차 신 · 재생에너지 기술개발 · 보급 기본계획」을 발표하였다.[27]

---

22 Renewable Energy Portfolio Standard의 약어로, 일정 규모 이상의 발전사업자에게 총 발전량 중 일정량 이상을 신재생에너지 전력으로 공급하도록 의무화하는 제도이다. 미국, 영국, 이탈리아, 스웨덴 등에서 시행 중에 있다.

23 Renewable Energy Certificate의 약어로, 신재생에너지를 통해 에너지를 공급한 사실을 증명하는 인증서이다. 신재생에너지 의무량은 발전회사가 직접 발전소를 지어서 생산해도 좋고, 다른 발전 사업자에게서 발전량에 대한 공급인증서를 구입해도 된다. REC는 매매 단위이기도, 한데 1REC는 1000 kW 이다.

24 Renewable Energy Point의 약어로, 생산인증서의 발급 및 거래단위로서 생산인증서 발급대상 설비에서 생산된 MWh 기준의 신재생에너지 전력량에 대해 부여하는 단위를 말한다.

25 우리나라의 신재생에너지 현황, 정책 및 제도, 「2012 신재생에너지백서」

26 제5차 신재생에너지 기본계획상 5개 분야 추진전략, 「2022 신재생에너지백서」

27 제5차 신 · 재생에너지 기본계획, 2018-2020 산업통상자원백서 : 에너지편

7 신재생에너지 자원 잠재량

신재생에너지 자원 잠재량(potential)은 기본적으로 자연의 에너지인 빛, 바람, 물 등 국토 안의 재생에너지원의 양을 통계적으로 정량화하여 국토의 전 지역에 걸친 신재생에너지 자원의 총량을 가늠하기 위한 자료이다. 국내 신재생에너지 보급계획 수립을 위한 기반자료로 주로 활용되었으며, 현재 신재생에너지 기본계획에도 적용되고 있다.

[표 2-8] 신재생에너지 잠재량 신규 정의

구 분	설명
이론적 잠재량 (theoretical potential)	우리나라 전체에 부존하는 에너지 총량 (예: 태양에너지의 경우 1년간 국토 총 면적에 도달하는 일사량)
지리적 잠재량 (geographical potential)	에너지 활용을 위한 설비가 입지할 수 있는 지리적 여건을 고려한 잠재량 (예: 지리적으로 활용할 수 없는 산지, 철도, 도로, 기타 설비제한구역(문화재보호구역, 환경보호지역 등) 등을 제외한 지역에서의 잠재량)
기술적 잠재량 (technical potential)	현재의 기술 수준(에너지 효율계수, 가동율, 에너지 손실 요인 등을 고려)으로 산출될 수 있는 에너지 생산량 (예: 태양광 효율 16.00%, 태양열 37.45%)
시장 잠재량 (market potential)	보급 확산을 위한 비용 보조수단을 제외한 조건(완전경쟁시장 환경)에서 적용 가능한 잠재량으로, 적용 시점(현재 혹은 미래시점)에 대한 고려가 필요한 잠재량(기술 경쟁성, 환경성, 타 용도 대체 등을 고려)

[표 2-8]과 같은 정의로 다양한 재생에너지원의 잠재량을 가늠하는 것은 나라마다 잠재량에 대한 정의와 조사기법이 달라 다소 차이가 있다. 그렇지만 정밀도와 정확도를 높이기 위해 지리정보시스템(geographical information system, GIS)을 활용하고 있으며, 분포 특성이 지리적, 환경적 영향을 받기 때문에 잠재량 정보에 지도 정보가 연동되도록 하고 있다. 무엇보다 정밀한 잠재량 파악과 예측을 위해 자원량(자연환경 조건), 지리적인 여건, 기술 요소(에너지 효율, 가동률, 수거율 등), 환경성 등 장기간의 데이터를 수집하고 분석하는 기술적 진보와 꾸준한 정책이 필요한데, 이것이 에너지 분야 기술과 산업 발전에 매우 중요한 요소임은 자명하다.

[표 2-9] 신재생에너지 전체 잠재량[28]

구분	세부	설비용량(GW)			연간 발전량(TWh/year)			석유환산톤(10^3toe/year)		
		이론적	지리적	기술적	이론적	지리적	기술적	이론적	지리적	기술적
태양	–	97,459	24,178	7,451	132,362	32,839	10,123	11,383,147	2,824,128	870,436
풍력	육상	487.4	118.0	63.5	726	207	97	62,421	17,784	8,377
	해상	423.0	215.9	33.2	1,243	668	97	106,850	57,417	8,343
수력	–	36	19	15	313	164	53	26,875	14,141	4,525
바이오	–	237	11	9	1,705	80	64	407,395	19,121	15,368
지열	심부	9,308	–	30	81,534	–	221	7,010,648	–	18,990
	천부	29,078	139,132	1,298	20,736	9,921	925	1,782,956	853,054	79,551
폐기물	–	19	18	14	163	155	122	13,977	13,278	10,450
해양	조류	439	280	44	3,843	2,456	392	330,482	211,206	33,724
	조력	11.5	9.5	5.8	101	83	51	8,684	7,174	4,346
	파력	–	–	–	–	–	–	–	–	–
	해수온도차 냉난방	8	7	6	63	57	52	5,491	4,949	4,474
	해수온도차 발전	452	340	2.6	3,977	2,995	23	342,002	257,524	2,002
합계		137,957.9	164,328.4	8,972.1	246,766	49,625	12,220	21,480,928	4,279,776	1,060,586

8 신재생에너지 융합기술

최근 4차 산업혁명의 기술과 융합하여 신재생에너지 보급 확대와 육성에 기여하는 기술 개발을 목표로 신재생에너지원 간, 타 기술과 산업 간 융합을 통한 경제성 및 사업성 개선에 기여하는 기술 개발을 시도하고 있다. 기존 전력망에서 신재생에너지를 이용한 발전원은 화력이나 원자력발전소에 비해 전력수급의 균형과 계획송전 전략에 따른 제어와 통제 등이 어렵기 때문이다. 따라서 수용가와 발전소 및 전력망을 실시간으로 감독, 관리하여 자동으로 전력생산과 공급에 필요한 조치를 취하는, 일종의 지능적 대응이 가능한 전력망인 **스마트그리드**(Smart Grid) 형태의 진보된 전력망을 통해 전력공급의 안정성을 꾀하고자 한다.

기술의 진보를 통해 설계 가능해진, 더 발전한 형태의 스마트그리드는 안정성과 효율의 향상으로 이어졌다. 또한 사물인터넷(Internet of Things, IoT) 기반의 전력공급설비 모니터링, 전력소비 장치들의 실시간 모니터링의 개발과 실증 연구 등으로 지능형 계측을 통해 안정성과 수요와 공급의 균형을 실시간으로 이룰 수 있게 되었다. 특히 사물인터넷이 에너지 설비에 반영되고 구현되는 것이 바로 에너지인터넷(Internet of Energy, IoE)이다.

28 한국에너지기술연구원 신재생에너지자원센터

실시간으로 에너지 발전 및 저장에 대한 수요와 균형을 이루도록 데이터 혹은 정보가 통합된 지능형 전력망 인프라를 구축하려면 표준화 및 호환성이 뛰어난 통신용 송수신기, 게이트웨이, 프로토콜 등을 갖춰야 한다. 이를 기반으로 소비자의 에너지 사용량에 대한 인식과 참여를 높일 수 있으며, 이런 인터넷 기반의 인프라를 IoE라고 한다. IoE를 통해 AMI(Advanced Metering Infrastructure), 수요 반응(Demand-Response), 에너지 프로슈머(Energy Prosumer), 그리드에 연결되는 전기자동차, 다양한 신재생에너지 전력인 분산에너지원과 ESS를 통한 에너지 저장, 배전망 관리와 같은 에너지 분야의 핵심요소들이 통합적으로 연계될 수 있다.

이런 재생에너지 및 전력연계기술들을 통해 궁극적으로 스마트그리드를 구현하는 것은 전력설비의 오랜 꿈이다. 전력망을 완전 자동으로 제어하며, 보수·유지관리까지 하는 것은 공장자동화나 로봇기술과 같은 첨단기술이 융합되어야 하지만 대상이 되는 전력망이나 발전량을 제어하는 것은 규모와 변동성, 수요 예측 등의 복잡성을 따졌을 때 다른 유관기술에 비해 고려 사항이 더 많이 존재한다. 또한 재생에너지는 자연현상과 기후변화 날씨의 영향을 고려하며 예측해야 하므로 이런 모든 것을 완전 자동화하는 스마트그리드 기술은 어쩌면 전력기술 및 전력에너지 분야의 최종 목표일지도 모른다.

Note IoT 기술

IoT 기술은 실 세계에 존재하는 사물(physical thing)들이 인터넷을 통해 서로 연결되고 물리공간과 가상공간이 연동되면서 다양한 서비스를 제공할 수 있도록 하는 인터넷 인프라 기술이다. 제품과 서비스 등이 사물인터넷과 빅데이터, 인공지능 등 혁신 기술과 상호 연결되고 지능화하면 제품 단위보다는 '제품+서비스' 혹은 '서비스' 중심 플랫폼 기반의 비즈니스 모델로 전환 가속될 것이다.

SECTION
2.5 분산에너지와 마이크로그리드

중앙집중식 전력생산시설을 갖춘 전력계통은 단순하고 간편하지만 다양한 전력원을 다양한 방식으로 소비하는 현대 사회의 전력수요 방식에는 동떨어지는 면이 있다. 특히 대량의 신재생에너지원의 전력계통 참여는 분산에너지시스템의 구축을 반드시 필요로 한다.

Keywords | 분산발전 | 분산에너지 | 마이크로그리드 |

1 분산에너지원으로서의 신재생에너지

세계 최초의 발전소는 1868년 잉글랜드의 암스트롱 남작이 지멘스 다이나모를 설치해 만든 수력발전소이다. 우리나라에서는 1898년 고종 황제에 의해 설립된 한성전기회사가 최초의 전기회사로 알려져 있으며, 최초의 전기발전소인 전기등소는 유물을 통해 경복궁 내 건청궁과 향원지 사이에 위치했을 것으로 확인된다. 이런 발전소들을 시작으로 전기에너지는 발전소 중심의 전력망을 구성하며, 발전소와 수용가를 이어주는, 매우 길고 복잡한 송전계를 기반으로 하는 전력계통을 구성하게 된다. 이런 구성은 규모가 큰 화력발전소에서 수용가까지의 거리가 길어 제약이 발생하는데, 이를 수많은 고전압 선로와 철탑으로 해결하고 있다.

이런 방식의 전력공급시스템을 중앙집중형(centralized) 방식이라고 한다. 이는 도심에서 먼 원격지에 대규모 발전설비를 건설하여 장거리 송전을 통해 전력을 공급하는 전통적인 방식으로, 비용이 많이 들고 효율 및 유지보수의 이득이 낮아 시스템의 변경을 꾀하고 있다. 우리나라의 경우 2023년 6월에 제정하고 2024년 6월에 시행한 "분산에너지 활성화 특별법" 8장에 따라 지역별 전기요금 제도를 통해 송전거리에 따른 차등 전기요금을 산정할 수 있도록 하는 등 큰 변화를 준비하고 있다.

산업통산자원부가 2023년 2월에 발표한 '제3차 지능형전력망 기본계획'에 따르면 중앙집중화 공급구조에서 분산에너시 확대로 패러다임의 변화를 도모하며, 분산에너지 활성화 추진전략과 분산형 전원을 고려한 '제10차 전력수급기본계획' 등 관련 대책을 수립 및 추진 중에 있다. 분산에너지 확대에 따라 스마트그리드의 역할이 늘어나게 되었는데, 실시간 양방향 통신을 기반으로 수요관리 등을 통한 수요・공급을 최적화하고 재생에너지 변동성으로 인한 불안정성을 완화시킬 계획을 세우고 있다.[29]

그렇다면 분산에너지란 무엇일까? 신재생에너지의 장점은 발전소가 수용가와 멀리 떨어져 있지 않아도 된다는 점으로, 조건에 부합한다면 어디서든 전력을 생산할 수 있다. 따라서 **신재생에너지**

29 제3차 지능형전력망 기본계획(2023~2027), 산업통상자원부(2023)

발전소는 마을과 가까운 곳, 심지어는 가정의 지붕 위에 설치되기도 하는데, 이렇게 하면 마을 단위 발전소 등 소규모 발전소가 다양한 곳에 준공될 수 있다. 이처럼 기존 에너지원인 대규모 발전소와 같은 집중된 전력생산설비와 비교했을 때 이런 형태의 에너지원을 **분산된 형태의 발전소**라고 할 수 있다.

분산에너지원으로서의 중소형 신재생에너지는 기존과는 다른 방식의 전력망에서 다루어져야 하며, 이런 이유로 **마이크로그리드**가 필수적인 전력망의 형태로 논의되고 있다. 이것이 신재생에너지를 다루면서 전력망에 대한 고찰이 필요한 이유이기도 하다.

2 분산발전이란?

분산발전(Distributed Generation, DG)이란 전력수요자, 즉 수용가 인근지역에 설치 가능한 소규모 발전설비를 이용하여 수용가에게 필요한 전력을 공급하는 방식의 발전 방식이다. 현재 대부분의 발전소는 중앙집중식 발전으로, 대규모의 전력생산시설에서 전력을 생산하여 매우 길고 복잡한 전력망을 통해 다양한 수용가에 전송하는 방식을 사용한다.

분산에너지(Distributed Energy, DE)는 분산발전의 다양한 발전원을 일컫는 말로, 최근에는 분산발전과 분산에너지가 넓은 의미에서 같이 사용되고 있다. 분산에너지는 용량과 수용가에 따라 가정용 단독 발전설비용인 수 KW급에서 단위지역 발전 및 냉난방용 수십 MW급으로 구분하기도 한다. 가장 흔한 분류는 발전원에 따라 신재생에너지 발전과 복합화력발전, 열병합발전 등으로 구분하는 것이다. 특히 신재생에너지 분야는 태양광, 풍력, 연료전지, 바이오에너지 등이 주도하고 있다.

분산에너지(DE)와 유사한 개념으로 앞서 언급한 분산발전(DG)와 함께 분산동력(Distributed Power, DP), 분산에너지 자원(Distributed Energy Resource, DER)이 사용되고 있다. 이 용어들은 관점에 따라 구분하여 쓰기도 하지만 일반적으로는 큰 차이 없이 분산전력원의 의미로 사용한다. 이 장에서는 전력원 구성에 초점을 맞춰 분산에너지 자원(DER)의 관점으로 서술한다.

3 분산에너지의 확대

1990년대 인터넷의 보급으로 산업의 구조가 획일화된 중앙집중적 대량생산에서 소규모 분산적 소량생산으로 변화하며 다양성을 추구하게 되었다. 이런 독점에 대한 반성과 다양성 추구는 효과적이고 다양성을 충족시키는 분산에너지 시스템의 필요성을 낳았으며, 이에 따라 전력망에서 신재생에너지로 전력생산과 공급이 점차 확대되고 있다. 그중에서 에너지 공급의 불균형과 설비증설에 대한 부담감을 경감할 수 있는 현실적인 방법으로 분산에너지원이 제시되고 있으며, 이를 위해 소형 분산 발전 형태를 추구하며, 전력망은 마이크로그리드의 관점에서 접근하고 있다.

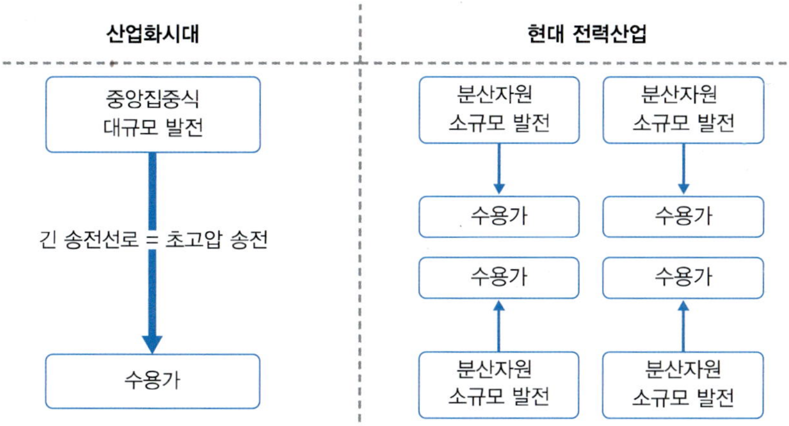

[그림 2-9] 전력망의 중앙집중식과 마이크로그리드식의 비교

이제 마이크로그리드를 통한 신재생에너지의 구축과 전력생산, 소비시스템에 대한 세계적인 사례를 살펴보자. 미국은 시스템 안정화와 효율을 위해 마이크로그리드를 캠퍼스와 군사용으로 적용하고 있으며, 유럽은 지역사회 중심의 마이크로그리드를 구성하여 커뮤니티형 분산에너지자원을 형성하고 환경개선을 위한 신재생에너지 증대 목적으로 증설하고 있다. 일본의 경우 지진과 해일의 재해 시 전력공급을 목적으로 적용하고 있으며, 또한 차량을 ESS설비로 공급하고자 하는 시도를 진행하고 있다. 마지막으로 중국은 송배전 설비가 어려운 지역을 중심으로 설비의 구축이 진행되고 있다.

4 마이크로그리드식 전력설비

전력망은 일반적으로 발전소의 발전설비와 수용가의 수용설비를 이어주는 매우 중요한 설비로, 송전과 분배전으로 구성되어 있다. 산업화시대에는 자원의 효율성을 근거로 중앙집중식 대규모 발전소가 길고 복잡한 전송선로를 통해 수용가에게 장거리 송전을 했다. 이에 따라 장거리 송전손실을 최소화하면서도 다양한 수용가의 요구사항을 만족시키기 위해 매우 높은 전압상태로 변압이 가능한 전류를 사용하여 송전하는 초고압 교류 송전이 사용된 것이다.

이런 교류 송전은 앞서 설명한 주파수 제어법에 의해 수용가의 전력사용 변동량을 주파수의 변동으로 빠르게 관측할 수 있다. 즉 전력수요 변동에 빠른 대응으로 전력생산에 필요한 에너지 투입량을 조정하여 주파수를 안정화하는 제어 방식으로, 발전량을 조절하는 것이 용이하다. 반면 재생에너지는 수요의 변동에 따른 주파수를 관측하여도 이를 제어할 수 있는 방법이 없다. 태양광발전의 근원인 일사량이나 풍력발전의 근원인 풍황은 제어할 수 있는 대상이 아니기 때문이다. 나아가 주파수의 변동은 수용가의 수요변화뿐만 아니라 날씨의 영향으로 분산전원의 전력생산량의 변화에 의해서도 발생할 수 있다.

따라서 명확한 수용가 전력수요를 실시간으로 확인할 수 있는 방법이 필요하며, 이런 문제를 해결하기 위한 기술적인 방법으로 인터넷망을 이용한 고등전력계측기반(Advanced Metering Infrastructure, AMI)를 도입하고 있다.

현대에 와서 초고압 교류는 송전효율, 송전설비에 대한 부정적 인식과 전자파가 생태계를 교란시킨다는 의심 등을 해결하기 위해 전력공급 방식에 대한 '사회적 수용성'을 고려하도록 요구하고 있다. 이에 전력망에 대한 기존의 형태에 대한 대안으로 송전거리가 짧고 다양한 수용가의 요구를 만족시킬 소규모 전력망인 마이크로그리드(Micro Grid, uGrid)를 시도하고 있다.

더 나아가 에너지 불균형현상 해소라는 시대적 요구에 부응하기 위해 후진국 전력보급시설을 증대시켜 국가적 발전을 유도하는 동시에 전력시장의 확대로 협력관계를 구축하기 위한 투자가 진행되고 있다. 그러나 시설 건설 비용과 기술이 부담되고 긴 작업기간을 감당하기 어려워 선택과 집중의 전략을 통한 마이크로그리드식의 전력설비 구축이 각광받고 있다.

중앙집중식 전력공급설비는 보안상의 문제로 각종 위험의 표적이 되고 있으며, 안정적 전력공급 측면에서도 사고와 고장에 의해 대규모 피해가 발생할 가능성이 있다. 그러나 분산된 전원설비는 이런 위험을 줄이고 보완할 수 있다. 분산된 전력원은 정전 사고 등의 다양한 불확실성으로 인한 피해를 줄일 수 있으며, 소규모 마을 단위의 발전소나 정전대비용 혹은 최대전력 소비시점에서의 최대치 평활, 그리고 전력비용의 합리적 지출 등 특수한 수용설비 맞춤형으로 고품질 전력공급을 할 수 있는 능력을 구비할 수 있게 된다.

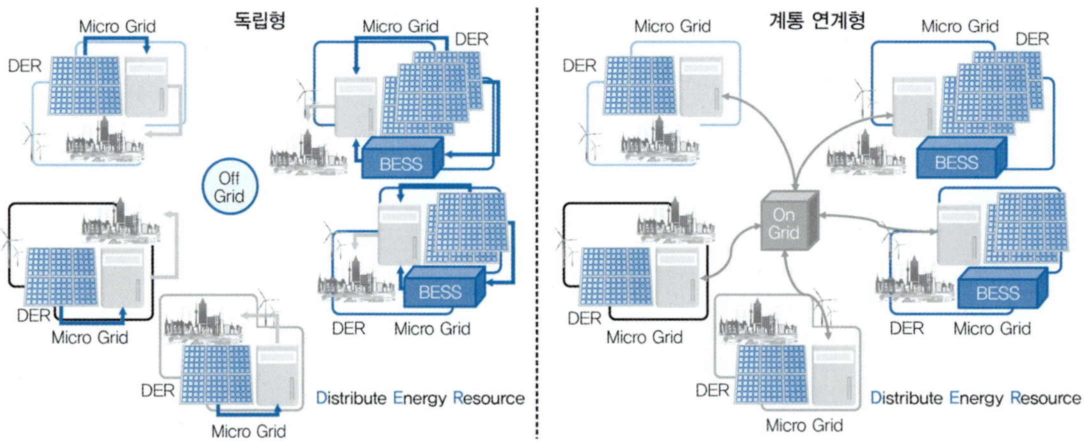

[그림 2-10] 연계형과 독립형 마이크로그리드의 구분

마이크로그리드에서 전기적으로 상호연결된 수용가와 분산에너지자원의 그룹이 계통에 대해 하나의 제어 가능한 시스템이 되면 개체(entity)를 이루었다고 한다. 이 개체가 계통과 연결되었는지 아니면 독립되었는지에 따라 연계형과 독립형으로 나눌 수 있다. 분산에너지 자원(DER)은 앞서 언급한 신재생에너지뿐만 아니라 열병합과 복합화력의 소규모 발전설비 등으로도 구성된다.

전력설비의 마이크로그리드 구성은 분류 기준에 따라 [표 2-10]과 같이 분류할 수 있다.

[표 2-10] 마이크로그리드의 분류

기준	용도
전력 크기	주거용, 소상업용, 상업용
전력 용도	군사용, 캠퍼스용, 커뮤니티용
동작 모드	계통연계형, 독립형

앞서 설명한 것처럼 DER을 구성하는 신재생에너지의 대부분은 일조량 혹은 풍속과 풍향의 원인으로 발전량이 빈번히 변화하며, 이는 전력망의 안정성을 해치는 주요 원인이 된다. 수용가의 요구에 대처하지 못하고 통제가 어려우며, 종종 과잉발전과 부족발전으로 전력수급이 균형을 이루지 못하게 되는 것이다.

송배전에서 전력품질은 수요와 공급의 예측과 관리를 통해서만 이루어질 수 있으므로 불규칙성과 불확실성은 품질 저하로 이어질 수 있다. 이는 수용가에 불편을 주는 것뿐만 아니라 계통연계를 불가능하게 한다. 마이크로그리드 특성상 전력망 구성이 작아 전력시스템 규모의 범위가 한정적이기 때문에 에너지 자원 불안정성으로 인한 전력품질 저하의 영향은 커지게 된다. 따라서 분산에너지 자원으로 구성하는 마이크로그리드는 전력품질 저하를 방지하기 위한 기술 적용이 필수이며, 생산한 전력 중 여분의 에너지를 저장하는 장치인 ESS(Energy Storage System)를 병용하는 것을 고려할 필요가 있다.

마이크로그리드의 안정화를 위해서는 앞서 설명한 IT 기술을 이용한 수용가 및 DER의 실시간 모니터링과 제어시스템을 통해 발전원과 수용가의 전력수급 동작을 제어하여 전력의 공급상태를 안정적으로 유치해야 한다. 더불어 축적된 데이터를 이용해 전력생산과 수요량을 예측할 수 있는 빅데이터 기반의 전력수급계획시스템을 갖춰 최대치 저감법(peak cut), 부하 이동(load shift), 수요 반응(demand response)[30] 등 부가서비스를 통해 에너지 효율을 높일 뿐만 아니라 부가적인 이득을 창출할 수 있어야 한다.

소규모 전력망은 주로 분산전원과 저장소와 인근 수용가로 구성되며, 운영, 마켓, 서비스제공자(service provider)와 상호 연계하여 공존하는 사회적 수용성을 충족할 수 있게 되었다. 이는 에너지 불균형뿐만 아니라 효율의 개선과 새로운 소득 창출의 기회가 되고 있다. 또한 마이크로그리드 플랫폼을 통해 다양한 애플리케이션 및 사업자들이 ICT 기술을 통해 등장하기 시작하였다.

30 전력사용량에 대해 사용자가 수요량에 대응하여 스스로 사용량을 통제하며 사용하는 방식을 말한다.

5 가상발전소

태양광 등의 재생에너지원처럼 분산되어 있는 소규모 발전과 ESS, 연료전지 등 발전설비와 전력수요를 인터넷 기술을 이용한 플랫폼을 통해 지리적 제한 없이 통합관리하여 하나의 발전소처럼 운영하는 가상시스템을 가상발전소(Virtual Power Plant, VPP)라고 한다. 원격지에 분산설치한 발전시스템을 묶어 통합적으로 관리하며, 하나의 중대규모 발전소 형태로 발전량을 통제하는 것으로, 소규모 전력원을 모아 관리함으로써 전력자원의 효율적 관리 및 발전량의 계획이 가능하다는 장점이 있다.

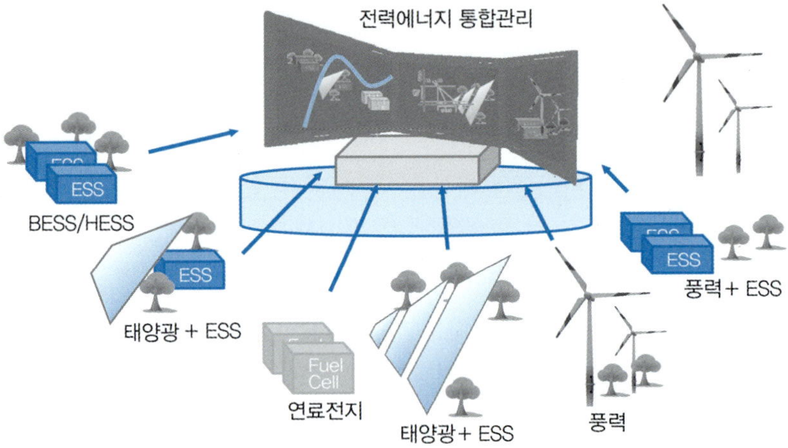

[그림 2-11] 가상발전소 형태

이런 집합형 분산전력 자원은 환경의 영향을 많이 받는 신재생에너지를 구성원 간 상호거래를 통해 통합·안정된 출력을 공급하는 것이 가능하여 분산전력원이 갖는 단점을 극복하고 재생에너지 설비의 전력계통에 대한 불안정성을 최소화할 수 있다. 따라서 향후 분산전력에 대한 기술과 에너지 신산업 분야가 될 것이며, IoT 및 클라우드 기술을 기반으로 하는 IT 솔루션과 플랫폼을 기술적 기반으로 하여 구축할 수 있는 시스템이다. 이를 상용화하기 위해서는 중소규모 발전소의 정보를 실시간으로 취득하고 통합 서버에 업로드할 수 있는 원격 터미널장치(Remote Terminal Unit, RTU)를 통해 분 단위 발전량 혹은 전력량 감시시스템으로 데이터를 확보하고, 확보된 데이터를 기반으로 전력의 품질에 따른 사고 발생 여부 및 사고 원인 분석이 가능한 분석시스템을 갖춰야 한다. 이를 통해 날씨의 변동에 따른 재생에너지 발전량을 예측하고 비교 분석하는 것도 가능하도록 기술적인 지원이 고려되고 있다.

즉 VPP란 분산하여 구축된 시스템으로 발전소의 급전지시나 전력판매 가격에 대한 실시간 변동성을 반영하는 것 등의 전력거래 업무가 가능한 사업 모델을 통해 전력판매와 거래의 새로운 모델을 만드는 바탕이 되는 기술적 지원시스템이다.

6 탄소중립시대의 신재생에너지

산업혁명 이후 최근 100년간 배출된 이산화탄소 등의 탄소가스로 인해 지구 평균 기온은 최근 30년간 1.2℃ 상승하였으며, 이로 인한 기후온난화로 생명체의 존립이 위협받고 있다. 이런 현실에 위기감을 느끼고 최근 전 세계가 탄소제로를 목표로 하는 탄소중립을 강하게 주창하고 있다.

국내의 경우 이런 강한 움직임에 맞춰 탄소중립을 위한 재생에너지 분야는 잠재량을 확충하기 위해 설비효율을 향상하고 현재 에너지 잠재량에 불포함된 건물 벽면, 농지 등의 입지를 활용하여 유망 재생에너지원을 발굴하고자 한다. 기술한계 부문에서는 태양전지의 초고효율화(40% 이상), 초대형 풍력터빈 설치(20MW 이상), 고효율 액화수소 개발(kg당 전력량 13.6kWh → 5kWh) 등 공급기술 혁신을 도모하고,[31] AC/DC 하이브리드 송배전시스템 관련 기술 등 차세대 전력계통 기술 개발을 추진하여 탄소중립 시대의 에너지 대책을 설계하고 있다. 또한 교류(AC) 송전망과 직류(DC) 배전망을 융합하여 하이브리드형 전력망으로의 전환도 준비하고 있다.

또한 재생에너지를 통해 전력공급의 걸림돌인 송전계통을 안정화시키기 위해 다음 네 가지의 설비 의무화 방안[32]을 추진 중이다.

❶ 주력전원인 재생에너지 설비가 계통안정, 유연성 확보 역할을 이행토록 관성 제공 및 주파수 제어 의무화 추진
❷ 대형 수용가 지원을 활용한 자동 분산전력원 구축
❸ 계절수요 대응을 위한 장주기(long-period) 저장수단 확보 및 수급균형 기능 의무화
❹ 기존 계통운영자와 별도로 구역별 배전망 운영자 배치를 통해 자원의 유연성 강화

이뿐만 아니라 그린 수소를 확대하기 위해 발전, 수송, 산업 공정 등에 걸쳐 그린 수소 의무화를 단계적으로 확대·시행하여 그린 수소 경제 이행을 가속화하는 것도 탄소중립을 위한 중요 대비책으로 볼 수 있다.

---

31 한국에너지공단, 『2016 신재생에너지백서』, 2017, 제3절 신·재생에너지 기본계획, 정책 및 제도, [탄소중립 시대의 신재생에너지 정책과제]

32 제5차 신·재생에너지 기술개발·보급 기본계획(2020.12)

CHAPTER

02 연습문제

2.1 1970년대 석유 파동 이후 종합적으로 비중이 감소한 석유 대신 비중이 증가하고 있는 에너지의 종류로 옳지 않은 것을 고르시오.

① 천연가스 ② 석탄 ③ 원자력 ④ 재생에너지

2.2 IEA는 '에너지 기술 전망' 보고서를 발간하여 2℃, 4℃, 6℃ 에너지 전망 시나리오를 제시하고 있다. 2℃ 시나리오에 대한 설명으로 옳지 않은 것을 고르시오.

① 에너지 기술 전망의 주된 관심사이다.
② 기온 상승을 2℃로 제한할 가능성이 있는 배출 경로와 에너지시스템 전개 경로를 제시한다.
③ 2050년까지 2013년 대비 에너지 관련 이산화탄소 배출량을 60%까지 감축하는 것을 목표로 한다.
④ 도전적 시나리오로, 정책과 기술의 뚜렷한 변화를 요구한다.

2.3 온실가스 순배출 제로(NZE)를 통해 기온상승폭을 1.5℃로 유지하고자 하는 노력을 상정한 방안이자 IEA가 제시하는 기후변화에 대응키 위한 가장 적극적인 시나리오로, 전 세계 에너지 시스템이 2070년경에 넷제로에 도달하고자 하는 노력이 담긴 방법인 시나리오로 옳은 것을 고르시오.

① 현 정책 시나리오 ② 제안 정책 시나리오
③ 지속 가능한 발전 시나리오 ④ 혁신가속화 시나리오

2.4 온실가스 순배출 제로 시나리오에 대한 설명으로 옳지 않은 것을 고르시오.

① 가장 이상적인 시나리오로, 달성이 어렵지 않을 것이라고 예측된다.
② 목표는 2050년까지 전 세계가 순배출 제로 경로를 달성하고 기온 상승폭을 1.5℃로 유지하는 것이다.
③ 2030년까지 에너지 접근성 목표 100%를 달성한다는 전제로 도출한 방법이다.
④ 이를 구현하기 위한 청정에너지 기술이 지속적으로 개발되고 있다.

2.5 넷제로 달성을 위해 필요한 기술이 아닌 것을 고르시오.

① 이차전지 전고체기술 ② 바이오에너지 관련 기술
③ 수소 및 연계 기술 ④ 탄소 포집의 저장 및 활용기술

2.6 이용률에 대한 설명으로 옳지 않은 것을 고르시오.

① 시설용량에 대해 평균전력량을 백분율로 구한 것이다.
② 최대전력에 대한 평균전력의 비율을 백분율로 표시한 것이다.
③ 사용하는 전력생산에 필요한 설비의 적절성을 보여준다.
④ 수요(사용량)에 대한 공급(생산량)을 평가하는 중요한 지표이다.

2.7 복합화력발전의 발전설비에 대한 설명으로 옳지 않은 것을 고르시오.

① 1차와 2차 설비로 조합한 발전 방식이다.
② 연료의 연소열을 가스터빈과 배열회수보일러에서 각각 1차와 2차의 다단 방식으로 2회 활용한다.
③ 에너지 이용 효율성이 높으며, 전력수요가 변동되었을 때 빠르게 대응하는 속응성이 높다.
④ 천연가스를 사용하여 황산화물, 분진 및 매연 등이 발생한다.

2.8 전력계통에 대한 설명으로 옳지 않은 것을 고르시오.

① 발전설비와 수용설비로 구성되어 있다.
② 전력을 생산하기 위한 발전설비에는 수력, 화력, 원자력, 신재생이 있다.
③ 수송과 운용을 위한 설비에는 송전선, 변전소, 배전선 등이 있다.
④ 전력을 소비하고 사용하기 위한 모든 일련의 설비를 수용설비라고 한다.

2.9 송전계통에 대한 설명으로 옳지 않은 것을 고르시오.

① 소비자에게 공급되는 전력은 전압의 제곱에 비례하여 결정된다.
② 발전기를 통해 대전력의 장거리 송전에 적당한 154 kV, 345 kV, 765 kV에게 승압하여 공급한다.
③ 변전소에서는 154 kV, 22.9 kV로 강압하여 용도에 맞게 수용가에게 공급한다.
④ 국내의 배전전압은 22.9 kV로 통일되어 있다.

2.10 전력송전 방식 중 직류공급 방식의 장점으로 옳지 않은 것을 고르시오.

① 절연계급을 낮출 수 있다.
② 송전효율이 좋다.
③ 계통연계 시 단락용량이 증가하지 않으므로 교류계통의 차단용량이 커야 한다.
④ 비동기연계가 가능하므로 주파수가 다른 계통 간의 연계가 가능하다.

2.11 전력시장에서 수급균형의 의미와 응동에 대한 설명으로 옳지 않은 것을 고르시오.

① 전력시장의 전기 가격을 결정하는 경제 원리이다.
② 수급균형은 전력수요와 공급의 균형을 의미한다.
③ 수요공급에 따라 발전량을 즉각적으로 대처하도록 하는 것을 응동이라고 한다.
④ 응동은 주파수 변동에 따른 발전기의 대응에 관한 것이다.

2.12 속도조정률이 4%인 발전기에서 정격인 50 MW의 전력을 평상시에 생산하고 있다. 부하의 감소로 주파수가 59 Hz로 변동되었을 때 발전기의 전력변화에 대한 설명으로 옳지 않은 것을 고르시오.

① 동일한 부하 변동에 대해 주파수 변화가 작다는 것은 조속기의 동작이 민감하다는 의미이다.
② 속도조정률을 구하는 식은 $\delta = \frac{60-59}{60} / \frac{\Delta P}{50\,\mathrm{M}} \times 100\%$ 이다.
③ 부하 변동에 대해 4%의 속도조정률로 기준 60Hz 주파수에 대한 변동 주파수의 차이 값의 비율을 계산할 수 있다.
④ 변동된 전력 $\Delta P = 20.83$ MW이다.

2.13 교류공급 방식의 가장 큰 장점은 실시간으로 부하량의 변동에 대해 주파수가 비례적으로 변화한다는 것이다. 이러한 특성을 이용하여 주파수 제어에 의한 수급균형에서 주파수의 변동에 따른 발전 형태의 변화를 설명한 것으로 옳지 않은 것을 고르시오

① 주파수가 빨라지면 수용가부하의 크기가 줄어든다.
② 주파수가 느려지면 송전전력의 크기가 줄어든다.
③ 주파수가 느려지면 수용가부하의 크기가 늘어난다.
④ 주파수가 느려지면 발전기의 회전속도를 높이기 위해 더 많은 에너지를 투입해야 한다.

2.14 역률이 90%인 우리나라의 가정용 전력을 상정하고 한 가정의 순간 전류최댓값에 따라 발생하는 전력손실율을 0.1로 하여 가정용 전선 한 가닥에 걸리는 저항을 계산하시오(단, 우리나라의 전압은 220 V이고 가정용 순간 전류최댓값은 10 A이다).

① 1,980 W ② 1,990 W ③ 1,890 W ④ 1,880 W

2.15 송전전력의 크기와 송전전력손실률을 통해 전압을 3배 높였을 때의 손실률의 변화로 옳은 것을 고르시오.

① 3배 ② $\frac{1}{3}$ 배 ③ 9배 ④ $\frac{1}{9}$ 배

2.16 신에너지 분야가 아닌 것을 고르시오.

① 연료전지　② 복합화력　③ 석탄액화　④ 수소에너지

2.17 원료와 생산방법, 생산 과정에서 발생하는 CO_2 배출량에 따라 수소에너지의 등급이 나뉜다. CO_2 배출량에 따른 수소의 등급을 올바르게 나열한 것을 고르시오.

구분	원료	생산방법	CO_2 배출량
(　　)	석탄, 천연가스	개질	8.5 ~ 10 kg/kgH$_2$
(　　)	석탄, 천연가스	개질 + CCS (탄소포집)	0.8 ~ 4.4 kg/kgH$_2$
(　　)	재생에너지	수전해	0 kg/kgH$_2$

① 블루, 그레이, 그린　② 블루, 그린, 그레이
③ 그레이, 블루, 그린　④ 그린, 그레이, 블루

2.18 석유에 비해 비교적 풍부한 석탄자원을 비연소 방식으로 사용하기 위해 개발한 석탄액화기술에 대한 설명으로 옳지 않은 것을 고르시오.

① 디젤이나 알콜 등의 합성석유로 제조한다.
② 석탄을 액화하여 청정한 방식으로 사용하는 기술이다.
③ 고체상태의 석탄을 액체연료로 전환하는 기술이다.
④ 석탄가스화, 탈황, 이산화탄소 분리 등의 과정을 거쳐 만들어진 합성가스가 주 원료이다.

2.19 수소발전 의무화제도에 대한 설명으로 옳지 않은 것을 고르시오.

① 기존의 RPS 제도에서 연료전지를 분리하여 발전용 연료전지의 안정적인 보급 체계를 구축하는 것을 목표로 한다.
② 그린 수소의 생산 판매 의무화, 공공기관의 수소 활용 의무화 등 HPS가 확대되었다.
③ '수소도시 건설 및 운영에 관한 법률'을 제정하여 수소시범 도시 조성을 촉진하고 있다.
④ 2030년에는 전국 시·군·구의 30%를, 2040년에는 60%를 수소도시로 조성하는 것이 목표이다.

2.20 재생에너지를 통한 전력생산 방식에 대한 설명으로 옳지 않은 것을 고르시오.

① 태양열발전은 발전기 이용 방식을 통해 교류전력을 생산할 수 있다.
② 풍력과 조력을 이용한 발전 방식은 주파수에 의해 전력 품질을 감시할 수 있다.
③ 태양광발전은 일사량을 기전력으로 변환하는 광전효과를 통해 전기를 생산한다.
④ 수소를 이용한 전력생산 방식은 수력과 동일한 전력설비장치를 사용한다.

2.21 재생에너지의 의미로 옳지 않은 것을 고르시오.

① 다시 이용할 수 있도록 되돌릴 수 있는 에너지이다.
② 정해진 사용기간을 연장할 수 있는 에너지이다.
③ 지속 가능한 에너지이다.
④ 자연계에 널리 존재하는 비고갈성 에너지원이다.

2.22 국내 바이오에너지는 원료의 기원과 생산기술에 따라 1~3세대로 나눌 수 있다. 각 세대에 대한 설명으로 옳지 않은 것을 고르시오.

① 1세대 : 공정이 단순하고 비용이 저렴하나 넓은 경작지가 필요하다.
② 2세대 : 목질계나 섬유질로 구성된다.
③ 3세대 : 대규모 경작지가 필요 없고 CO_2 저감에도 기여하며, 기존 바이오원료와 혼합 사용한다.
④ 3세대 : 해수 혹은 담수의 조류가 원료이다.

2.23 우리나라 정부는 재생에너지의 장기 목표를 제시하고 이행 전략을 마련하고자 다양한 계획을 추진하였다. 제5차 신재생에너지 기본계획상 5개 분야 추진 전략에 대한 설명으로 옳지 않은 것을 고르시오.

① 가격 등을 합리적으로 산정하고 소비자와 대여사업자의 참여를 확대한다.
② 시장 효율성 재고 및 다양화 촉진을 위해 비(非)전력, 분산에너지로의 저변 확대를 병행한다.
③ 재생에너지의 다양한 수요 기반 창출을 위해 RE100을 중심으로 재생에너지 사용기반을 강화한다.
④ 계통보강 및 운영관리 체계 정비로 선제적 계통투자 등을 통한 적기 계통접속을 지원한다.

2.24 우리나라 전 지역에 걸친 신재생에너지 자원의 총량을 가늠하기 위한 자료로, 국내 신재생에너지 보급계획 수립을 위한 자료로 주로 활용되며, 현재 신재생에너지 기본계획에도 적용되고 있는 자료에 대한 설명으로 옳지 않은 것을 고르시오.

① 신재생에너지 자원 잠재량이라고 한다.
② 자연의 에너지인 빛, 바람, 물 등 국토 안의 재생에너지원의 양을 수리적으로 정량화한다.
③ 신재생에너지 보급계획 수립을 위한 기반 자료로 주로 활용된다.
④ 신재생에너지 기본계획에도 적용되고 있다.

2.25 지리적으로 활용할 수 없는 산지, 철도, 도로, 기타 설비제한구역 등을 제외한 지역에서 잠재량 에너지 활용을 위해 설비가 입지할 수 있는 여건을 고려한 잠재량으로 옳은 것을 고르시오.

① 이론적 잠재량　　② 기술적 잠재량
③ 시장 잠재량　　④ 지리적 잠재량

2.26 분산발전에 대한 설명으로 옳은 것을 고르시오.

① 수용가 인근지역에 설치 가능한 소규모 발전설비를 이용하여 수용가에게 필요한 전력을 공급하는 방식의 발전 방식이다.
② 대규모의 전력생산시설에서 전력을 생산하여 매우 길고 복잡한 전력망을 통해 다양한 수용가에 전송하는 방식이다.
③ 사고나 재해 혹은 전쟁에 대비하여 발전소를 분산 배치한 방식이다.
④ 발전규모에 따라 대규모 발전소를 나누어 건설하는 방식으로, 분산발전의 소규모 발전 방식이다.

2.27 산업구조가 획일화된 중앙집중적 대량생산에서 소규모 분산적 소량생산으로 변화하며 인류는 다양성을 추구하게 되었으며, 독점에 대한 반성 및 다양성 추구를 통해 분산에너지 시스템의 도입이 유도되었다. 이와 관련된 현상이 아닌 것을 고르시오.

① 전력망에서 신재생에너지로 전력생산과 공급이 점차 확대되고 있다.
② 에너지 공급의 불균형과 설비증설에 대한 부담감을 경감할 수 있는 현실적인 방법으로 분산에너지원이 제시되고 있다.
③ 전력사용량이 늘고 있는 현대사회의 에너지를 절약하고자 한다.
④ 소형 분산 방식의 전력망은 마이크로그리드의 관점에서 접근하고 있다.

2.28 스마트그리드가 필요한 이유로 옳은 것을 고르시오.

① 계측을 통해 전력수급의 안정성과 수요, 공급의 균형을 맞출 수 있어 과선류 누선사고를 예방할 수 있기 때문이다.
② 진보된 전력망을 활용하여 전력공급을 확대하고 가격경쟁력을 확보할 수 있기 때문이다.
③ 수용가와 발전소 및 전력망을 실시간 감독하고 관리하여 자동으로 전력생산과 공급에 필요한 조치를 취하는 주파수제어법에 대한 기술적 확대가 필요하기 때문이다.
④ 기존 전력망에서 신재생에너지를 이용한 발전원은 화력발전소나 원자력발전소에 비해 전력수급의 균형과 계획송전 전략에 따른 제어와 통제 등이 어렵기 때문이다.

2.29 VPP에 대한 설명으로 옳지 않은 것을 고르시오.

① 분산하여 구축된 시스템을 통해 발전소의 급전지시나 전력판매 가격에 대한 실시간 변동성을 반영하는 전력거래 업무가 가능한 사업 모델을 활용하여 전력판매와 거래의 새로운 모델을 만드는 바탕이 되는 기술적 지원 시스템이다.

② IT 기술을 이용하여 분산되어 있는 발전소들을 하나의 발전소인 듯 원격으로 관리하는 기술을 기반으로 전력공급을 통합 관리하는 분산에너지 관리 기술이다.

③ 분산발전원의 발전량을 관리하여 전력 수급균형을 위한 재생에너지를 안정적으로 운영하기 위한 기술이다.

④ 가상의 발전소를 구축하여 발전소 사고와 문제 등을 대비하려는 목적의 관리 프로그램이다.

CHAPTER

03

태양에너지

인류 역사에서 태양은 숭배의 대상이었으며, 지금도 생명활동을 위한 가장 중요한 요인이다. 어둠을 물리치고 온기와 빛으로 농사를 짓거나 일상생활을 하는 데 반드시 필요했기 때문이다. 지구 대기의 모든 일기변화 역시 태양의 영향이며, 화석연료의 근원도 태양에너지이다. 이 장에서는 이런 태양에너지에 대해 학습한다.

CONTENTS

SECTION 3.1

태양이 가지고 있는 에너지

태양에너지를 계산하기 위해서는 에너지 발생의 특성을 알아야 하며, 태양에너지가 미치는 영향을 예측하기 위해서는 거리와 크기 같은 공간적 이해와 전달 방식에 대한 지식이 필요하다.

Keywords | AU | 삼각함수 | 자전축 | 핵융합 | 태양복사에너지 | 파장 |

태양에너지는 여러 자연적인 융합, 즉 매질의 밀도에 따른 특성이나 자전과 같은 현상과 결합하여 지구 생태계와 자연현상의 동력으로 변환될 수 있다. 더 나아가 지구 자원의 근간으로, 화석연료의 근원이자 최근 20여년 사이에는 친환경 발전원으로 인식되고 있다. 예를 들어 태양의 빛에너지는 식물의 광합성을 통해 화학물질(산소와 탄소화합물)로 바뀌며, 태양의 열에너지는 지표면을 데우거나 공기의 온도를 변화시켜 밀도차에 의한 바람의 흐름을 만들고 태양전지에 의해 빛을 전기로 바꾸기도 한다. 석유를 비롯한 화석연료 역시 태양에너지에서 비롯된 것이라고 볼 수 있다.

1 태양에 대한 이해

태양에너지는 주로 2개의 수소 원자핵이 융합하여 1개의 헬륨 원자핵을 형성하는 과정에서 생성되는 에너지로, 태양은 핵융합이 계속해서 일어나고 있는 원자로와 같다. 태양은 뜨겁고 거대한 가스 덩어리로, 중심부의 온도는 약 15,700,000 K이고 표면 온도는 약 6,000 K이다.

지구로부터 약 1.496×10^8 km 떨어져 있는 태양의 지름은 약 1.39×10^6 km로, 지구 지름의 약 109배이고 부피는 지구 부피의 130만 배이며, 밀도는 1.41 g/cm^3이다. 이는 태양이 가벼운 물질로 구성되어 있음을 의미한다. 또한 태양의 적도 기준 자전주기는 약 25일 1시간 12분이고 북위 30도는 약 28일, 극 기준으로는 약 34일 9시간 36분이다. 이처럼 태양은 위도가 높을수록 자전속도가 느려지는 자전주기를 가지고 있으며, 평균적인 자전주기는 약 27일 6시간이다.

이런 태양이 내뿜는 에너지의 크기는 그야말로 천문학적인 크기여서 태양에너지를 제대로 이용할 수만 있다면 에너지 문제를 해결할 수 있다. 태양에너지를 제대로 이용하려면 먼저 태양에 대해 이해해야 한다. 태양의 크기와 거리 및 열과 빛의 성질을 계산하고 이해하는 것은 지구상의 에너지시스템을 움직이게 하는 방법을 이해하는 것이다.

2 태양계의 중심 항성, 태양

항성은 스스로 빛과 열을 내는 별이다. 항성 자체의 질량에 의한 높은 중력으로 항성을 구성하는 주요 가스인 수소와 헬륨의 핵융합에 의해 빛과 열이 발생한다.

태양은 태양계를 이루는 항성으로, 태양계는 우리 은하의 나선의 팔 부분에 위치하고 있다. 우리 은하의 지름은 약 10만 광년 정도이고 중심핵의 직경은 약 1만 광년, 두께는 1만 5천 광년, 나선팔 부분의 두께는 1천~2천 광년 정도의 크기인 것으로 추산된다. 태양계는 태양을 중심으로 돌고 있는 수성, 금성, 지구, 화성, 목성, 토성, 천왕성, 해왕성의 여덟 개의 행성과 세레스, 명왕성, 에리스 등의 왜소행성(dwarf planet) 및 각 행성들 주위를 돌고 있는 위성, 소행성, 혜성 등으로 이루어져 있다. 태양계 질량의 대부분은 태양이 차지하고 있으며, 행성들은 약 0.13% 미만의 질량을 차지한다. 그 외 약 0.02%의 질량은 위성, 소행성, 혜성 등이 차지한다.

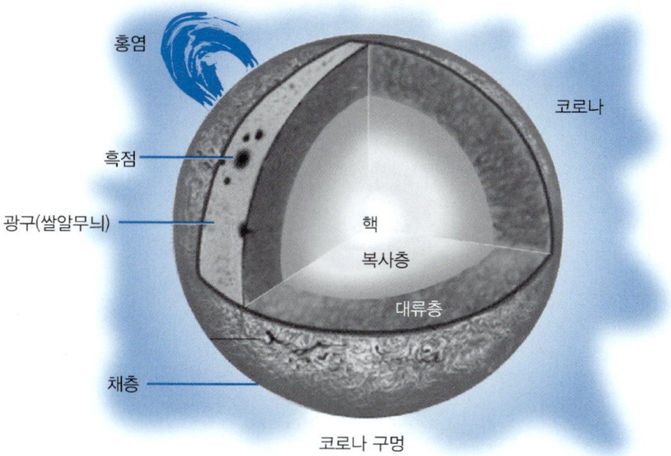

[그림 3-1] 태양의 구조

태양의 겉은 표면과 대기로 구성되어 있다. 매일 볼 수 있는 태양의 표면이 **광구**(photosphere)이고 광구를 둘러싸고 있는 대기 중 하층대기가 **채층**(chromosphere), 상층대기는 **코로나**(coronal streamer)이다.

광구를 살펴보면 쌀알들을 뿌려놓은 듯한 모습을 볼 수 있다. 이것은 **쌀알무늬**(granules)라고 하며, 광구 아래 **대류층**(convective zone)의 기체 거품이 상승 혹은 하강하는 운동 때문에 나타난다. 광구 위의 채층은 온도가 광구보다 높아 약 1만 ℃ 정도인데, 이곳에서는 뜨거운 가스가 태양 표면으로부터 약 1만 km 이상의 높이까지 치솟는 **홍염**(prominence)을 볼 수 있다. 또한 채층은 광구와 코로나 사이에 위치해 경계선 역할을 하기도 한다. 채층 밖에 있는 코로나는 태양의 광구 주위에 희박한 밀도의 이온화된 기체로 가장 높이, 넓게 퍼져 있는 바깥쪽 대기권이다. 코로나의 형태와 크기는 일정하지 않지만 일반적으로 **흑점**(sunspot)과 깊은 관계가 있다. 코로나의 크기는 흑점이 최소일 때 작고 최대일 때는 크고 밝으며, 매우 복잡한 구조를 갖는다. 채층과 코로나는 개기일식 때 광구의 빛이 달에 의해 완전히 차단되면 볼 수 있는데, 이때 일식의 가장자리로부터 멀리까지 뻗어 있는 밝은 빛이 코로나이다.

3 태양의 에너지 핵융합

매우 뜨거운 별인 태양은 우주의 수많은 항성 혹은 별 중에서는 상대적으로 질량이 크지 않고 크기도 중간 정도이다. 그러나 태양에너지의 광범위한 스펙트럼은 다양한 파장의 빛과 열에너지를 제공하고 있다는 증거이다.

태양과 같은 항성에서는 높은 중력으로 원자량이 가벼운 원자인 수소 원자 2개가 **핵융합**[1]에 의해 결합하여 헬륨으로 변화한다. 이런 핵융합 과정에서 태양은 엄청난 빛과 에너지를 쏟아내는데, 그 에너지의 크기는 약 3.8×10^{26} Ws 이며, 우주로 발산되는 막대한 양의 빛과 에너지 중 지구에 도달하는 에너지는 1.7×10^{17} Ws 로, 이는 지구 전체에 에너지를 공급할 수 있을 정도로 엄청난 양의 빛과 열이다. 핵융합 과정은 태양의 중심부부터 태양의 반지름의 약 25% 부분(핵)까지에서만 일어나며, 나머지 부분은 핵융합에 의해 발생한 열과 빛을 방출하는 부분(복사층)이다. 지구에 도달하는 에너지를 이용하는 방법에 따라 에너지는 태양광과 태양열로 분류된다. 즉 빛에너지를 이용하는 것과 열에너지를 이용하는 차이에 따라 구분한다.

반면 원자력에너지의 핵심은 핵분열이라고 할 수 있다. 우라늄 같은, 비교적 원자량이 무거운 원자들의 핵을 중성자로 분열시키고 이때 발생하는 중성자로 다른 원자핵을 연속적으로 분열시키는 연쇄반응 현상을 일으켜 핵분열 중 발생하는 열에너지를 통해 전기를 생산한다. 핵분열 방식은 전력생산 시 kW 당 비용이 낮아 경제적으로 보인다. 그러나 초기 건축 비용과 사용 시 유지 비용을 고려하면 전혀 저렴하지 않으며, 핵물질의 방사능 및 사용한 핵연료의 사용 후 처리 등에서 발생하는 방사능 방사라는 치명적인 단점이 있다.

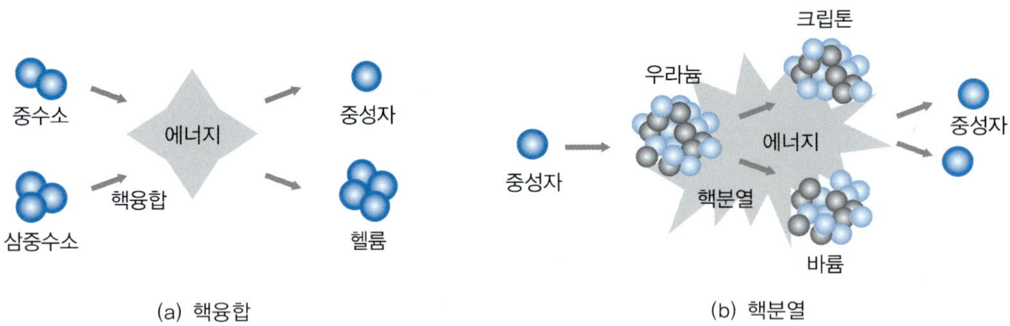

[그림 3-2] 핵융합과 핵분열의 차이

1 태양은 중심핵에서 매 초당 4억 3천만~6억 톤의 수소를 태운다고 한다.

4 태양에서 지구로 복사되는 에너지

에너지의 전달은 에너지 변환 과정이라고 할 수 있으나 열에너지의 경우 전도와 대류, 복사라는 역학적 방법을 통해 에너지가 전달된다. 이 중 전도와 대류는 열에너지를 운반하는 물질, 즉 매질을 통해 열에너지가 전달되는 방식인데, 우주는 진공상태이므로 두 방식은 태양의 열에너지가 전달되는 과정에 이치적으로 맞지 않다. 따라서 중도에 매개물질이 개입하지 않고 에너지를 전달하는 방식인 복사를 생각해볼 수 있다.

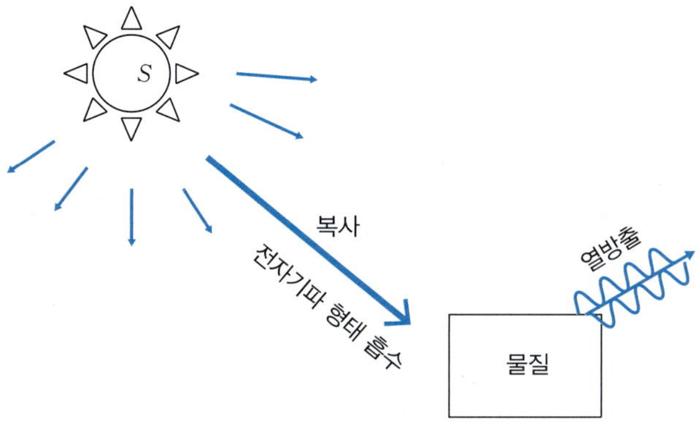

[그림 3-3] 태양에너지 복사와 에너지 흡수 및 방출의 과정

태양에너지는 일종의 전자기파의 방사와 같은 원리로 열과 빛의 두 에너지 형태를 지구에 복사하는데, 이 형태들은 파장을 갖는 전자기파의 일부이다. 이를 **태양복사**(solar radiation)라고 한다.

태양복사는 태양이 매 순간 발산하는 고온의 핵융합에너지를 우주로 방출하는 현상으로, 주변 공간에 열과 빛을 공급한다. 이 복사에너지는 열과 빛을 가지고 전자기파 형태로 전달되므로 주파수에 따른 분석이 가능한데, 이를 **전자기파 스펙트럼**(electromagnetic spectrum)이라고 한다.

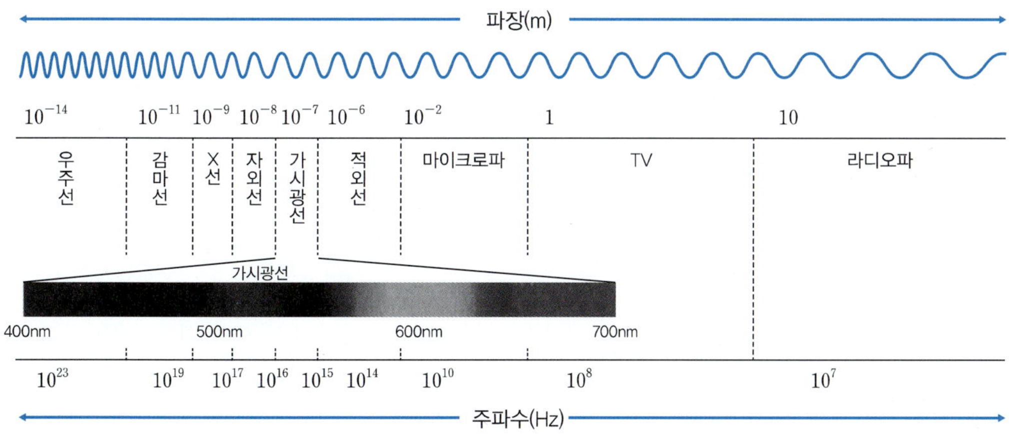

[그림 3-4] 전자기파 스펙트럼

전자기파 스펙트럼으로 관찰한 태양에너지를 파장에 따라 구분하여 분석해보면 태양복사의 약 47%는 우리가 볼 수 있는 가시광선 범위(0.4~0.76 μm)에 속한다. 태양복사의 7%인 자외선 범위(0.01~0.4 μm)는 살균작용을 하는 영역으로, 인체에 해롭다. 나머지 범위는 적외선(0.76~100 μm)이다.

절대온도 0도보다 높은 온도의 모든 물질은 매 순간 전자기파 복사를 하고 있다. 복사되는 에너지의 주파수 분석을 통해 물질에 대한 다양한 정보를 유추할 수 있어 우주의 복사에너지를 통한 우주탐사가 활발하게 이루어지고 있다.

태양에서 지구로 전달되는 에너지는 복사열 및 빛 전달에 의하여 전달된다. 핵융합 과정에서는 엄청난 빛과 에너지를 쏟아내는데, 149,600,000 km 거리만큼 떨어진 지구에도 복사를 이용하여 1.4 kW/m^{3}의 에너지를 공급할 수 있는 정도이다.

절대영도보다 높은 온도($T > 0$ K)를 가지는 표면은 광범위한 파장의 에너지를 모든 방향으로 방출하는데, 표면으로부터 방출되는 에너지의 양은 동일 파장에서 표면의 온도, 상태 및 물질에 따라 다르다. 즉 동일한 온도의 표면이라도 서로 다른 물체는 서로 다른 양의 에너지를 방출하는 것이다. 그렇다면 주어진 온도에서 표면이 방출할 수 있는 최대의 에너지는 얼마일까?

1884년 루트비히 볼츠만(Ludwig George Boltzmann)은 이론적인 증명을 통해 복사 형태 에너지의 크기는 절대온도(T)에 비례한다는 것을 보였다. 19세기 이후에는 많은 물리학자들의 실험과 이론 정립으로 실제 표면과 비교될 수 있는 가상표면인 **흑체**(black body)를 정의하였다. 흑체는 최대의 에너지를 방출하는 표면을 가지는 물체로, 주어진 온도와 파장에서 최대의 에너지를 모든 방향에 균일하게 방사하고 표면에 입사되는 복사에너지를 파장과 방향에 관계없이 전부 흡수하는 완전한 '가상적 물체'이다. 흑체가 방사하는 에너지는 1879년에 요제프 슈테판(Joseph Stefan)이 수행한 실험을 통해 식 (3.1)과 같이 결정된다는 것이 밝혀졌다.

★ 슈테판-볼츠만 법칙 ★

$$E = \sigma T^4 \ [\mathrm{W/m^2}] \tag{3.1}$$

여기에서 σ는 슈테판-볼츠만 상수이며, 그 크기는 $\sigma = 5.67 \times 10^{-8}$ W/m^{2}K^{4}로 정의되었다. 그러나 앞선 식은 모든 파장에서 흑체가 방사하는 복사에너지의 합으로, 각 파장에서 방출되는 에너지의 크기를 알 수는 없었다.

흑체가 에너지를 복사할 때는 다양한 파장의 에너지를 복사하며, 에너지 밀도가 가장 큰 파장과 흑체의 절대온도와의 관계식을 세우면 반비례 관계가 된다. 여기서 온도가 높으면 파장이 짧아지는 반비례 관계는 높은 온도의 항성들이 푸른색이나 하얀색을 띠는 이유이기도 하다.

파장별 에너지의 크기를 계산하는 방법을 찾던 중 1901년 막스 플랑크(Max Planck)는 양자이론을 통해 주어진 온도와 파장에서 방출되는 에너지를 구하는 식을 유도하여 마침내 파장과 에너지와의 관계를 정립하게 된다. 이 법칙을 **플랑크 법칙**이라고 한다.

★ 플랑크 법칙 ★

$$E(\lambda,\ T) = \frac{2hc^2}{\lambda^5}\frac{1}{e^{(hc/\lambda kT)}-1}\ [\mathrm{W/m^2\mu m}] \quad (3.2)$$

- c : 빛의 속도(3×10^8[m/s])
- k : 볼츠만 상수(1.3807×10^{-23}[J/K])
- h : 플랑크 상수(6.6256×10^{-34}[Js])

c/λ는 파장과 진동수의 관계를 통해 ν가 되며, 다음과 같이 표현할 수 있다.

$$E(\lambda,\ T) = \frac{2h\nu^3}{c^2}\frac{1}{e^{(h\nu/kT)}-1}\ [\mathrm{W/m^2\mu m}] \quad (3.3)$$

식 (3.3)으로부터 절대온도에 따라 물질에서 방사되는 복사에너지의 파장에 따른 스펙트럼을 그래프로 그려보면 [그림 3-5]처럼 파장별 에너지의 크기 변화가 물질의 절대온도에 따라 어떻게 다른지 확인할 수 있다. 무엇보다 태양 표면의 절대온도를 대략적으로 5,780 K로 하였을 때의 에너지 크기와 스펙트럼 곡선을 살펴보면 0.5 μm 파장에서 복사에너지의 크기가 최대이며, 1 μm 파장 이후에는 급격히 에너지가 줄어드는 것을 알 수 있다.

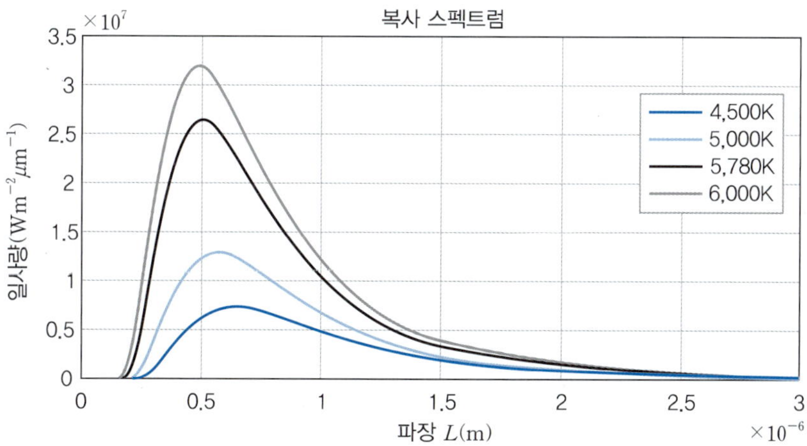

[그림 3-5] 절대온도에 따른 파장별 복사에너지 스펙트럼

방사 복사에너지는 파장의 연속함수이며, 파장이 증가하면 함께 증가하여 최고치에 도달한 후 감소하는 형태를 보여준다. 또한 주어진 파장에서 방사 복사에너지는 온도가 증가하면 함께 증가하며, 온도가 증가하면 곡선은 왼쪽, 즉 짧은 파장으로 치우치는 경향이 있음을 보여준다. 다시 말하면 높은 온도에서는 복사에너지의 대부분이 짧은 파장에서 방사하는 성향을 보인다.

5,780 K 에서 흑체로 간주되는 태양에서 방사되는 복사에너지의 최고치는 우리 눈에 잘 보이는 가시광선 영역의 파장을 가지며, 온도가 보다 낮은 표면에서 방사되는 에너지는 적외선 영역의 파장을 가진다. 또한 플랑크 법칙의 공식을 이용한 스펙트럼 곡선에서 곡선 아래의 면적을 구하면 슈테판-볼츠만 법칙의 식을 유도할 수 있다.

Note [그림 3-5] 그래프 생성을 위한 MATLAB M-file 코드와 Python 코드

[그림 3-5] 그래프 생성을 위한 MATLAB 코드

```
% Black Body Radiation
%function blackbody
h = 6.6256e-34; % Planck's constant J s
c = 2.9979e8; % speed of light m/s
k = 1.3807e-23; % Boltzmann's constant J/K
lambda = 25e-9:10e-9:3000e-9;
T1 = 4500;
T2 = 5777;
T3 = 6000;

A1=(h*c)./(k*T1.*lambda);
A2=(h*c)./(k*T2.*lambda);
A3=(h*c)./(k*T3.*lambda);

%energy density function:
B=(2*h*c^2)./(lambda.^5);

BB1=B.*(1./(exp(A1)-1))/1e6;
BB2=B.*(1./(exp(A2)-1))/1e6;
BB3=B.*(1./(exp(A3)-1))/1e6;

figure(1),clf
plot(lambda,BB1,lambda,BB2,lambda,BB3)
xlabel('Wavelength L (m)');
ylabel('Intensity I (W m^{-2} um^{-1})');
title('Black Body Radiation Spectra');
grid on;
```

[그림 3-5] 그래프 생성을 위한 Python 코드

```
import numpy as np
import matplotlib.pyplot as plt
import math

h = 6.6256e-34
c = 2.9979e8
k = 1.3807e-23

lamda = np.arange(25e-9,3000e-9,10e-9)

T1 = 4500; T2 = 5777; T3 = 6000

A1=(h*c)/(k*T1*lamda)
A2=(h*c)/(k*T2*lamda)
A3=(h*c)/(k*T3*lamda)

B=(2*h*c**2)/(lamd**5)

BB1=B*(1/(np.exp(A1)-1))/1e6
BB2=B*(1/(np.exp(A2)-1))/1e6
BB3=B*(1/(np.exp(A3)-1))/1e6

fig = plt.figure(figsize=(15, 15))
plt.title('Black Body Radiation Spectra')
plt.xlabel('Wavelength L (m)'); plt.ylabel('Intensity I (W m^{-2} um^{-1})')
plt.grid()
plt.plot(lamd,BB1,lamd,BB2,lamd,BB3)
plt.show()
```

SECTION
3.2 지구가 받는 태양에너지

지구가 태양 주변에서 받는 에너지의 크기는 지구가 다시 방출하는 에너지와 동일하다. 그렇기 때문에 지구의 온도가 일정하게 유지되는 것이며, 생명활동이 가능한 것이다.

Keywords | 태양상수 | 복소평면 | 지구입사에너지 | 일사량 | 지구복사에너지 | 적위각 | AM |

1 지구에 도달한 태양에너지

태양의 직사광선을 통해 단위면적에 축적되는 에너지의 양을 **태양상수**(G_s)라고 한다. 이는 1 AU[2]의 거리에서 m^2당 약 1,362 W[3]의 값이 된다. 1 J은 1 Ws 임을 기억하면 이는 분당 81.65 kJ/m^2 또는 1.951 cal/cm^2가 된다. 태양상수와 태양에서 지구까지의 거리, 그리고 태양의 크기 및 슈테판-볼츠만 공식을 이용하면 태양의 유효표면온도를 구할 수 있다.

$$4\pi L^2 G_s = 4\pi r^2 \sigma T_s^{\ 4} \tag{3.4}$$

- L : 지구와 태양 사이의 거리[m]
- G_s : 태양상수[W/m^2]
- r : 태양의 반지름[m]
- σ : 슈테판-볼츠만 상수[W/m^2K^4]
- T_s : 태양의 유효표면온도[K]

여기에서 $L = 1.495 \times 10^{11}$이고 $r = 1.39 \times 10^9$이므로 이를 대입하여 T_s를 구하면 5,780 K가 된다.

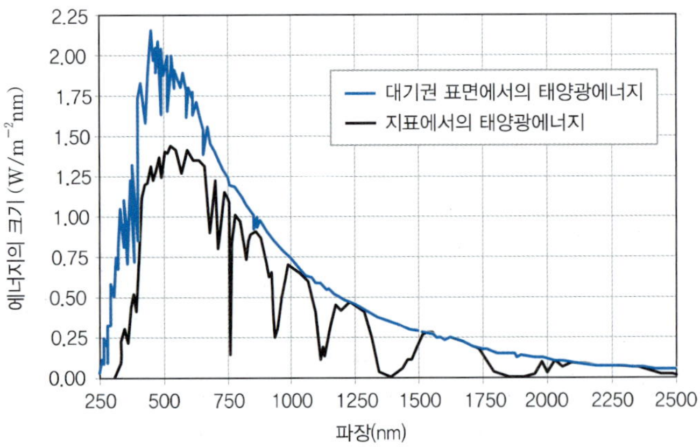

[그림 3-6] 대기권 표면과 지표면에서의 태양에너지의 파장별 크기 스펙트럼[4]

---

2 지구에서 태양까지의 평균거리인 1억 5천만 km를 말한다.

3 Kopp, G.; Lean, J. L. (2011). A new, lower value of total solar irradiance: Evidence and climate significance. Geophysical Research Letters. 38 (1): n/a.

지구 표면에 도달하는 햇빛은 지구의 대기에 의해 약해져 맑은 하늘에 태양이 머리 위에서 비칠 때 m^2당 1,000 W 정도가 된다. 이렇게 태양상수 값과 수치상 차이가 나는 것은 대기에 의한 흡수, 산란 및 투과로 에너지가 감쇠하기 때문이다. 지표 위 30 ~ 40 km를 덮고 있는 대기는 0.3 μm 이하 파장의 자외선을 흡수하는 오존과 공기를 이루는 분자들, 그리고 1 μm 파장 이상의 장파인 적외선을 흡수하는 수증기와 이산화탄소 가스 및 먼지 등으로 채워져 있어 지표면에 도달하는 에너지를 차감한다. 지표에 도달하는 에너지의 파장은 주로 0.3 μm 이상의 자외선부터 2.5 μm 이하의 가시광선과 적외선으로 구성되어 있다.

그렇다면 태양상수의 크기가 어떻게 계산되었는지 알아보자. 태양과 지구상의 거리를 반지름으로 하는 구를 가정하고 이 구의 표면(A)에 동일한 에너지가 골고루 분포한다고 할 때 구의 단위 표면적에서의 에너지 밀도(ρ_E)는 지구가 갖는 태양에너지에 대한 에너지 밀도가 될 것이다. 태양에너지의 총량을 SE라고 하면 에너지 밀도는 다음과 같다.

$$\rho_E = SE/A \tag{3.5}$$

이때 태양에너지의 크기 SE는 3.8×10^{26} Ws이며, 구의 표면적은 태양과 지구 사이의 거리 1 AU를 1.49×10^{11} m라고 할 때 $4\pi r^2 = 4\pi \times (1.49 \times 10^{11})^2$ m^2가 된다. 이렇게 구해진 값들을 식 (3.5)에 대입하면 다음과 같다.

★ 태양상수 ★

$$\rho_E = \frac{3.8 \times 10^{26}}{4\pi \times (1.49 \times 10^{11})^2} \frac{[\mathrm{Ws}]}{[\mathrm{m}^2]} \simeq 1{,}362.12\,[\mathrm{Ws/m^2}]$$

이렇게 구해진 값 1,362 W/m^2는 지구의 표면에서의 단위면적 1 m^2당 태양에너지의 밀도로, 매우 중요하므로 태양상수(G_s)라는 이름을 갖는다. 또한 지구에 도달한 태양에너지의 복사에너지 스펙트럼 특성은 [그림 3-5]와 같이 약 5,780 K의 온도에서의 흑체복사 스펙트럼과 유사하다.

태양에너지의 지구 도달 밀도인 태양상수는 태양과 지구 사이의 거리에서의 에너지 밀도를 계산한 것이다. 실제 지구에 입사되는 에너지는 지구입사에너지로, 지구까지의 거리를 반지름으로 하는 구의 표면적 중 지구의 크기만큼의 원 면적을 반영한 입사총량이다. 그 크기는 지구의 반지름(R_E)인 6.371×10^6 m를 이용해 다음과 같이 구할 수 있다.

$$\begin{aligned} \text{지구입사에너지} &= \text{태양상수}(G_s) \times \text{지구 크기 원 면적} \\ &= 1367 \times \pi R_E^2 = 1.74 \times 10^{17}\,[\mathrm{Ws \cdot m^2}] \end{aligned}$$

---

4 ASTM E-490 AM0 Standard Spectra 데이터를 활용하여 엑셀에서 작성한 그래프이다.

일사량(insolation)은 지표에 도달하는 단위면적당 에너지로, 일사량을 구하기 위해 입사에너지를 지구 표면적으로 나누면 단위면적(m^2)당 지구 표면의 평균일사량을 구할 수 있다. 이때 지구의 표면적은 구의 표면적을 계산하는 방식으로 구할 수 있다. 단, 에너지가 지표면에 도달해야 한다는 중요한 조건이 붙으므로 지구 입사에너지가 지표면에 도달하기까지 에너지의 감쇄가 있음을 확인해야 한다. 한편 대기에서 흡수된 에너지는 다시 방출되어 에너지 균형을 이룬다.

[표 3-1] 지구입사에너지와 지구복사에너지 크기표

<table>
<tr><th colspan="2" rowspan="2">지구입사에너지</th><th colspan="3">크기 (PW)</th><th colspan="3">크기 (PW)</th><th colspan="2" rowspan="2">지구복사에너지</th></tr>
<tr><th>입사량</th><th>소모량</th><th>비율</th><th>비율</th><th>복사량</th><th>소모량</th></tr>
<tr><td colspan="2">태양복사에너지</td><td>174</td><td></td><td>100%</td><td>70%</td><td>126</td><td>–</td><td colspan="2">지구복사에너지</td></tr>
<tr><td rowspan="2">대기</td><td>대기흡수</td><td>–</td><td>33</td><td rowspan="2">21%</td><td rowspan="8">64%</td><td rowspan="2">116</td><td>38</td><td>대기흡수
구름흡수</td><td rowspan="2">대기</td></tr>
<tr><td>구름흡수</td><td>–</td><td>5</td><td>78</td><td>지표복사 흡수</td></tr>
<tr><td rowspan="3">반사</td><td>구름반사</td><td>–</td><td>35</td><td rowspan="3">29%</td><td rowspan="3">–</td><td rowspan="3">–</td><td rowspan="3">–</td><td rowspan="3">–</td></tr>
<tr><td>지표반사</td><td>–</td><td>7</td></tr>
<tr><td>대기반사</td><td>–</td><td>10</td></tr>
<tr><td rowspan="4">지표
도달</td><td>대기산란지표도달</td><td>–</td><td>11</td><td rowspan="4">50%</td><td rowspan="3">(78)</td><td>26</td><td>대기구름</td><td rowspan="4">지표
복사</td></tr>
<tr><td rowspan="2">직접지표도달</td><td rowspan="2">–</td><td rowspan="2">32</td><td>12</td><td>열전도와 대류</td></tr>
<tr><td>40</td><td>수증기 잠열</td></tr>
<tr><td>구름방출지표도달</td><td>–</td><td>40</td><td>6%</td><td>10</td><td>–</td><td>표면방사</td></tr>
</table>

[표 3-1]에서 지구 전체에 매초마다 입사되는 에너지는 앞서 계산한 지구 입사총량 에너지로, 크기는 174PW[5]이다. 입사된 에너지 중 29%는 반사되며, 70% 정도만 지구에 흡수된다. 이 에너지 중 대기에 흡수되는 에너지는 21%이고 지표에 도달하는 에너지는 50% 정도이다.

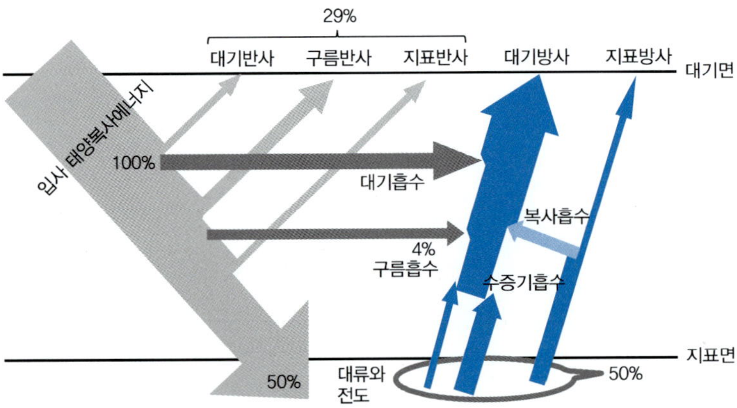

[그림 3-7] 태양복사에너지의 지구 입사와 복사균형

입사된 태양에너지는 다시 지구복사에 의해 우주로 환원되는 과정을 통해 동일한 양으로 다시 복사된다. 그러나 지구에서 복사되는 과정은 조금 복잡하다. 대기에 흡수된 에너지와 지표면에 흡수된

5 PW는 10의 15승으로, 페타와트라고 읽는다.

에너지가 다시 복사 방출되는 과정에서 흡수 방출의 순환 과정을 거치기 때문이다.

대기에서 우주로 복사하는 총량은 116 PW 이다. 이는 지구 입사에너지 과정에서 대기에 흡수된 38 PW가 다시 방출되는 양이 반영된 것이다. 이 입사에너지의 21%에 해당하는 에너지양을 제외하면 지표에 도달한 에너지의 총합 78 PW, 즉 태양복사에너지의 50%에 해당하는 에너지가 지표복사에 의해 다시 대기 중으로 방출한 양을 포함하고 있음을 알 수 있다.

2 천체의 움직임과 지구에서의 태양에너지 계산

지구 전체적으로 평균적 일사량은 단위면적당 168 W가 된다는 것을 알았다. 이 값은 극지방인지 적도지방인지, 밤인지 낮인지, 그리고 여름인지 겨울인지를 구별하지 않은 평균적인 크기임을 상기할 필요가 있다. 일사량은 당연히 시간과 계절 및 위치에 따라 다를 것이기 때문이다. 따라서 특정 지역의 일사량은 그 지역의 위도와 경도로 표시하는 위치와 지구의 자전과 연관된 시간, 그리고 태양 주위를 회전하고 있는 지구의 공전과 연관 있는 계절을 염두에 두어야 한다.

지구 위의 특정 위치에서 태양의 위치를 통해 일사량을 계산하기 위해서는 지구가 태양 주위를 돌고 있지만 [그림 3-8]과 같이 태양이 지구의 주위를 돌고 있다고 가정할 수 있다. 실제와는 다르지만 이렇게 가정하고 태양의 위치를 정하는 것이 편리하기 때문이다. 지구를 중심으로 태양의 움직임을 묘사하여 관측자의 위치에서 태양의 고도와 방위각을 사용하면 태양의 위치를 규정할 수 있다.

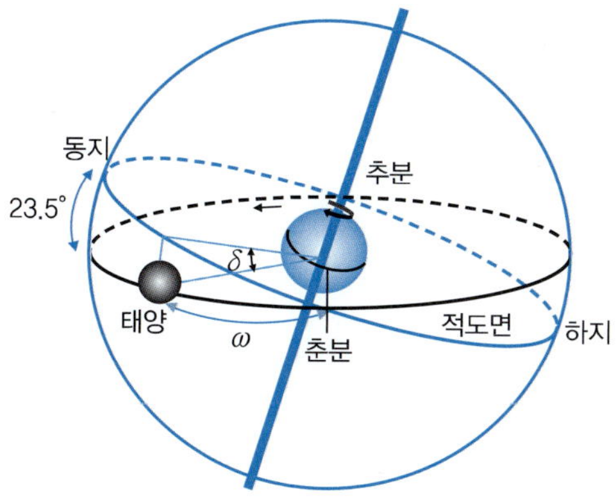

[그림 3-8] 천구의에 표시된 태양의 위치

적위각(δ)의 표시와 계산

지구의 자전축은 23.5° 기울어져 있고 지구는 이 축을 중심으로 자전하고 있으며, 적도와 자전축은 90°의 각을 이루고 있다. 태양의 공전궤도를 수평으로 놓았을 때 적도, 즉 위도가 0°인 선은 태양의 궤도와 23.5°의 각도 차이를 이루고 있어 북반구와 남반구에 계절변화가 생긴다. 봄과 가을에는 적도와 공전궤도가 만나게 되는데, 이때를 각각 춘분과 추분이라고 한다.

[그림 3-8]에서 태양과 적도면까지의 사잇각을 **적위각**(solar declination angle)이라고 한다. 그러나 지구의 한 지점에서 태양의 위치는 시간에 따라 달라지므로 정오에 태양의 위치를 기준으로 하여 적위각을 표시하며, 1년을 주기로 −23.5°에서 +23.5° 사이의 각도 크기를 갖는다.

1년은 365일이고 1회전은 360°이므로 1월 1일을 기준으로 n번째 날의 적위각은 날짜 수와 회전 각도의 비율로 계산할 수 있다. 다음 식에 사용된 79는 1월 1일부터 춘분인 3월 21일까지의 날짜 수로, 춘분점이 적위각 0°가 되는 점이므로 이를 기준으로 하여 각도를 계산한 것이다.

★ 적위각 δ ★

$$\delta = 23.5\sin\left[\frac{360(n-79)}{365}\right] \tag{3.6}$$

식 (3.6)을 코사인 식으로 변형하려면 사인과 코사인의 관계에 따라 다음과 같이 90°를 추가하여 표시할 수 있다.

$$\delta = -23.5\cos\left[\frac{360}{365}(90+n-79)\right] = -23.5\cos\left[\frac{360}{365}(11+n)\right]$$

태양의 고도각(θ)의 표시와 계산

태양의 고도는 지구 위의 한 지점에서 지표면과 태양 사이에 이루는 각으로, 지구상의 위도, 날짜, 시간에 의해 결정된다. 이들 변수는 모두 각도로 주어지며, 정남향에 태양이 위치할 때 지표상 한 지점의 위도(ϕ)와 해당 날짜의 적위각(δ), 그리고 시간에 대한 방위각(ω)으로 다음과 같이 이루어진다.

$$\sin\theta = \cos\delta\cos\phi\cos\omega + \sin\delta\sin\phi \tag{3.7}$$

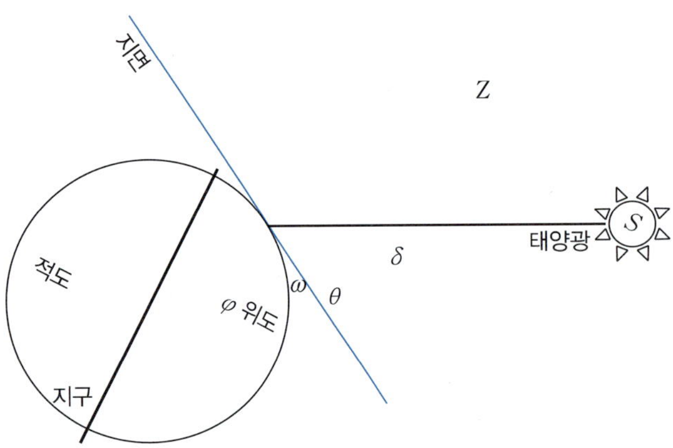

[그림 3-9] 태양의 고도 표시

방위각(ω)은 태양이 남중일 때, 즉 정오를 기준으로 하여 계산하고자 하는 시간과의 차이에 15°를 곱해 계산한다. 하루는 24시간이고 1회전은 360°이므로 시간당 15°의 차이를 갖게 된다. 적위각과 태양의 고도각을 이용해 특정 위치에서 정남향의 방위각을 구하는 식은 다음과 같다.

$$\omega = \cos^{-1}\left[\frac{\sin\theta - \sin\delta\sin\phi}{\cos\delta\cos\phi}\right] \tag{3.8}$$

식 (3.6)에서 식 (3.8)까지를 이용하면 적위각의 변화와 위도별 고도의 변화 그래프를 엑셀을 이용하여 다음과 같이 그려볼 수 있다.

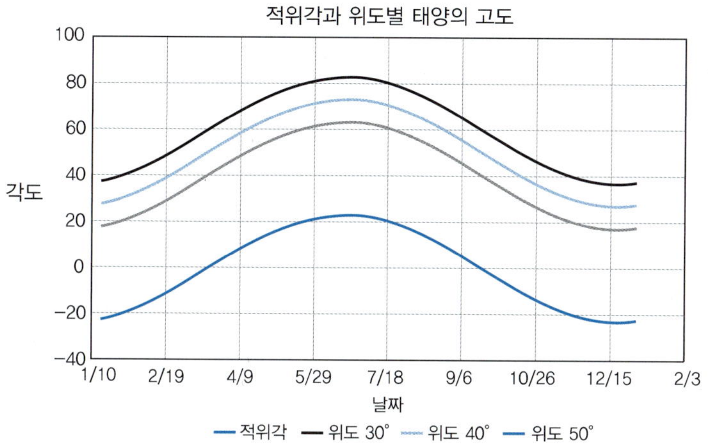

[그림 3-10] 날짜별 적위각과 위도별 고도각 그래프

[표 3-2] [그림 3-10]의 그래프 작성에 사용된 표

날짜	적위각	위도 30°	위도 40°	위도 50°
0	−23.1172	36.88280908	26.8828	16.88281
1	−23.0411	36.95894775	26.9589	16.95895
2	−22.9581	37.04191358	27.0419	17.04191
3	−22.8683	37.13168198	27.1317	17.13168

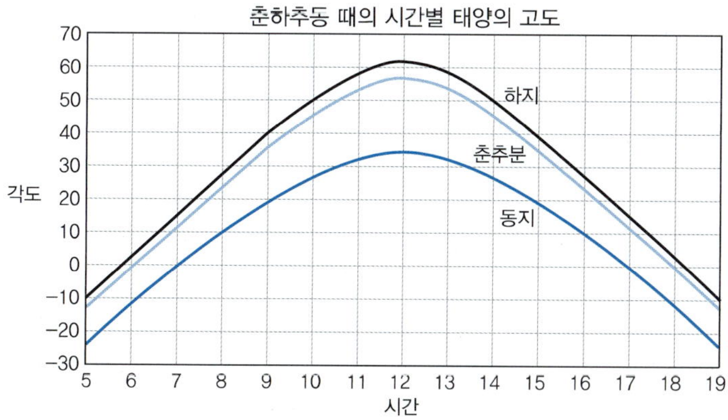

[그림 3-11] 위도 32°에서 계절에 따른 태양 고도각 그래프

Note [그림 3-10]과 [그림 3-11]의 적위각 고도각 계산 엑셀 계산식과 Python 코드

[그림 3-10] ~ [그림 3-11]의 적위각 고도각을 계산하기 위한 엑셀 계산식

적위각 (A열에 날짜 기입)	=-23.5*COS(360*(A3+10.5)/365*2*3.1415/360)
고도각	=DEGREES(ASIN(COS(RADIANS($B3))*COS(RADIANS($C$1))*COS(RADIANS($L$1)) +SIN(RADIANS($B3))*SIN(RADIANS((C1)))))
위도 32°에서 계절에 따른 고도각	=DEGREES(ASIN(COS(RADIANS(T2))*COS(RADIANS($B42))*COS(RADIANS(D$2)) +SIN(RADIANS(T2))*SIN(RADIANS($B42))))
태양 고도각과 복사에너지 변화	=1367*(1+0.034*COS(RADIANS(360*A3/365)))*SIN(RADIANS(C3))

날짜별 시간별 태양의 고도 그래프 그리기

Z축을 고도(θ), X축을 시간(t), Y축을 날짜(n)로 하여 그래프를 작성하기 위한 표는 다음과 같다.

[표 3-3] 그래프 작성에 사용된 표

날짜	적위	시각	5	6	7	8	9	10	11	12	1	2	3	4	5	6	7
		방위각	−105	−90	−75	−60	−45	−30	−15	0	15	30	45	60	75	90	105
0	−23.1172		−24	−12	−1	10	20	27	32	34	32	27	20	10	−1	−12	−24
1	−23.0411		−24	−12	−1	10	20	27	32	34	32	27	20	10	−1	−12	−24
2	−22.9581		−24	−12	−1	10	20	27	33	34	33	27	20	10	−1	−12	−24
:	:		:	:	:	:	:	:	:	:	:	:	:	:	:	:	:
364	−22.8683		−24	−12	−1	10	20	27	33	34	33	27	20	10	−1	−12	−24

3차원 차트를 그리기 위해 차트 종류 중에서 표면형을 선택하고 각 시간에 대해 날짜별 고도 데이터를 매개로 데이터 세트를 구성하면 다음과 같이 그래프를 그릴 수 있다.

[그림 3-12] 날짜별 시간별 고도 그래프

[그림 3-10] ~ [그림 3-11]의 적위각 고도각을 계산하기 위한 Python 코드

```
delta = np.zeros(365)
theta0 = np.zeros(365)
Gon = np.zeros([15,365])
theta = np.zeros([15,365])
day = np.zeros(365)
tim = np.zeros(15)
phai = math.radians(35.48)
ohmega = np.arange(-105.0,120.0,15)
Gs = 1376

for n in range(0,365,1):
    day[n] = n
    delta[n] = 23.5*math.sin(math.radians(360*(n-79)/365))
    theta0[n] = math.degrees(math.asin(math.cos(math.radians(delta[n]))*math.cos(phai)
                *math.cos(0)
                +math.sin(math.radians(delta[n]))*math.sin(phai)))

    for m in range(0,15,1):
        tim[m] = m
        theta[m][n] = math.degrees(math.asin(math.cos(math.radians(delta[n]))*math.cos(phai)
                     *math.cos(math.radians(ohmega[m]))
                     +math.sin(math.radians(delta[n]))*math.sin(phai)))
        Gon[m][n] = Gs*(1+0.034*math.cos(math.radians(360*n/365)))*math.sin(math.radians
                    (theta[m,n]))
        if Gon[m][n] <= 0 :
           Gon[m][n] = 0

fig = plt.figure(figsize=(15, 15))
plt.title('Solar Trajectory Of Height')
plt.xlabel('days from 01.01 to 12.31');
plt.ylabel('Angle of Height');
plt.grid()
plt.plot(day, theta0, day, delta)
plt.show()

X, Y = np.meshgrid(day, tim)

fig = plt.figure(figsize=(15, 15))
ax = plt.axes(projection='3d')
ax.plot_surface(X, Y, theta, rstride=1, cstride=1, cmap="inferno", edgecolor='none')
ax.set_title('Solar Trajectory Of Height')
ax.set_xlabel('days from 01.01 to 12.31')
ax.set_ylabel('times from morning to evening')
ax.set_zlabel('Angle of Height')
plt.show()
```

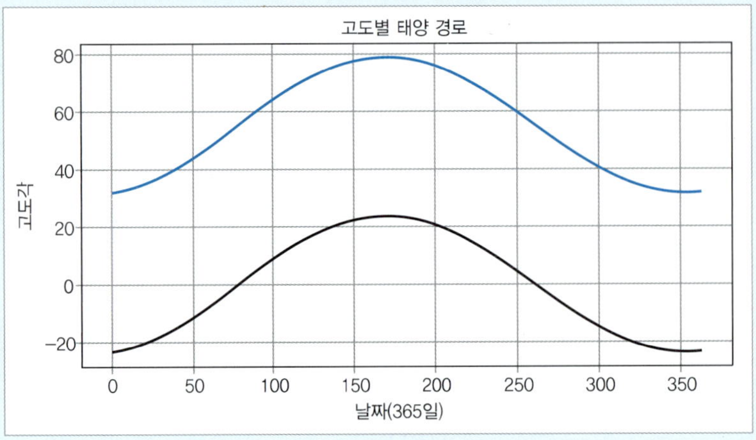

[그림 3-13] 위도 35.48°에서의 날짜별 적위각과 고도 그래프

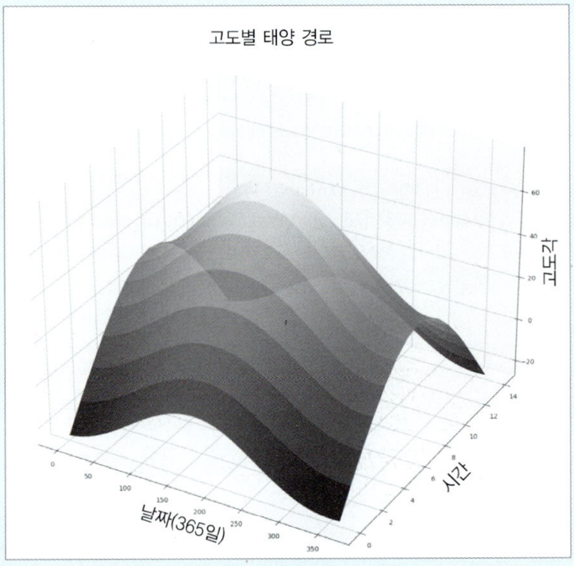

[그림 3-14] Python 코드로 나타낸 고도별 태양 그래프(2차원)

공전궤도의 근일점과 원일점

태양을 공전하고 있는 지구의 궤도는 원에 가까운 타원형이다. 이 공전궤도를 따라 움직이는 지구와 태양의 거리가 가장 가까울 때와 멀 때를 각각 근일점과 원일점이라고 한다. 이 두 시기의 거리 차이는 약 3.4%(510×10^4 km)이다. 이런 거리차는 날짜에 따라 태양복사에너지의 변화를 가져오는데, 이런 차이를 반영하여 태양상수를 보정하면 다음과 같은 식을 유도할 수 있다.

$$G_{on} = G_s\left[1 + 0.034\cos\frac{360n}{365}\right] \tag{3.9}$$

확산일사량과 직달일사량

지표면에 도달하는 태양복사에너지는 대기상부와 비교해 저밀도의 에너지(최대 $1,100 \mathrm{W/m^2}$ 이하)로 낮에만 존재하며, 시간에 따라 크게 변화한다. 지표면에 도달하는 태양복사에너지는 파장대별로 자외선, 적외선, 가시광선으로 분류되며, 그중 우리가 주로 열에너지로 이용하는 파장대는 가시광선(visible)대이다.

태양으로부터 지표면에 도달하는 복사광선은 크게 직달일사와 확산일사[6]로 구분된다. 직달일사는 구름이나 먼지 등에 산란되거나 굴절되지 않고 지표면에 직접 도달하는 복사광선으로, 임의의 면에 도달하는 광선의 입사 각도는 동일하다. 반면 확산일사는 태양으로부터 지구로 오는 도중 구름이나 먼지 등에 산란, 확산되어 지표면에 도달하는 복사광선으로, 임의의 면에 도달되는 광선의 입사각도가 각각 다르다. 일부 복사광선은 구름 등에 의해 반사되어 대기권 밖으로 빠져나가기도 한다.

따라서 고온을 얻기 위해 집광하는 경우 확산일사는 집광할 수가 없으며, 직달일사만 집광 가능하다. 지표면에 도달하는 전체 일사량 중 직달일사가 차지하는 비율이 높을수록 날씨가 청명하다는 것을 의미한다. 즉 구름이 많거나 오염이 심한 지역의 일사는 대부분 확산일사이다.

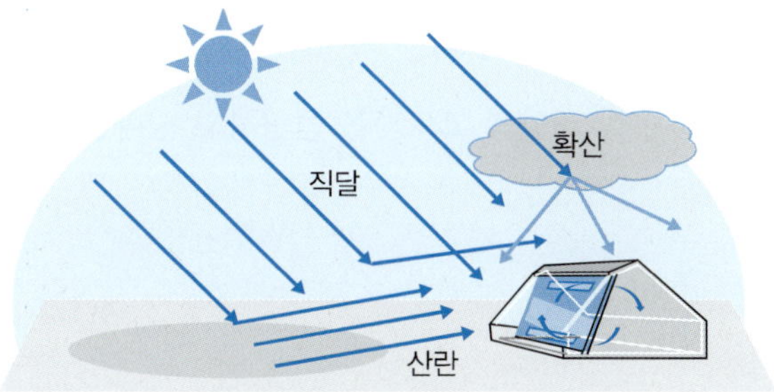

[그림 3-15] 태양광선의 지표도달 방식

태양에너지의 총량

앞서 배운 일사량의 내용을 바탕으로 태양에너지의 총량을 구해보자. 일반적으로 태양복사에너지 지구 입사는 평균적으로 생각할 때 빛의 경로가 지면에 수직이라고 가정한다. 그러나 지구는 구의 형태를 하고 있으며, 위도와 경도에 따라 빛의 입사각이 수시로 변한다. 빛의 입사각에 따라 복사에너지의 밀도도 달라지는데, 손전등을 수직으로 비추면 작은 면적에 강하고 밝은 빛이 비춰지지만 손전등을 사선으로 비추면 넓은 타원형의 면적에 약하고 어두운 빛이 비춰지는 것을 떠올려보면 알 수 있을 것이다.

6 확산일사(Diffuse solar radiation) 용어에 대해 2020년까지의 신재생에너지백서에서는 확산일사로 표현을 하였으며, 최근 국가표준 KS B ISO 9060(태양에너지-전천일사 및 직달일사 측정을 위한 기기의 사양과 분류, 최종개정일 2020.02.11.)에서 이를 산란일사로 표현하기 시작했다.

이때 수직으로 입사하는 에너지와 직사태양에너지의 용어를 혼동하면 안 된다. 입사각의 변화는 에너지 밀도변화에 영향을 미친다. 맑은 날 태양에너지가 직접 입사하는 에너지를 직사태양에너지(G_D)라고 하며, 대기 중의 여러 요인으로 산란되어 모든 방향에서 균일하게 입사되는 에너지는 확산태양에너지(G_d)라고 한다. 확산태양에너지는 입사각과는 연관이 없고 대기를 통과하는 에너지의 총량(G_T)과 연관이 있다.

★ 에너지 총량 ★

$$G_T = G_D \cos\theta_Z + G_d \tag{3.10}$$

앞선 식에서 θ_Z는 지구의 특정 위치에서 지면과 수직인 선을 기준으로 태양과 이루는 각도로, 천정각 (zenith angle)이라고 한다.

식 (3.9)와 식 (3.10)을 통해 특정 날짜에서 태양의 고도가 수직이 아닐 때 입사 태양광의 복사에너지의 크기를 계산하려면 다음 식을 이용해야 한다.

$$G = G_{on}\cos\theta_Z = G_s\left[1 + 0.034\cos\frac{360n}{365}\right]\cos\theta_Z \tag{3.11}$$

앞선 식에서 태양의 위치는 천정각으로 표시한 것이며, 만일 태양의 고도각을 반영하고 싶다면 다음 식을 이용해야 한다.

$$G = G_s\left[1 + 0.034\cos\frac{360n}{365}\right]\sin\theta \tag{3.12}$$

결국 식 (3.11)과 식 (3.12)의 원리, 그리고 식 (3.7)을 합성하면 특정 위치에서 원하는 날짜와 시간에 태양상수를 이용한 태양복사에너지의 크기를 계산할 수 있다. 지면에 도달하기까지 복사에너지는 지구의 대기를 통과하는데, 이때 계절적 요인과 시간적 요인, 그리고 위치의 요인으로 통과하는 대기의 두께가 변화한다는 것도 명심해야 한다.

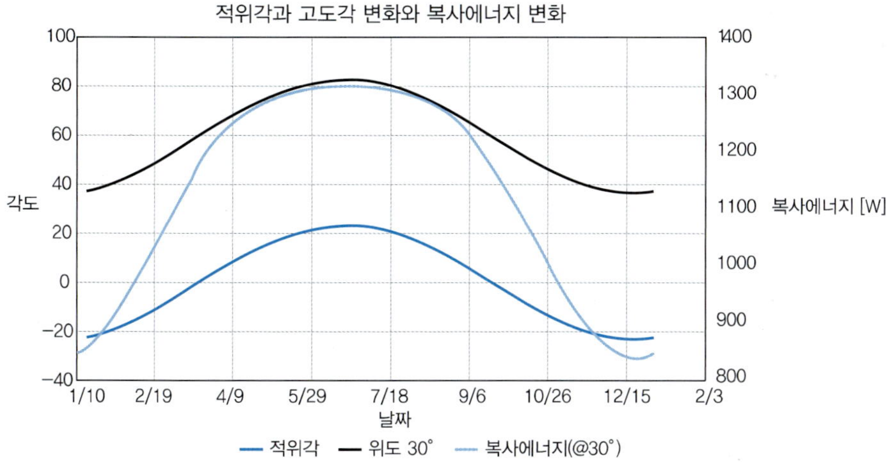

[그림 3-16] 위도 30°에서 태양 고도각과 복사에너지의 변화 그래프

지표에서 태양에너지의 계산

태양에너지 스펙트럼은 대기 중에 있는 수증기 및 이산화탄소 가스에 의해 크게 영향을 받는다. 결론적으로 태양빛이 대기권을 어떻게 통과하는지에 따라서 지표에 도달하는 태양에너지의 특성이 결정되는데, 이 요소를 정량화하기 위해 **대기질량**(Air Mass, AM)을 정의하여 사용한다. 대기질량은 태양이 지표면에 수직으로 비칠 때 대기의 두께와 태양의 고도각에 따라 실제 통과한 대기의 두께의 비율을 표시한 것으로, [그림 3-17]과 같다.

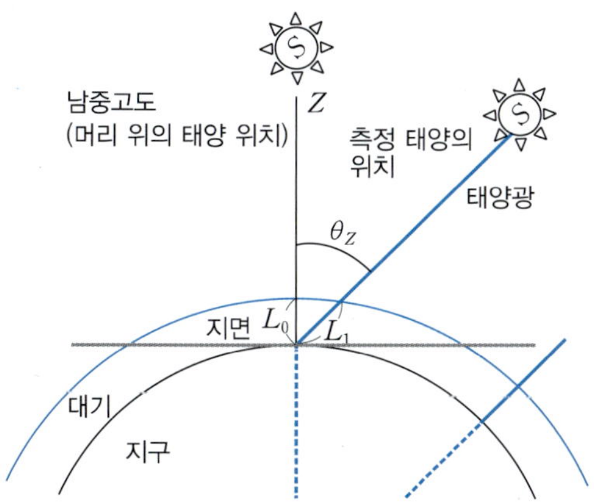

[그림 3-17] AM의 개념

여기에서 L_0는 남중고도에서의 대기의 두께를 표시한 것이고 L_1은 측정하려는 시간 기준 태양의 고도에서의 대기의 두께를 나타낸 것이다. $AM = L_1/L_0$로 정의되며, 대개는 지표면에 효력을 미치는 수직의 태양광에 대한 대기 두께(L_0)를 9 km로 두고 AM을 계산한다.

[그림 3-18]에 작도된 삼각형은 AM을 계산하는 식을 유도하기 위한 것으로, 어느 한 지점에서 태양광이 비추는 천정각을 이용하여 복사에너지가 통과하는 대기의 두께를 계산하는 식을 유도할 수 있다. 여기에서 태양광이 통과하고 있는 대기의 두께는 l_1 이고 a_0 는 대기권의 평균 두께인 약 9 km 이며, r 은 지구의 반지름인 6,371 km 이다.

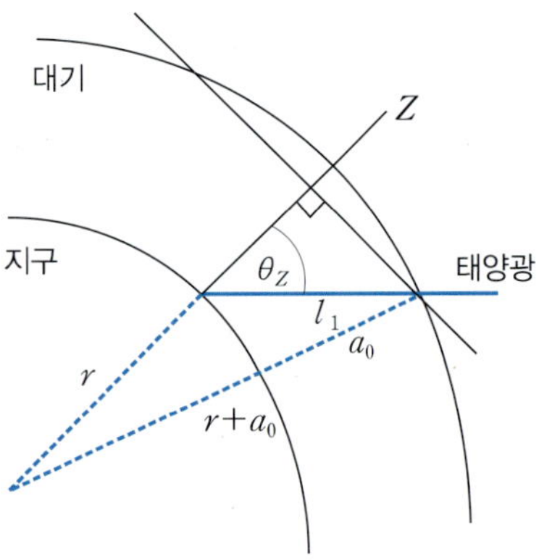

[그림 3-18] AM 계산을 위한 태양고도에 따른 작도

AM의 정의로부터 최단 공기 두께와 비교하여 투과하는 공기 두께의 비율은 다음과 같이 계산한다.

★ 대기질량의 정의에 따른 AM 크기 유도식 ★

$$AM = \frac{l_1}{l_0} = \frac{\sqrt{r^2\cos^2\theta_Z + (2ra_0 + a_0^2)} - r\cos\theta_Z}{a_0} \tag{3.13}$$

앞선 식에 평균적인 지구 반지름과 대기권의 두께를 대입하면 다음 식과 같다.

$$AM = \frac{l_1}{l_0} = \frac{\sqrt{40,589,641\cos^2\theta_Z + (114,678 + 81)} - 6,371\cos\theta_Z}{9}$$

예를 들어 천정각이 60°일 때 AM을 구하면 다음과 같다.

$$AM = \frac{l_1}{l_0} = \frac{\sqrt{10,147,410.25 + (114,678 + 81)} - 6,371 \times 0.5}{9} = 1.99$$

Note 식 (3.13)의 AM 크기 계산식 유도

한 지점에서 천정각을 이루는 지점의 대기권과 만나는 점에 수직인 삼각형에서의 높이는 코사인을 통해, 공기의 두께는 사인을 통해 구할 수 있다. 이 직각삼각형은 다음과 같이 해석할 수 있다.

$$(l_1\cos\theta_Z + r)^2 + (l_1\sin\theta_Z)^2 = (r + a_0)^2$$

앞선 식을 전개하면 삼각함수의 특성에 따라 다음과 같이 l_1에 의한 2차방정식 형태로 구현할 수 있다.

$$\begin{aligned} r^2 + 2rl_1\cos\theta_Z + (l_1\cos\theta_Z)^2 + (l_1\sin\theta_Z)^2 &= r^2 + 2ra_0 + a_0^2 \\ 2rl_1\cos\theta_Z + l_1^2(\cos^2\theta_Z + \sin^2\theta_Z) &= 2ra_0 + a_0^2 \\ l_1^2 + 2r\cos\theta_Z l_1 - (2ra_0 + a_0^2) &= 0 \end{aligned}$$

이렇게 구한 2차방정식을 l_1에 대해 풀면 통과하는 공기의 두께를 다음과 같이 구할 수 있다.

$$\begin{aligned} l_1 &= \frac{-2r\cos\theta_Z \pm \sqrt{4r^2\cos^2\theta_Z + 4(2ra_0 + a_0^2)}}{2} \\ &= -r\cos\theta_Z \pm \sqrt{r^2\cos^2\theta_Z + (2ra_0 + a_0^2)} \end{aligned}$$

$$\therefore l_1 = \sqrt{r^2\cos^2\theta_Z + (2ra_0 + a_0^2)} - r\cos\theta_Z \quad (\because l_1 > 0)$$

CHAPTER
03 연습문제

3.1 빈칸에 들어갈 내용을 올바르게 나열한 것을 고르시오.

> 태양에너지는 주로 2개의 수소 원자핵이 (   )하여 한 개의 헬륨 원자핵을 형성하는 과정에서 생성되는 에너지로, 태양은 (   )이 계속하여 일어나고 있는 원자로와 같다.

① 융합, 핵융합
② 분열, 핵융합
③ 융합, 핵분열
④ 분열, 핵분열

3.2 빈칸에 들어갈 내용을 올바르게 나열한 것을 고르시오.

> 태양의 겉은 표면과 대기로 구성되어 있는데, 우리가 매일 볼 수 있는 태양의 표면이 (   )이고 (   )을/를 둘러싸고 있는 대기 중 하층대기가 (   ), 상층대기는 (   )이다. 광구를 살펴보면 쌀알들을 뿌려놓은 모습을 볼 수 있다. 이것은 (   )라고 하며, 광구 밑 대류층의 기체 거품이 상승 혹은 하강하는 운동 때문에 나타난다. 광구 위의 (   )은/는 온도가 광구보다 높아 약 1만 도 정도 되는데, 이곳에서는 뜨거운 가스가 태양 표면으로부터 약 1만 km 이상의 높이까지 치솟는 (   )을/를 볼 수 있다. 마지막으로 (   )은/는 광구와 코로나 사이에서 경계선 역할을 한다.

① 광구, 광구, 채층, 코로나, 쌀알무늬, 채층, 채층, 홍염
② 광구, 광구, 채층, 코로나, 쌀알무늬, 채층, 홍염, 채층
③ 광구, 채층, 광구, 코로나, 쌀알무늬, 채층, 홍염, 채층
④ 광구, 광구, 채층, 쌀알무늬, 코로나, 채층, 홍염, 채층

3.3 빈칸에 들어갈 내용을 올바르게 나열한 것을 고르시오.

> 태양과 같은 항성에서는 높은 (   )으로 원자량이 가벼운 원자인 (   ) 원자 2개가 (   )에 의해 결합하여 헬륨으로 변화한다. 이런 핵융합 과정에서 태양은 엄청난 빛과 에너지를 쏟아내는데, 그 에너지의 크기는 약 3.8×10^{26} Ws 이고 이 중 지구에 도달하는 에너지는 1.7×10^{17} Ws 이다.

① 중력, 헬륨, 핵융합
② 압력, 헬륨, 핵분열
③ 압력, 수소, 핵분열
④ 중력, 수소, 핵융합

3.4 빈칸에 들어갈 내용을 올바르게 나열한 것을 고르시오.

> (　　)은/는 태양이 매순간 발산하는 고온의 핵융합에너지를 우주로 방출하는 현상으로, 주변의 공간에 열과 빛을 공급한다. 이 (　　)에너지는 열과 빛을 가지고 전자기파 형태로 전달되므로 주파수에 따른 분석이 가능한데, 이를 (　　)이라고 한다.

① 태양폭발, 폭발, 빛파장 스펙트럼
② 태양폭발, 복사, 전자기파 스펙트럼
③ 태양복사, 복사, 전자기파 스펙트럼
④ 태양복사, 폭발, 빛파장 스펙트럼

3.5 에너지 전달 방식과 태양에너지의 자외선, 가시광선, 적외선 파장에 대한 설명으로 옳지 않은 것을 고르시오.

① 전도와 대류는 열에너지를 운반하는 물질, 즉 매질을 통해 열에너지가 전달되는 방식이다.
② 복사는 우주에서 중간에 매개물질이 개입하지 않고 에너지를 전달하는 방식이다.
③ 복사에너지는 열과 전자파를 가지고 빛으로 전달해 스펙트럼에 따른 분석이 가능하다.
④ 태양복사의 가시광선 범위는 $0.4 \sim 0.76\,\mu\mathrm{m}$ 이며, 자외선 범위는 $0.01 \sim 0.4\,\mu\mathrm{m}$ 이다. 나머지 범위인 적외선 범위는 $0.76 \sim 100\,\mu\mathrm{m}$ 이다.

3.6 복사에너지의 크기와 온도, 그리고 파장 혹은 진동수 및 빛의 세기 사이의 관계를 슈테판-볼츠만 공식과 플랑크 법칙을 통해 설명한 것으로 옳지 않은 것을 고르시오.

① 볼츠만은 이론적 증명을 통해 복사에너지의 크기는 절대온도(T)에 반비례함을 증명하였다.
② 에너지 밀도가 큰 파장과 흑체의 절대온도와의 관계식을 세우면 반비례 관계가 된다.
③ 온도가 높으면 파장이 짧아지는 반비례 관계는 고온의 항성들이 푸른색, 하얀색을 띠는 이유이다.
④ 파장과 에너지와의 관계를 정립한 법칙을 플랑크 법칙이라고 한다.

3.7 태양의 직사광선을 통해 단위 면적에 축적되는 에너지의 양인 태양상수(G_s)는 1 AU (1.495×10^{11})의 거리에서 m^2당 약 1,362 W가 된다. 이 태양상수와 태양에서 지구의 거리와 태양의 반지름 크기 (1.39×10^9) 및 슈테판-볼츠만 공식을 이용한 태양의 유효표면온도를 구하는 식으로 옳은 것을 고르시오.

① $\dfrac{4\pi L^2}{4\pi r^2 \sigma} = T_s^4$
② $G_s \dfrac{L^2}{r^2 \sigma} = T_s^4$
③ $G_s \dfrac{1}{\sigma r^2} = T_s^4$
④ $\dfrac{L^2}{\sigma r} = T_s^4$

3.8 [연습문제 3-7]에서 구한 태양의 온도(℃)로 옳은 것을 구하시오(지구의 반지름은 6,371 km 이고 슈테판-볼츠만 상수는 $5.67 \times 10^{-8}\,W/m^2K^4$이다).

① 952 k ② 5,783 k ③ 3,000 k ④ 15,458 k

3.9 지구의 표면에서의 단위면적 $1\,m^2$당 태양에너지의 밀도인 태양상수(G_s)의 크기를 옳게 구한 것을 고르시오(단, 태양에너지의 크기를 SE로, 지구에서 태양까지의 거리를 R이라고 한다).

① $G_S = 4\pi R^2/SE$ ② $G_S = SE/2\pi R^2$

③ $G_S = SE/4\pi R^2$ ④ $G_S = \pi R^2/SE$

3.10 [연습문제 3.9]에서 태양에너지의 크기 SE를 3.8×10^{26} Ws 이라고 할 때 실제 태양상수를 구한 것으로 옳은 것을 고르시오.

① 7,440 W/m ② 1,340 W/m

③ 2,690 W/m ④ 1,860 W/m

3.11 태양복사에너지의 지구 입사 및 복사에너지양을 비교하여 에너지의 균형을 이루는 과정을 설명한 것으로 옳지 않은 것을 고르시오.

① 태양복사에너지 중 지구에 도달하는 에너지의 크기는 태양과 지구상의 거리를 반지름으로 하는 구의 표면적에 대해 지구의 지름으로 만든 원 면적과 유사하다.
② 지구에 도달한 태양복사에너지는 50%만 지표에 도달한다.
③ 지구복사에너지 중 직접복사, 즉 표면방사 비율은 6%이다.
④ 태양복사에너지 중 70% 정도만 지구복사에너지로 방사되고 30%의 에너지는 잔존한다.

3.12 태양과 적도면까지의 사잇각을 적위각이라고 한다. 적위각을 계산하는 식으로 옳은 것을 고르시오.

① $\delta = 23.5\sin\left[\frac{360(n-79)}{365}\right]$ ② $\delta = -23.5\sin\left[\frac{360(n-79)}{365}\right]$

③ $\delta = 23.5\cos\left[\frac{360(n-79)}{365}\right]$ ④ $\delta = -23.5\cos\left[\frac{360(n-79)}{365}\right]$

3.13 [연습문제 3.12]에서 춘분점에서의 적위각으로 옳은 것을 고르시오.

① 0° ② 15.24° ③ 22.53° ④ −3.42°

3.14 태양의 고도는 지구 위의 한 지점에서 지표면과 태양 사이에 이루는 각으로, 지구상의 위도, 날짜, 시간에 의해 결정된다. 이들 변수는 모두 각도로 주어지며, 정남향에 태양이 위치할 때 지표상 한 지점의 위도(ϕ)와 해당 날짜의 적위각(δ), 그리고 시간에 대한 방위각(ω)으로 계산할 수 있다. 태양의 고도각을 계산하는 식으로 옳은 것을 구하시오.

① $\sin\theta = \cos\delta\cos\phi + \sin\delta\sin\phi\sin\omega$

② $\sin\theta = \cos\delta\cos\phi\cos\omega + \sin\delta\sin\phi$

③ $\cos\theta = \cos\delta\cos\phi\cos\omega + \sin\delta\sin\phi$

④ $\cos\theta = \cos\delta\cos\phi + \sin\delta\sin\phi\sin\omega$

3.15 [연습문제 3.14]에서 하지일 때 서울에서 정오의 태양의 고도를 계산하시오(단, 하지는 6월 21일이고 1월 1일부터 계산하면 172일이 된다. 서울의 위도는 37.56°로 한다).

① 40.233° ② 75.932° ③ 12.221° ④ 23.252°

3.16 태양을 공전하고 있는 지구의 궤도는 원에 가까운 타원형이다. 이 공전궤도를 따라 움직이는 지구와 태양의 거리가 가장 가까울 때와 멀 때를 각각 근일점과 원일점이라고 한다. 이를 반영하여 태양상수를 보정한 식으로 옳은 것을 구하시오(단, 근일점과 원일점의 차이는 3.4%이다).

① $G_{on} = G_s\left[1 + 0.034\sin\dfrac{360n}{365}\right]$ ② $G_{on} = G_s\left[1 + 0.866\cos\dfrac{360n}{365}\right]$

③ $G_{on} = G_s\left[1 + 0.034\cos\dfrac{360n}{365}\right]$ ④ $G_{on} = G_s\left[1 + 0.866\sin\dfrac{360n}{365}\right]$

3.17 태양으로부터 지표면에 도달하는 복사광선에 대한 설명으로 옳지 않은 것을 고르시오.

① 태양의 복사광선은 직달일사와 확산일사로 구분된다.

② 직달일사는 구름이나 먼지 등에 산란되거나 굴절되지 않고 지표면에 직접 도달하는 복사광선이다.

③ 임의의 면에 도달하는 직달일사의 입사 각도는 동일하다.

④ 확산일사는 지구로 오는 중 분산된 복사광선으로, 입사 각도는 방사 형태이다.

3.18 맑은 날 태양에너지가 직접 입사하는 것을 직사태양에너지(G_D), 대기 중의 여러 요인으로 산란되어 모든 방향에서 균일하게 입사되는 것을 확산태양에너지(G_d)라고 할 때 대기를 통과하는 에너지의 총량(G_T)을 계산한 것으로 옳은 것을 고르시오.

① $G_T = G_D\cos\theta_Z + G_d$ ② $G_T = G_D + G_d\cos\theta_Z$

③ $G_T = G_D\cos\theta + G_d$ ④ $G_T = G_D + G_d\cos\theta$

3.19 특정 날짜에서 태양의 고도가 수직이 아닐 때 입사 태양광의 복사에너지의 크기를 계산하는 식을 유도한 것으로 옳은 것을 구하시오(단, 천정각이 아닌 태양의 고도각을 이용해 계산한 식으로 한다).

① $G = G_s\left[1 + 0.034\cos\dfrac{360n}{365}\right]\cos\theta_Z$

② $G = G_s\left[1 + 0.034\cos\dfrac{360n}{365}\right]\sin\theta$

③ $G = G_s\left[1 + 0.034\cos\dfrac{360n}{365}\right]\sin\theta_Z$

④ $G = G_s\left[1 + 0.034\cos\dfrac{360n}{365}\right]\cos\theta$

3.20 태양복사광이 지구에 입사할 때 대기권을 통과하는 태양광은 대기의 조건에 따라 빛의 파장에 감쇄가 일어난다. 이러한 이유로 지표에 도달하는 태양복사광의 특성을 정량화하는 지표로 옳은 것을 구하시오.

① Air Module ② AIM Mass ③ Air Mass ④ AIM Module

3.21 다음 중 [연습문제 3.20]을 구하는 식으로 옳은 것을 구하시오.

① L_0를 표준 고도에서의 대기의 두께, L_1을 측정 시간의 태양 고도에서의 대기의 두께라고 할 때 AM $= L_1/L_0$이다.

② L_0를 남중고도에서의 대기의 두께, L_1을 표준 태양 고도에서의 대기의 두께라고 할 때 AM $= L_1/L_0$이다.

③ L_0를 표준 고도에서의 대기의 두께, L_1을 표준 태양 고도에서의 대기의 두께라고 할 때 AM $= L_1/L_0$이다.

④ L_0를 남중고도에서의 대기의 두께, L_1을 측정 시간의 태양 고도에서의 대기의 두께라고 할 때 AM $= L_1/L_0$이다.

CHAPTER

04

태양열에너지

태양에너지의 이용 방법 중 역사적으로 가장 고전적이면서도 기술적으로 가장 현대적인 방법은 열에너지로 이용하는 것이다. 태양이 지구에 복사하는 에너지는 주로 빛과 열로 쓰이며, 구분하기 어려운 면도 있으나 광학적 이용방법을 제외한 모든 것을 열에너지 이용으로 구분하고 있다. 또한 태양열집열기술과 그 장치, 그리고 활용 방안으로 전기를 생산하는 방법을 설명하였다.

CONTENTS

SECTION 4.1

열에너지

태양에너지 중 열에너지와 빛에너지를 구분하여 태양에너지의 쓰임과 방법을 정리하고 열에너지의 특성에 대해 알아본다. 이러한 태양에너지를 활용한 공간난방시스템에 대해서도 학습한다.

Keywords | 열 | 파장 | 적외선 | 전도 | 대류 | 복사 | 열저항 | 공간난방 | 냉난방도일 |

1 빛에너지와 열에너지

태양에너지는 빛에너지나 열에너지로 이용된다. 태양의 빛에너지는 낮과 밤을 나눠 인류의 삶을 명확하게 구분했다. 본다는 것은 빛의 반사를 감지하는 것으로, 빛이 없었다면 물질 표면의 반사도 없었을 것이다.

겨울철에 햇빛을 찾아 모이거나 여름철에 그늘을 찾는 것도 빛 때문일까? 사우나나 찜질방을 찾는 사람들은 빛을 찾아 모인 게 아니며, 난방을 위해 빛을 쏘여 열을 내는 것도 아니다. 간혹 백열등을 이용하여 열을 내는 경우가 있으나 이러한 경우는 빛과 열이 동시에 전달되는 것이다. 또한 온돌방은 방이 빛나지 않는다고 열이 없는 것, 즉 난방이 되지 않는 것이 아니다. 일광소독이라는 살균 소독이 눈에 보이는 햇빛을 통한 소독이라기보다는 보이지 않는 400 nm 이하의 자외선을 통한 소독이라는 것을 배운 적이 있을 것이다. 이를 통해 사람의 눈으로 감지되는 가시광으로서의 빛과 사람의 눈으로 구분하지 못하는 파장을 갖는 열은 구분이 가능한 에너지임을 알 수 있다.

Note 자외선 살균

햇빛의 복사에너지 파장 중 자외선은 살균작용을 할 수 있다. 일광소독은 햇빛의 짧은 파장, 즉 단파장의 자외선을 이용하여 살균하는 것으로, 남반구의 개발도상국에서는 식수를 얻기 위한 정수 방법으로 태양에너지를 사용하고 있다.

물을 담고 밀폐가 가능한 투명한 병에 물을 담아 3일에서 5일 정도 햇빛에 놓아두면 투명한 물병 내부에 햇빛의 자외선이 투과되고 내부 수온이 상승하여 멸균되는 것인데, 매일 일정한 시간에 햇빛 아래 병을 놓아두어야 하고 구름 없이 맑은 날씨가 계속되어야 하는 등 조건이 까다로워 효과가 매우 좋다고 할 수는 없다.

2 빛의 파장과 태양열에너지

그렇다면 열에너지는 빛이 없는 것일까? 일반적으로 빛이라고 하면 우리는 눈에 보이는 가시광선을 생각하며, 열은 눈에 보이지 않으므로 빛이 없는 것처럼 보인다. 그러나 살균작용을 하는 빛(자외선)이 우리 눈에 보이지 않듯 열원(hit source)에서 방사하는, 눈에 보이지 않는 빛도 있다. 800 nm 이상의 파장을 갖는 적외선이 여기 해당한다.

적외선은 파장의 길이에 따라 근적외선과 원적외선으로 나뉘며, 800 nm 이상 1,500 nm 이하의 파장을 갖는 적외선을 붉은색 빛의 파장에 가깝다 하여 근적외선이라고 하고 1,500 nm 이상 5,600 nm 이하를 중적외선, 5,600 nm 이상을 원적외선이라고 한다. 경우에 따라 1,200 nm 이상을 중적외선을 포함한 원적외선으로 분류하기도 한다.

태양빛은 파장이 짧을수록 에너지가 강하며(온도가 높음), 파장의 길이에 따라 자외선(violet light), 가시광선(visible light), 적외선(infrared light), 전파(radio waves)로 구분한다. 이 중에서 전파는 파장이 가장 길고 온도가 가장 낮다. 햇빛으로 사물이나 색깔을 구별하는 것은 약 400 ~ 800 nm 대역의 가시광선 때문이다.

3장의 [그림 3-5]에서 보았던 태양광 스펙트럼을 상기해보면 AM1.5를 기준으로 지표에 도달하는 태양복사에너지 중 800 nm 이상의 파장을 갖는 적외선 양이 52%를 차지하고 있음을 알 수 있다.

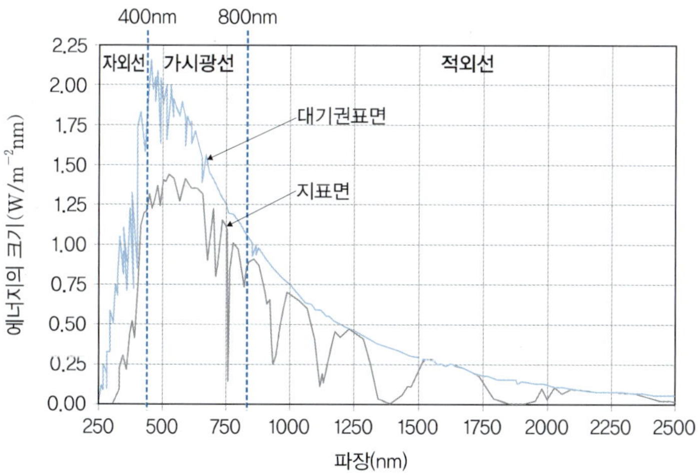

[그림 4-1] 파장대별 태양복사에너지의 크기를 나타낸 태양에너지 스펙트럼 그래프

햇빛은 파장이 400 nm 이하인 단파장의 자외선과 800 nm 이상으로 비교적 장파장인 근적외선, 그리고 1,200 nm 이상인 원적외선을 포함하고 있다. 그중 눈에 보이지 않지만 비교적 넓은 범위의 에너지를 갖는 적외선을 통해 열에너지를 비교적 쉽게 얻을 수 있다. 이처럼 햇빛은 연소라는 방법을 사용하지 않고도 여러 광학적 장치와 구조를 통해 고온의 열을 얻을 수 있어 매우 실용적인 열에너지원으로 사용되고 있다.

3 열에너지의 단위

열에너지(thermal energy)의 크기, 즉 열에 의해 이동하는 에너지의 양을 나타내는 SI 단위는 J(줄)이며, BTU(British thermal unit) 또는 cal(칼로리)도 종종 사용된다. J은 'J = N · m = W · s'에 해당하는 일과 에너지의 단위로, 열이 에너지의 일종임을 증명한 제임스 프레스콧 줄(James Prescott Joule)을 기념해 만들어졌다.

칼로리에 대한 최초 정의는 1기압에서 물 1g의 온도를 1℃ 올릴 때 드는 에너지의 양이다. 식품영양 관련 분야에서는 식품의 열량을 kcal(킬로칼로리)로 표현하는 등 칼로리를 많이 사용하므로 줄보다 이 단위가 익숙할 것이다. 1cal는 대략 4.2J로 정의하며, 열화학적 열량(thermochemical calorie)[1]을 의미한다. 또한 W(와트)를 사용하여 에너지 이동의 비율을 나타내기도 한다.

1851년 윌리엄 톰슨은 제임스 줄과 같은 사람들의 실험에 기초하여 열의 본질에 대한 현대적인 관점으로 "열은 물질의 이동이 아니라 역학적인 작용의 동역학적인 형태이다(Heat is not a substance, but a dynamical form of mechanical effect)."라고 선언하였다. 그는 이러한 관점에서 "역학적인 일과 열 사이에 반드시 평형점이 있을 것이라는 사실을 인식해야 한다."고 설명하였다. 이러한 과학자들의 노력으로 열에너지와 온도 사이의 관계를 설명한 비열, 열용량, 열량의 물리량이 도출되었다.

비열(c)이란 물질 1kg의 온도를 1℃ 높이는 데 필요한 열에너지의 양으로, 단위는 kcal/kg℃로 나타낸다. 비열이 클수록 물질의 온도를 높이는 데 필요한 열에너지의 양이 크다. 비열을 이용한 물질의 온도변화 ΔT와 열량 Q와의 관계식은 다음과 같다.

★ 열량 ★

$$Q = mc\Delta T$$

예를 들어 물질 A의 비열은 10kcal/kg℃, 물질 B의 비열은 20kcal/kg℃라고 하자. 각각의 물질의 양을 1kg이라고 할 때 1℃를 높이기 위해 필요한 열량은 $Q = mc\Delta T$ (m은 물질의 질량)이며, 각 물질의 양은 동일하게 1kg이므로 동일 온도 변화분을 반영하면 각 물질의 열량은 다음과 같다.

물질 A의 열량 Q = 10kcal/kg℃ · 1kg · 1℃ = 10kcal

물질 B의 열량 Q = 20kcal/kg℃ · 1kg · 1℃ = 20kcal

즉 물질 B의 열에너지의 수치가 더 높으므로 비열이 클수록 필요한 에너지양이 크다는 것을 알 수 있다.

---

1 1cal는 정확히 4.184J이다.

열용량은 물질 전체의 온도를 1℃ 높이는 데 필요한 열에너지의 양이다. 단위는 kcal/℃ 이며, 비열과 마찬가지로 열용량이 클수록 온도를 1℃ 높이는 데 필요한 열에너지의 양이 커진다.

지방과 단백질의 비율이 아주 일정한 삼겹살이 있다고 생각해보자. 이 삼겹살을 큰 덩어리로 굽는 것과 작은 조각들로 나누어 굽는 것 중 어느 쪽이 빨리 익을까? 당연히 작은 조각들이 더 빨리 익는다. 조각들의 질량이 작아서 열용량이 작기 때문이다. 즉 같은 질량을 갖는 삼겹살이라면 굽는 데 들어가는 열에너지는 같다. 즉 질량이 같으면 비열이 같다. 그러나 같은 종류의 고기라고 해도 작은 조각들보다 큰 덩어리를 굽는 데 더 큰 열에너지가 든다. 크기가 클수록 열용량도 크기 때문이다. 여기에서 열량은 물질 전체의 온도를 ΔT℃ 높이는 데 필요한 열에너지의 양이다.

4 열에너지의 이동

열에너지는 온도차에 의해 높은 온도에서 낮은 온도로 이동한다. 이때 간혹 온도의 합을 열의 합으로 잘못 계산하는 오류를 범하기도 한다. 40℃ 의 물을 100℃ 로 만들기 위해 60℃ 의 물을 섞는다고 생각해보자. 단순히 생각했을 때 40℃ 에 60℃ 를 더하면 100℃ 가 될 것 같으나 온도의 본질인 열은 높은 온도에서 낮은 온도로 이동하므로 60℃ 인 물의 열에너지는 40℃ 인 물로 이동하게 되며, 에너지의 증감으로 전체적으로 물의 양이 동일하다면 온도는 60℃ 와 40℃ 의 중간이 될 것이다. 밥을 국에 말았을 때 전체적으로 더 뜨거워지는 것이 아니라 국의 온도가 내려가는 것을 떠올려보자.

다른 예를 들어보자. 얼음이 주위의 온도를 낮추는 이유는 얼음이 냉기를 뿜어내기 때문일까? 아니다. 앞서 말한 것처럼 열은 항상 고온에서 저온으로 흐르기 때문에 주변 열이 얼음으로 이동하여 주변의 열에너지가 감소한 것이다.

마찬가지로 더운 여름에 마당에 물을 뿌리면 마당의 열을 뺏은 물에 의해 마당 표면의 열은 감소하여 온도가 내려간다. 그러나 곧 물이 기화되어 공기 중에 스며들게 되고 열을 공기로 이동시키기 때문에 공간의 수증기와 열이 증가하게 되어 습해지고 체감온도는 올라가게 된다. 이때 좀 더 많은 물을 뿌리면 주변 온도가 감소하여 체감온도도 내려가게 될 것이다. 참고로 수증기는 대기 중 열을 흡수하는 주요 인자로, 온실효과의 요인이기도 하다.

5 전도, 대류, 복사

열은 온도에 따라 고온에서 저온으로 이동하는 것임을 다시 상기해보자. 이러한 열의 이동방법에는 전도와 대류, 복사가 있다.

전도

전도란 매개하는 고체물질의 온도차를 이용하여 이동하는 것으로, 접촉에 의해 열이 이동한다. 물질의 특성에 따라 전도가 잘되는, 즉 빠르고 손실 없이 열이 전달되는 효율 높은 전도 재료가 있다.

대류

전도와 마찬가지로 매개하는 물질을 이용하여 열을 이동시키는 방법이지만 공기나 물 등의 유체를 이용하여 열을 전달한다는 차이점이 있다. 즉 전도가 접촉한 물질의 온도차에 따라 열이 이동한다면 대류는 매개물질이 직접 이동하여 열을 전달한다. 대체로 뜨거운 유체는 부피가 커지고 밀도가 낮아지며, 차가운 유체는 밀도가 높아지고 부피가 작아져 중력과 부력에 의한 움직임이 생기므로 물체에 따라 밀도나 부피변화에 차이가 있어 같은 열에너지를 가지고도 다른 움직임이 나타난다.

이러한 움직임을 **열대류**(thermal convection), 즉 유체의 움직임에 의한 열의 이동현상이라고 한다. 유체의 움직임은 밀도의 차이에 의해 발생하며, 밀도는 질량과 부피의 관계를 나타낸다.

질량은 물질의 고유한 역학적 기본 양으로, 질량 보존의 법칙에 따라 환경이 달라져도 값이 변하지 않는다. 그러나 부피는 온도에 따라 팽창 혹은 수축하는 **샤를의 법칙**에 따라 변하게 된다. 온도(T)에 따른 부피(V)변화 역시 물질마다 특성(k)이 다르다.

★ 샤를의 법칙 ★

$$\frac{V}{T} = k \tag{4.1}$$

복사

복사는 매개물질 없이 에너지가 전달되는 현상으로, 에너지 방사의 개념이다. 3장에서 다룬 슈테판-볼츠만 상수를 이용하여 복사 열량을 계산할 수 있다.

6 열전도와 열저항

열전도

온도의 고저에 따라 이동하는 열에너지는 단면적(A)이 넓고 두 온도점 거리(L)가 짧으면 크거나 빠른 변화가 생긴다. 단위시간당 열량의 변화를 통해 이러한 특성을 정의할 수 있는데, 이를 **열전도율**(thermal conductivity)이라고 하며, 재료의 물리적 물성으로 열전도가 잘되는 정도를 나타낸다.

단위시간당 열량의 크기와 비교하여 면적, 거리, 온도를 통해 에너지를 구하는 식 (4.2)를 구할 수 있다. 이때 P는 에너지로, 단위는 W(와트)이다.

$$P = \frac{Q}{t} = \frac{A}{L}(T_h - T_l) \tag{4.2}$$

여기에 물질 특성에 따른 전도의 비례상수 k를 곱해 식을 최종적으로 완성할 수 있다.

$$P = \frac{Q}{t} = k\frac{A}{L}(T_h - T_l) \tag{4.3}$$

이때 t가 1초이면 $P = Q$가 된다.[2] 비례상수 k는 열전도율로, 단위는 W/(m · K)이다.

앞선 값의 크기에 따라 물질의 열전도가 잘되는 물질을 열의 양도체라고 하고 그 반대를 열의 부도체 혹은 불량도체라고 한다. 금속은 대부분 양도체인데, 이는 금속을 이루는 원자들이 결정격자를 이루며, 자유전자가 많아 전자의 이동으로 열이 전달되기 때문이다. 최근에는 열전도율이 뛰어난 소재로 **그래핀**(graphene)이 주목받고 있다. 반면 부도체는 나무 같은 비금속으로, 열전도율이 작아 열을 가해도 열전달이 되지 않아 보온 단열효과를 이용하는 건축자재로 주로 사용된다. 전도도가 매우 낮은 공기는 매우 우수한 단열효과를 보이는 대표적인 불량도체이다.

열저항

열전도율에서 비례상수 k의 **비열전도율**(specific thermal conductivity)을 재료의 특성으로 하여 열전달에 대한 저항, 즉 열전도저항을 유도하면 거리와 전도에 대한 비율로 표현할 수 있다. 전기적 저항과 같이 면적과 길이로 유도된[3] 열저항 식에서 열저항을 R이라고 하면 다음과 같다.

$$R = \frac{L}{kA} \tag{4.4}$$

식 (4.4)를 이해하기 위해 예를 들어보자. $1\,\mathrm{m}^2$의 면적에 두께(혹은 두 온도 차 지점 거리)가 0.3 cm인 유리의 열저항은 유리의 열전도율 0.81 W/mK와 두 지점의 거리 0.3 cm를 이용하여 다음과 같이 계산할 수 있다.

$$R = 0.003/(0.81 \times 1) = 0.0037 = 3.7 \times 10^{-3}$$

이번에는 열저항의 관점에서 다중단열을 하는 방식에 대한 효과를 계산해보자. 면적이 $3\,\mathrm{m}^2$이고 두께가 3 mm인 유리를 5 mm 간격을 두고 2장 설치한 이중유리 창문의 열저항을 계산해보면 공기의 열전도율은 0.026 W/mK이고 유리의 열저항은 R_G, 공기의 열저항은 R_A이다.

---

2 1J은 1W의 전력으로 1초 동안 발생하는 열량이다.

3 전기적 저항은 $R = \rho\frac{L}{A}$으로, 면적에 반비례하고 길이에 비례하는 값이다.

총 열저항 $R_T = R_G + R_A + R_G = 2R_G + R_A$이므로 다음과 같이 구할 수 있다.

$$0.003/(0.81 \times 3) + 0.005/(0.026 \times 3) + 0.003/(0.81 \times 3)$$

$$= 0.001235 + 0.064103 = 0.066572 \simeq 67 \times 10^{-3}$$

이는 열저항성이 크면 전도에 의한 온도변화가 적어 단열 혹은 냉방이 잘 된다는 뜻이며, 열저항성이 작으면 온도변화가 커 냉난방의 효율이 낮다는 의미가 된다.

7 공간난방시스템

주거시설의 난방은 공간난방시스템을 기본 형태로 한다. 공간을 구성하고 채우고 있는 다양한 재질의 물건과 공기 및 습기를 통해 열이 대류하고 전도되는 시스템으로, 이 모든 에너지 전달의 시작은 복사난방과 복사에너지로부터 시작된다.

건축물은 다양한 자재를 이용하여 축조된다. 특히 외벽은 실내와 실외를 구분하고, 바깥 공기인 외기의 유입과 안쪽 공기인 내기의 유출을 차단하여 난방과 냉방의 효율을 높이는 보온과 보냉을 위한 열차단, 즉 단열 기능을 포함한다. 대부분의 실내 가구나 벽지 역시 낮에 복사에너지를 저장하고 밤에 열에너지를 방출하는 축열과 방열장치 같은 것이다. 이러한 원리는 주거난방에도 활용할 수 있다.

외장재를 통한 단열 및 연전달

현대건축물은 유리를 이용한 외장재를 많이 사용한다. 유리창을 이용하면 바깥 경관을 조망할 수 있을 뿐만 아니라 복사, 전도, 대류를 활용하여 열을 전달하거나 열전달을 막을 수 있다. 특히 유리는 적외선을 잘 투과하지 못하는 특성이 있어 단열효과가 있고 유리를 통해 투과된 단파장의 에너지들이 실내 환경에서 흡수되어 다시 배출되는 물질복사 시에 장파장의 에너지를 복사하여 실내 온도를 상승시킬 수 있다.[4]

열대류를 통한 단열과 열전달

건축기술의 발달로 다양한 단열과 열전달기술을 통한 높은 열효율을 얻을 수 있다. 예를 들어 난방기 혹은 냉방기를 사용하는 실내의 공기는 장치의 위치에 따라 온도차가 생긴다. 이 온도차는 실내 공기의 밀도차를 만들며, 이 밀도차에 의해 공기의 흐름이 생긴다. 이 흐름이 바로 열대류이다.

4 3장 [그림 3-6]의 물질의 에너지 흡수 방출 과정을 상기해보라.

겨울철 바닥 난방은 천장 쪽의 차가운 공기와 밀도차를 통해 대류를 일으킨다. 외부와 맞닿은 외벽은 안쪽이라고 해도 실내의 공기보다 온도가 낮은데 이러한 온도차가 벽으로부터 실내 안쪽으로 강한 대류를 만든다. 이것이 흔히 우리가 외풍이라고 부르는 것이다. 겨울철에 외풍이 드는 이유는 바깥의 차가운 외기가 벽면에 전달되고 바깥쪽 벽면의 온도가 건축재를 통해 열전도되기 때문이다.

이를 해결하려면 건축재를 단일재질이 아닌 여러 층의 복합재질로 구성하여 열저항을 키워 단열효과를 높여야 한다. 반대로 여름철에 좁은 실내의 밀폐된 환경은 공기를 크게 순환시키지 못해 먼 구석의 공기는 정체될 것이다. 따라서 선풍기 등을 활용한 강제 대류를 통해 실내 온도를 균일하게 만들어야 한다.

또한 실내에 투사된 햇빛의 복사에너지는 실내 공기에 흡수되어 온도를 상승시키며, 덥혀진 실내 공기와 습기는 주변의 온도가 내려가면 흡수한 에너지를 복사열로 뿜어낼 것이다. 실내의 가구와 내장재들은 대체로 햇빛의 복사에너지를 흡수하고 열에너지를 뿜어내는 열복사 특성이 높다. 따라서 햇빛의 복사를 차단하고 외벽의 열전도를 낮추는 열저항을 높이면 외기의 열이 유입되는 것을 막을 수 있다. 겨울에는 실내의 가구나 벽지 혹은 공기가 낮에 흡수한 태양에너지를 저녁에 열복사하여 난방으로 활용할 수 있다.

축열벽체

건축에는 이러한 열에너지를 이용하거나 적용하는 다양한 사례가 있다. 축열벽체 시공방법은 밀폐된 공간에 유리로 된 벽과 단열재와 형태와 재질이 비슷한 축열재5를 사용하여 낮 동안 햇빛으로 밀폐된 공간의 공기와 축열재를 데워 열을 축적하였다가 해가 진 뒤 축열에 의해 난방을 하는 방법이다.

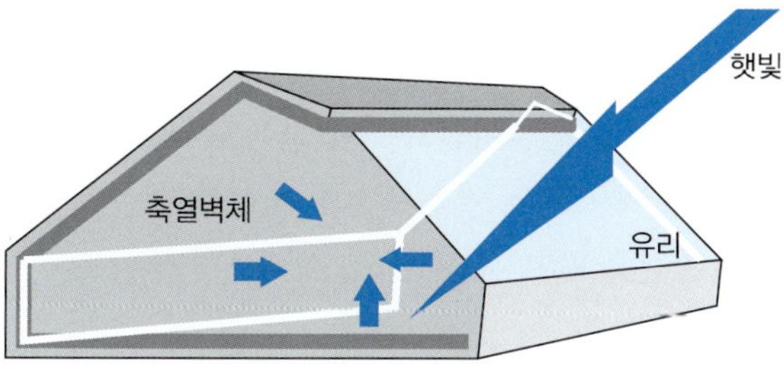

[그림 4-2] 축열벽체 시공방법

5 축열재란 열을 저장할 수 있는 자재이다. 주로 열전도율이 매우 작고 다공성으로 되어 있어 단열성질이 높은 공기를 다량으로 내포할 수 있는 재료의 자재를 의미한다.

트롬브 벽

실내 공기의 대류현상을 이용하여 난방을 하는 **트롬브 벽**(축열벽, Trombe wall)은 넓은 유리창이나 유리문을 이용하여 투과된 햇빛의 열을 비교적 좁은 공간에 설치한 축열벽체를 통해 저장하고 반대편의 실내에 공기온도에 따른 밀도차를 이용하여 대류에 의한 순환으로 실내의 온도를 일정하게 유지하는 시공방법이다.

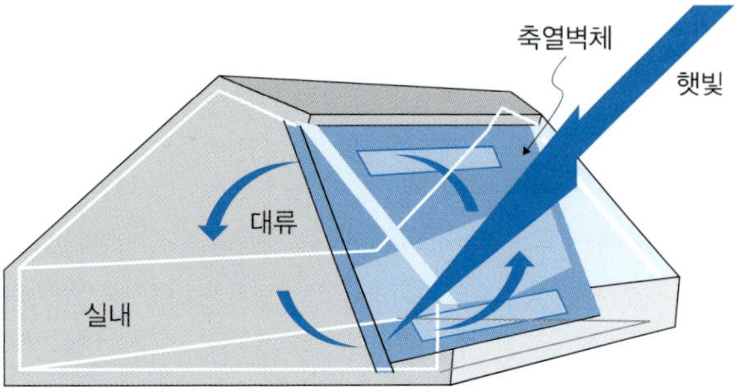

[그림 4-3] 트롬브 벽

트롬브 벽은 한낮의 뜨거운 햇살을 직접 수용하지 않고 축열벽체로 가려 실내 공간에 직사광선과 뜨거운 열기를 들이지 않으며, 해가 기울면 대류를 통해 유리창과 축열벽 사이에 따뜻한 공기를 유입하여 하루 종일 실내의 온도를 일정하게 유지하는 효과적인 방법이다. 또한 환풍이나 대기의 순환을 위한 동력장치 혹은 전기장치를 사용하지 않고 공기의 온도와 밀도차에 의한 자연순환, 즉 대류를 통해 공기의 흐름을 유도한다. 따라서 실내 인테리어와 간접조명에 의한 실내의 분위기 조성에 매우 효과적인 시공법으로, 태양열을 이용하는 인테리어 기술이다.

유리 수조 이용 방식

인테리어에 의한 또 다른 난방법으로 유리 같은 투과성 재질로 만들어진 수조에 물을 담아 한낮의 빛과 열로 수조 안의 물을 데우고 해 질 무렵이나 밤에 수조에 축열된 열을 방열하여 사용하는 방법이 있다. 즉 넓은 유리창이나 유리벽을 통해 들어온 직사광선을 막고 간접광선을 실내조명에 활용하면서 열을 저장하여 사용하는 실내용 태양열 난방 방식이라고 할 수 있다.

온실 난방

마지막으로 온실을 이용하여 식물을 키우고 난방도 할 수 있는 방법이 있다. 생활 공간인 실내와 붙어 있는 부속 온실을 만들어 트롬브 벽을 이용하는 실내난방 시공법과 같은 원리로 난방을 하는 것으로, 아파트의 베란다나 주택의 테라스를 이용하는 방법이다. 베란다 테라스를 작은 정원처럼 사용하는 경우 외기의 유입이 없도록 외부와 잘 차단하여 유리창이나 유리벽으로 밀폐하고 실내와 베란다 혹은 테라스 사이를 축열재로 마감한 뒤 온실처럼 사용하면서 대류에 의해 데워진 공기가 실내로 유입되게 한다.

8 냉난방도일

계절과 지리 요인을 고려하여 실내의 평균온도와 바깥 평균온도의 차를 냉난방 기간 동안 합산한 것을 **냉난방도일**(cooling / heating degree day)이라고 한다. 단위는 ℃ (섭씨)를 사용한다. 다음 예를 살펴보자.

- 1일의 실내 평균온도가 18℃ 이며, 실외온도가 최저 −5℃, 최대 5℃ 이다.
- 2일의 실내온도가 16℃ 에서 22℃ 로 변화하였고 실외온도가 −6℃ 에서 7℃ 로 변화하였다.

❶ $18℃ - \left(\dfrac{-5℃ + 5℃}{2}\right) = 18℃$

❷ $\left(\dfrac{16℃ + 22℃}{2}\right) - \left(\dfrac{-6℃ + 7℃}{2}\right) = 19℃ - 0.5℃ = 18.5℃$

2일간의 난방도일은 18℃ + 18.5℃ = 36.5℃ 이다. 반면 냉방도일은 24℃ 를 기준으로 계산하며, 일평균 기온에서 기준온도 24℃ 를 뺀 값을 합산하여 구한다. 통계청이 발표한, 2023년 12월부터 2024년 5월까지의 월별 냉난방도일은 다음과 같다.

[표 4-1] 통계청 냉난방도일(2023년 12월에서 2024년 5월까지)[6]

분류	2023.12	2024.01	2024.02	2024.03	2024.04	2024.05
평균기온(℃)	1.1	−0.5	3.8	7.0	16.3	18.5
난방도일	523.4	573.1	447.2	341.9	60.8	26.4
냉방도일	68.9	0.0	0.0	0.0	0.0	0.0

[표 4-1]의 냉난방도일에서 실내온도는 18℃ 를 기준으로 하였다. 즉 외기온도의 일평균을 구해 난방도일은 18℃ 에서 뺀 값을, 냉방도일은 24℃ 에서 뺀 값을 부호에 따라 온도를 합산한다.

냉난방도일은 난방설계 및 에너지 수급정책 결정 시 사용되는 산업기상지수[7] 중 에너지지수의 하나로 사용되고 있다. 에너지지수는 냉난방에너지에 영향을 주는 기상조건을 지수화한 것으로, 날씨에 의한 에너지 소비 정도를 판단하기 위해 개발되었다. 일반적으로 10월부터 다음해 4월까지는 난방에너지의 에너지지수를 제공하고 4월에서 10월에는 냉방에너지의 에너지지수를 제공한다.

6 에너지경제연구원, 「에너지수급통계」, 2024.05, 냉난방도일

7 산업기상지수에는 '농업지수, 건설지수, 유통지수, 에너지지수, 고속도로기상지수'가 있다.

SECTION 4.2

태양열집열기술

에너지를 효율적으로 사용하는 것도 중요하지만 그보다 앞서 에너지의 집중 정도인 에너지 밀도를 높이는 것이 중요하다. 고밀도의 열에너지를 가질 수 있도록 태양열을 모으는 방법을 집열이라고 한다.

Keywords | 집열장치 | 확산일사량 | 태양열시스템 | 집열기 | 태양굴뚝 |

1 집열장치를 이용한 열에너지 이용

태양열에너지는 태양으로부터 오는 복사에너지를 흡수하여 열에너지로 변환해서 직접 이용하거나 저장했다가 필요시 이용하는 방법과 복사광선을 고밀도로 집광하여 열발전장치를 통해 전기를 발생시키는 방법이 있다. 대부분의 경우 복사에너지의 양과 대기, 환경적 요인에 의해 태양에너지를 열에너지로 집광하여 사용하고 있다.

집열장치(solar collector)를 이용한 난방기를 통해 열에너지를 이용하는 방법은 다음과 같다.

★ 난방기를 통한 열에너지 이용방법 ★

집열기 → 열생산 → 물순환 → 물탱크에 저장 → 열에너지 교환

이때 염두에 둘 것은 '열에너지는 일사량과 연동된 비례적 크기'라는 것이다. 즉 일사량을 최대한 확보할 수 있는 환경 조건을 만들어야 한다. 입사광의 수직 정도 혹은 남향 배치 등을 고려해야 하며, 이때 계절적 요인과 지리적 요인인 위도가 큰 영향을 끼친다.

2 에너지 흡수와 방출

집광장치 혹은 **집열장치**는 복사에너지를 모아 에너지 밀도를 높이기 위해 고안된 장치로, 직사광선 형태의 복사에너지를 집광한다. 또한 태양에너지의 이용 효율을 극대화하기 위해 장치의 표면에 내리쬐어지는 태양에너지의 흡수율과 표면 방사율을 다르게 하여 열을 모아 냉난방에 선택적으로 사용할 수 있도록 제조한 것이다. 어떻게 하면 물체의 표면에 따라 조사된 에너지의 흡수 비율을 높이거나 방출 비율을 높여 집열장치나 단열장치로 만들 수 있을까? 태양복사에너지의 파장 범위와 표면 방출 복사에너지의 파장 범위가 차이가 생기는 원리를 활용하면 된다.

3장의 [그림 3-3]을 다시 한번 살펴보자. 복사에너지는 흡수와 방출을 반복한다. 3장에서는 이러한 과정에서 흡수된 에너지가 열에너지로 방출되는 과정을 설명하였는데, 파장의 관점으로 설명하면 물체 표면에서 복사된 에너지의 단파장 에너지는 반사되고 장파장의 에너지는 흡수되었다가 다시 방출할 때 장파장 에너지가 방출된다.

키르히호프(Kirchhoff)의 연구에 따르면 복사에너지에 대해 물체에 흡수된 에너지와 방출된 에너지는 동일 파장의 경우 표면 흡수율과 방사율이 같다. 또한 물체 표면에서 에너지 흡수율은 파장에 따라 다르다고 한다. 이러한 이유로 냉장이나 냉동 작업에 필요한 장치는 적외선 등 장파장 에너지의 표면 흡수율을 낮출 수 있는 재질을 사용해야 하며, 반대로 난방 작업에 필요한 장치는 흡수율을 높일 수 있는 재질을 사용해야 한다.

태양복사에너지를 이용한 집열기(집열장치)를 생각해보자. 태양복사에너지는 [그림 4-1]과 같이 200 nm 이상 800 nm 이하의 파장에서 에너지의 크기가 가장 크다. 또한 [그림 3-5]와 같이 파장별 흑체복사에너지의 크기는 온도가 낮을수록 에너지의 최댓값을 갖는 파장이 커진다.

태양열난방장치를 구성하는 집열기는 태양열로 난방수를 데운다. 따라서 주변의 차가운 공기에 열을 빼앗기지 않기 위해 복사에너지의 파장에 따른 에너지의 흡수율과 반사율이 다른 재질을 사용해야 한다. 태양열난방장치의 집열 과정을 요약하면 다음과 같다.

★ 태양열난방장치의 집열 과정 ★

❶ 집열 시 태양복사에너지는 직달일사량 중 가시광 영역인 800 nm 파장을 주로 사용한다.
❷ 이러한 열에너지로 난방수를 데운다.
❸ 데워진 난방수는 100℃ 이하의 에너지 복사로, 파장은 8,000 nm의 적외선 영역이다.

태양열난방장치를 구성하는 집열기는 태양복사에너지를 최대로 흡수해야 하고 축적된 내부 열이 밖으로 방출되지 않게 해야 하므로 800 nm 이하의 파장에 대해 흡수율이 높고 난방수의 최대 온도인 100℃ 복사에너지의 최대 파장[8]을 갖는 반사율이 높은 재질을 사용한다.

3 태양열난방시스템

집열기의 효율은 입사된 태양에너지와 데워진 집열기 안의 열매체에 흡수된 에너지의 비율로, 열매체가 물이라면 물의 열량을 측정, 계산하여 효율을 산정할 수 있다.

8 플랑크의 식으로부터 절대온도 373 K(100℃)인 흑체의 복사에너지 최대 파장은 8,000 nm이다.

태양열난방시스템의 구분

태양열시스템은 크게 자연형 태양열시스템과 설비형 태양열시스템[9]으로 구분된다. 자연형 태양열시스템은 태양열에 의해 얻어지는 열을 이동시키는 펌프나 팬(fan)과 같은 구동장치가 없는 시스템을 의미하며, 설비형 태양열시스템은 태양열에 의해 얻어진 열에너지를 펌프나 팬과 같은 이송장치를 통해 이동시키는 시스템을 의미한다. 일반적으로 태양열시스템이라고 하면 후자를 가리킨다.

■ 자연형 태양열시스템과 설비형 태양열시스템

자연형 태양열시스템은 앞선 절에서 다룬 것처럼 건물의 구조물을 통해 태양열을 집열 및 축열하여 이용하는 방법이다. 직접획득 방식과 간접획득 방식이 있으며, 트롬브 벽, 온실 등이 여기에 포함된다. 1980년대부터 주택, 우체국, 학교 등에 시범 적용되어 건물에 직간접적으로 이용되고 있다.

설비형 태양열시스템은 태양열집열장치나 집광장치를 통해 태양복사에너지를 열에너지로 변환하여 직접 이용하거나 별도의 축열장치에 저장하였다가 필요시 사용하는 시스템이다. 필요한 온도에 따라서 집열장치에는 평판형, 진공관형 등이 있고 집광장치에는 구유형(PTC), 접시형, 타워형 등이 있다. 용도에 따라서 냉난방 및 온수급탕용, 산업공정열, 발전용 등으로 구분한다.

시스템은 일반적으로 태양열을 집열하는 집열기, 집열된 열을 저장할 수 있는 축열조, 태양열이 없거나 부족할 경우 열을 공급하는 보조열원장치(보일러), 이용부, 그리고 이를 총괄하는 제어장치로 구성된다.

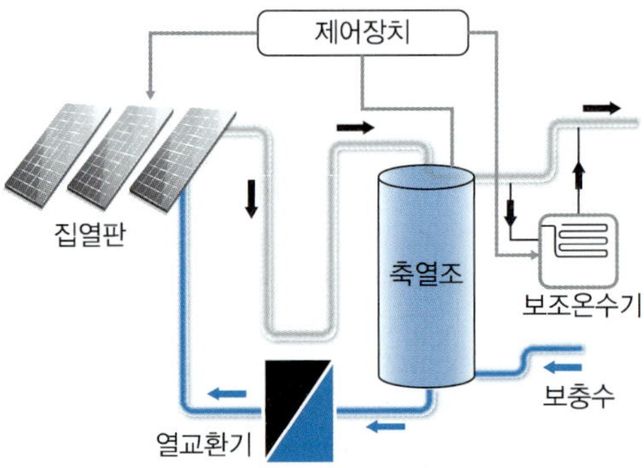

[그림 4-4] 설비형 태양열시스템

한편 태양열발전시스템 중 집열 및 집광시스템은 태양복사광선을 고밀도로 집광하는 집광장치와 집광된 고밀도의 일사에너지를 열에너지로 변환하는 흡수부, 이 에너지를 이용하여 발전하는 발전기로 구성된다. 특히 집열기는 집열기를 통해 조성된 열량의 온도에 따라 저온용, 중저온용, 중온용, 고온용으로 구분하며, 집열기의 형태에 따라 활용온도가 달라진다.

9 열매체의 구동장치(펌프 혹은 팬) 유무에 따른 능동성과 수동성을 구분하여 설비형과 자연형을 각각 'active solar system'과 'passive solar system'으로 구분한다.

집열기의 열성능

일반적으로 집열기의 열성능은 실험적으로 구해지며, [그림 4-5]와 같이 표시된다. 이 그래프에는 2개의 서로 다른 집열기의 성능곡선을 표시하였으며, 각각의 성능곡선은 다음과 같이 표시된다.

$$\eta = \eta_o - \alpha_1 \frac{T_i - T_a}{G_T} \tag{4.5}$$

여기서 η_o와 α_1은 성능곡선에서 y축과의 교점과 곡선의 기울기이다. 각각 열손실이 없을 때의 집열효율(집열기 최고효율)과 집열기의 열손실계수를 의미하며, 집열기의 열성능 시험을 통해 구해진다. G_T는 집열면에 떨어지는 일사강도이고 T_i와 T_a는 각각 집열기로 들어가는 열매체의 온도와 집열기에서 나오는 온도를 의미한다. η_o는 집열기의 투과 흡수율에 의해서 결정되는 값이며, α_1은 집열기의 열손실율과 관련된 것이다. 따라서 η_o 값은 크고 α_1는 작을수록 집열기의 성능이 좋다. 즉 α_1 값이 작을수록 높은 온도를 얻을 수 있는 집열기라고 볼 수 있다. 그러므로 투과체와 흡수판의 흡수율 및 열손실율이 집열기의 성능에 절대적인 영향을 미친다는 것을 알 수 있다.

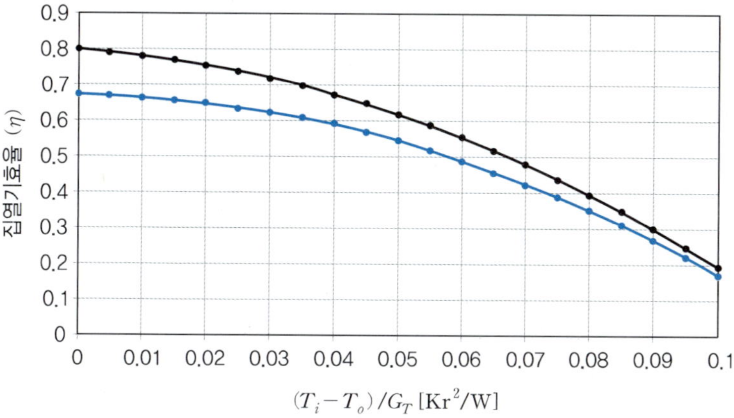

[그림 4-5] 집열기의 집열성능곡선

2012년 이후부터는 ISO(국제 표준화 기구)와 KS(한국산업표준)에서 태양열집열기의 성능을 다음과 같은 2차방정식으로 표시하고 있다.

$$\eta = \eta_0 - a_1\left(\frac{T_m - T_a}{G_T}\right) - a_2 G_T \left(\frac{T_m - T_a}{G_T}\right)^2 \tag{4.6}$$

여기서 T_m은 집열기 입출구 열매체의 평균온도를 의미한다.

4 태양열집열판의 종류와 구성

집열판의 종류

■ 평판형 집열판

태양열을 모아 난방 혹은 발전용 열원으로 사용하기 위해서는 반드시 집열판이 있어야 한다. 가장 먼저 등장한 형태는 단순하면서 효율적인 평판형이다. 이러한 평판형 집열 방식에는 흡수율과 투과 등의 열효율과 함께 열손실을 최소화하기 위한 설계가 다양하게 적용되었다. 대표적인 평판형 집열판에는 평판형, 진공관형, 히트파이프 진공관형이 있다.

[표 4-2] 평판형 집열판의 종류

종류	특징	구조
평판형	• 낮은 온도의 유체가 직접 집열기 관을 통과함 • 태양열에 의해 가열됨 • 구조가 간단하고 비용도 저렴하여 많이 보급됨	
진공관형	• 유체가 흐르는 관 주위가 진공관으로 둘러싸여 있음 • 구조가 조금 복잡함 • 진공관 파열의 위험이 있음 • 열 손실이 적고 제작비가 높음	
히트파이프 진공관형	• 진공관형과 유사한 형태 • 유체가 직접 집열기를 지나지 않음 • 진공관 내부에 열을 잘 전달하는 히트파이프가 설치됨 • 태양열이 히트파이프를 통해서 유체에 전달됨 • 구조가 복잡하여 비용이 상당히 비쌈	

■ 공기가열식 집열판

집열판을 통해 태양열을 축적하여 데운 집열판 내부에 유통되는 공기를 실내에 유입하는 용도로 사용된다.

(a) 공기가열식 집열판

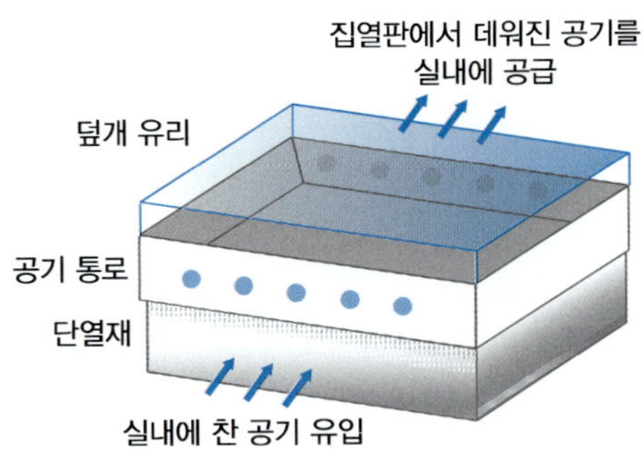

(b) 내부구조

[그림 4-6] 공기가열식 집열판과 내부구조

기체의 대류현상을 응용하여 집열기 아랫부분에 있는 통기구를 통해 차가운 공기가 집열판에 유입되면 유입된 공기는 내부 공간에 머무르며 데워진다. 이렇게 공기의 밀도가 작아지면 부피가 늘어나 팽창하여 상부의 토출구로 공기가 실내에 공급된다. 집열판 내부 공간을 채우던 공기가 데워져 유출되면 빈 공간을 채우기 위해 찬 공기를 유입시키는 것이다.

■ 물가열식 집열판

앞서 살펴본 공기가열식 집열판은 집열판 내부의 공기를 데워 건물 내부의 실내로 공급하는 구조로, 열을 이용하는 효율이 상대적으로 낮다. 공기를 매질로 하여 열이 전달되는 양이 많지 않고 기존 건물의 공기 흐름이 원활하지 않을 때 건물 구조를 변형하기 어렵기 때문이다.

열전달의 효율을 높이고 건물의 구조에 상관없이 축적된 태양열을 사용하기 위해서는 물을 데워 유통하는 것이 효율적이다. 집열판의 열을 수관에 전달하여 수관 내부의 물이 데워질 수 있도록 수관의 길이나 구조를 이용하여 물이 장시간 머무르게 한 다음 건물 내부의 난방용 파이프에 연결하거나 급수시설에 연결하여 온수로 사용하면 편리하다. [그림 4-8]은 이러한 물가열식 집열판의 구조이다.

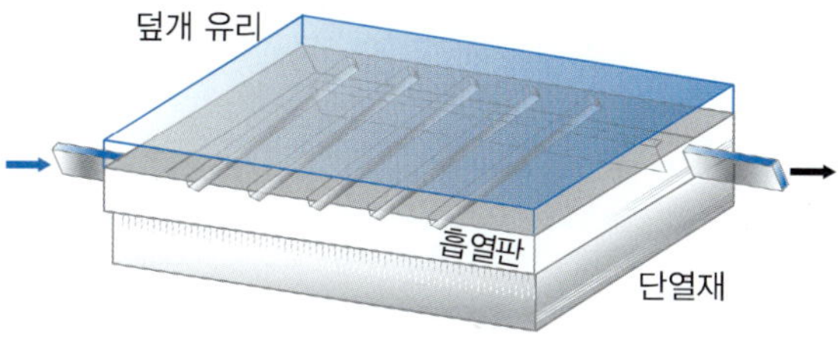

[그림 4-7] 물가열식 집열판

■ 진공튜브형 집열장치

태양열을 모으고 이용하는 장치들의 열효율을 높이기 위해서는 외부의 차가운 공기가 유입되거나 내부의 데워진 공기가 유출되는 것을 막아야 한다. 외기(외부 공기)의 유통으로 대류가 생기는데, 대류에 의해 집열판 내부에 있던 데워진 공기는 혼합된 공기의 평균온도가 되어 높은 온도로 상승하지 못하기 때문이다.

차폐된 장치 내부의 공기가 대류하지 않고 열을 잃지 않게 해야 고온의 열을 모아 높은 온도로 상승시킬 수 있다. 이를 위해 집열판 내부의 배관들이 외부의 공기와 접촉하지 못하게 차폐할 뿐만 아니라 진공으로 만들어진 유리관 혹은 투명관 안에 위치하도록 해 집열효율을 높이도록 한 것이 진공튜브형 집열장치이다.

이 장치는 이중으로 되어 있는 투명한 튜브 형태의 관 안에 공기의 흐름이나 대류가 발생하지 않도록 공기를 빼내어 진공상태로 만든다. 그런 다음 단열재 등으로 열을 모아 파이프를 통해 열을 전달할 수 있는 액체 혹은 부동액을 유통시켜 열을 전달함으로써 비교적 높은 열효율을 실현한다.

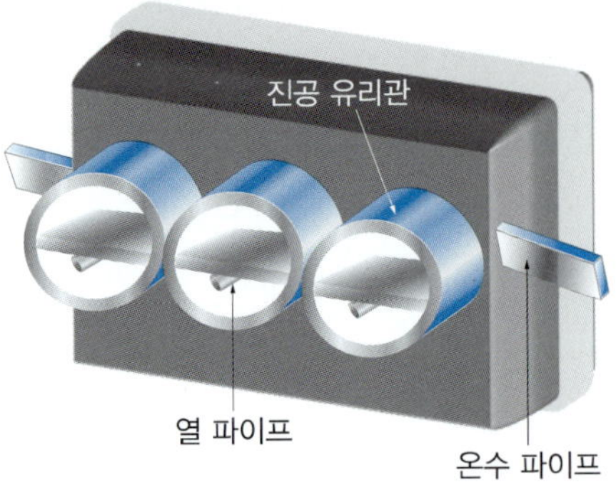

[그림 4-8] 진공튜브형 집열장치

축열조

태양열을 이용하여 열에너지를 확보한 이후 바로 사용하지 않을 때 열을 저장한 뒤 사용할 수 있는 방법으로 축열조를 사용하는 방식이 있다. 축열조는 모아둔 열을 필요한 시간에 공급하기 위한 기본적이고 중요한 구성요소이다. 태양열축열은 물의 온도를 올려서 축열하는 현열축열(Sensible heat storage, SHS) 방식과 상변화물질을 활용한 잠열축열(Latent heat storage, LHS) 방식이 있으며, 저온용으로는 현열축열 방식이 주로 사용된다. 반대로 고온의 태양열에너지시스템은 높은 액화점 온도를 갖는 암염을 고온에서 녹여 액체로 저장한 뒤 필요한 때에 다시 고체로 변화하는 과정에서 열을 발산시켜 사용하는 잠열축열 방식을 사용한다.

열에너지를 축열조에 전달하기 위한 또 하나의 중요한 구성요소로 열교환기가 있다. 열교환기를 축열조 외부에 설치하는 방식과 열교환기 또는 온수탱크를 축열조 내부에 설치하는 방식으로 나눌 수 있다. 열성층화(Thermal stratification)는 축열조 내부에서 온수를 저장하는 방식으로, 온도에 따라 고온의 물은 상부에, 저온의 물은 하부에 위치하여 효율적 온수 저장과 온도에 따른 온수 분리가 이루어지도록 한다. 주택용으로는 각종 부속품 등이 축열조와 함께 간편하게, 적은 공간에도 설치할 수 있도록 공장에서 제작된(Factory-made) 컴팩트형 축열시스템이 개발 및 보급되고 있다.

열순환 방식과 열교환기

■ 자연순환 방식

물가열식 집열판 내부에 설치된, 급수와 배수를 위한 밸브장치와 수로용 파이프를 이용하여 충분한 시간 동안 물을 태양열로 가열하면 파이프의 온도와 관 내부의 수온이 상승하게 된다. 이때 액체의 끓는점 이상의 온도에서 압력이 증가하여 집열판에 유입되었던 물이 상대적으로 높은 압력과 온도로 유출구에서 실내로 공급되면 빈 공간에 다시 차가운 물이 채워지게 되는데, 이를 자연순환 방식이라고 한다.

자연순환 방식은 물이 온도차에 따라 대류하는 성질을 이용하므로 외부 동력을 사용하지 않고 차가운 물을 데워 순환시킨다. 따라서 에너지 소모가 없지만 수압과 효율이 낮다는 단점이 있다. 이는 사용자가 급수시설에서 이 방식을 사용하기 까다롭고 불편하게 한다. 또한 유속이 느려 물속에 있는 미네랄과 소량의 광물($CaCO_3$) 등이 때때로 수관의 안쪽 벽에 침전하거나 달라붙으면 스케일(scale)이 발생하여 파이프를 막거나 노후화시키기도 한다.

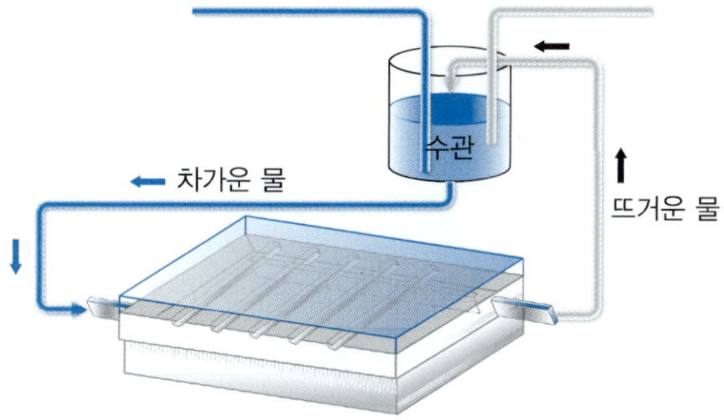

[그림 4-9] 자연순환 방식

■ 펌프 강제순환 방식

자연순환 방식의 문제를 해결하기 위한 방법은 순환용 펌프를 추가적으로 사용하는 것이다. 펌프를 통해 수압을 높이고 유속을 증가시키면 침전물이 집열판 내 배관 파이프 내부에 쌓이는 것을 막을 수 있으며, 온수 등을 이용하는 급수시설에 연결하면 사용의 불편함을 줄일 수 있다. 이를 펌프 강제순환 방식이라고 한다. 펌프 강제순환 방식에서는 강제순환을 통해 집열판에 공급한 물이 머무르는 시간을 조절할 수 있어 수온 조절의 역할도 겸할 수 있다.

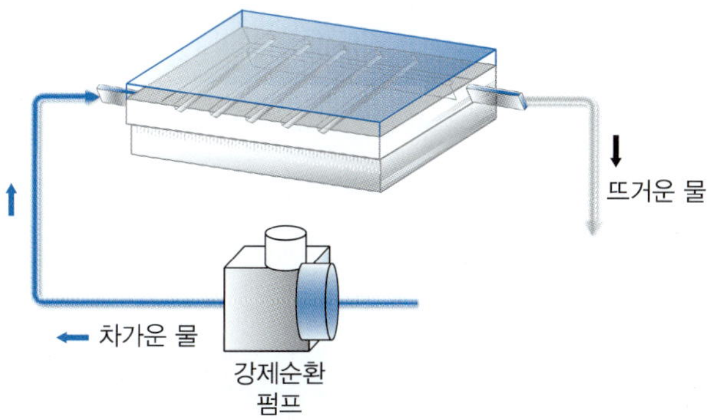

[그림 4-10] 펌프를 이용한 강제순환 방식

■ 열교환 온수 간접 가열 방식

물을 사용하는 태양열시스템은 집열기를 이용하여 태양열을 모으고 사용할 물, 즉 급수와 난방용 보일러에 사용하는 용수에 직접 열을 전달하여 난방 및 온수 등에 이용할 수 있도록 한다. 그러나 사계절이 뚜렷한 우리나라의 계절적 특성과 동절기 온도 하강에 의한 동파의 위험이 존재하여 물가열식 집열판을 이용하는 것에는 한계가 있다.

이러한 한계를 극복하기 위해 실외에 장치되는 집열판과 집열판에 연결된 파이프에 결빙되지 않는 부동액을 이용하여 동파를 방지할 수 있다. 또한 건물 내부의 급수시설 및 보일러 등에 열을 전달하기 위한 열교환기를 설치하여 용수에 열을 전달하는 시스템을 구성할 수도 있다. 이를 열교환 온수 간접 가열 방식이라고 한다.

열교환기는 집열판에서 모아진 열을 실내의 보온 및 온수시설에 필요한 열로 공급하도록 집열판의 축적된 열을 전달하고 순환 펌프를 통해 냉각된 부동액을 다시 집열판으로 보내는 역할을 한다.

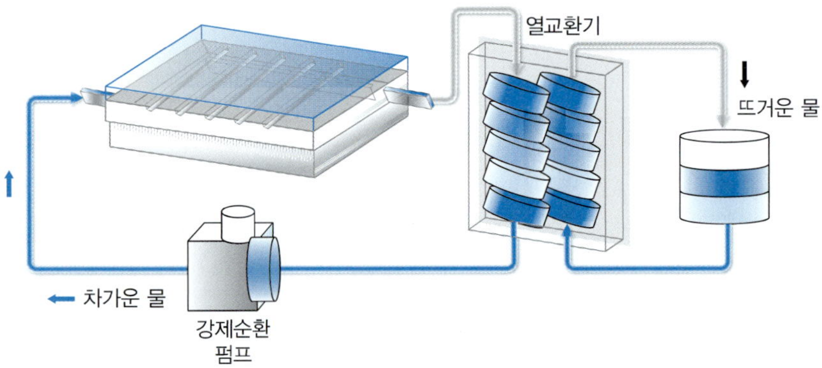

[그림 4-11] 열교환기를 이용한 온수 가열 시스템

집광식 집열기

열효율을 증가시키기 위한 좋은 방법 중 하나는 [그림 4-12]와 같이 다양한 집광을 통한 집열장치를 이용하는 것이다.

(a) 구유형　(b) 접시형　(c) 선형프레넬형　(d) 타워형

[그림 4-12] 다양한 집광식 집열기

특히 오목한 거울을 이용하여 빛을 모아 한 점에 모으는 초점 집중 방식에 의한 집열은 그 효과가 매우 뛰어나 300℃ 정도의 매우 높은 열을 취할 수 있으며, 거울면의 면적 혹은 반사경이 분포된 면적에 따라 데울 수 있는 열매질의 양을 늘릴 수 있어 높은 열효율을 얻을 수 있다.

[표 4-3]에 난방을 위한 열수집장치인 집열장치의 종류와 전력을 생산하기 위한 태양열발전용 집열장치를 비교하였다. 열에너지의 밀도를 높이기 위해 볼록렌즈를 사용하는 전력생산방법과 비교해 보자.

[표 4-3] 태양열집열기의 종류

종류	평판형			구유형	접시형	선형프레넬형	타워형
	평판형	진공관형	히트파이프 진공관형				
특징	• 소형 집열기 제작에 유리함 • 주로 난방용으로 사용함			• 태양열을 한 곳으로 집중하므로 상대적으로 고온을 얻을 수 있음 • 태양열발전을 위한 집열기로 주로 사용함			

SECTION
4.3 태양열발전시스템

최근의 모든 에너지 형태는 전기에너지의 생산을 위해 활용되고 연구되고 있다. 그만큼 우리 생활에 이용하는 비중이 높고 그 편리함과 용이함이 매우 높기 때문이다. 태양열을 이용한 전력생산은 화력발전과 유사하지만 열원이 태양으로부터 온다는 것이 가장 큰 차이점이다.

Keywords | 태양열발전 | 열기관 | 열순환(사이클) | 태양열타워 |

1 태양열발전시스템이란?

태양열발전은 태양열로 고온을 집열하여 스털링엔진[10]이나 터빈을 구동시켜 전기를 생산하는 방식으로, 태양열을 열원으로 이용하여 전기를 생산하는 것을 의미한다.

화력발전이 화석연료를 사용하여 보일러에서 생산한 수증기로 터빈을 회전시킬 회전력, 즉 토크를 발생시킨다면 태양열발전은 태양열을 열원으로 하는 보일러를 이용한다는 점에서 중요한 차이가 있다. 발생한 수증기는 터빈을 회전시키고 이 회전축에 연결된 발전기가 전기를 생산하며, 터빈을 회전시킨 수증기는 응축기에 의해 다시 액화되어 태양열 집열장치에 보내지는 순환이 이루어진다.

보통은 지표에 도달하는 태양열로는 물체를 고온으로 가열할 수 없다. 대기권 표면에서 태양 상수는 약 $1,367\,W/m^2$이나 지표면에 도달한 복사에너지가 대기권에서 상쇄되면서 약 $1,000\,W/m^2$가 된다. 그러나 넓은 면적에 비치는 태양열을 좁은 면적에 집중하면 고온을 얻을 수 있어 평판형 집열기 대신 구유형, 접시형, 여러 개의 평판형 반사거울(heliostat)을 사용하여 태양열을 한 곳에 집중시키는 타워형 등의 형태로 집열하여 발전에 적합한 온도를 만든다.

2 발전용 집열기의 종류

태양열발전용 집열기는 구유형, 접시형, 타워형이 사용되고 있으며, 최근 전력생산의 시범화가 이루어지고 있다.

10 대표적인 외연기관으로, 1816년 로버트 스털링(Robert Stirling)에 의해 증기기관을 대체하기 위해 개발되었다. 모든 종류의 열을 쉽게 이용할 수 있으며, 일반적으로 수소를 700℃까지 가열하여 이용한다. 자세한 내용은 4.3.3절을 참고하라.

구유형

구유형 집열기(Parabolic Trough Concentrator, PTC)는 태양열을 30~60배 정도 집중시킬 수 있고 반사경의 초점에 위치한 관 내부에 흐르는 유체를 약 400℃ 정도로 가열할 수 있다. 최근에는 구유형을 이용하여 태양열발전을 혼합한 ISCCS(Integrated Solar Combined Cycle System) 형태의 발전 플랜트로 기존 발전의 발전량을 높이는 연구와 작동 유체 대신 물을 직접 순환시켜 증기를 발생시키는 DSG(Direct Steam Generation) 플랜트 개발, 그리고 용융염(molten salt)을 작동 유체로 사용하여 구유형의 저장 성능과 가동률을 높이기 위한 연구 등이 진행되고 있다.

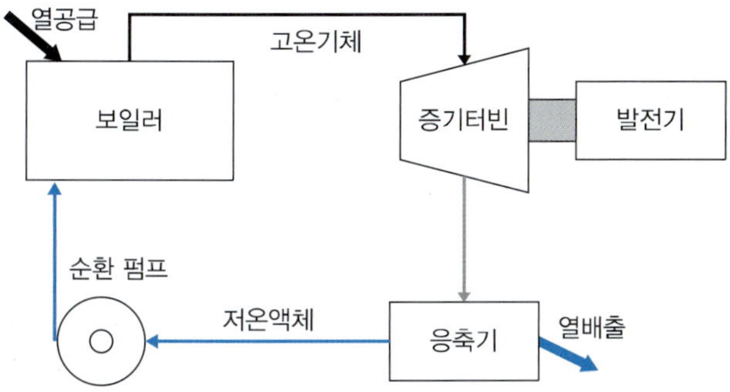

[그림 4-13] 열원을 이용한 전력생산시스템

접시형

접시형 집열기(Parabolic Dish Concentrator, PDC)는 태양열 집광도가 높아 고온의 에너지를 얻을 수 있어서 전체 발전효율이 약 30%에 이르는 높은 효율을 갖는다. 또한 발전시스템 자체가 인터넷을 통해 원격으로 조정 및 작동될 수 있어 소규모로 부가적인 부대시설 없이 독립적으로 설치할 수 있으므로 장소와 면적에 구애받지 않는다는 장점이 있다. 접시형은 1대의 규모가 크지 않기 때문에 여러 대의 소규모 발전설비를 그룹으로 설치하여 원격으로 조정하고 필요에 따라서 발전용량을 키울 수도 있다.

접시형 태양열발전설비의 특성은 스털링엔진이라는 고효율 발전설비의 공로에 의한 바가 크다. 이 시스템의 최고 효율은 반사경에 입사된 총 태양에너지와 발생한 전기에너지의 비로 계산된 31.25%로 알려져 있다. 스털링엔진과 같은 열에너지 변환장치로는 구유형과 타워형 발전시스템에 증기터빈과 함께 사용하는 랭킨 사이클(Rankine cycle), 우주용 발전시스템에 쓰이는 브레이튼 사이클(Brayton cycle)이 있다.

타워형

타워형 태양열발전시스템(Central Receiver System, CRS)은 거울과 같은 반사경을 높은 타워 주변에 배치하여 타워의 가열부에 태양열을 집중하도록 만들어진 형태로, 태양의 고도와 위치에 따라 반사경의 지향각을 제어하여 상시로 고온의 집중된 태양열을 모을 수 있도록 한다.

타워형을 이용한 태양열발전 연구에서는 복합발전의 효율을 높이기 위해 800 ~ 1000℃ 의 고온의 공기를 작동 유체로 활용하여 가스터빈을 구동하고 가스터빈의 출구 폐열을 이용하여 증기터빈을 구동하는 방식에 대한 연구를 하고 있다. 또한 구유형에서 연구 중인 것과 유사하게 용융염을 작동 유체로 활용하여 발전효율 및 열저장 능력을 향상시키고 가동율을 높이기 위한 연구도 수행되고 있다.

용융염을 이용하는 방식은 전기를 저장하는 어려움을 해결하고 열 활용효율을 높이기 위한 연구이다. 즉 태양열을 저장하고 필요시 이용하여 발전기를 구동하는 방식으로, 소금이나 암모니아를 가열하여 열을 저장하는 방식이다.

즉 고온 열저장소에 저장된 고체상태의 소금을 가열하여 액체상태로 변환시켜서 약 50% 의 소금을 저장하였다가 밤이나 흐린 날에 발전에 사용하는 것이다. 가열된 소금은 열교환기에서 물을 가열하여 수증기를 발생시키며, 수증기는 터빈과 발전기를 회전시켜 전기를 생산한다.

선형 프레넬형

집광과 집열의 효율을 높이기 위한 방법 중 하나로, 프레넬(Fresnel) 렌즈를 이용하여 집열판을 구성한 것이다. 거울을 길게 이어 붙인 듯한 형태인 선형 프레넬 반사장치(Linear Fresnel reflector, LFR) 시스템을 이용한다.

LRF 시스템은 소형 타워에 장착된 집열장치에 열 초점을 생성하기 위해 태양의 이동에 따라 평평하거나 약간 구부러진 긴 거울들을 길게 세운 줄을 한 축에서 움직여 태양광선을 집열장치에 반사시킨다. 렌즈에 의한 집열과 태양의 이동을 추적하여 따라가며 초점을 유지하는 기능 등이 있어 중형 태양광발전에 유리하고 손실이 적다는 장점이 있으나 프레넬 렌즈를 구성하고 태양을 따라 동작하는 장치 등을 구성하는 것이 비교적 복잡하고 고가여서 최근까지는 선호되지 않았다.

[표 4-4] 태양열발전 방식의 분류

종류	구유형	타워형	접시형	선형 프레넬
특징	• 50MW 이상급 대규모 상업 발전에 활용 • 기술 개발 포화, 상용화 보급단계	• 120MW급 대규모 상업 발전에 활용 • 기술 개발 진행, 상용화 초기단계	• 25kW급 스털링 발전에 활용 • 개발 완료, 상용화 추진	• 3MW급 증기터빈 발전에 활용 • 개발 완료, 상용화 진입
	• 효율 : 최대 27% • 가동율 : 최대 50% • 열저장 가능	• 효율 : 최대 27% • 가동율 : 최대 50% • 열저장 가능	• 효율 : 최대 30% • 가동율 : 최대 22% • 열저장 불가능	• 효율 : 최대 22% • 가동율 : 최대 30% • 열저장 가능

3 태양광발전시스템 사이클

태양열집열기에서 모아진 열에너지를 전기에너지로 변환하는 열기관은 외부의 열을 이용하는 열기관인 외연기관(external combustion engine)의 형태이다.

기관 내에서 연소까지 이뤄지는 내연기관과는 달리 외부에 설치된 연소장치에서 연료를 연소시켜 얻은 열에너지로 매개물질을 가열하고 가열된 물질의 기화 혹은 팽창으로 발생한 압력으로 기계를 작동시키는 기관을 외연기관이라고 한다. 증기기관이 대표적인 예시이며, 매개물질로 물을 사용한다.

외연기관과 같은 원리를 적용하여 외부의 연소열 대신 다양한 방식의 태양열 집중을 통한 고온의 열을 이용하는 태양열발전시스템의 사이클로는 다음의 세 방식이 사용되고 있다.

- **랭킨 사이클**(Rankine cycle) : 구유형과 타워형 발전시스템에 증기터빈과 함께 사용
- **브레이튼 사이클**(Brayton cycle) : 우주용 발전시스템에 사용
- **스털링 사이클**(Stirling cycle) : 접시형 집열기의 초점부에 설치되는 스털링엔진에 사용

랭킨 사이클

증기 사이클로 화력발전소의 보일러에서 수증기를 만들고 이 고온 및 고압의 수증기를 통해 터빈을 회전시켜 전기를 발전하는 과정에 사용하는 방식을 랭킨 사이클이라고 한다.

태양열발전에서는 연료 대신 태양열로 물을 가열하여 [그림 4-15]의 순환 과정을 통해 전력을 생산한다. 즉 고온 및 고압의 수증기를 생산하고 이 수증기가 터빈에 들어가서 터빈을 회전시켜 전기를 생산하게 한다. 이후 터빈에서 나온 수증기는 응축기에서 열을 방출하여 액체상태가 된다. 액체상태로 변한 수증기는 다시 펌프를 통해 보일러에 보내져 수증기로 변환된다.

작동 유체로 물 대신 톨루엔(toluene) 같은 유기물을 사용하는 유기물 랭킨 사이클(organic Rankine cycle)도 있다. 이 사이클은 랭킨 사이클과 작동하는 방법은 같으나 톨루엔의 기화온도가 낮아 저온에서 사용하기 유리하다.

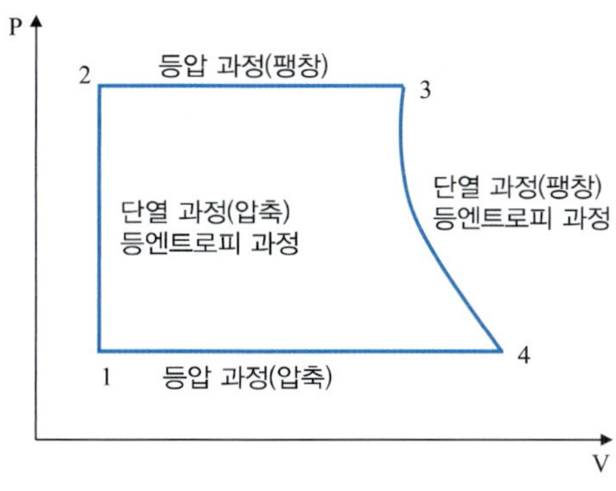

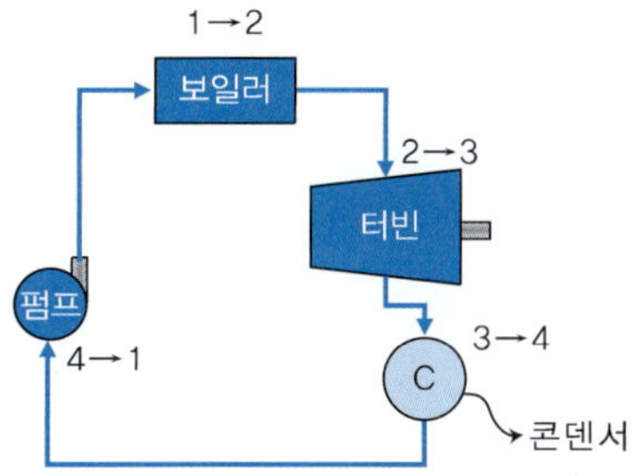

[그림 4-14] 랭킨 사이클 순환 과정

브레이튼 사이클

브레이튼 사이클은 가스터빈의 기본 사이클로, 기체를 압축기에서 단열 압축한 뒤 연소기로 보내 가열하여 팽창시키고 압력에 의해 회전하는 터빈이 열을 방출하여 초기온도로 돌아가는 이상적인 기체 순환 과정이다. 이 사이클의 열역학적 과정은 다음과 같다.

★ 브레이튼 사이클의 열역학적 과정 ★

등엔트로피 압축(⓪ ~ ③) → 등압 가열(③ ~ ④) → 등엔트로피 팽창(④ ~ ⑧) → 등압 방출(⑧ ~ ⓪)

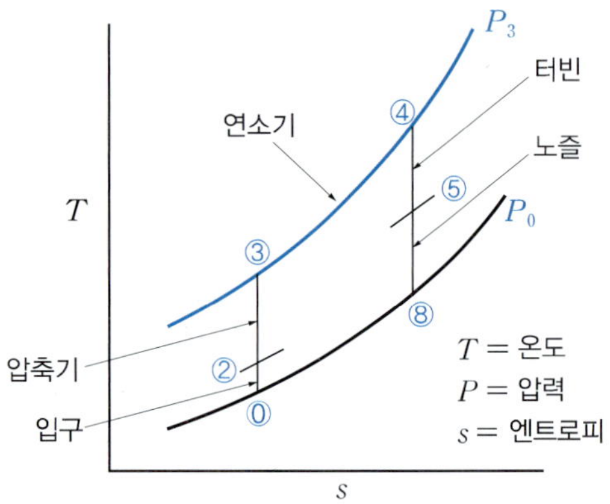

[그림 4-15] 이상적인 브레이튼 사이클 T-s 선도[11]

브레이튼 사이클은 가스를 계속 순환하는 형태와 사용된 가스를 외부로 배출하는 형태에 따라 폐쇄형과 개방형으로 구분된다.

- **폐쇄형** : 가스가 시스템 내부에서 계속 순환되면서 사용된다.
- **개방형** : 사용된 가스를 외부로 방출하고 새로운 가스를 사용된다.

태양열 브레이튼 열기관은 연소기의 연료 연소열 대신 태양열을 이용하여 공기나 가스를 연소실에서 가열한다. 따라서 연소가 없으므로 열매체의 상태변화 없이 고온 및 고압의 가스가 된다. 이 고압가스는 터빈에 들어가서 터빈을 회전시키는 에너지원이 된다.

스털링 사이클

스털링엔진은 1816년에 로버트 스털링(Robert Stirling)이 발명하여 많은 발전을 이룬 대표적인 태양열발전용 열기관이다. 작동 유체로 헬륨이나 수소를 사용하며, 이 작동 유체를 태양열을 이용하여 가열하면 가열된 가스가 팽창하면서 피스톤을 밀어 움직이게 한다. 스털링엔진의 대표적인 형태로는 피스톤에 축이 연결된 알파엔진과 피스톤에 축이 연결되지 않은 베타엔진이 있다.

11 Nasa Glenn Research center

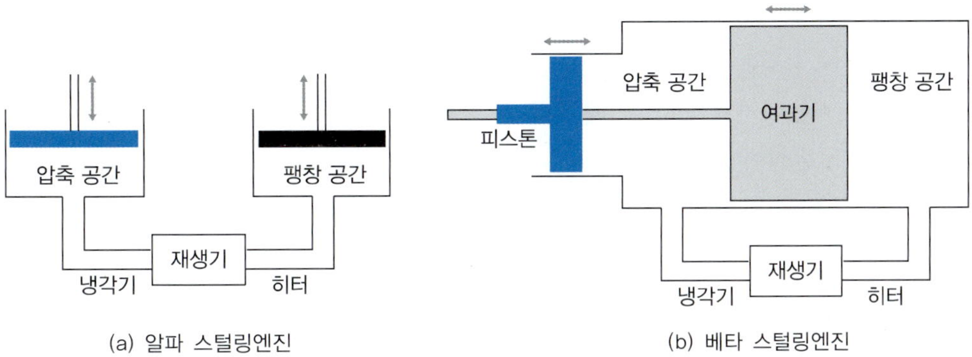

[그림 4-16] 알파 스털링엔진과 베타 스털링엔진

피스톤에 축이 연결되지 않은 베타엔진의 경우 피스톤이 왕복운동을 하면서 바로 전기를 발생시키는 발전기 역할도 수행 가능하다. 스털링엔진은 보통 접시형 발전시스템에 많이 사용하며, 기름뿐만 아니라 바이오연료 등의 다양한 연료, 태양열, 온천수의 열 등 다양한 열원에서 열을 얻어서 사용하기도 한다.

스털링엔진은 장치 내부에 열교환기의 일종인 재생기(regenerator)를 사용하여 고온가스의 열의 일부를 저장했다가 다시 이용하는 과정을 거치며 열효율이 높아진다는 장점을 가지고 있다. 재생기는 금속철망과 같은 구조물이 여러 겹 겹쳐진 형태로, 고온의 가스가 통과하면 온도가 낮은 재생기에 열을 전달하고 저온의 가스가 통과하면 재생기에 저장된 열을 받아 가스가 가열되도록 한다. 등온압축 과정에서 고온의 가스는 열을 재생기에 저장하면서 냉각되며 오른쪽 실린더로 이동하고, 정적가열 과정에서는 작동 유체가 오른쪽 실린더에서 왼쪽으로 이동하면서 재생기에 저장된 열을 받아서 가열된다.

4 태양굴뚝을 이용한 발전

태양열과 굴뚝을 이용한 공기대류와 순환 방식은 고대 중동에서부터 로마와 유럽에 이르기까지 다층의 건물을 건축하면서 많이 쓰이던 방식이다. 근래에는 건축뿐만 아니라 태양열을 이용하는 또 다른 방식으로도 주목받고 있다.

태양굴뚝(solar updraft tower)은 태양열과 풍력발전이 혼합된 개념으로, 외부에서 가운데 발전소인 굴뚝 하부까지 도달하는 공기 이동용 실내 공간이 온실처럼 된 넓은 비닐하우스를 갖추고 있다. 태양굴뚝은 솔라침니(Solar Chimney) 혹은 써멀침니(Thermal Chimney)로도 불리며, 수집한 태양열을 직접 난방이나 전력생산에 이용하는 방식이 아닌, 다른 종류의 물리적 힘을 이끌어 내어 사용하는 수동적(passive) 태양에너지 방식에 의해 수집된 열로 공기를 대류시켜 일으킨 바람으로 건물의 자연환기를 촉진하는 방법이다.

태양굴뚝발전은 굴뚝효과(stack effect)[12]를 이용하여 풍력발전을 하는 것으로, 먼저 지상에 유리온실을 지은 뒤 온실 중앙에 굴뚝을 세운다. 태양열을 받아 온실 내부 공기가 데워지면 이 뜨거운 공기는 굴뚝을 통해 밖으로 빠져나가게 된다. 이때 굴뚝 통로에 풍력터빈을 설치해 밖으로 빠져나가는 바람의 힘으로 발전한다. 온실이 클수록, 그리고 굴뚝이 높을수록 바람은 강해진다. 온실 내 공기 온도가 60 ~ 70℃ 에 이르고 굴뚝 높이가 수백 미터에 이르면 바람의 세기는 태풍만큼이나 강해진다.

단순하게 태양굴뚝은 건물의 굴뚝효과로 인해 발생하는 자연환기를 더욱 강화하여 이용하는 방법으로, 태양에너지를 이용하여 열에너지를 수증기를 만드는 액체의 상변화에 사용하여 터빈과 발전기를 통해 전력으로 바꾼 수평적 에너지 흐름이 아니라 열에너지를 기체의 밀도변화로 역학적 변환하는 과정인 수직적 변환이라고 볼 수 있다.

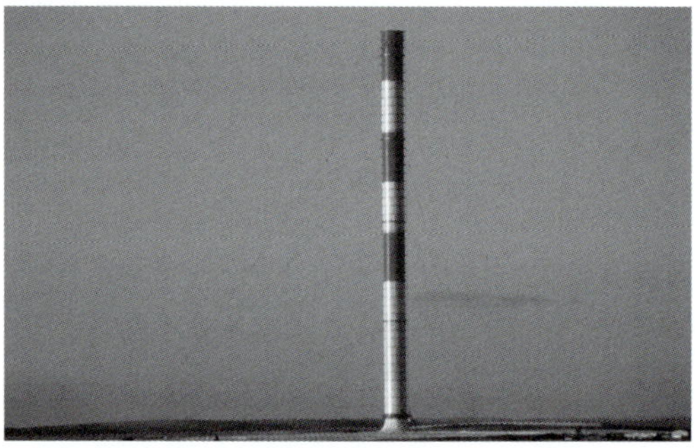

(a) 스페인 마드리드 인근의 태양굴뚝(높이 : 194.6m)

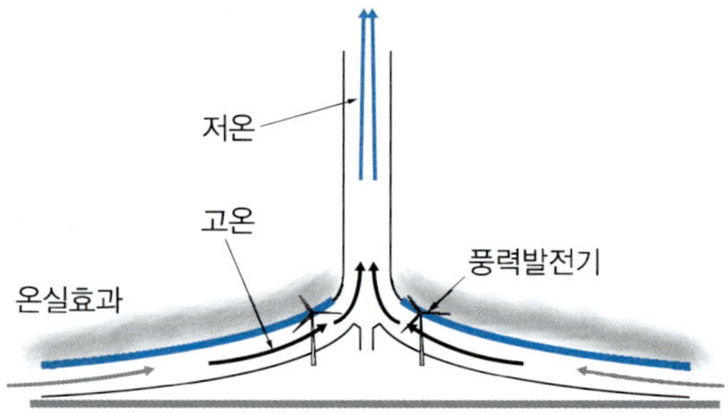

(b) 태양굴뚝의 구조

[그림 4-17] 태양굴뚝의 모양과 구조

1980년대 태양굴뚝에 대한 기술적인 개념이 등장하여 일부 국가에서 소형 태양굴뚝 발전소를 세우고 온실에서 농사를 지으며 태양굴뚝 발전을 시도했으나 효율이 떨어져 실용화되지는 못했다. 실제로 1981년 건설된 50 kW 의 프로토타입은 스페인의 시우다드레알(Ciudad Real) 지역에서 건설되어 1989년 해체에 이르기까지 8년 동안만 운영되었다.

최근 재료의 성능 개선과 기술의 발달로 발전기 등의 전력생산장치들의 효율이 개선되면서 전력생산설비를 구성하는 방식으로 태양굴뚝이 관심을 받고 있다. 또한 도심에서 열섬현상 등을 이용하여 태양굴뚝과 미세먼지 저감을 위한 방식으로 환경기후 문제와 융합하는 기술도 제안하고 있다. 상업적으로는 솔라이노베이션(Solar Innovation) 등의 기업에서 건축물에 적용하는 방식으로 공기순환을 위한 방법과 에너지 저감방법으로 주목하면서 개발과 개선 작업에 지속적으로 투자하고 있다.

12 건축물 내부 온도가 외부보다 높을 때 내부의 공기가 올라가는 현상으로, 아궁이에 불을 때면 연기가 굴뚝으로 빠져나가는 원리와 같다.

5 우리나라의 태양열발전 현황

결론적으로 우리나라의 기후는 태양열을 집중시켜 전기를 생산하기에는 효율적인 측면에서 아직 기술적인 장벽이 매우 높다. 그 이유로는 기후적인 요인이 매우 크다.

사계절이 뚜렷한 우리나라의 기후와 환경은 여름 한 철을 제외하고 기온이 크게 높지 않아 집열된 열의 손실이 크며, 습도가 높을 때는 수증기에 의한 흡수와 산란의 영향이 커져서 전력생산에 있어 정격 출력을 얻을 수 있는 날이 많지 않다. 그러나 그렇다고 해서 태양열발전기술 개발을 등한시할 수는 없다. 따라서 기술적으로 태양 추적식 반사판 등의 집열기술과 앞서 언급한 열순환 사이클엔진 등의 기술을 통해 효율이 높고 기후의 영향을 덜 받는 에너지 변환장치의 개발이 절실하다.

이러한 기술 개발의 일환으로 대구 지역에 타워형 태양열발전시스템 프로젝트가 시행되었다. 해당 프로젝트는 2008년부터 산업통상자원부와 대구광역시의 지원하에 대구광역시 북구 서변동(북대구 IC 인근)의 20,300 m^2의 부지 위에 60 m 높이의 타워형 태양열발전소를 국내 최초로 건립하고 고효율 친환경 에너지를 생산 및 공급하는 사업으로, 약 3년간 총 116.5억을 투입하여 국내 최초로 50 m 높이의 200 kW급 타워형 태양열발전시스템을 설계, 건설했다. 이렇게 건설된 타워형 태양열발전시스템은 450개의 태양추적 반사판을 통해 태양열을 한 곳으로 집열함으로써 700 ~ 1000℃ 에 이르는 열을 얻어 13%의 발전효율을 갖는 발전 사이클을 통해 전기를 생산하는 설비를 구축하였다.

추가적인 사례도 함께 살펴보자. 우리나라와 위도가 동일하고 유사한 계절과 환경 조건을 가지고 있어 중요한 기술적 사례 연구가 되는 일본 니오 시의 태양열발전 파일럿 플랜트가 있다. 염전부지에 설치된, 태양추적 판사판형의 정격 1 MW 의(타워 집광형과 곡면 집광형) 두 종류의 태양열발전 파일럿 플랜트는 1980년에 건설되어 실증 시험이 실시되었다. 이 파일럿 플랜트에 의한 실증 시험은 정격 출력이 얻어지는 날이 조금밖에 없었기 때문에 일본의 기후가 당시의 기술로는 태양열발전에 바람직하지 않다는 것을 확인하게 되어 철거되었다. 다만 에너지 생산에 있어 지구과학적 한계를 기술적으로 이해하는 기회가 되었다.

CHAPTER
04 연습문제

4.1 빈칸에 들어갈 내용을 올바르게 나열한 것을 고르시오.

> 태양에너지는 다양한 파장을 갖는 복합파장 복사에너지이다. 약 400 ~ 800 nm 사이의 파장을 갖는 가시광선을 중심으로 800 nm 이상을 (　　)라고 하며, 1,500 nm 이하는 (　　), 1,500 nm 이상 5,600 nm 이하는 (　　)라고 한다.

① 적외선, 자외선, 가시광선
② 자외선, 적외선, 근적외선
③ 적외선, 근적외선, 중적외선
④ 적외선, 근적외선, 원적외선

4.2 [그림 4-1]의 태양에너지의 파장별 크기 스펙트럼 그래프에 대한 설명으로 옳지 않은 것을 고르시오.

① AM1.5를 기준으로 지표에 도달하는 태양복사에너지를 표시한 것이다.
② 800 nm 이상의 파장을 갖는 적외선 영역이 비교적 넓다.
③ 주파수 대역별 빛의 세기를 표시한 그래프이다.
④ 자외선과 가시광 파장의 에너지 크기가 적외선 영역보다 크다.

4.3 열에너지의 이동을 설명하기 위한 예시로 옳은 것을 고르시오.

① 뜨거운 밥을 뜨거운 국에 말면 열이 합해져 더 뜨겁다.
② 태양열 온수기로 온도가 42℃가 된 물에 68℃의 물을 더해 100℃가 넘는 물을 만든다.
③ 더위에 정류장 주변이 시원하도록 얼음덩어리를 두어 냉기를 발산하게 하였다.
④ 추운 마당에 뜨거운 찻잔을 내놓았더니 차의 열이 빠져나갔다.

4.4 칼로리(cal)와 줄(J)에 대한 설명으로 옳지 않은 것을 고르시오.

① 칼로리의 최초 정의는 1기압에서 물 1 g의 온도를 1℃ 올릴 때 드는 에너지의 양이다.
② 1 cal는 대략 4.2 J로 정의한다.
③ J(줄)은 J = N · m = W · s로 정의하며, 일과 에너지의 단위이다.
④ 열은 열을 갖는 매개체의 흐름이다. 따라서 물질이 정체되면 열도 고이게 된다.

4.5 8.2 J/kg ℃ 의 비열을 갖는 물질 20 kg 이 상온(24℃)에서 주변과 열평형을 이루고 있을 때 주변과 단열상태로 80℃ 가 되기 위해 필요한 열량은 얼마인지 계산하시오.

① 20× 103× 8.2× (80 − 24) J
② 20× 8.2× (80 − 24) J
③ 20× 103× 8.2× 80 J
④ 20× 8.2× 80 J

4.6 다음의 설명 중 옳지 않은 것을 고르시오.

① 비열이 클수록 물질 1 kg 의 온도를 1℃ 높이는 데 필요한 열에너지의 양이 커진다.
② 고기를 익힐 때 큰 조각이든 작은 조각이든 익는 시간은 동일하다.
③ 물질 전체의 온도를 1℃ 높이는 데 필요한 열에너지의 양을 열용량이라고 한다.
④ 물질 전체를 ΔT℃ 높이는 데 필요한 열에너지의 양을 열량이라고 한다.

4.7 전도의 특성에 대해 설명한 것으로 옳지 않은 것을 고르시오.

① 전도란 매개하는 고체물질의 온도차를 이용하여 이동하는 것이다.
② 접촉에 의해 열이 이동한다.
③ 물질의 특성에 상관 없이 온도차에 따라 전도의 정도에 차이가 있다.
④ 손실 없이 열이 전달되는 효율 높은 전도 재료가 있다.

4.8 대류에 대한 설명으로 옳지 않은 것을 고르시오.

① 열대류는 유체의 움직임에 의한 열이동현상이다.
② 유체의 움직임은 밀도의 차이에 의해 발생하며, 이러한 밀도는 질량과 부피의 관계이다.
③ 질량은 온도에 따라 팽창 수축하는 샤를의 법칙에 따라 변한다.
④ 온도(T)에 따른 부피(V)변화도 물질마다 다른 특성(k)을 갖는다.

4.9 빈칸에 들어갈 내용을 올바르게 나열한 것을 고르시오.

온도의 고저에 따라 이동하는 열에너지의 특성은 (　　)이/가 넓고 두 온도점 (　　)이/가 짧으면 크거나 빠른 변화가 생긴다. 단위시간당 열량의 변화를 통해 이러한 특성을 정의할 수 있는데, 이를 (　　)라고 한다.

① 단면적, 거리, 열전도도
② 거리, 단면적, 열전도도
③ 단면적, 거리, 열복사도
④ 거리, 단면적, 열복사도

4.10 실외 온도가 4℃ 인 겨울날 두께가 0.004 m 이고 면적이 3.3 m^2 인 벽면을 이룬 유리의 열전도도가 0.81 W/mK 이다. 유리벽 안쪽 온도인 18℃ 를 유지하기 위해 필요한 단위시간당(1초) 에너지를 계산하시오.

① $0.81 \times \dfrac{3.3}{0.004} \times (18-4)$ ② $0.81 \times \dfrac{3.3}{0.004} \times (18+4)$

③ $0.81 \times \dfrac{3.3}{4} \times (18+4)$ ④ $0.81 \times \dfrac{3.3}{4} \times (18-4)$

4.11 [연습문제 4.10]에서 유리를 0.1 m 의 간격으로 두 겹으로 설치했을 때 단위시간당 에너지를 계산하시오(공기의 열전도도는 0.026 W/mK 이다).

① $\left(0.81 \times \dfrac{3.3}{0.004} + 0.026 \times \dfrac{3.3}{0.1} + 0.81 \times \dfrac{3.3}{0.004}\right) \times (18+4)$

② $\left(0.81 \times \dfrac{3.3}{0.004} + 0.026 \times \dfrac{3.3}{0.1} + 0.81 \times \dfrac{3.3}{0.004}\right) \times (18-4)$

③ $\left(0.81 \times \dfrac{3.3}{0.004} + 0.026 \times \dfrac{3.3}{0.1}\right) \times (18-4)$

④ $\left(0.81 \times \dfrac{3.3}{0.004} + 0.026 \times \dfrac{3.3}{0.1}\right) \times (18+4)$

4.12 [연습문제 4.11]에서 유리를 0.1 m 의 간격으로 두 겹으로 설치했을 때의 단위시간당 에너지를 계산한 식을 이용하여 총 열저항 값을 계산하시오(공기의 열전도도는 0.026 W/mK 이다).

① $\dfrac{0.004}{0.81 \times 3.3} - \dfrac{0.1}{0.026 \times 3.3} - \dfrac{0.004}{0.81 \times 3.3}$ ② $\dfrac{0.004 \times 3.3}{0.81} + \dfrac{0.1 \times 3.3}{0.026} + \dfrac{0.004 \times 3.3}{0.81}$

③ $\dfrac{0.004}{0.81} + \dfrac{0.1}{0.026} + \dfrac{0.004}{0.81}$ ④ $\dfrac{0.004}{0.81 \times 3.3} + \dfrac{0.1}{0.026 \times 3.3} + \dfrac{0.004}{0.81 \times 3.3}$

4.13 건축자재는 난방과 냉방의 효율을 높이는 보온과 보냉을 위한 단열 기능을 포함한다. 이와 관련된 설명으로 옳지 않은 것을 고르시오.

① 대부분의 실내 가구나 벽지는 낮에 복사에너지를 저장하고 밤에 열에너지를 방출하는 축열과 방열장치 역할을 한다.

② 유리창을 이용하여 바깥 경관을 조망할 수 있을 뿐만 아니라 복사, 전도, 대류를 활용하여 열을 전달하거나 막을 수 있다.

③ 유리는 적외선 투과를 막는 특성이 있어 단열효과가 있고 유리를 통해 투과된 단파장의 에너지들이 실내에서 흡수된다.

④ 유리를 투과하여 흡수된 빛은 물질복사 시 단파장의 에너지를 복사하여 실내 온도를 상승시킬 수 있다.

4.14 다음은 건축에 열에너지를 이용하는 사례이다. 각 설명과 일치하는 건축 사례를 고르시오.

Ⓐ 축열벽체 시공방법	Ⓑ 트롬브 벽	Ⓒ 광선반	Ⓓ 온실난

① 밀폐된 공간에 유리로 된 벽과 단열재와 비슷한 형태와 재질의 축열재를 사용하여 주간의 햇빛으로 공기와 축열재를 데워서 축열재와 공기에 열을 축적하였다가 해가 진 후 저장된 열, 즉 축열에 의해 난방을 하는 방법

② 유리창이나 유리문을 이용해 투과된 햇빛의 열을 비교적 좁은 공간에 설치한 축열벽체를 이용해 저장하고 반대편의 실내에 공기온도에 따른 밀도차를 이용해 대류에 의한 순환으로 실내온도를 일정하게 유지하는 방법

4.15 다음의 설명 중 옳지 않은 것을 고르시오.

① 일평균 외기온도를 18℃ 에서 뺀 값을 부호에 따라 온도를 합산한 값을 냉난방도일이라고 한다.

② 냉난방도일은 난방설계 및 에너지 수급정책 결정 시 사용되는 산업기상지수 중 에너지지수의 하나로 사용되고 있다.

③ 냉난방도일의 단위는 일 수이다.

④ 에너지지수에는 에너지에 영향을 주는 기상으로 인한 에너지 소비 정도를 판단하는 데 도움을 주고자 개발된 난방에너지와 냉방에너지가 있다.

4.16 집열장치를 이용한 난방기를 통해 열에너지를 이용하는 과정으로 옳은 것을 고르시오.

① 집열기 → 물순환 → 열생산 → 물탱크에 저장 → 열에너지 교환

② 집열기 → 열생산 → 물순환 → 물탱크에 저장 → 열에너지 교환

③ 집열기 → 열생산 → 물순환 → 열에너지 교환 → 물탱크에 저장

④ 집열기 → 물순환 → 열생산 → 열에너지 교환 → 물탱크에 저장

4.17 태양열난방장치의 집열 과정에 대한 설명으로 옳지 않은 것을 고르시오.

① 집열 시 태양복사에너지는 직달일사량 중 가시광 영역인 800 nm 파장을 주로 사용한다.

② 태양복사에너지의 열에너지로 난방수를 데운다.

③ 집열기는 태양복사에너지를 최대로 흡수하고 내부 열이 잘 방출될 수 있는 구조로 만든다.

④ 데워진 난방수는 100℃ 이하의 에너지 복사로, 파장은 8,000 nm 의 적외선 영역이다.

4.18 키르히호프의 법칙에서 복사에너지의 파장에 대한 설명으로 옳지 않은 것을 고르시오.

① 복사에너지에 대한 키르히호프의 법칙은 동일 파장의 경우 표면 흡수율과 방사율이 같음을 의미한다.
② 냉동 작업에 필요한 장치는 장파장에너지의 표면 흡수율을 낮출 수 있는 재질을 사용해야 한다.
③ 집열기는 파장에 상관 없이 흡수율이 같은 재질을 사용해야 한다.
④ 난방에 필요한 장치는 적외선 흡수율을 높일 수 있는 재질을 사용해야 한다.

4.19 빈칸에 들어갈 내용을 올바르게 나열한 것을 고르시오.

> 설비형 태양열시스템은 태양열 집열장치를 이용하여 태양복사에너지를 열에너지로 변환하여 직접 이용하거나 별도의 축열장치에 저장하였다가 필요시 사용하는 시스템이다. 시스템은 일반적으로 태양열을 집열하는 (　　), 집열된 열을 저장할 수 있는 (　　), 태양열이 없거나 부족할 경우 열을 공급하는 (　　), 이용부, 그리고 이를 총괄적으로 제어하는 (　　)로 구성된다.

① 집열기, 축열조, 보조열원장치, 제어장치
② 집열기, 보조열원장치, 축열조, 제어장치
③ 집열기, 축열조, 제어장치, 보조열원장치
④ 집열기, 보조열원장치, 제어장치, 축열조

4.20 일반적으로 집열기의 열성능은 실험적으로 구해지며, 성능곡선은 효율식 $\eta = \eta_o - \alpha_1 \dfrac{T_i - T_a}{G_T}$로 표시된다. 이 식에 대한 설명으로 옳지 않은 것을 고르시오.

① η_o와 α_1은 각각 성능곡선에서 y축과의 교점과 곡선의 기울기로, 각각 열손실이 없을 때의 집열효율(집열기 최고효율)과 집열기의 열손실계수를 의미한다.
② η_o는 집열기의 투과 흡수율에 의해서 결정되는 값, α_1은 집열기의 열손실율과 관련된 값이다.
③ η_o 값은 크고, α_1 값은 작을수록 성능이 좋은 집열기이며, α_1 값이 작을수록 높은 온도를 얻을 수 있는 집열기라고 볼 수 있다.
④ 집열기는 열손실과는 무관하게 투과체와 흡수판의 흡수율이 성능에 절대적인 영향을 미친다.

4.21 평판형 집열기의 형태가 아닌 것을 고르시오.

① 평판형　　② 진공관형
③ 브라운관형　　④ 히트파이프 진공관형

4.22 다음은 어떤 장치에 대한 설명인지 고르시오.

> 열전달의 효율을 높이고 건물의 구조에 의존하지 않으면서도 축적된 태양열을 사용할 수 있는 방법으로, 물을 데워 유통시키는 것이 효율적이다. 집열판의 열이 수관에 전달되고 수관 내부의 물이 충분히 데워질 수 있도록 수관의 길이나 구조를 이용한다. 장시간 물이 머물 수 있도록 만들어 수관 안의 물을 건물 내부의 난방용 파이프에 연결하거나 급수시설에 연결하여 온수로 사용하는 것이 편리하다.

① 물가열식 집열판　② 공기가열식 집열판
③ 진공튜브형 집열판　④ 히트파이프 진공관형

4.23 다음은 어떤 방식에 대한 설명인지 고르시오.

> 물을 적극적으로 순환시키고 수압을 높여 유속을 증가시키기 위해 순환용 펌프를 추가적으로 사용하는 방식이다. 펌프를 이용하여 수압을 높이고 유속을 증가시키면 침전물이 집열판 내 배관 파이프 내부에 쌓이는 것을 막을 수 있고 온수 등을 이용하는 급수시설에 연결하여 사용할 때 불편함을 덜 수 있다.

① 자연순환 방식　② 펌프 강제순환 방식
③ 열교환 온수 간접 가열 방식　④ 축열조 열교환 방식

4.24 부동액을 통해 집열판의 열을 순환시키고 열교환기를 통해 건물 내부 장치의 용수에 열을 전달하게 하는 구성 방식을 고르시오.

① 온수 간접 가열 방식
② 열교환 온수 간접 가열 방식
③ 온수 직접 가열 방식
④ 열교환 온수 직접 가열 방식

4.25 태양열집열기의 종류로 옳지 않은 것을 고르시오.

① 평판형　② 구유형　③ 쟁반형　④ 타워형

4.26 다음은 집열판에 따른 네 종류의 태양열 발전 방식이다. 알파벳과 설명이 옳게 연결된 것을 고르시오.

종류	(A)	(B)	(C)	(D)
특징	• 50MW 이상급 대규모 상업 발전에 활용 • 기술 개발 포화, 상용화 보급단계	• 120MW급 대규모 상업발전에 활용 • 기술 개발 진행, 상용화 초기단계	• 25kW급 스털링 발전에 활용 • 개발 완료, 상용화 추진	• 3MW급 증기터빈 발전에 활용 • 개발 완료, 상용화 진입
	• 효율 : 최대 27% • 가동율 : 최대 50% • 열저장 가능	• 효율 : 최대 27% • 가동율 : 최대 50% • 열저장 가능	• 효율 : 최대 30% • 가동율 : 최대 22% • 열저장 불가능	• 효율 : 최대 22% • 가동율 : 최대 30% • 열저장 가능

① A – 구유형　　② C – 타워형
③ D – 접시형　　④ B – 선형 프레넬형

4.27 빈칸에 들어갈 내용을 올바르게 나열한 것을 고르시오.

> 태양열발전을 위해 사용되는 세 가지 열기관에서 (　　　)은 구유형과 타워형 발전시스템에 증기터빈과 함께 사용되며, (　　　)은 우주용 발전시스템에 사용된다. 마지막으로 (　　　)은 접시형 집열기의 초점부에 설치되는 스털링엔진에 사용된다.

① 랭킨 사이클, 브레이튼 사이클, 스털링 사이클
② 랭킨 사이클, 스털링 사이클, 브레이튼 사이클
③ 브레이튼 사이클, 랭킨 사이클, 스털링 사이클
④ 스털링 사이클, 브레이튼 사이클, 랭킨 사이클

CHAPTER

05

태양광에너지

빛을 전기로 바꿀 수 있다는 것을 이해한 것은 20세기 과학과 공학기술의 성과 중 하나이다. 빛의 성질을 이해하는 인류의 노력은 뉴턴이 주장한 입자설과 호이겐스의 실험으로 밝혀진 파동설로부터 시작하여 광전현상의 발견과 이해로 이어지는 과학의 발달을 이끌었다. 우주 개발시대 초기의 집중적 노력과 투자, 그리고 석유파동을 통해 나타난 화석연료 사용에 대한 반성과 기후변화 및 환경오염을 방지하려는 노력으로 현재의 기술에 도달하게 된 것이다.

CONTENTS

SECTION
5.1 채광

집광은 렌즈를 이용하여 빛을 모으는 것이다. 건축에서는 주간에 햇빛을 이용하여 실내조명으로 사용하면서 외기를 차단하는 다양한 방법을 시도하고 있다.

Keywords | 자연채광 | 광덕트 | 광튜브 | HAVC |

1 자연채광 방식

태양광을 이용한 여러 방법 중에 가장 오래된 방법은 창문으로 넘어 들어오는 햇빛을 이용하여 실내조명으로 사용하는 것이다. 창문의 크기와 위치, 형태에 따라 채광방법은 다양하며, 건축의 미학적인 부분에도 많은 기여를 해 왔다.

특히 유리창은 아주 오랜 역사를 지닌 채광법으로, 필요에 따라 여닫이나 미닫이 형태의 틀을 활용하거나 색을 입히거나 투명도를 다르게 하는 등의 방법으로 채광의 효과를 다양하게 연출하면서도 매우 훌륭한 미술적 가치를 지니기도 하였다.

근래에는 전기사정이 좋지 않아 주간에 전등을 사용하기 어려운 지역이나 국가에서는 광프리즘 역할을 하는 투명한 플라스틱 음료병에 투명한 물을 채워 지붕에 꽂아두고 집광하여 실내에서 자연채광을 하는 방식이 보급 중이다. 이러한 방식의 경우 빛의 밝기도 매우 밝고 무엇보다 비용이 매우 저렴하며, 스스로 만들어서 사용할 수 있는(DIY) 방식이라 큰 호응을 얻고 있다고 한다. 이처럼 햇빛을 활용하여 조명의 역할을 대신하는 것을 자연채광 방식이라고 한다.

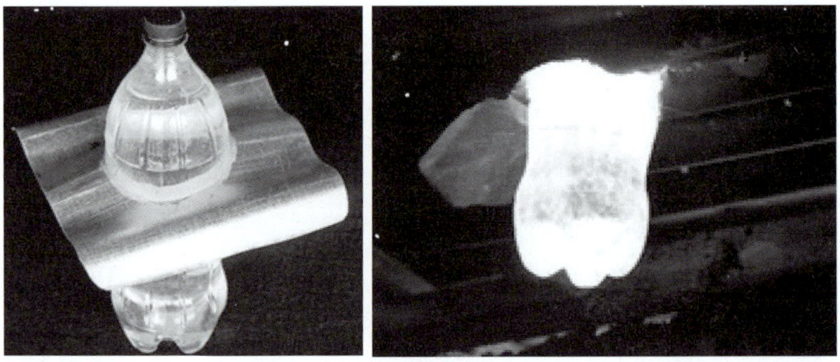

[그림 5-1] 태양광을 이용한 적정기술인 햇빛물병

2 내부조명 방식

자연채광을 이용하면 인공조명에 비해 생리적 이점과 정신적 이점이 있다. 이렇게 외부의 빛을 모아주는 채광장치를 설치할 때는 빛을 차단하는 외부 차광장치를 고려하기도 한다.

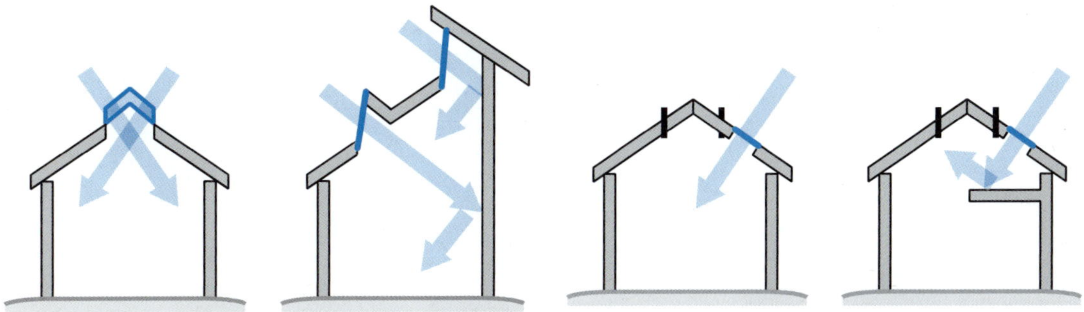

(a) 천창 방식 (b) 내부조명 방식

[그림 5-2] 상부채광창을 이용한 자연채광 천창 방식과 햇빛선반을 이용한 내부조명 방식

채광장치로는 들쭉날쭉한 지붕, 광선반(햇빛선반), 천공광, 광튜브(solar tube), 광덕트(light duct) 등이 있다. 이러한 채광장치들은 기존의 구조물에 추가할 수도 있지만 건축 설계 시 열의 흐름이나 눈부심, 이용시간 등을 고려하여 설치하면 더 효과적이다.

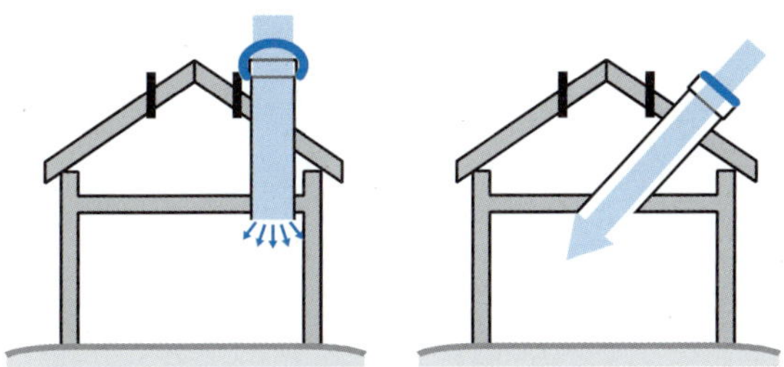

(a) 광덕트 (b) 광튜브

[그림 5-3] 광덕트와 광튜브를 이용한 내부조명 방식

직접적으로 창을 통해 들어온 빛은 조명의 역할도 하지만 난방의 역할도 한다. 유리로 온실을 만드는 방법이나 잘 차폐되고 밀폐된 실내에 채광된 빛을 통해 공기를 데워서 오랜 시간 동안 유지하는 방법, 좁은 공간에 채광을 유도하여 데워진 공기를 실내로 유입하는 방식 등으로 자연스러운 난방효과를 얻을 수 있다.

최근의 에너지절약형 건축물 등은 실내 인공조명을 줄이고 외부로부터의 채광을 늘려 자연채광을 높이는 추세이다. 실제로 기존의 창문 사용과 더불어 빛이 굴절과 투영 등의 방식으로 채광될 수 있도록 하는 '집광형 채광장치' 혹은 '광덕트 시스템'이라고 불리는 장치들이 개발되어 사용되고 있다.

앞서 4장에서 태양에너지를 이용하는 방법 중 태양열을 이용하기 위해 빛을 모아 열에너지를 높이는 집광형 태양열에너지 집열장치를 소개한 바 있다. 더불어 트롬브 벽이나 축열벽체 등의 건축자재 형태의 집열 방식에서 유리창을 이용하여 투과된 빛을 이용하는 집열 방식도 소개하였다. 이러한 것들과 이 절에서 다룬 집광형 채광장치는 열에너지를 이용하는 것과 빛에너지를 이용한다는 차이가 있다.

(a) 광덕트 외관　　(b) 실내에서의 광덕트 조명　　(c) 광덕트 단면

[그림 5-4] 빛의 굴절과 반사의 성질을 이용하는 광덕트

많은 건물들이 자연채광과 심미적 목적으로 유리나 거울, 프리즘을 이용하여 태양빛을 모아 실내에서 사용하는 사례가 최근 많아지고 있다. 작게는 지붕에 광덕트를 설치하는 것부터 크게는 건축 시 지하에서의 자연채광을 위해 빛 수집장치와 반사경에 의한 자연광 이동로를 구성하는 경우도 있다.

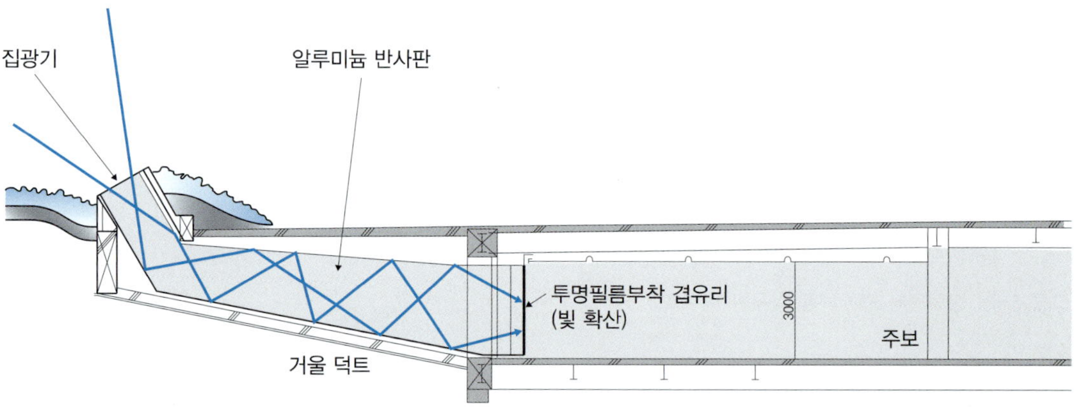

[그림 5-5] 일본 도요타 본사 건물에 적용된 광덕트 구조물의 단면도

이러한 채광시스템들은 햇빛을 모아 분배하여 인테리어로 활용할 수 있는 조명을 제공한다. 이러한 시스템들은 직접적으로는 인공조명의 역할을 하며, 간접적으로는 공기정화기술(Heating, Ventilation, Air Conditioning, HVAC[1])의 필요성을 줄여준다.

또한 태양을 따라다니는 초점 거울을 사용하여 햇빛을 모아 광섬유를 사용하여 빛을 건물 안쪽으로 보내는 장치인 하이브리드 태양채광(Hybrid Solar Lightning, HSL)시스템은 햇빛으로 조명을 제공하는 능동식 채광 방식이다. HSL 시스템은 전통적인 채광을 보충할 수 있어 채광이 필요한 곳에 활용된다.

Note 에너지로서의 태양광

태양광을 조명이 아닌 에너지로 사용하는 사례를 찾는 것은 매우 쉽다. 광합성이 대표적인 예이다. 이 장에서는 태양광을 1차에너지로 하고 전기에너지를 2차에너지 형태로 하는, 즉 태양광으로부터 전기를 발생시키는 **태양광발전**(solar photovoltaic power generation)에 초점을 맞추고자 한다.

태양광발전은 태양광을 직접 전기로 변환시키는 발전 방식으로, 빛으로부터 전기를 생산하는 원리와 발전시스템의 구성요소를 이해하는 것이 필요하다. 태양광발전시스템은 발전기에 해당하는 태양전지 모듈(여러 모듈의 집합체인 어레이), 전력저장 기능이 있는 축전장치, 태양전지에서 발전한 직류를 교류로 변환하는 전력변환장치인 PCS(Power Conditioning System), 시스템 제어 및 모니터링, 그리고 부하로 구성되어 있다.

1 난방, 통풍, 공기조화를 말한다. 실내 및 자동차 환경의 안락을 위해 쓰이는 기술로, HVAC 시스템 설계는 열역학과, 유체역학, 열전달에 기초하며, 주요 기계공학의 한 분야로 되어 있다. HVAC는 초고층 건물을 비롯한 중대형 산업과 오피스 건물의 설계, 수족관 같은 해양환경에 중요하다. 안전과 건강한 건물의 조건은 실외의 신선한 공기를 이용한 온도와 습도와 관련하여 제어되기 때문이다.

SECTION 5.2

태양전지의 역사

태양에너지 전부를 전기에너지로 바꾼다면 순간적으로 엄청난 에너지를 얻게 될 것이다. 그러나 빛을 전기로 바꾸는 효율은 매우 낮아 계속적인 개선을 통해 효율을 높이고 있다.

Keywords | 광전지 | 셀 효율 | 실리콘 | 단결정 · 다결정 | 염료감응형 |

1 최초의 태양전지

19세기 초 빛이라고 부르는 광자(photon)에 의해 전자가 움직여 전기가 일어나는(voltaic) 광전지(photovoltaic)현상이 발견되었다. 이후 19세기 말미인 1883년이 되어서야 찰스 프리츠(Charles Fritts)에 의해 반도체 성질을 가진 원자인 셀레늄(selenium)에 극미세 금층을 코팅하는 방식으로 접합(junctions)된 최초의 태양전지가 탄생했다. 이때 만들어진 태양전지의 효율은 1%였다. 1946년에는 러셀 올(Russel Ohl)이 빛 감지장치(light sensitive device)로 특허를 받았다. 이는 카메라의 노출계로 이용되었지만 효율이 낮아 전력을 얻을 목적으로 사용할 수 있는 수준의 것은 아니었다.

근대의 태양전지 관련 기술은 1954년에 들어와서야 미국의 벨 연구소(Bell laboratories)에 의해 실리콘에 불순물(이물질)을 도핑하여 빛에 대한 민감도를 높이는 기술로 나타났다. 벨 연구소의 대릴 채핀(Daryl Chapin), 캘빈 풀러(Calvin Fuller), 제럴드 피어슨(Gerald Pearson)에 의해 단결정 실리콘을 이용한 형태를 시작으로 후속 연구로 6%의 효율을 가진 실제적인 태양전지가 생산되기 시작했다.

2 태양전지 이용의 시작

미국과 소련 간 우주 개발 경쟁이 한창이던 1957년 10월 소련이 미국보다 먼저 최초의 인공위성인 스푸트니크 1호를 우주 공간에 쏘아 올리는 데 성공했다. 이에 미국은 서둘러 인공위성 개발에 나섰고 1958년 3월에 세계 네 번째 인공위성인 뱅가드 1호를 발사하는 데 성공했다. 이 발사 과정에서 미국은 뱅가드호의 전원공급장치로 태양전지를 최초로 실용화하였다.

태양전지에 대한 본격적인 연구는 1970년대 오일쇼크(oil shock) 이후 태양전지의 연구 개발에 대한 투자의 확대로 이루어졌다. 일본에서는 1974년에 에너지부(NEDO)가 주관한 대체에너지 개발 계획인 선샤인 계획이 시작되었는데, 그 당시 선샤인 계획에서 다루어진 태양에너지의 연구 개발은 태양열발전 중심이었다. 태양전지를 사용한 태양광발전은 소자의 가격이 너무 비싸 현실적이지 않다는 생각이 있었기 때문이다. 현재는 연구 개발 계획에서 확장한 보급 위주의 새로운 계획인 뉴선샤인 계획으로 탈바꿈을 하고 있다.

동시기인 1970년대 중반 무렵, 미국에서도 에너지부(DOE)의 주도하에 태양전지를 지상에서도 사용하기 위한 대규모 정부 프로젝트가 시작되었으며, 많은 벤처 기업이 해당 프로젝트에 참가하였다. 이 연구에서는 원래는 우주용 셀로 기술 개발이 되고 있던 것을 지상용으로 전환하는 연구가 진행되었는데, 우주와 지상은 환경이 상당히 달라 안전의 신뢰성 외에도 지상의 대기가 변화하며, 중력권에서 요구되는 성능도 다르다는 문제가 있었다. 따라서 우주용 태양전지를 지상에서 사용하기 위해 1970년대 중반부터 다양한 기술이 시도되었다.

3 태양전지 상용화의 시작

1980년대 초까지는 집광형시스템과 다양한 소재로 태양전지를 만드는 시도를 하였다. 따라서 대부분의 태양전지 종류는 1980년대에 제안된 기술이라 해도 과언이 아니다. 즉 현재 태양전지 개발의 토대가 된 재질적 연구의 대부분은 1980년대에 시작되었다고 할 수 있다. 우주가 아닌 지상에서 실용적으로 사용할 수 있는 실리콘 결정질계의 단결정과 다결정이 그것이다.

1980～2000년까지 다양한 종류의 태양전지 재료들이 시험되었으며, 아직도 여러 종류의 전지제작법과 재료들을 시험하고 있다. 화합물 반도체를 사용하는 것은 효율은 좋지만 자원의 희소성으로 인해 화합물의 원재료를 쉽게 구할 수 없어 경제적 제약이 심하다. 반면 실리콘 반도체는 구매가 용이하여 경제적 경쟁력이 우수하다. 따라서 그 시대 기술의 성숙도와 장래성을 추측하여 어떤 재료를 사용할지를 판단하여야 한다. [표 5-1]은 「2022 신재생에너지백서」에서 제시한 다양한 태양전지 재료이다.

[표 5-1] 상용화된 태양광기술의 효율 현황

종류	실리콘계			화합물계			유기계		유/무기계
	결정계		박막계	CICS계	CdTe계	집광계	염료감응	유기박막	페로브스카이트
	단결정	다결정							
셀 효율(%)	～23	～19	～9	～19	～19	～38	～12	～19	25.7
단계	실용화	실용화	실용화	실용화	실용화	연구중	연구중	연구중	연구중

국내의 경우 태양광 분야 기술 개발의 시작이 늦고 산업 분야에 대한 투자가 미진하였으나 2000년대에 유행처럼 번진 태양광사업의 여파로 기술적, 산업적 진보가 두드러지고 있다. 2019년 국내 신재생에너지 제조업의 약 10조 7천억 원의 매출액 중 57%에 해당하는 6.1조 원을 태양광 분야가 차지하였으며, 수출액도 전체 3조 5천억 원 중 태양광이 3조 원으로 87%의 비중을 나타내었다. 즉 기업체수, 고용인원, 수출액 등에서도 태양광 분야가 신재생에너지원 중 압도적인 비중을 차지하고 있다.

이러한 태양광 사업의 성장 저해요소는 중국과의 가격경쟁인데, 중국 대비 원가경쟁력을 갖추기 위한 연구 개발과 실증 개발 혹은 보급과 연계한 시장대응 지원 프로그램 등의 정책 뒷받침이 필요하다. 최근 글로벌 시장 확대와 기술 개발로 인해 태양광 관련 발전단가가 급격히 감소하고 있으며, 석유와 같은 화석연료 발전단가는 상승하는 반면 태양광발전 전력생산 비용은 낮아짐에 따라 서로 가격이 동일해지는 **그리드 패리티**(Grid-parity)를 달성한 국가들도 증가하고 있다.

국제 에너지 기구(IEA)가 발표한 2050년 넷제로 로드맵(Net Zero by 2050)은 "탄소중립을 위해서는 2030년 연간 630 GW 이상의 태양광이 보급되어야 한다"고 보고하고 있다. 이는 2020년 연간 글로벌 태양광 보급량인 140 GW의 4배가 넘는 보급량으로, 이를 달성하기 위해서는 태양에너지 분야에 대한 지속적인 투자 및 지원이 필요함을 의미한다.

4 태양전지 개발의 자취

현재 사용되고 있는 태양전지는 단결정과 다결정 실리콘으로 구성된 태양전지로, 전체 시장의 약 85%를 점유하고 있다. 효율 면에서는 아직 단결정이 우수하지만 값이 싸고 대량생산이 쉬운 다결정 실리콘 전지를 이용한 태양전지 시장의 점유율은 점점 증가하고 있다. 또한 태양전지 수요 시장이 커짐에 따라 가격이 저렴한 실리콘 원료에 대한 기술 개발 연구가 집중되고 있다. 결정질 태양전지의 성능에 대한 설명은 뒤쪽에서 다시 종류와 성질로 구분하여 설명할 것이다.

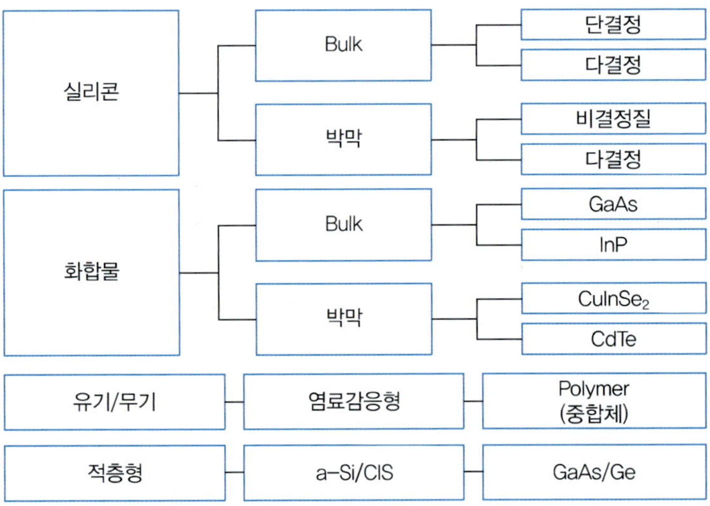

[그림 5-6] 태양전지의 종류[2]

2 GaAs : 갈륨비소화합물, InP : 인화인듐, CdTe : 텔루르화카드뮴, $CuInSe_2$: 구리인듐셀레늄, a-Si/CIS : 비결정질-실리콘, Ge : 게르마늄

이뿐만 아니라 태양전지의 가격을 줄이기 위한 노력으로 기판 위에 바로 얇은 막(박막) 형태로 태양전지를 증착시키는 기술이 계속 연구되고 있는데, 이 중 비결정질 실리콘은 가격이 싸지만 효율이 낮고 광열화가 생기는 등의 문제가 있다.

다중접합 구조의 비결정질 실리콘 태양전지는 이러한 문제를 해결하기 위해 제안된 대안으로, CdTe, $CuInSe_2$계의 화합물 반도체를 소재로 한다. 이를 바탕으로 박막 태양전지의 효율을 높이고 초기 열화현상이 없도록 하는, 비교적 안정적인 태양전지 실용화가 연구 중에 있다. 반면 GaAs, InP 등의 단결정 화합물 태양전지는 효율이 아주 높지만 가격이 매우 비싸서 우주선 등의 전원공급용에만 국한되어 사용되고 있다.

2000년 이후 실리콘 원자재 확보 문제로 인해 태양전지의 단가가 상승하면서 태양전지 개발은 효율 향상뿐만 아니라 원자재를 확보하고 제조 단가를 낮춰야 하는 문제에 직면하게 되었다. 또한 실리콘의 에칭(etching) 기반 공정에서 발생하는 환경오염물질 역시 해결해야 하는 문제로 대두되고 있는데, 이와 같은 문제들을 해결할 수 있는 기술로 **유기 태양전지**[3]가 등장하였다.

5 유기 태양전지 개발과 사용

1986년 이스트만 코닥의 탕(Tang)에 의해 1%의 효율을 갖는 유기 태양전지가 개발된 뒤 꾸준한 연구 개발이 이루어졌으며, 그 결과 현재 유기 반도체 태양전지의 효율은 6~7%에 이르는 수준까지 발전하였다.

염료 감응형 태양전지의 경우 효율이 10% 내외이며, 유기 태양전지의 효율이 아직 실리콘 태양전지에 비해 많이 낮은 것은 사실이다. 그러나 유기 태양전지는 가격 경쟁력과 공정의 유연성, 응용 가능성이 매우 높다는 장점이 있다.

유기 태양전지에 사용되는 유기물의 대부분은 실리콘이나 박막 태양전지에 사용된 무기물에 비해 가격이 월등히 저렴하다. 더구나 염료와 같은 유기물은 대단히 높은 흡광도를 가질 수 있어 수백 나노미터 두께의 박막으로도 원하는 성능의 실현이 가능하다. 또한 유기 태양전지를 제조하는 기술은 상당히 경제적이어서 이 기술을 사용하면 무기 태양전지에 비해 저렴한 태양전지의 제조가 가능하다.

이처럼 유기 태양전지는 기존의 실리콘(단결정, 다결정 및 비결정질), III~V족 화합물 반도체(GaAs, InP 등) 혹은 CdTe, Cu(In, Ga)Se_2 등의 무기물로 이루어진 태양전지와는 달리 유기(고분자) 반도체 혹은 빛에 반응하는 염료와 같은 유기물을 주요 원료로 사용하는 태양전지이다.

3 유기물을 사용한 태양전지로, 염료 감응형 태양전지와 고분자 태양전지로 분류한다. 유기물은 생명체를 구성하는 원소를 지칭한다.

유기 태양전지 중 유기(고분자) 반도체 기반의 태양전지는 양극과 음극 사이에 빛에너지를 전기로 전환하는 활성층이 있는 구조를 가진다. 이 활성층에 빛이 조사되면 전자-정공이 결합한 **엑시톤**(exciton)이 형성된다. 엑시톤이란 전자(electron)와 정공(hole) 같이 전하 혹은 에너지를 전달하는 캐리어(carrier)의 일종이다. 전류가 통하지 않는 고체 절연체에서는 전자가 모두 원자에 강하게 속박되어 자유롭게 이동할 수 없다. 그러나 이 고체가 빛을 쬐면 전자가 빛에너지를 흡수하여 원자에서 튀어나와 고체 안을 돌아다닐 수 있다. 만약 흡수한 에너지가 불충분하면 전자는 원자에서 떨어질 만큼의 충분한 에너지가 없으므로 원자 안에서 높은 에너지 상태로 들뜨게 된다.[4]

이렇게 들뜬 상태의 전자는 주위의 원자에 속박된 전자와 서로 힘을 미치기 때문에 이웃한 전자 중 하나에 에너지를 주고 본래의 상태로 돌아간다. 이런 식으로 전자에 주어진 에너지는 이웃한 원자의 전자들로 전달되며, 이 들뜸현상은 전달된 전자에 의해 원자에서 원자로 전해진다. 즉 전자는 이동하지 않고 들뜸현상만이 마치 자유로운 입자처럼 고체 안을 돌아다닌다. 이러한 들뜸을 **엑시톤** 혹은 **여기자**라고 한다. 이때 엑시톤을 형성하여 전자를 제공할 수 있는 물질을 전자주개(electron donor), 전자를 받아들이는 물질을 전자받개(electron acceptor)라고 한다. 생성된 엑시톤은 전자주개와 전자받개의 경계면에서 전자와 정공으로 분리되며, 각각 전극으로 이동한다.

1990년대 초반부터는 유기염료를 소재로 광합성 원리를 이용한 염료 감응형 태양전지와 전자주개와 전자받개의 특성을 갖는 유기 고분자 태양전지와 같은 유기 태양전지 연구가 진행되고 있다.

유기 고분자 태양전지의 에너지 변환효율은 2003년 2~3% 정도에서 2011년 12%로 매우 급격히 증가하였으며, 이에 따라 연구와 결과물에 대한 기대가 매우 높다. 무엇보다 염료의 특성에 따라 다양한 색과 투명한 모듈을 제작할 수 있다는 장점이 있어 건축물의 소재로 사용될 수 있는 태양광발전 모듈(built in photovoltaic)의 생산 쪽으로 관심이 모아지고 있다. 또한 스위스의 그라첼(Grätzel) 연구 그룹에서 보고한 염료감응 광전기화학 태양전지는 제조 단가가 실리콘의 $\frac{1}{5}$ 수준으로 매우 낮아 가격경쟁력이 우수한 기술로 평가받고 있으며, 현재는 수명이 짧다는 단점을 해결하기 위한 연구가 진행 중이다.

4 '여기(勵氣)시킨다'고 표현하기도 한다.

SECTION
5.3 태양전지의 발전원리

빛에너지가 전기에너지가 되는 과정을 이해하기 위해서는 광자의 개념을 이해하고 PN접합 반도체의 특성까지 다양한 반도체 재료의 물성적인 특성을 이해해야 한다.

Keywords | 태양전지 | 광전효과 | 반도체 | 밴드갭 | 효율 |

빛을 직접 전기로 변환하는 **태양광발전**(photovoltaic, photo = light, voltaic = electricity, PV) 셀은 에너지 변환 중에서 가장 각광받는 분야이다. 특히 태양에너지를 직접 전기로 변환하는 것을 **태양전지**(solar cell)라고 한다.

빛을 전기로 바꿀 수 있는 것은 빛의 근본인 광자(photon)가 갖고 있는 에너지로서의 능력을 이용하여 반도체의 PN접합에 의한 전자와 정공의 밀도차가 갖는 특성을 자극해 기전력을 발생시키는 매커니즘 때문이다. PN접합에 대한 내용은 뒤쪽에서 자세히 살펴볼 것이다.

태양광발전 모듈은 반도체 공정을 통해 구성된 태양전지가 빛에 의해 전자의 흐름인 전류를 발생시키며, 전지의 연결에 따라 전위를 다르게 조절하여 사용할 수 있도록 개발된 발전용 전지이다. 앞선 설명과 같이 태양전지는 반도체의 PN접합에 의한 전기적 특성을 활용한 전력생산장치로, 기본적으로 반도체와 동일한 구조를 갖고 있다.

1 반도체

반도체(semiconductor)는 도체와 부도체의 중간 성질을 갖는 물질로, 조건과 상황에 따라 도체의 성질을 갖거나 부도체의 성질을 갖는다. 이러한 성질을 이용하면 전류가 흐르게 하는 것도, 흐르지 않게 하는 것도 가능하며, 때로는 흐르는 전류의 양을 조절할 수도 있다. 이처럼 흐르는 물의 양을 조절하고 흐름을 막기도 하는 것이 수도꼭지와 닮았다고 할 수 있다. 이러한 반도체의 원리를 이용하여 태양전지를 제작한다.

태양전지를 위한 반도체를 만들기 위해서는 기본 물질인 실리콘이 있어야 한다. 반도체는 상온에서 금속이나 탄소봉과 같은 도체보다 전자를 잘 이동시키지는 못하지만 유리 및 자기 등 부도체(절연체)보다는 비교적 전자를 잘 이동시키는 물질(물체)로, 상온에서 전기저항의 저항률이 도체와 부도체의 중간 정도(약 $10^2 \sim 10^{-4}\ \Omega \cdot cm$)인 물질을 통틀어 말한다.

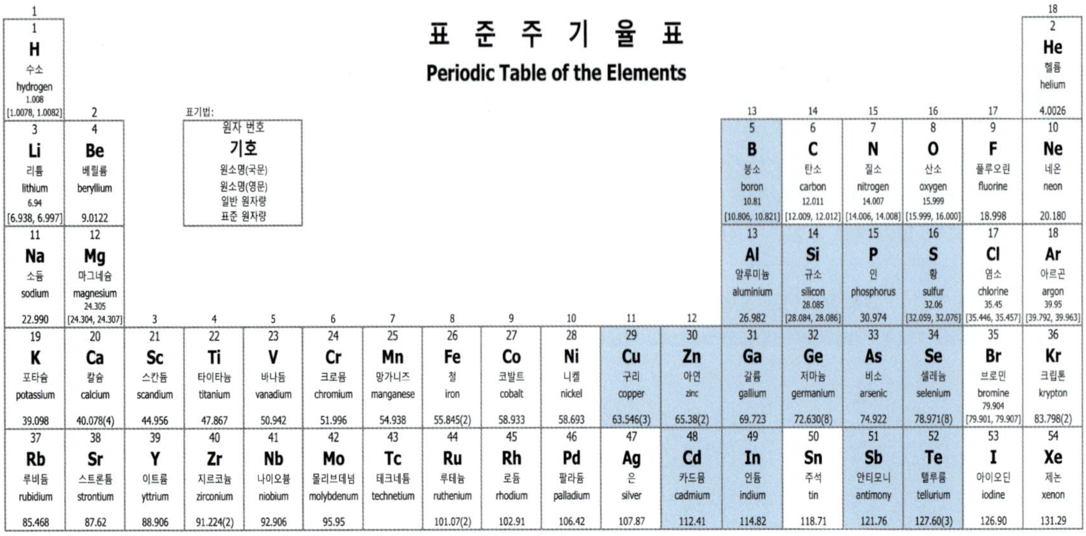

[그림 5-7] 원소 주기율표에서 반도체가 될 수 있는 원소들

반도체는 극저온에서 부도체와 같은 정도로 무한대에 가까운 저항률을 나타내지만(절대온도에서의 전기전도율이 0에 가까워짐) 온도 상승에 따라 저항률이 급격히 낮아지며, 온도변화 외에 불순물의 첨가, 빛 조사 등 외부 요인에 의해 그 전기적 성질이 크게 변하게 된다.

보통의 상태에서 원자번호가 14인 실리콘(규소, Si)은 4개의 최외각전자로 이루어진 분자구조로, 실리콘에는 자유전자가 없어 매우 훌륭한 반도체지만 도핑(dopping)이라는 공정을 통해 실리콘에 불순물을 주입하여 물성치를 변화시켜 전도체가 되도록 한다.

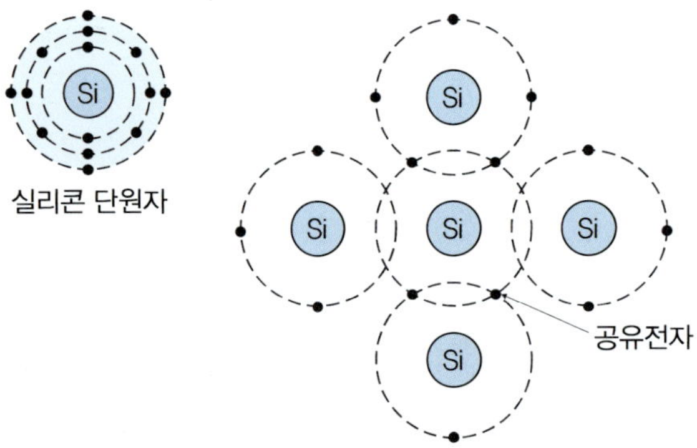

[그림 5-8] 실리콘 원소와 분자결합 구조

원자번호가 31인 갈륨(Ga)은 바깥의 가전자대(valence band)에 3개의 전자를 함유하고 있어 이를 실리콘에 미량 첨가하면 주위에 있는 실리콘과 3개의 전자를 공유하게 되고 도핑한 실리콘은 정상의 실리콘보다 전자 수가 적어서, 즉 **전자가 빠져나가서** P형(양극) 반도체가 된다. 갈륨 외에 붕소(B) 혹은 알루미늄(Al) 등도 P형 반도체를 만들기 위한 첨가제로 이용된다.

원자번호가 33인 비소(As)는 바깥 가전자대에 5개의 전자를 보유하고 있다. 이런 비소를 실리콘에 미량 첨가하면 주위에 있는 실리콘과 4개의 전자를 공유하게 되고 하나는 공유하지 못한 상태가 되어 적은 양의 에너지에도 쉽게 전기를 이송시키는 여분의 전자가 생성된 N형(음극) 반도체가 된다. N형 반도체에는 비소(As) 외에도 안티모니(Sb) 혹은 인(P) 등이 첨가제로 사용된다.

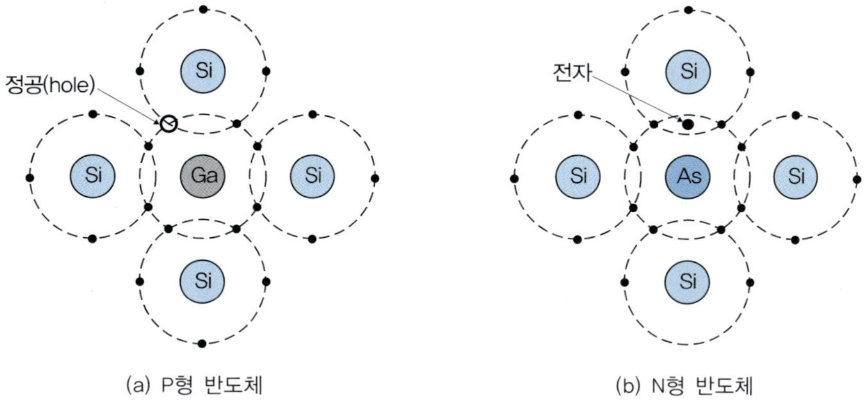

[그림 5-9] P형과 N형 반도체의 원소결합 구조

2 PN접합과 광전효과

전자와 정공

실리콘에 전자가 많도록 불순물을 도핑한 N형 반도체와 전자가 부족하도록, 즉 정공이 많도록 불순물을 도핑한 P형 반도체를 접합한 PN 반도체의 N형 실리콘에 빛이 투사되면 광전효과(photoelectric effect)에 의해 N형과 P형 반도체에 음극과 양극이 각각 발생한다.

광전효과는 광자들의 에너지를 전자들에게 전달한다. 두께가 약 1 μm 인 N형 반도체 안의 전자 중 속박되지 않은 가전자대의 전자들이 광자들의 충돌에 자극을 받아 에너지가 높은 상태로 음극으로 이동하고 상대적으로 약 200 μm 의 P형 반도체 안의 정공들이 양극으로 이동한다. 여기에 전구 등의 부하를 연결하여 전류가 도통될 수 있는 폐회로(closed circuit)를 완성하면 전류가 흐르게 된다. 이때 음극과 양극에 전자와 정공을 각각 모아 전자를 밀어내면서 전자의 흐름인 전류를 만드는 소자, 즉 전자를 펌핑하는 소자가 바로 태양전지이다. 광전효과에 의해 태양전지에서 밀려난 전자는 폐회로를 거쳐 정공이 모여 있는 양극인 P형 반도체로 돌아오는 순환으로 전류의 흐름을 만든다.

광전효과에 의해 전자를 이동하게 하려면 전계가 형성될 수 있는 조건이 있어야 한다. 여기서 전계(electric field)란 전위차 혹은 전하의 농도차로, 이러한 차이가 발생하려면 성질이 다른 두 반도체인 P와 N 반도체의 PN접합(junction)이 필요하다. 이처럼 필요에 의해 실리콘 태양전지는 전기적 성질이 다른 N형 반도체와 P형 반도체를 접합한 구조로, 이때 2개의 반도체를 접합시킨 경계 부분을 PN접합이라고 한다. 이 PN접합에 의해 전계(electric field)가 발생하게 된다.

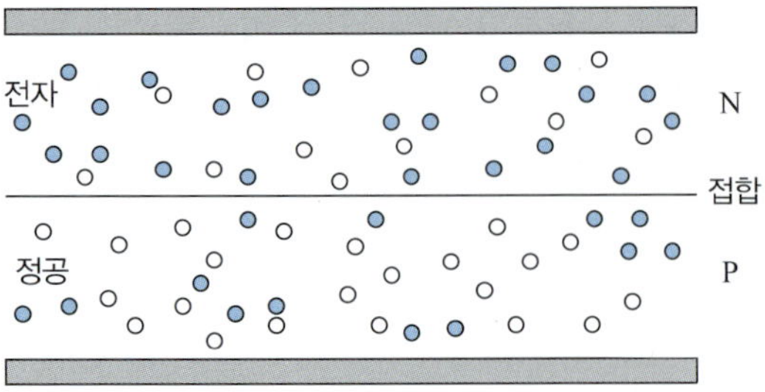

[그림 5-10] 반도체 태양광전지를 이루는 PN접합

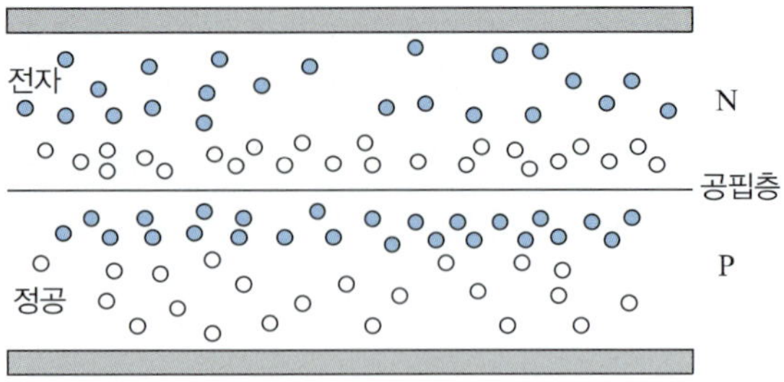

[그림 5-11] PN접합에 의해 구성된 공핍층

PN접합에 의해 전계가 발생한 뒤 충분한 시간이 흐르면 자유전자와 자유정공이 서로 접합면을 넘어가 P형 반도체에는 음의 전자받개 이온이, N형 반도체에는 양의 전자주개 이온이 모여 층을 이룬 공핍 영역(depletion region)이 형성된다. 전계 영역에 공핍층이 형성되고 나면 PN접합한 반도체도 더 이상 전자의 이동 없이 안정화되며, 전기적 성질은 중성이 된다.

광전효과, 전자순환과 회로

태양전지에 닿은 태양빛은 태양전지에 부딪혀 광전효과를 일으킨다. 태양빛이 가지고 있는 광자들의 에너지에 의해 반도체 내에서 정공(+)과 전자(−)의 전기를 갖는 입자가 발생하여 각각 자유롭게 태양전지 내부를 움직이게 되며, 전자(−)는 N형 반도체 쪽으로, 정공(+)은 P형 반도체 쪽으로 모이게 되어 전위가 발생하게 된다. 이렇게 발생한 전위차[5] 때문에 앞면과 뒷면에 붙여 만든 빛가림을 최소화한 전도체 전극에 전구나 모터와 같은 부하(외부회로)를 연결하여 회로를 결선하고 폐회로가 되도록 스위치를 넣으면 전자가 이동할 수 있는 통로가 형성된다.

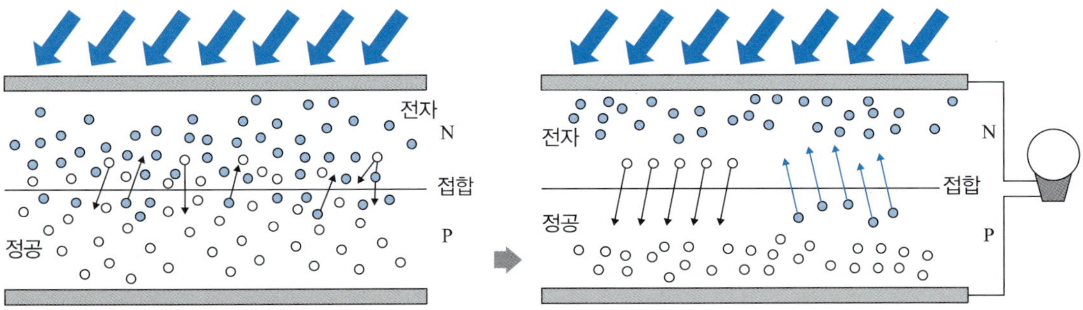

[그림 5-12] 광전효과에 의한 전계효과 시작

이 회로로 만들어진 통로를 통해 태양전지의 음극에서 출발한 전자가 부하를 거쳐 정공이 모여 있는 태양전지의 양극으로 돌아오면 다시 광전효과에 의해 전계가 발생한다. 또한 전자가 음극으로 이동하는 순환이 계속되고 태양전지 외부의 회로에서는 전자의 흐름으로 전류가 흐르게 된다.

5 전위차 = 전압(차) = 기전력 = 전자 흐름(전류) 발생의 원인이다.

빛이 흡수되는 태양전지 앞면의 N형 반도체에는 빛이 반사되지 않고 흡수되도록 반사방지막을 입히는데, 질소와 이온화 경향이 큰 화학원소와의 화합물인 질화물을 실리콘과 결합한 실리콘 질화물(sillicon nitride)인 질화규소(SiN)를 이용하여 코팅한다. 이로 인해 N형 반도체의 표면은 늘 푸른색으로 보인다.

빛에너지에서 전기에너지로의 에너지 변환 메커니즘에서 전기의 흐름(전류)은 결국 전자의 흐름이다. 따라서 전기에너지를 생산하는 것은 전자의 흐름을 유도한다는 의미이다. 태양전지에 빛을 쪼였을 때 전기가 발생하는 반응은 다음의 두 현상이 연속적으로 일어나는 것으로 설명할 수 있다.

- 전자(자유전자)가 발생하는 현상
- 발생한 자유전자를 회로로 유도하는 과정

3 태양전지와 다이오드의 차이

전자의 흐름, 전류

이제 태양전지의 작동원리에 대해 자세히 살펴보자. 물질에 흡수된 빛에너지는 전자를 높은 에너지 상태로 자극하여 들뜨게 한다. 보다 쉽게 설명하자면 [그림 5-13]과 같은 아주 작은 미끄럼틀과 같은 구조를 사용하여 이 들뜬 전자를 외부로 밀어내 만들어낸 전자의 흐름(전류)을 전력으로 이용하는 것이 태양전지이다.

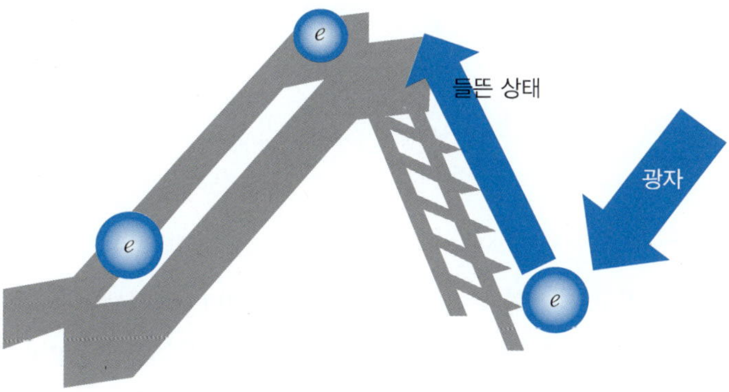

[그림 5-13] 광자에 의한 들뜬 상태 미끄럼틀

이때 미끄럼틀에 해당하는 것이 반도체의 PN접합이다. 일반적으로 PN접합은 교류를 직류로 정류하여 전기의 단방향 흐름을 만드는 정류작용에 사용되는 반도체 소자의 기본 구성이다. 그러나 태양전지의 발전작용과 정류작용에는 큰 차이점이 있다. 바로 흐르는 전류의 방향이 반대라는 것이다.

정류작용은 [그림 5-14]와 같이 경사면으로 되어 있는 곳을 오르기 위해 전압을 가해주는 것이다. 이때 그림의 오른쪽에서 왼쪽으로 이동하는 것은 가능하지만 왼쪽에서 오른쪽으로 이동하는 역방향 이동은 불가능하다. 절벽처럼 수직으로 깎아지른 듯한 형태이기 때문이다.

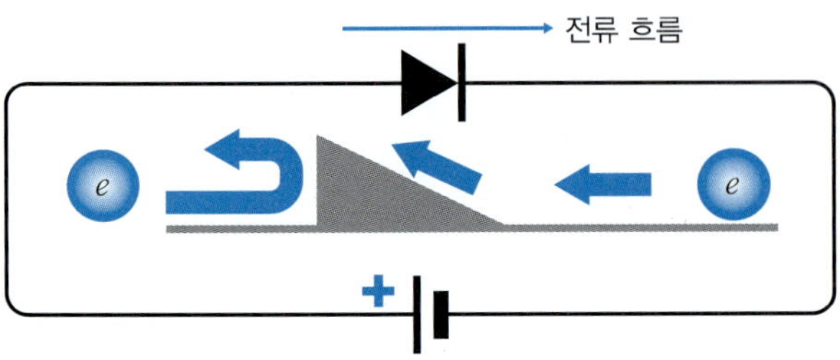

[그림 5-14] 다이오드의 정류작용의 모식도

그러나 태양전지의 발전작용은 빛에너지에 의해 절벽 부분을 수직으로 뛰어오를 수 있게 하므로 뛰어오른 뒤에는 비탈길을 타고 미끄러져 내려갈 수 있다. 즉 정류작용은 외부로부터의 순방향전압에 따라 언덕길을 오르는 방향의 흐름이라면 태양광발전작용은 언덕길을 내려가는 방향의 흐름을 통해 전자의 흐름을 만들어내는 것이다.

여기에서 전자의 흐름과 전류의 흐름이 반대 방향임을 눈여겨봐야 한다. 이는 전자들의 흐름이 전류라는 전기작용을 만들어 낸다는 것을 알지 못했던 19세기에 자기장을 이용한 실험으로 전류의 현상을 해석하는 과정에서 전극의 극을 나누고 전류의 방향을 정하였기 때문에 규정된 오류이다. 그러나 오류임에도 불구하고 여전히 관행적으로 전류를 만드는 전자 및 전류의 흐름의 방향을 반대로 사용하고 있다.

4 빛의 특성과 광전효과

빛의 파장과 광전효과의 개요

태양광이 에너지를 갖고 있고 그 에너지가 전기로 변환될 수 있다는 사실은 1839년 알렉산더 베크렐(Alexander Becquerel)에 의해 처음 발견되었다. 1873년 영국의 윌러비 스미스(Willoughby Smith)는 셀레늄이 광전도성을 가지는 것을 발견하였으며, 하인리히 헤르츠(Heinrich Hertz)에 의해 1887년 빛을 전기로 변환하는 원리가 발견되었다.

초기에 이 현상은 물리학자들에게 별 관심을 끌지 못하였다. 전통적인 물리학에서는 전자의 방출이 비춰지는 빛의 세기에만 의존한다고 생각되었다. 즉 빛의 색깔(파장) 혹은 주파수와는 무관하다고 생각한 것이다. 그러나 어떤 파장에서는 전자가 방출되지 않는다는 사실이 발견되면서 이 현상은 연구자들의 관심을 끌기 시작하였다.

이후 알베르트 아인슈타인(Albert Einstein)이 이러한 현상을 금속 등의 물질이 고유의 특정 파장보다 짧은 파장을 가진, 즉 높은 에너지를 가진 전자기파를 흡수했을 때 전자를 내보내는 현상이라고 설명하였다. 이를 **광전효과**(photoelectric effect)라고 하는데, 이를 설명하기 위해 아인슈타인은 빛이 파동(wave)보다는 작은 입자(photon)와 같이 행동한다는 가정으로 광전효과를 설명하였다.

빛이 물질의 표면에 비춰지면 물질의 원자에 있는 전자는 빛(광자)으로부터 에너지를 받게 되며, 이때 이 에너지가 원자 내에서 전자가 가지는 결합에너지보다 크다면 전자는 원자로부터 분리되어 방출된다. 즉 광자 방출 과정에서 어떤 물질 내의 전자가 다량의 광자에너지를 흡수하면 전자가 방출되며, 광자에너지가 너무 낮으면 전자는 물질을 벗어날 수 없다. 비춰지는 빛의 세기가 커지는 것은 광자의 수가 늘어난다는 뜻이므로 더 많은 수의 전자를 들뜨게 만들지만 각각의 전자가 가지는 에너지를 증가시키지는 않는다.

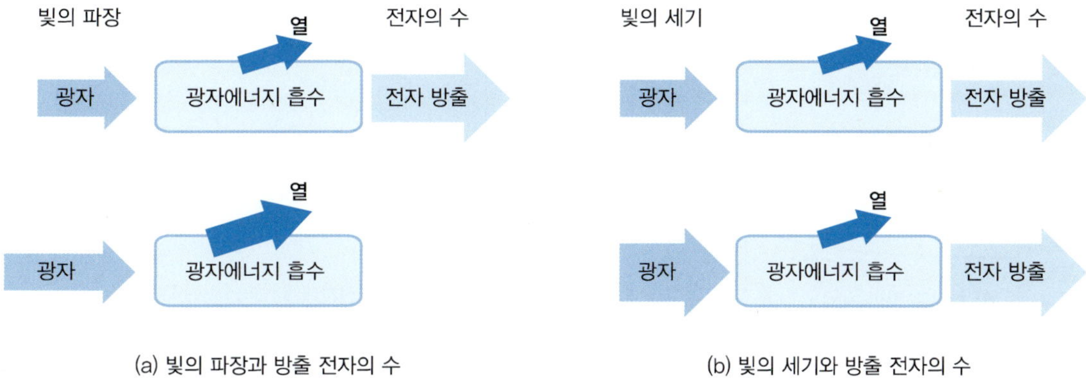

[그림 5-15] 광전효과에 의한 빛과 전자의 관계

방출된 전자의 에너지는 빛의 세기가 아니라 광자의 에너지 혹은 진동수에 영향을 받는다. 한 광자의 모든 에너지는 원자적 결합에서 한 전자를 자유롭게 하는 데 쓰이며, 남은 에너지는 방출된다. 만약 광자에너지가 흡수되면 에너지의 일부는 원자에게서 전자를 떼어내는 데 쓰이고 나머지는 자유입자로서 전자의 운동에너지에 기여한다. 그러나 광자가 반도체 물질 안에 결속된 전자를 튕겨내며 사용한 에너지를 제외한 대부분의 남은 에너지는 열에너지로 사라지게 된다.

태양전지는 주로 반도체 재료를 이용하여 제작된다. 예를 들어 효율(태양광의 에너지를 전기에너지로 바꾸어 주는 전환율)이 20% 이상으로 높아 현재 전체 시장의 95%를 석권하고 있는 실리콘(Si) 태양전지는 실리콘을 이용한 P형 반도체와 N형 반도체를 이용한다.

밴드갭

빛을 받는다고 해서 무조건 전기가 유도되는 것은 아니므로 충분한 양의 전자가 발생하도록 외부 조건을 만족시켜야 한다. 발생하는 전자의 양은 빛의 세기, 즉 일사량의 크기에 따라 달라진다. 일사량의 세기가 강하면 전자의 발생량이 늘어나며, 많은 수의 전자가 이동하면 접합 부분의 전계효과가 커져 기전력이 높아지게 된다. 이때 에너지 경계층을 넘어 전자가 이동하려면 **밴드갭**(band gap)이라고 하는 에너지 문턱을 넘어가야 한다.

[그림 5-16]에서 페르미 준위는 절대온도 0 K 에서 전자들이 가장 낮은 에너지 상태로 존재할 때 전자의 최대 에너지의 크기이다. 페르미 준위는 에너지 상태에 따라 여러 층, 즉 에너지 밴드(energy band)가 존재하며, 전자가 높은 에너지 밴드로 이동하면 이전 에너지 밴드에 정공이라는 빈 에너지 상태가 발생한다. 이때 높은 에너지 밴드를 전자대, 낮은 에너지 밴드를 가전자대라고 한다.

빛이 내리쬐면 광전효과에 의해 단순한 PN접합에서 전지 내부의 낮았던 에너지 준위가 광자를 통한 전자의 유입으로 상승하며, 접합 사이의 에너지 경계층을 넘어 P형 쪽의 전자가 N형 쪽으로 이동하면서 기전력이 발생한다. 이때 전자가 빠져나간 자리에 정공이 발생한다.

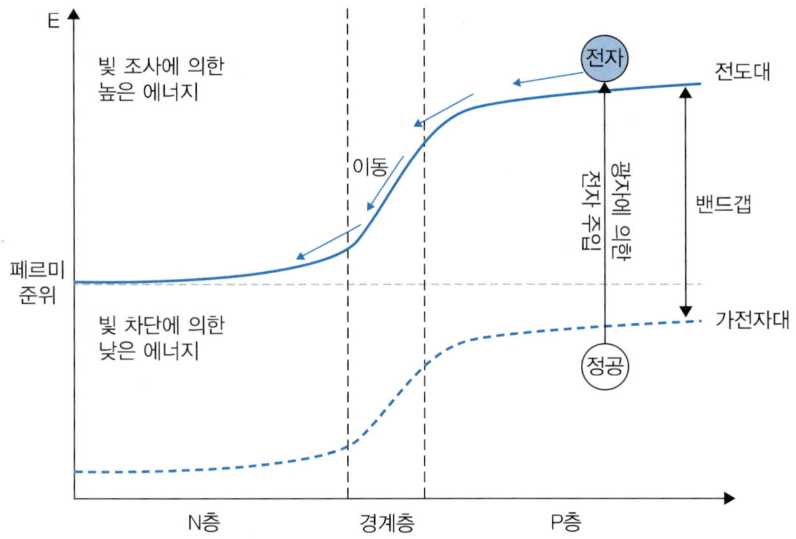

[그림 5-16] PN접합 소자 내 전자의 에너지 준위변화

일반적으로 금속 고체 내부에는 전자가 많이 존재한다. 전자는 원자핵을 둘러싼 궤도 층(shell)에 결합되어 있는 속박전자(bound electron)와 금속 고체 내부를 자유롭게 돌아다닐 수 있는 자유전자(free electron)로 구분되며, 이 중에서 자유전자가 전기의 흐름을 담당하게 된다.

반도체는 대체로 전기가 잘 통하지 않는 물질이다. 즉 자유전자를 많이 갖고 있지 않다. 그러나 반도체에 빛을 비추면 최외각전자껍질을 돌고 있던 속박전자가 빛에너지를 받아서 층을 이탈하여 밖으로 나와 자유전자상태가 된다. 예를 들어 원자번호가 14인 실리콘은 원자핵을 둘러싼 총 3개의 층에 각각 2-8-4개의 전자들이 돌고 있는데, 여기에 빛을 비추면 가장 바깥층에서 돌고 있던 4개의 전자가 자유전자가 된다. 또한 원자번호가 11인 나트륨은 2-8-1의 구조로, 빛을 비추면 1개의 전자가 자유전자가 된다. 실리콘과 유사한 바깥층을 갖는, 원자번호가 32인 게르마늄은 2-8-18-4의 구조이고 나트륨과 유사한 바깥층을 갖는, 원자번호가 29인 구리는 2-8-18-1의 구조이다.

■ 밴드갭과 파장

밴드갭 에너지(band gap energy, E_g)는 가전자대(valence band)와 전도대(conduction band) 사이의 에너지 차이를 지칭한다. 전자가 방출되는 데 필요한 에너지는 광전효과에 의해 광자가 반도체 상의 전자 하나를 튕겨낼 수 있는 세기의 에너지이다. 따라서 광전효과에 의해 전자를 생성하는 에너지의 크기는 밴드갭의 크기와 연관이 있고 밴드갭의 크기, 즉 광전자에너지는 파장과 연관이 있어 에너지와 파장의 관계식을 유도할 수 있다. 관계식과 관련된 요소들은 다음과 같이 정의한다.

$$h\frac{c}{E_g} \geq \lambda$$

- E_g : 밴드갭 에너지
- h : 플랑크 상수
- c : 광속
- λ : 파장

이때 $h\frac{c}{\lambda} \geq E_g$이다. 최대 흡수 파장을 λ_c라고 할 때 다음 식을 유도할 수 있다.

$$\lambda_c \leq h\frac{c}{E_g}$$

이 식으로부터 밴드갭 에너지를 넘어서는 에너지를 갖는 파장의 빛보다 더 짧은 파장의 빛만이 광전효과에 의한 자유전자 생성을 가능하게 한다는 것을 알 수 있다. 이때 밴드갭과 등가인 에너지를 갖는 빛에너지의 파장을 최대 흡수 파장(λ_c)이라고 한다. 이 크기는 밴드갭의 크기, 즉 광전효과를 일으킬 수 있는 빛에너지의 크기를 결정한다.

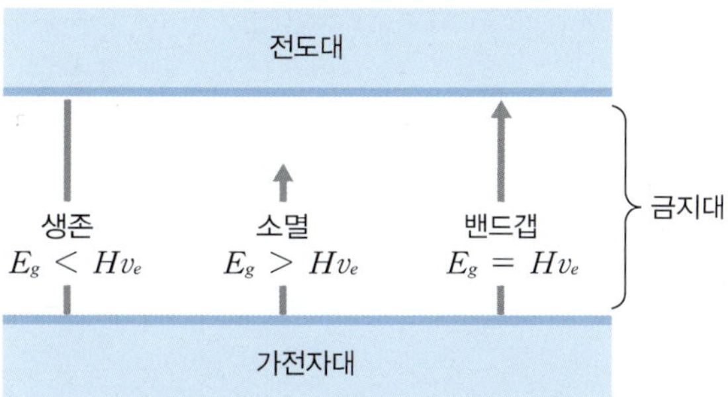

[그림 5-17] 전자의 에너지 그기와 벤드갭

밴드갭은 물질에 따라서 서로 다른 값을 갖는다. 금속은 밴드갭 에너지가 필요하지 않고 반도체는 밴드갭 에너지가 부도체에 비해 상대적으로 작으며, 부도체는 매우 큰 밴드갭을 가지므로 특별한 조건이나 환경을 만들어야만 전자가 속박상태에서 풀려나 자유상태가 될 수 있다. [표 5-2]는 다양한 재료의 밴드갭 에너지와 최대 흡수 파장에 대해 나타낸 것이다. 예를 들어 실리콘의 밴드갭 에너지는 1.12eV[6]이다.

6 원자나 전자 등을 다루는 물리학의 세계에서는 그들의 입자가 갖는 에너지를 나타내는 단위로 전자볼트 혹은 일렉트론볼트(electron volt)라고 불리는 eV를 쓴다. 1eV란 한 개의 전자가 전위차 1V를 통과 하면서 얻거나 잃는 운동에너지이다.

[표 5-2] 재료에 따른 다양한 최대 흡수 파장[7]

원소기호	명칭	밴드갭 에너지(eV)	최대 흡수 파장(λ_c, μm)
Ge	게르마늄(Germanium)	0.68	1.83
GaSb	갈륨안티몬 화합물(Gallium antimonide)	0.68	1.83
Si	실리콘(Silicon)	1.12	1.11
GaInAs	갈륨인듐비소 화합물(Gallium indium arsenide)	1.18	1.05
InP	인듐인 화합물(Indium phosphide)	1.27	0.98
GaAs	갈륨비소(Gallium arsenide)	1.35	0.92
AlSb	알루미늄 안티모나이드(Aluminum antimonide)	1.49	0.833
CdTe	텔루르화 카드뮴(Cadmium telluride)	1.5	0.828
GaInP	갈륨인듐인 화합물(Gallium indium phosphide)	1.7	0.73
ZnTe	텔루르화 아연(Zinc telluride)	2.1	0.591
AlAs	알루미늄비소(Aluminum arsenide)	2.16	0.575
GaP	갈륨인 화합물(Gallium phosphide)	2.24	0.554
GaAsP	갈륨비소인 화합물(Gallium arsenide phosphide)	1.35 ~ 2.24	0.92 ~ 0.554

많은 수의 전자를 자유전자로 만들기 위해, 즉 광전효과를 통해 전자들이 밴드갭을 넘어가 전기를 많이 일으키기 위해서는 최대한 모든 파장의 빛을 흡수할 수 있어야 하므로 반도체의 밴드갭 에너지가 작을수록 유리하다고 생각할 수 있다. 그러나 그렇게 되면 과잉에너지에 의한 발열현상이 발생하게 되고 태양전지의 전기적 성질 중 전압 특성인 개방전압 V_{oc} 도 감소하게 되므로 적정한 밴드갭을 가진 재료가 필요하다. 또한 태양전지의 전기적 성질 중 전류의 특성인 단락전류 I_{sc} 와 연결하여 결정해야 한다. 결국 태양전지의 전기에너지인 전력은 전압과 전류의 곱으로 계산되기 때문이다.

밴드갭과 관련한 효율 문제에서는 열손실을 짚고 가지 않을 수 없다. 태양전지의 열손실은 광자의 과잉에너지로 인해 발생한다. 파장이 짧은 태양광의 광자들은 매우 높은 에너지를 갖고 있는데, 이 에너지들 중 일부만이 광전효과에 기여하며, 남은 에너지는 전자의 주변에 열로 변환되어 흡수된다. 흡수된 열은 대기 중에 발산되며, 대기와의 온도 차가 크면 발산이 빨라져 태양전지의 발열 온도를 빨리 낮출 수 있다.

이때 밴드갭이 작으면 상대적으로 긴 파장의 광자들도 쉽게 광전효과를 일으켜 많은 전자를 만들며, 이로 인해 개방전압이 낮아진다. 그러나 낮은 밴드갭으로 인해 짧은 파장의, 큰 에너지를 갖는 많은 광자들이 광전효과를 일으키고 남은 에너지는 열에너지로 변화한다.

남은 에너지, 즉 과잉에너지의 열변환으로 발열이 생기면 태양전지의 전계현상을 방해하고 전자들의 발생을 저해하는 열에 의한 손실이 커지게 된다. 여름에는 매우 높은 에너지, 즉 짧은 파장의 광자가 상대적으로 많지만 대기 중의 온도가 높아 열변환현상이 쉽게 상쇄되어 열손실이 높아지게 된다.

7 일부 재료(GaP, AlAs, ZnTe)는 태양광의 아주 일부만 전기에너지로 변환하고 나머지는 투과시킨다.

반대로 겨울에는 태양광의 파장이 상대적으로 길어 밴드갭이 높은 태양전지는 광전효과를 일으킬 수 없으며, 전자가 발생하지 않아 전기를 만들 수 없다. 그러나 밴드갭이 낮은 태양전지는 긴 파장이 많은 겨울철 태양광에도 광전효과를 잘 일으키며, 주변 대기온도가 낮아 열손실이 많이 상쇄되어 효율이 올라간다.

5 단결정 실리콘 태양전지의 발전효율 손실 원인

1961년 윌리엄 쇼클리(William Shockley)와 한스 요아힘 크바이저(Hans-Joachim Queissers)는 태양전지의 발전효율에 대한 이론적 한계 계산에 다음의 가정을 도입하였다.

- 도핑에 사용된 재료를 제외하고 태양전지의 재료는 한 가지 물질일 것이다.
- PN접점은 단접점일 것이다.
- 태양에너지는 오목렌즈나 오목거울 등의 특별한 집광기를 사용하여 집중되지 않았을 것이다.
- 모든 태양에너지 중에서 밴드갭 에너지보다 큰 에너지는 모두 열로 변환될 것이다.

이러한 가정하에 쇼클리와 크바이저는 계산된 모든 종류의 태양전지의 이론적 최대효율은 33.7%라는 계산을 발표했다. 그러나 미국의 선파워(SunPower)사가 2012년에 보고한 자료에 따르면 실제 제작된 태양전지의 최고 효율은 24%였으며, 실험실에서 제작된 최고 효율의 태양전지는 호주의 뉴사우스웨일즈(New South Wales) 대학에서 제작된 25% 태양전지라고 한다. 이러한 효율의 변화와 발전은 공정의 발전과 재료의 개발에 따라 진전되고 있으나 아직 이론적 한계와 공학적 한계가 존재함이 자명한 사실로 받아들여지고 있다.

단결정 실리콘 태양전지의 전기생산을 위한 변환효율(발전능력)은 다음 일곱 가지 요인에 의해 손실되어 약 25% 변환효율을 넘지 못하고 있다.

❶ 표면전극에 의한 가림

약 3%의 손실이 표면의 전극 패턴에 의한 가림에 의해 발생한다.

❷ 표면에서의 반사

표면에 무반사 처리를 한 실리콘이라도 3% 정도의 반사가 일어나 1%의 손실이 발생한다.

❸ 밴드갭보다 적은 광자에너지(파장의 불완전 흡수)

빛의 파장이 1.1 μm 이상이면 에너지는 사용되지 못한다. AM1에서 23%의 빛이 여기 해당한다.

❹ 밴드갭보다 큰 광자에너지(단파장에서의 열손실)

밴드갭보다 큰 에너지는 부분적으로 열로 손실될 수 있다. 발열로 인한 손실의 크기는 33%이다.

❺ 전압인자

태양전지는 내부에서 발생한 실제 에너지보다 작은 출력전압을 갖는다. 이러한 이유로 20%의 손실이 발생한다.

⑥ **곡선계수**

전류-전압 특성에 대한 전력 특성의 곡선으로, 최대전압과 전류를 곱한 것과 다른 최대전력을 갖는다.

⑦ **직렬저항 손실**

전극을 통과할 때마다 생기는 저항 성분의 합으로, 다른 손실 요인에 비해 작다.

손실의 대부분은 밴드갭보다 작거나 큰 광자에너지로 인해 발생한다. 밴드갭보다 작은 에너지를 가진 광자는 태양전지를 투과하여 전자를 생성하지 못하며, 밴드갭보다 큰 에너지를 가진 광입자는 전자를 생성하여 전기로 변환하는 데 쓰고 초과된 에너지는 열로 변환한다. 입사된 광자는 에너지의 크기와 관계없이 한 쌍의 전자-정공을 만들며, 나머지 에너지는 전부 열로 변환되어 손실로 작용한다.

6 태양전지 모듈의 구성

일반적인 결정질 실리콘 계열의 태양전지를 직렬로 연결하여 상용전압 형태로 시공을 위해 만든 패널을 태양전지 모듈이라고 한다. 이것은 셀을 고정하는 EVA 시트와 백(back)시트 위에 셀과 전극(리본, ribbon)을 배치하고 그 위에 투명한 EVA 시트를 끼워 강화유리로 덮은 뒤 가장자리를 서스(SUS)[8] 재질의 프레임(frame)으로 고정한 구조이다.

실리콘 계열의 태양전지는 잉곳(ingot)이라는 실리콘 가공물질로부터 웨이퍼(waifer)라는, 얇게 잘라낸 절편을 통해 만들어진다. 잉곳은 결정구조에 따라 단결정과 다결정으로 나뉜다. 즉 결정이 고르게 한 방향을 이루는 단결정과 결정 배치 방향이 다양한 다결정은 잉곳 제조 공정에서 결정되는 것이다.

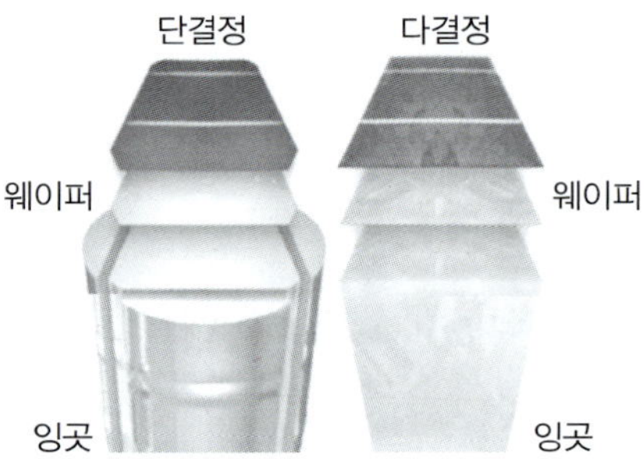

[그림 5-18] 잉곳의 종류

또한 태양전지 모듈의 맨 앞에서 셀을 보호하는 강화유리(cover glass)는 빛의 투과를 높이기 위해 철함량이 0.02% 이하인 저철분유리를 사용한다. 열적 저항성과 열충격 저항성, 강도, 높은 광투과성, 평편도 등을 고려해서 적용하며, 투과율 90% 이상, 반사율 8% 이하의 사양을 만족해야 한다.

---

8 내식성을 강화하기 위해 철에 크롬을 11% 이상 섞은 강종을 말한다.

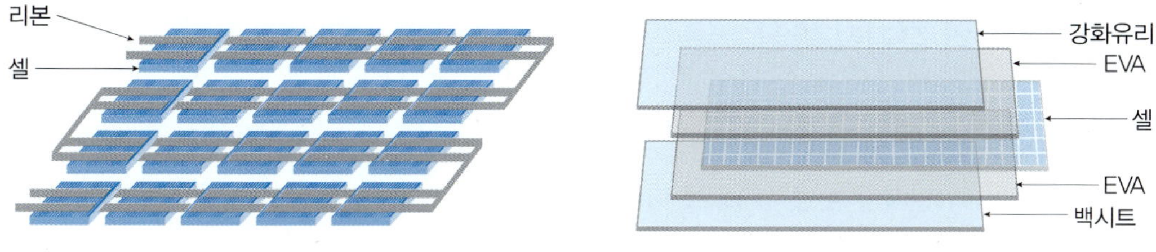

(a) 태양전지 셀과 전극인 리본

(b) 태양전지 모듈의 구성

[그림 5-19] 태양전지 모듈의 구성

이렇게 적층 구성된 모듈 뒷면에 마지막으로 단자함(junction box)을 두고 역전류방지 다이오드와 함께 전력을 외부로 인출할 수 있는 양 단자를 구성한다. 이 단자는 전력선의 끝에 극성을 구분할 수 있게 연결단자를 두어 이어지는 다른 모듈과 전기적으로 체결 가능하게 한다.

이러한 일반적인 모듈과 달리 건물을 지을 때 건축자재의 일부로 사용되는 태양전지 모듈도 있는데, 이를 건축일체형(Building Integrated Photovoltaic, BIPV) 모듈이라고 한다. 일반적인 모듈의 백시트 대신 유리를 사용하므로 앞뒷면이 유리로 되어 있어 유리벽 자재로 사용할 때 외부 경관을 볼 수 있는 건축 외장재로 사용할 수 있게 한 것이다.

태양전지 모듈은 전지 셀의 재질에 따라 모듈 구조에 조금씩 차이가 있으며, 슈퍼스트레이트 결정실리콘 타입, 슈퍼스트레이트 박막 타입, 슈퍼스트레이트 CIS/CIGS 타입, 서브스트레이트 타입, 강화유리 타입 등이 있다.

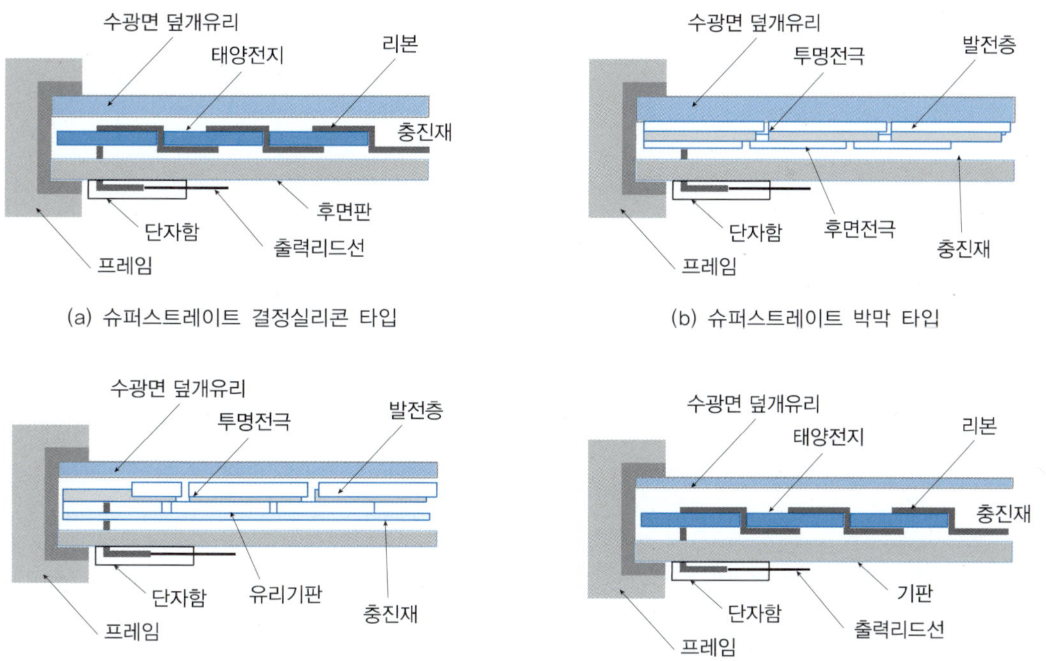

(a) 슈퍼스트레이트 결정실리콘 타입

(b) 슈퍼스트레이트 박막 타입

(c) 슈퍼스트레이트 CIS/CIGS 타입

(d) 서브스트레이트 타입

[그림 5-20] 다양한 태양전지 모듈

7 태양전지의 전기적 특징

태양광발전 모듈인 태양전지는 전원소자이며, 태양광의 세기에 따라 발전량이 변동한다. 전기적으로는 태양광의 세기, 즉 일사량의 방사조도에 따라 단락전류의 크기가 변동하고 태양전지의 표면 온도에 따라 개방전압의 크기가 변동된다.

[그림 5-21]은 태양광 모듈의 특성을 잘 보여주는 그래프로, 전력효율을 전류와 전압의 관계로 보여주고 있는 전류전압 곡선이다. 주목할 것은 전류의 최대 크기(I_{sc})와 전압의 최대 크기(V_{oc})에서 전력이 최소가 되고 있다는 점이다.

전압이 최소일 때, 즉 전압이 0 V 일 때 전류가 최대가 된다. 이때의 전류를 **단락회로전류**(short circuit current) I_{sc} 라고 한다. 이는 저항이 없는 상태로, 회로에 저항이 없어 전류의 최대치가 회로에 흐르게 된다. 반대로 회로가 개방되면, 즉 단선이 되면 저항이 무한대가 되어 전류가 흐르지 못해 전류는 0 A 가 되고 전압은 최대가 된다. 이를 **개방회로전압**(open circuit voltage) V_{oc} 라고 한다.

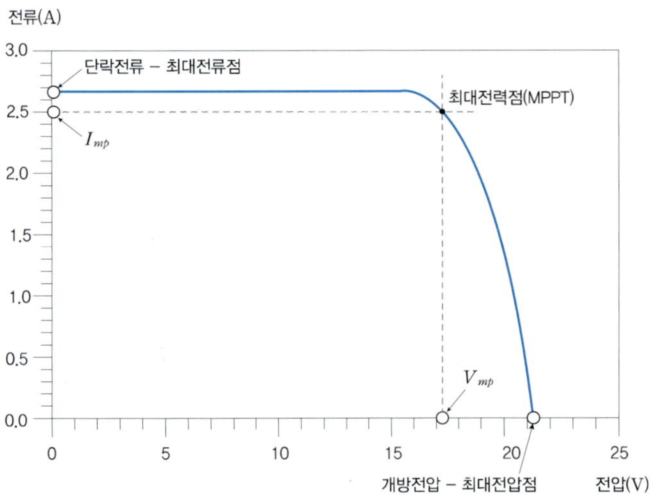

(a) 전류전압 곡선

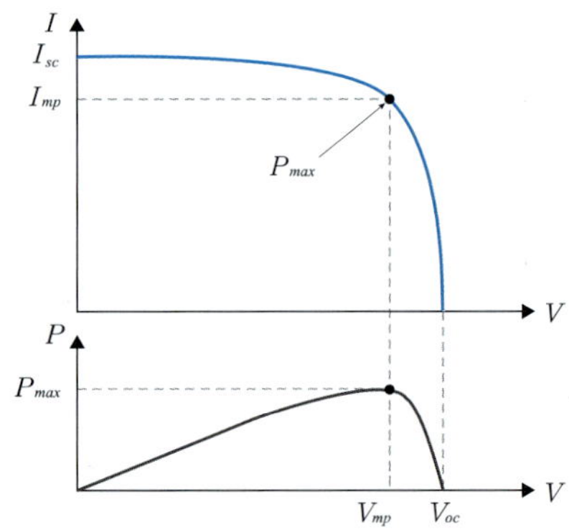

(b) 전류전압 곡선의 최대전력점

[그림 5-21] 태양전지의 전기적 특성을 보여주는 전류전압 곡선과 전류전압 곡선의 최대전력점

그러나 태양전지의 전력 최대치는 전류전압 곡선에서 찾기 쉽지 않다. 그래프에서 전압 최대치나 전류 최대치가 전력의 최소치가 되기 때문이다. 따라서 대략적으로 그래프 특성상 전압의 크기변화에 전류의 크기가 급격히 작아지는 지점에서 전력이 최대가 되는 지점을 유추할 수 있는데, 이 점을 **최대전력점**(maximum power point)이라고 한다.

최대전력점에서 전류와 전압은 **최대전력점전류**(maximum power point current) I_{mp}, **최대전력점전압**(maximum power point voltage) V_{mp} 라고 한다.

일반적으로 방사조도와 태양전지의 표면온도가 일정하게 유지될 때 발전된 에너지의 크기인 전력은 전압과 전류의 곱으로 계산한다. 전압과 전력의 그래프를 전류전압 곡선으로부터 다시 유도하여 작성하면 단자가 단락되어 있는 0 V 와 개방전압 사이에서 최대의 값을 갖는 점을 최대전력점으로 표시할 수 있다.

필 팩터

태양전지의 전기적 특징을 나타내는 전류전압 곡선에서 단락전류와 개방전압이 만나 형성되는 가상의 전력을 생각해보자. I_{sc} 와 V_{oc} 가 만나는 점에서 형성된 전력은 I_{sc} 와 V_{oc} 가 이루는 사각형의 면적이 된다.

이 면적은 전류와 전압의 곱으로, 직류전력을 생산하는 태양광에서 전력량의 크기를 나타낸다. 이때 I_{sc} 와 V_{oc} 가 만든 사각형은 전류전압 곡선에서 가장 큰 면적을 만든다. 그러나 곡선에 외접하고 있어 실제로 이 전력을 생산할 수 있는 것은 아니다. 실제로 생산 가능한 전력은 곡선에 내접한 사각형이며, 이 중 가장 큰 면적의 사각형을 최대 전력을 표시한 것으로 간주할 수 있다.

최대전력점 $P_{\max}$ 에서의 전압 $V_{\max}$ 와 전류 $I_{\max}$ 를 잇는 직선으로 이루어진 사각형의 면적을 계산하면 최대전력점의 전력의 크기가 된다.

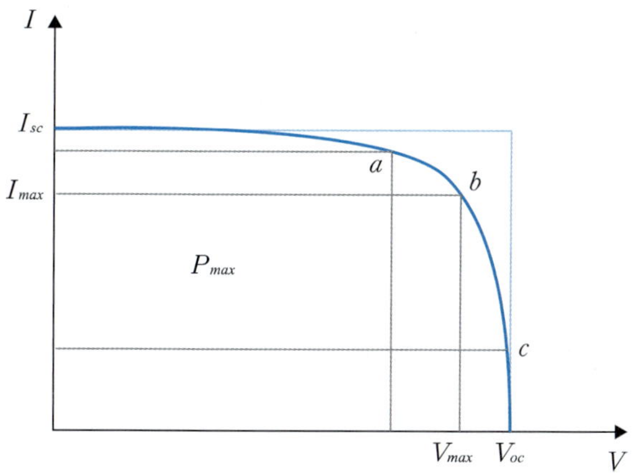

[그림 5-22] 필 팩터를 설명하는 사각형의 형성

이 두 사각형의 면적 $I_{sc} \times V_{oc}$와 $I_{\max} \times V_{\max}$ 를 서로 비교하면 다음과 같은 식을 얻을 수 있다.

$$\frac{I_{\max} \times V_{\max}}{I_{sc} \times V_{oc}} = \frac{P_{\max}}{I_{sc} \times V_{oc}} = FF$$

이 비율을 면적요소인 **필 팩터**(Fill Factor, FF)라고 하며, 태양전지의 여러 특성을 표시하는 값 중 하나로 사용한다. 이 면적요소로부터 다음의 식들을 유도할 수 있다.

★ 최대변환효율 ★

$$\eta_{\max} = \frac{\text{최대변환전력}}{\text{태양전지에 입사된 태양에너지}}$$

$$= \frac{P_{\max}}{AG_{on}} = \frac{I_{\max} \times V_{\max}}{AG_{on}} = \frac{FF \times I_{sc} \times V_{oc}}{AG_{on}}$$

- G_{on} : 수직입사 태양광에너지
- A : 태양전지면적

★ 최대전력점 ★

$$P_{\max} = FF \times I_{sc} \times V_{oc}$$

일사량과 모듈 표면 온도의 영향

태양전지의 단락전류(I_{sc})와 개방전압(V_{oc})은 소재의 특성에 많은 영향을 받는다. 태양광발전설비의 실제 현장에서 가장 큰 영향을 주는 것은 바로 일사량의 변화와 온도의 변화이다.

일사량은 태양고도와 밤낮의 변화 등 천체의 운행에 따라 예측 가능하고 주기적인 현상에 의해 변화한다. 구름의 흐름이나 양 혹은 바람에 의한 안개 및 먼지 등 정밀한 예측은 불가능하지만 통계적 예측과 예보에 의해 확률적인 예측이 가능한 것도 있다. 이 외에도 주변환경에 의해 변하기도 한다. 나무의 성장과 낙엽 혹은 새의 분변 등 통제가 되지 않는 요소 등이 복합적으로 작용하여 천체현상에 따른 불가항력적인 일사량 변화뿐만 아니라 자연의 무수한 경우에 따른 예상치 못한 원인으로 방사조도의 변화가 발생하기도 한다.

이러한 방사조도의 방해 혹은 일사량의 저해는 생산전력의 저하를 가져온다. 전류전압 곡선을 통한 분석에 의하면 일사량의 변화, 즉 태양전지에 조사되는 방사조도의 변화는 개방전압보다는 단락전류의 크기에 매우 크게 영향을 준다. 단락전류는 소재에 따라 변화량에 차이가 있는데, [표 5-3]은 소재별로 방사조도의 변화에 따른 단락전류의 차이를 보여주기 위해 예시로 작성된 그래프 모음이다.

[표 5-3] 태양전지의 소재에 따른 방사조도와 모듈온도 특성

	태양전지 모듈의 방사조도 특성	태양전지 모듈의 온도 특성
결정질 실리콘 타입	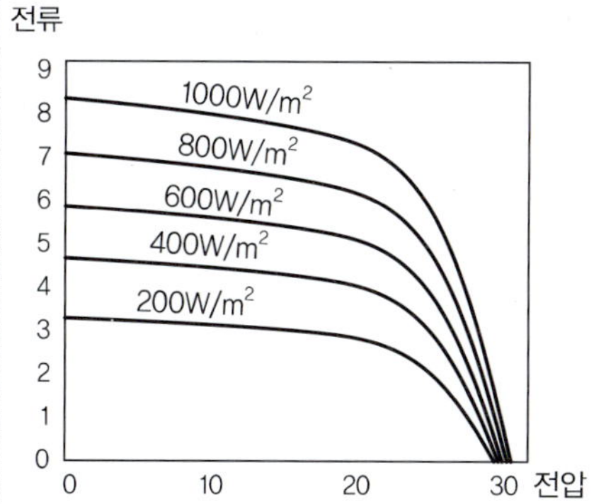	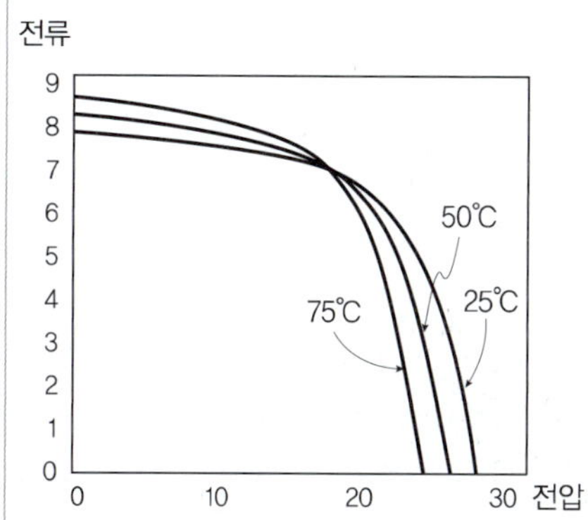
비결정질 실리콘 타입	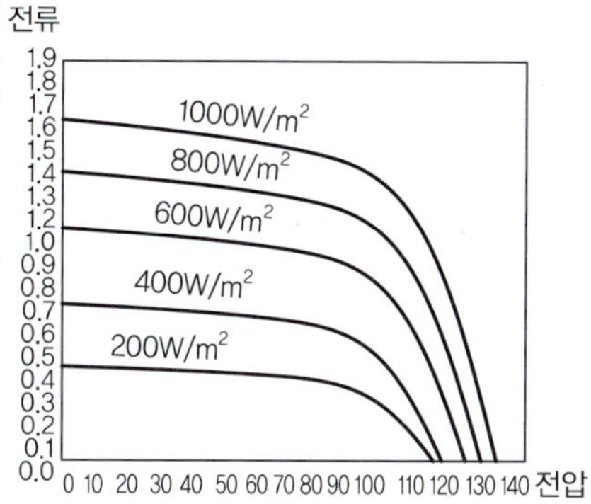	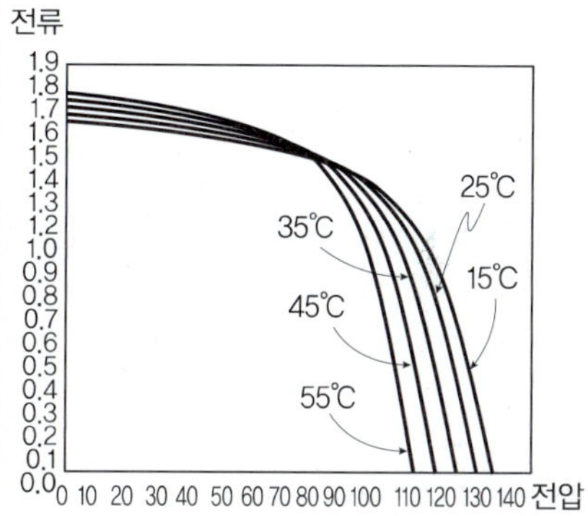
화합물계열 타입	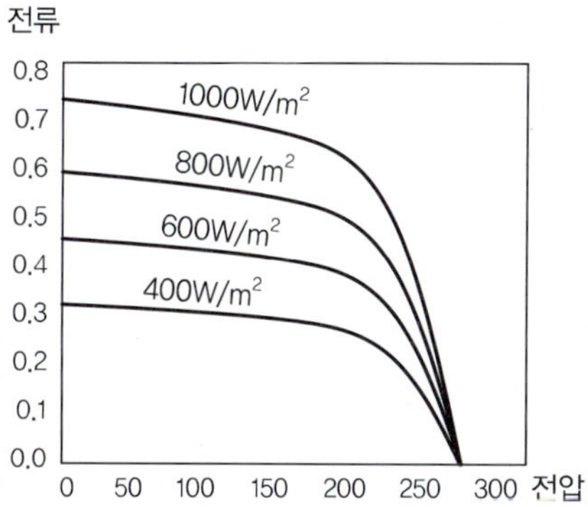	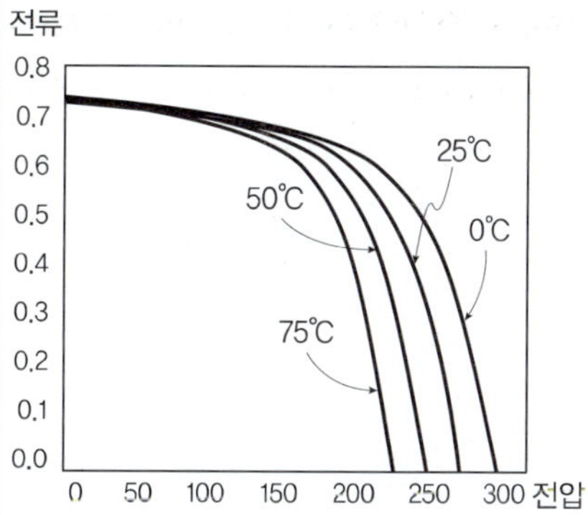

단락전류(I_{sc})는 일사량이 커지면 같이 증가하며, 개방전압(V_{oc})의 경우 모듈의 온도에 따라 확연한 크기변화를 보인다. 즉 온도가 높을수록 개방전압은 작아진다. 따라서 모듈의 온도변화는 일사량의 변화와 일정 정도 관계가 있음을 직관적으로 알 수 있을 것이다. 일사량이 큰 햇빛에 장시간 노출된 태양전지는 온도가 상승할 것이고 주변의 대기온도도 상승하게 되어 모듈의 온도를 식혀줄 환경이 만들어지기 어렵다.

또한 과잉에너지에 의한 열손실이 발생하여 모듈의 온도가 상승하기도 하며, 모듈의 구성상 마감재인 프레임이 열을 누적시키기도 한다. 어레이를 구성하는 가대(태양광 모듈 지지대)의 재질 특성으로 쉽게 열이 누적되어 태양전지 모듈에 영향을 줄 수도 있다.

이렇게 모듈의 방사조도와 온도변화는 생산전력의 단락전류와 개방전압을 변화시켜 최대전력점을 변화시키며, 최대전력의 크기가 달라져 효율변화를 일으킨다. 최대전력점은 매시간 변하게 되는 것이 당연하다. 하루 중 태양의 위치변화로 인한 일사량의 변화가 단락전류, 개방전압의 변화를 일으키기 때문이다. 같은 이유로 계절에 따라서도 최대전력점이 변화한다.

그러므로 최대전력점의 변화를 따라가며 전력을 생산하는 것은 자연환경에 따른 전력생산량의 변화에도 최대의 효율을 유지할 수 있는 방법이다. 이렇게 최대전력점을 따라 전력생산의 전류전압을 변화시키는 방법을 **최대전력점 추종**(Maximum Power Point Tracking, MPPT) **방식**이라고 한다. 이 방식은 이후 자세히 살펴볼 것이다.

8 태양광발전소에서의 효율 저하 원인

PID 현상

주로 주택의 지붕에 설치되는 소규모 시스템의 용량은 대체로 3 kW 정도이지만 발전규모가 메가와트급인 상용발전소가 태양광발전시스템으로 구성된 경우도 있다. 이 시스템에서는 줄열[9]에 따른 손실을 줄이기 위해 시스템의 전압을 높이는 것이 바람직하므로 최근에는 시스템전압으로 1 kV 라는 높은 값을 설정하는 경우가 있다. 이렇게 고전압을 설정하여 야외에서 가동하는 모듈 중에는 일부 제품에서 몇 개월 만에 급격히 출력이 떨어지는 현상이 발생하는데, 이 현상은 높은 전압에 의해 야기되어 잠재적 유도 열화(Potential Induced degradation, PID)현상이라고 부른다.

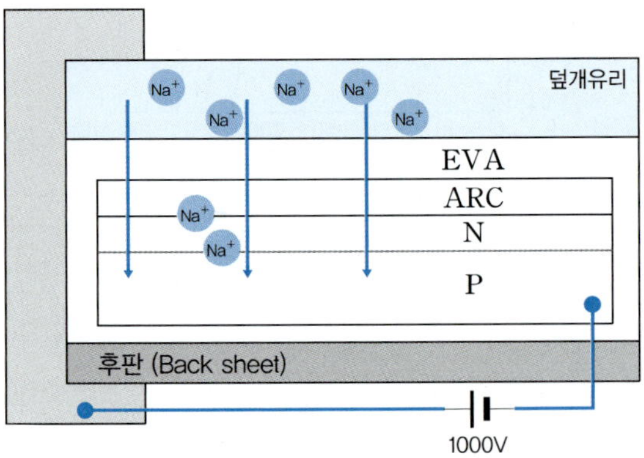

[그림 5-23] 태양광 모듈에서의 PID 현상

9 전류 통전 시 발생하는 열전달에 대한 해석에서 손실은 도체 저항에 의한 줄열이다. 줄열은 전류의 제곱과 도체 저항에 비례하며, 열전달은 전문적인 열유동 해석 프로그램을 이용하여 수행하게 된다.

PID 현상의 원인은 태양전지 효율이 18%가 되고 전지당 개방전압(V_{oc}) 값이 600 mV 이상이 되면서 전지를 60개 이상 직렬로 연결한 개별 태양광 모듈과 20개 정도의 모듈을 직렬 구성한 어레이의 전압이 600 V 이상이 되어 고전압이 걸리기 때문으로 추정하고 있다. 이는 생산되는 전압이 매우 커서 감전과 낙뢰에 의한 피해 방지를 위해 프레임 접지 방식으로 접지된 프레임과 모듈 내부의 전위차가 매우 높게 발생하며, 태양전지에서 생성된 전자들이 전극으로 이동하여 수집되지 않고 프레임 쪽으로 누설전류가 발생함에 따라 출력이 저하되는 현상으로 해석하고 있다.

또한 PID 현상은 햇빛을 받는 면의 유리에 포함되는 나트륨 이온이 높은 전압에 의해 태양전지 쪽으로 이동함으로써 야기되는 것으로 알려졌다. 그러나 역으로 전압을 걸어 회복할 수 있는 경우와 그렇지 않은 경우가 있어 단순하지만은 않다.

PID 현상을 대처하는 방법으로 태양광 모듈 제작 공정에서 유리와 태양전지 사이 밀봉제 부분의 전기저항을 더 키워 유리와 태양전지 사이를 확실하게 절연하는 것이 있다. 이를 위해 체적저항 투습성이 우수한 EVA(Ethylene Vinyl Acetate) 시트를 사용하여 PID를 저감할 수 있다. 이 경우 제조원가가 상승하지만 PID 현상을 상당히 효과적으로 방지할 수 있다.

스네일 트랙

PID 현상과 함께 태양전지의 효율을 저하시키는 원인은 **스네일 트랙**(snail track, 달팽이가 기어간 흔적)이라고 불리는 모듈 표면상의 변색현상이다. 이 현상은 태양전지 셀에 미소한 크랙(틈, 균열)이 생기고 그 이면에 무엇인가가 빠졌기 때문에 생기는 것으로 간주되고 있는데, 충진재이자 밀봉재인 EVA 시트가 자외선과 미량으로 함유한 물에 의해 가수분해되어 아세트산을 생성하는 것이 원인으로 지목되고 있다.

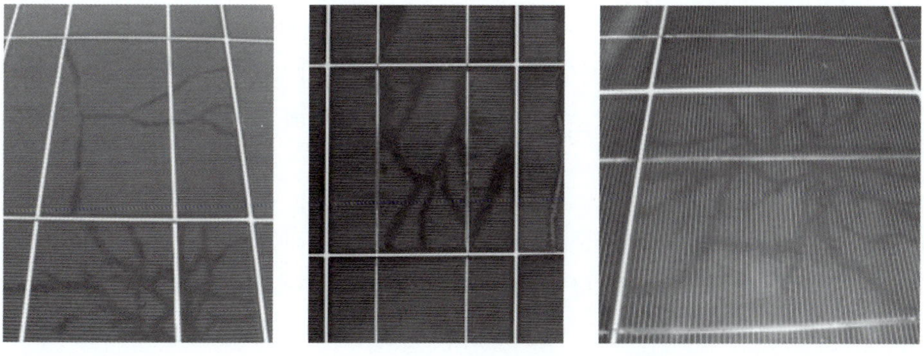

[그림 5-24] 다결정 실리콘 태양전지 모듈에 다수 발생한 스네일 트랙의 예

9 태양전지 효율 향상 방안

PERC 셀

PERC 제품 이전에는 표준 태양전지로 BSF(Back Surface Field) 제품이 30여 년간 사용되었으며, 2021년 기준 여전히 10%의 점유율을 차지하고 있다. 현재 산업계는 전통적인 방식과 다른 후면 구조를 갖는 PERC[10]를 주로 사용하며, 이는 2021년 기준 80% 이상의 점유율을 갖는다.

[그림 5-25] 태양전지의 전통적인 구조인 BSF 구조와 새로운 방식의 구조인 PERC 구조

BSF 구조에서 Ag-전극은 '스크린 인쇄된 은 페이스트(Screen Printed Ag Paste)'로도 불린다. 이는 생성된 전류를 가져오기 위한 전극으로, 은(Ag) 페이스트와 알루미늄(Al) 페이스트를 사용한다. 코팅부는 ARC(Anti Reflective Coating)로 불리며, 태양광이 실리콘 내부로 많이 입사되도록 사용되는 반사 방지막 역할을 한다. PN접합을 형성하는 P형 반도체와 N형 반도체는 인(P)과 붕소(B)가 도핑된 실리콘 웨이퍼로 구성하며, Al 후면 필드(Aluminum Back Surface Field, Al-BSF)는 전극을 구성하기 위해 필요한 알루미늄과 실리콘을 결합한 것으로, 후면에 전기장을 형성한다. 마지막으로 Al-전극 부분은 '스크린 인쇄된 알루미늄 페이스트(Screen Printed Al Paste)'로, 프린팅 이후에 고온 열처리를 통해서 낮은 저항의 전극을 형성한다.

반면 개선된 방식의 PERC 구조에서는 국부 BSF(Local BSF)를 후면 Al-전극 부분에 형성하고 부동태화(passivation, 패시베이션)층과 SiNx 피복(capping)층을 두어 태양전지의 표면수동화로 웨이퍼 표면에서 전자와 정공이 재결합하는 것을 조기에 방지한다. 이를 통해 태양전지의 에너지 변환 효율을 높일 수 있다.

PERC 외에도 PERL, PERT, PERF라는 태양전지기술도 있는데, 후면을 개선했다는 점에서 PERC와 비슷한 개념의 제품으로 간주할 수 있다. PERL[11] 셀은 단결정 실리콘 중에서도 특히 불순물이 적어 아주 품질이 좋은 FZ(floating zone) 실리콘을 이용하여 빛이 입사하는 방향에 역피라미드 구조라고 불리는 빛 반사방지구조를 설치하고 결정 단면을 열 산화막으로 보호하는 등의 고도의 기술을 필요로 한다. 따라서 연구 성과로서 금자탑적인 가치가 있지만 상용생산에는 적합하지 않다.

10 Passivated Emitter and Rear Cell 혹은 Passivated Emitter and Rear Contact의 약자이다.

11 Passivated emitter, Rear locally-diffused의 약자이다.

HIT 셀

HIT(Heterojunction with Intrinsic Thin layer) 셀은 산업적 용도로 개발된, 서로 다른 종류의 비결정질과 결정질을 혼합사용하여 제작한 후면전극형 이종접합이다. 셀에서 낼 수 있는 가장 좋은 성능은 개방전압(V_{oc}) 0.729 V, 단락전류(I_{sc}) 39.5 mA/cm^2, 그리고 효율 23%이다.[12]

박막형의 태양전지는 P형과 N형 양 층에 불순물을 첨가한 비결정질 실리콘을 200℃ 이하의 낮은 온도에서 PN접합을 형성하고 단결정에 좋지 않은 1000℃ 전후의 고온에서의 도핑 물질 확산을 회피하도록 하여 전지를 결성하는 방법으로 제작한다.

HIT 셀은 HJT(Hetero-Junction-Tehnology) 기술로 만들어진 태양전지로, 최초의 HJT 방식 태양전지는 1980년대에 SANYO Electric사에서 개발되었다.[13] SANYO사는 비결정질 실리콘(a-Si)으로 만든 태양전지를 상업적으로 생산한 최초의 회사로, 주머니형 계산기에서 가장 흔히 볼 수 있는 이 박막기술은 광범위한 광 스펙트럼을 흡수하지만 소재인 비정질 실리콘의 특성상 최고 변환효율이 13.6%정도로 변환 효율이 낮다는 단점이 있었다.

이러한 이유로 SANYO는 비결정질 실리콘 전지를 결정질 실리콘 웨이퍼와 투명 전도성 산화물(TCO) 층으로 적층하여 결정질 실리콘(c-Si)을 개발하였다. 이렇게 개발된 구성요소는 효율 안정성을 증가시켰으며, 측면에 활용된 비정질 실리콘은 광 흡수를 증가시켜 이종접합기술이 탄생하였다. SANYO사는 이렇게 개발된 HJT 모듈을 HIT 셀이라는 이름으로 판매했고, Panasonic사는 오늘날에도 이 모듈을 사용하고 있다.

HJT 제조 장비는 기존 제조 라인보다 낮은 온도와 적은 에너지를 사용한다. 이는 HJT 제품생산에 중요한 조건으로, 비결정질 실리콘과 결정질 실리콘 웨이퍼를 결합하는 TCO 층착은 민감한 비결정질 실리콘 층에 영향을 미칠 고온상태를 방지해야 한다.

기존 PERC 라인을 업데이트할지 완전히 다른 방향으로 갈지 결정하면서 더 많은 회사가 HJT 방식의 태양전지생산에 참여할 것으로 예측된다. HJT 제조 공정은 기존 PERC보다 단계가 4단계 적어 생산단가 절감의 장점이 있으며, 잠재적인 전력 및 효율성은 훨씬 더 커질 것으로 예측된다.

1997년에 출시된 최초의 HIT 셀은 효율이 14.4%이며, 170 W를 생산했다면 Panasonic사의 최신 96셀 HIT 모델은 평균 효율이 약 20%이고 330 W 이상을 생산하고 있다. 다른 태양광장비 공급업체는 2010년 SANYO/Panasonic사의 HIT 기술 특허가 만료된 뒤 HJT 개발에 참여하였으며, 이종접합 기술의 잠재력이 높은 기술로 환영받고 있다. 실제로 2019년 "태양광을 위한 국제기술 로드맵" 보고서에서는 HJT 셀이 2026년에 12%, 2029년에는 15%의 시장 점유율을 확보할 것으로 예상하고 있다.

---

12 Twenty-two percent efficiency HIT solar cell, Yasufumi Tsunomura, Solar Energy Materials and Solar Cells 2009.06

13 SANYO 사는 2009년에 Panasonic사에 인수되었다.

HIT 셀은 비결정질 실리콘이 가진 유연성이 높은 원자 배열을 취할 수 있어 결정경계 부분에 결함이 쉽게 생성된다는 어려움을 회피할 수 있는 이점을 충분히 활용한 획기적인 구조라고 할 수 있다. 가전자대와 전자대 사이의 전자가 존재할 수 없는 비결정질 실리콘의 금제대폭이 결정질 실리콘보다 커서 온도 특성에 뛰어나다는 점도 다른 결정질 실리콘계에서는 얻을 수 없는 큰 이점이다.

다중접합과 페로브스카이트

최근 고효율 양산용 셀을 제조하기 위한 기술로 후면 패시베이션, 후면 국부전극 등이 주목을 받고 있으며, 이를 위한 증착기술, 프린팅기술 등이 개발됨으로써 태양전지의 효율 향상에 크게 기여하고 있다.

결정질 실리콘 태양전지는 이미 그 효율이 이론적 최대치에 가까우므로 R&D를 통해 성능을 획기적으로 개선할 수 있는 여지는 비교적 적다. 이에 따라 효율 증대보다는 소재 개발 및 생산기술 개선을 통한 원가 절감에 초점을 맞추면서 다양한 연구 개발이 이루어지고 있다. 전지의 수명향상을 위한 보호소재 연구와 기판 두께를 줄여 폴리실리콘의 소모량을 줄이는 연구, 모듈 제작 시 효율이 저하되는 문제(CTM loss)를 해결하기 위한 연구도 활발히 진행 중이다.

고효율 양산용 셀 제작을 위해 주목받는 또 다른 방법은 하나의 재료로 된 태양전지 대신 다양한 물질로 만든 여러 종류의 태양전지를 이용하여 넓은 파장 영역의 태양에너지를 이용할 수 있는 다중접합(tandem, multi-junction) 구조의 태양전지를 사용하는 것이다. 이 방법은 재료 혹은 재질에 따라 밴드갭의 크기가 다르다. 다른 밴드갭을 갖는다는 것은 다양한 최대흡수 파장을 갖는 것이므로 열손실과 장파장의 투과에 의한 손실로 인한 요인을 보완할 수 있다.

다중접합 구조를 만들 때는 파장이 짧은 것, 즉 밴드갭이 큰 것으로부터 파장이 긴 것, 즉 밴드갭이 작은 것까지 몇 개의 재질에 따른 서로 다른 태양전지를 하나의 모듈로 적층하여 만든다. 예를 들어 밴드갭이 큰 태양전지부터 순서대로(최대 흡수 파장이 짧은 순서) 삼중접합하여 사용하면 최대 흡수 파장이 확대되어 많은 양의 태양광을 사용하기 때문에 효율을 약 40%까지 증가시킬 수 있다.

다중접합을 이루는 방법 중 하나인 파장분리형은 파장분리 필터를 사용하여 태양광의 파장대역을 분리하고 각각의 파장대역에 알맞은 태양전지를 수평으로 배열함으로써 에너지 흡수를 최대화하는 방법이다.

[그림 5-26] 다중접합 태양전지 셀의 구조[14]

이러한 다중 파장을 활용한 태양전지를 구성하기 위해 적합한 물질로 페로브스카이트(Perovskite)가 주목받고 있다. 페로브스카이트는 1800년대 초반 러시아에서 발견된 광물로, $CaTiO_3$ 구조를 갖는 독특한 물질이다. 다른 재료에 비해 상대적으로 효율이 높고 할라이드(halide) 물질 조성 제어를 통한 밴드갭 조절이 용이하며, 저온 공정을 할 수 있다는 장점이 있다. 따라서 차세대 태양전지의 주요 후보로 연구되면서 급속한 발전을 이루었으나 신뢰성 문제가 있어 태양전지로의 상용화는 아직 이루지 못하였다. 이러한 이유로 페로브스카이트 단독으로 태양전지를 만드는 것보다 실리콘에 접합하여 사용하는 것이 안정적이고 신뢰성을 높이고 있어 관련된 방법이 연구되고 있다.

다중접합 태양전지 구조를 적용하면 실리콘 같은 좁은 밴드갭을 가지는 물질을 사용하는 태양전지의 경우 밴드갭보다 큰 에너지를 가지는 광자를 흡수하였을 때 잉여에너지 차이만큼 발생하는 열에너지 손실(thermalization loss)을 줄일 수 있다. 반대로 밴드갭이 넓은 물질을 흡수층으로 사용하는 태양전지의 경우 밴드갭보다 낮은 에너지가 투과되어 생기는 투과손실(transmission loss)을 줄일 수 있다. 이러한 방식으로 상부 태양전지의 후보로는 페로브스카이트와 같이 상대적으로 밴드갭 에너지가 높은 물질을 사용하고 하부 전지에는 실리콘과 같이 밴드갭 에너지가 좁은 물질을 사용하는 방식을 적용할 수 있다.

14 The new multijunction solar cell design has three subcells that each have different band gaps to absorb different parts of the solar spectrum. The scientists focused on improving the current match and the lattice match among the subcells to achieve the highest simulated efficiency for this type of solar cell to date. Credit: Marina S. Leite, et al. ©2013 American Institute of Physics

SECTION 5.4

태양광발전설비

태양광에너지를 전기로 바꾸는 기술과 원리를 통해 전력생산설비를 구성하여 발전소를 건설하고 운영하기 위해서는 계통과 연계하는 안정화된 설비의 구비와 시공능력이 필요하다.

Keywords | 태양광발전설비 | 독립운영 | 계통연계운영 | 최대전력점 | SMP / REC |

1 태양광발전시스템의 구성요소

앞서 빛을 전기에너지로 바꿀 수 있는 방법과 광전효과에 대해 배웠다. 광전효과를 통해 전기에너지를 발생시킬 수 있는 태양전지의 원리와 그 특성을 통해 밴드갭과 최대흡수 파장의 관계로 해석할 수 있는 에너지 효율과 차세대 태양전지도 살펴보았다. 태양전지가 만든 전기에너지는 일반 부하단에서 바로 사용하기 어려우며, 전력부하의 규격에 맞춰 변환 과정이 필요하다. 태양광발전을 위해서는 태양전지로부터 발생한 전기에너지를 전력시스템, 즉 전력계통에 맞춰 변환하고 전력품질을 유지해 줄 수 있는 장치가 추가적으로 필요하다.

태양광발전은 태양광을 직접 전기로 변환시키는 발전 방식으로, 태양광발전시스템의 구성요소는 태양전지 셀(어레이)과 태양전지에서 발전한 직류를 교류로 변환하는 전력변환장치인 **PCS**(power conditioning system)가 핵심이다. 시스템에 전력저장 기능을 하는 축전장치를 추가한 뒤 부하를 연결하면 독립적 혹은 부가적으로 다양한 조건과 환경에서 사용할 수 있다. 태양광발전설비의 특성상 도심지와 멀리 떨어져 있는 원격지에 설치하는 경우가 많고 외적인 움직임이 없는 정적인 시스템이어서 고장을 쉽게 발견하기 어려운데, 이를 해결하기 위해 시스템 제어장치 및 모니터링 장치를 추가로 구성하고 인터넷과 서버 등을 이용하여 원격으로 상시 감시하여 태양광발전시스템의 고장 유무를 감시하고 발전량을 확인하기도 한다.

태양전지의 최소 단위를 셀이라고 하며, 태양전지를 여러 장 집적하여 발전 전압과 전류를 조정한 뒤 하나의 패널, 즉 **모듈**로 만들어 판매한다. 이러한 모듈을 직병렬로 여러 장을 연결, 배치하여 어레이를 구성하면 **어레이**라고 하는데, 이 어레이가 태양광발전시스템에서 진정한 발전기 역할을 한다. 이러한 어레이를 고정하고 지면으로부터 띄워 태양의 고도에 맞춰 경사면을 이뤄 고정시키는 기구물을 가대라고 한다.

전력변환장치인 PCS는 주로 인버터라는 장치로 구현한다. 인버터는 태양전지 어레이로부터 발생한 직류 전기를 상용주파수 전압의 교류로 변환한다. 이를 전력계통에 연계하여 전력을 송전하는 역할을 함과 동시에 시스템의 직류와 교류 측의 전기적인 감시, 보호를 한다. PCS는 태양광시스템 구성요소 중에서 태양전지 모듈을 제외한 주변장치 중 가장 큰 가격 점유율을 차지한다.

2 태양광발전시스템의 구분

용도에 따른 구분

태양광발전시스템은 사용하는 목적에 따라 쓰임이 다르며, 대표적으로 주택용과 산업용으로 구분할 수 있다. 주택용은 주거활동에 필요한 전력을 공급받기 위한 것으로, 자가설비, 즉 생산자 소비 방식의 대표적인 방식이다. 산업용은 다시 전력산업용과 산업현장 공급용으로 나눌 수 있는데, 전력산업용은 전력을 생산판매하는 용도로, 우리가 익히 알고 있는 발전소의 개념이다. 산업현장 공급용은 주택용 자가발전의 산업용 형태라고 할 수 있다.

■ 주택용과 잉여전력 역계상

주택용 태양광발전시스템은 PV 어레이, PCS, 접속함, 교류측 기기 등으로 구성되며, 3 ~ 5 kW 정도의 전력을 생산한다. 주택의 옥상 혹은 지붕의 형태에 따라 구조물인 태양광 가대의 형태가 다양하며, 지붕의 경사를 이용하여 가대를 최소화하기도 한다. 주택용은 전력을 생산판매하는 방식인 매전용 태양광발전시스템이 아닌 자가발전용으로 자체 생산한 전력을 사용하고 남는 전력인 잉여전력은 연결된 한전전력선(계통)에 넘겨 송전한다. 이때 한전전력망과 연결되는 지점인 연계점은 전력량계를 통해 계통으로 연결되기 때문에 주택의 잉여전력은 전력량계를 역으로 계상하며 송전한다. 즉 전력량계의 계량값이 역으로 계산되어 줄어드는데, 이를 역계상이라고 한다.

반면 전력을 자체 생산하지 못하는 일몰 이후에는 다시 연결된 한전망으로부터 전력을 공급받아야 해서 계량기가 원래대로 계산하여 수전한다. 따라서 주택용 자가 태양광발전기는 한전으로부터 공급받는 전력소비량을 낮추고 누진세 구간을 줄여주는 역할을 할 수 있다.

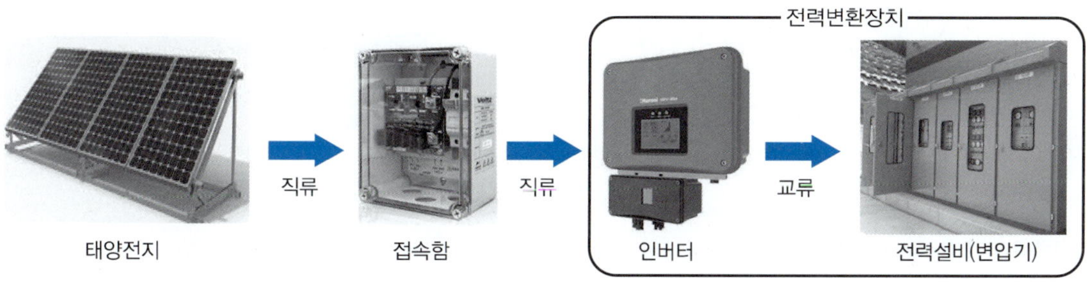

[그림 5-27] 주택용 태양광발전시스템의 구성도

■ 산업용과 전력구매계약(Power Purchase Agreement, PPA)

산업용은 전력선의 종류에 따라 단상식과 3상식으로 구분하며, 고압과 연계하기도 한다. 기본적으로 주택용과 구성이 유사하며, 추가로 발전량을 계측하고 표시하는 장치들과 일사량과 일기, 발전 모듈의 온도 및 직류측 전류, 전압을 계측하는 장비와 교류측 전류, 전압을 측정하는 장비 등이 구비된다. 산업용은 발전량에 따라 수 kW 에서 수 MW를 생산하기도 한다.

산업용은 주택용과 비교했을 때 이러한 큰 용량을 산업체 내의 생산설비 등을 위해 소비하는 자가발전용으로 사용할 수 있으나 대부분은 민간 발전사업자를 등록하여 한전 및 전력거래소(KPX)와의 계약을 통해 전력을 판매하는 매전 방식(PPA)을 취하고 있다. 이는 전력을 판매하기 위해 매전용 계량기를 설치하고 매전한 전력량을 월별로 산정하여 전력량에 따른 판매금액을 정산하는 방식이다. 이때 신재생에너지 발전원을 이용한 전력생산의 경우 신재생에너지 촉진법에 의거하여 500 MW 이상의 생산자에게 의무적으로 일정 비율 이상의 신재생에너지를 사용하게 하는 RPS 제도를 통해 신재생에너지 전력생산 인증서(REC)를 추가적으로 판매할 수 있다.

전력판매를 목적으로 시공된 태양광발전소는 안전관리와 발전설비 및 발전량 감시 혹은 모니터링을 위해 인터넷망을 기반으로 하는 원격감시장치인 RTU(Remote Terminal Unit)를 설치한다. RTU는 주로 인버터 같은 PCS 장치의 상태를 기준으로 모니터링을 하는데, PCS 장치의 내부에 탑재한 통신장비를 규약되어 있는 방식으로 연결하여 실시간으로 상태를 확인할 수 있도록 한다. 일반적으로 규약된 방식으로 모드버스(Modbus) 방식의 통신 규정을 제공한다.

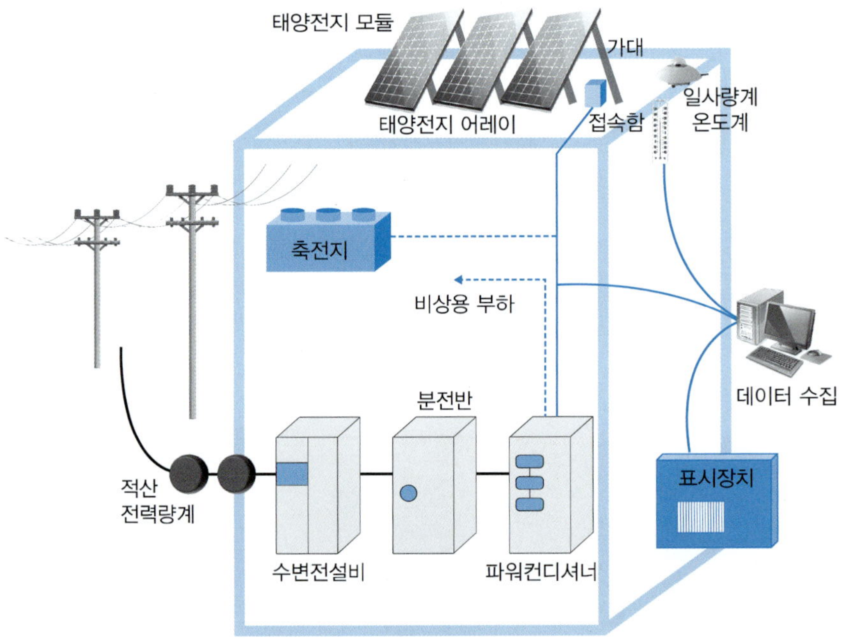

[그림 5-28] 산업용 태양광발전설비 구성도

최근에는 전력을 판매하는 발전설비의 포화와 계통된 선로의 변전소 용량의 한계로 매전 방식보다 자가소비용 산업설비를 권장하는 추세이다. 자가소비는 산업용 생산설비의 전력사용 부담을 줄이는 방식으로, 태양광발전의 특징인 시공 비용 외에 발전 시 연료비 등의 유지비용이 거의 없어 세계적인 추세인 탄소중립의 이슈와 RE100을 위한 방안으로 빠르게 확산되고 있다.

■ 레저용

사람들의 문화 인식이 바뀌어 친환경적으로 레저를 즐기는 사람들이 증가하면서 신재생에너지기술을 이용하여 산이나 들 혹은 계곡 등의 실외에서 편의시설과 캠핑장비 등을 운영하는 데 필요한 전력을 자가발전하는 상품들이 늘어나고 있다.

기존에는 야외활동에서 필요한 전력을 공급받기 위해 배터리 혹은 내연기관 발전기에 의존하였으나 최근 태양전지 모듈 중 200 ~ 300 W 정도의 발전용량을 가지면서도 모듈의 크기가 작고 가격이 저렴한 태양전지가 많이 활용되고 있다. 레저용은 용량이 상대적으로 작아 직류를 바로 이용하는 방법과 소형 인버터를 통해 전력을 교류로 변환하여 사용하는 방법의 장치들이 개발되어 있다.

전력망 연계 유무에 따른 구분

용도에 따른 구분 외에도 태양광발전시스템은 전력망 연계 유무에 따라 구분하기도 한다. 앞서 살펴본 매전 형태의 산업용 발전설비와 주택용 상계방식은 계통연계를 기반으로 구성하는 설비이며, 산업용 자가설비도 잉여전력분을 상계방식으로 연계하여 야간 혹은 기상상황에 따라 자가발전의 부족분을 계통에서 수전받을 수 있도록 계통연계를 기반으로 하고 있다.

■ 계통연계형

전력망에 연계한 계통연계형은 발전시스템에 의해 발생된 전력을 전력망을 통해 전력공급원으로 사용하거나 필요에 따라 계통으로부터 전력을 공급받을 수 있도록 구성한 시스템으로, 수전설비의 전압에 따라 저압연계, 고압연계, 특별고압연계로 구성된다.

간혹 시스템의 안전성과 전력을 받는 수요처인 수전부와 전력망의 안정화를 위해 송전을 제한하는 경우도 있는데, 태양광발전설비로부터 생산된 전력을 전력망에 공급하여 판매하거나 역계상[15]하는 것을 역송전(역조류)이라고 한다. 인버터에 의해 전력망에 운영되는 전력의 품질을 유지할 수 있도록 제어하면 역송전이 가능하다.

역송전이 가능한 연계시스템의 경우 일사량과 부하 소비량에 따라 운용하는 방법이 바뀌는데, 이는 자체 발전설비를 통해 생산된 전력을 우선적으로 자체 소비하기 위함이다. 그러나 일사량이 소비량보다 많으면 자체 부하가 소비하고 남은 전력이 많아 역송전이 가능한데, 분전반과 인버터로 구성된 PCS에서 이러한 기능을 제어하여 전력계통에 인가한다. 반대로 일사량이 부하 소비량보다 적어 발전설비의 발전전력이 부족하면 전력계통으로부터 전력을 공급받아 부하에 공급하며, 저녁 혹은 일사량이 매우 적은 등의 사유로 전력생산이 불가능하다면 계통측 전력으로 부하에 공급한다. 이때 전력망에서 인가된 전력이 PCS 등에 인입되어 직류단과 인버터 등의 장비에 손실을 입힐 우려가 있어 분전반 내 회로상 발전설비를 차단하는 기능이 필요하다.

---

15 우리나라에서는 일반 가정에서 주택용 태양광을 통해 발전된 전력은 판매할 수 없어 신재생에너지 발전설비에 의한 발전량을 소비한 전력에서 차감해주는 방식으로 보상한다.

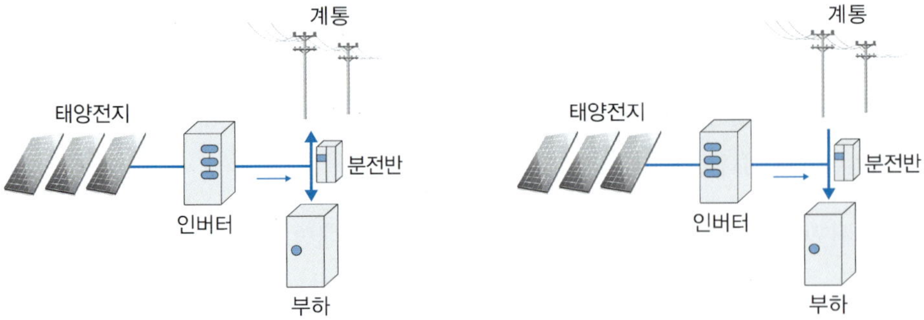

(a) 계통연계 역송전 가능시스템 (b) 계통연계 역송전 불가시스템

[그림 5-29] 송전방법에 따른 계통연계시스템의 분류

반면 역송전 없이 필요에 따라 전력망을 통해 전력을 공급받기만 하도록 구성할 수도 있는데, 이 경우 발전설비시스템의 제어기가 차단기와 계전기(relay)를 통해 접속과 차단을 통제하여 사용한다.

특별한 경우가 아니라면 계통연계형은 축전지를 부착하지 않고 사용한다. 계통연계형이면서 축전지를 부가적으로 사용하는 것은 전력수요가 최고치에 이르는 때인 첨두부하(peak load) 시 부하 평준화 대응(peak shift)을 위해서이다. 이는 전력소모가 적은 낮에 생산된 전력을 축전하였다가 전력소모가 많은 시간대에 사용하기 위한 것으로, 축전시스템으로 에너지 저장시스템 혹은 전력저장장치(Energy Storage System, ESS)를 부가하여 사용한다.

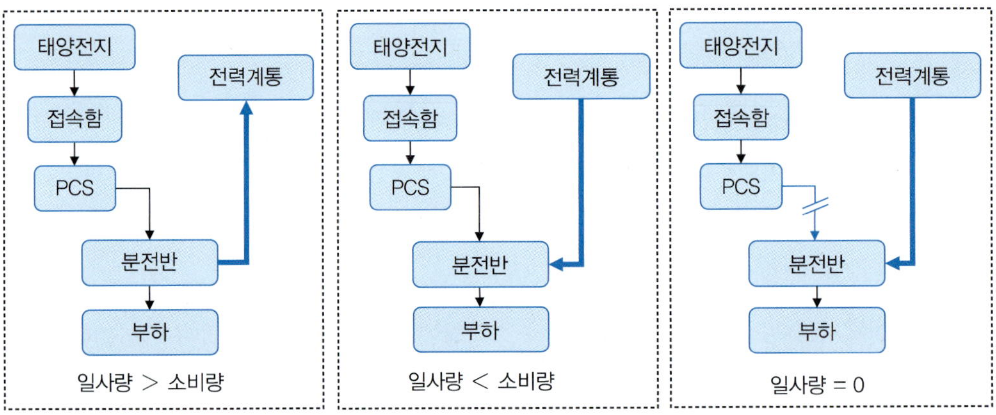

[그림 5-30] 연계시스템의 운용방법

■ 독립형

계통에 연계하지 않고 사용할 수 있도록 구성한 시스템을 독립형이라고 하며, 대개 계통연계를 구성할 수 없는 지역에서 전력의 원활한 수급을 해결하기 위한 방법으로 사용한다. 또한 소형 교통표시장치나 가로등 혹은 산불 감시용 등 인적이 드물고 외진 곳에 설치하는 소형 장비의 전력으로 사용하는 방법으로, 특히 전력공급을 위한 전력망이 갖춰지지 않은 도서산간지방에 주로 설치된다.

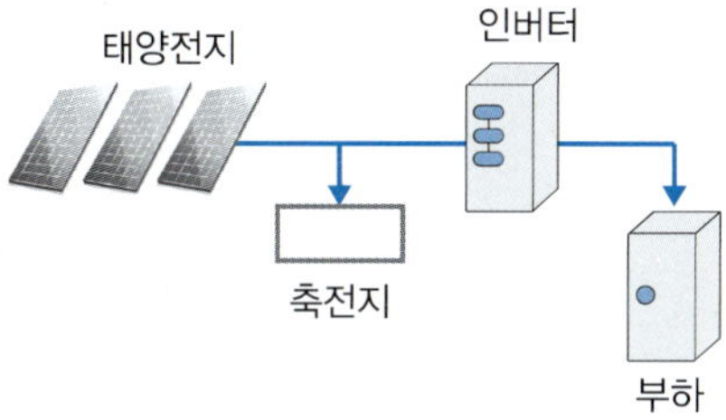

[그림 5-31] 독립형 시스템

발전량이 많지 않은 일기 조건이나 발전이 불가한 자연 조건에서 전력을 공급하기 위해 추가적인 설비를 하기도 한다. 이 경우 축전지를 사용하거나 다른 종류의 재생에너지원에 의한 발전시스템을 겸하여 사용하는 하이브리드 방식 혹은 중소형 디젤엔진이나 소형 원동기 엔진을 이용하여 발전기를 구동하는 방식을 통해 전력을 공급하는 장치를 추가적으로 구성한다.

독립형 태양광발전시스템은 태양광발전설비에 계통연계가 없는 것이 특징이며, 야간 전력사용을 위해 추가로 축전지를 구비하여 사용한다. 과거에는 발전기를 통해 전력을 자가발전하여 사용하였는데, 1차에너지인 화석연료 에너지 수급이 쉽지 않고 비용적인 측면에서 비교했을 때 지속적인 화석연료의 소비가 부담스러워 최근 설치가 쉽고 지속적인 비용 발생이 적은 태양광을 이용한 발전설비 구축이 권장되고 있다.

독립형 중에는 최근 캠핑과 레저 등 야외활동에 필요한 편의 장비들의 전력을 공급하기 위한 방법으로 개발되어 제작된 시스템도 있다. 직류를 교류로 변환하지 않고 바로 사용할 수 있도록 되어 있는 것도 많다. 이는 스마트폰 등의 쓰임이 많고 wi-fi 등의 통신 네트워크가 잘 구비되어 야외에서 디지털 네트워크 장비의 사용이 빈번해진 데 따른 추세이며, 직류전원장치들의 소형화와 안정화가 뒷받침된 기술의 발달 결과이다.

3 ESS의 구성

재생에너지 발전시스템의 가장 큰 단점은 간헐적 발전 형태이다. 즉 연속적인 전력공급을 할 수 없다는 것이다. 태양광발전시스템의 경우 날씨의 변화나 시간적인 제약 등으로 발전시간이 제한되는 한계가 있으므로 태양광발전설비는 추가적으로 전력을 저장할 수 있는 시스템이 필요하다. 특히 계통연계를 하지 않는 독립적인 운영을 하는 경우 발전시간과 전력소비시간이 다를 때 발전된 전력을 저장하고 필요한 때에 저장했던 것을 방전하여 사용해야 하는데, 이때 전력저장장치인 ESS를 필요로 한다.

ESS는 가능한 많은 양의 에너지를 적은 면적과 부피로 저장하고 빠르게 저장 및 방전할 수 있어야 한다. 이러한 특성을 각각 고효율 에너지 저장, 입출력의 속응성이라고 한다. 또한 ESS는 전력계통의 전력수급이 급격히 변할 때 수급변화를 완화하고 부족하거나 남는 부분을 통제하기 위한 완충장치로 사용할 수 있어야 한다. 전력을 저장하기 위한 방법에는 **전기적 저장방법**과 **물리적 저장방법**, 그리고 **화학적 저장방법**이 있다.

전기적 저장방법

배터리나 커패시터 혹은 초전도에너지 저장장치(Superconducting Magnet Energy Storage, SEMS) 같은 전기적 소자들을 이용하여 전하를 저장하는 방법이다.

먼저 배터리에는 납축전지 등의 전통적 방식을 이용한 저장방법과 리튬폴리머와 같은 소재를 이용한 고밀도 저장방법 등이 있다. 리튬폴리머는 높은 효율성과 경제성으로 응용 가능한 분야가 넓어 전기차 드론 등의 새로운 수송장치 산업을 견인하는 역할을 하면서 ESS의 기능을 확대하고 있다.

커패시터로 전력을 저장하는 경우 커패시터의 정전용량(C) 값과 전압(V)에 의해 결정되는 저장에너지의 크기를 $W = \frac{1}{2}CV^2$로 계산할 수 있다. 따라서 커패시터의 저장전력은 정전용량이나 저장 전압을 조정하여 결정할 수 있다.

초전도에너지 저장장치(SEMS)는 직류 전류를 코일에 인가하여 자기장을 통한 자기에너지를 만들어 저장하는 방식으로, 극저온에서 저항이 거의 없는 물리적 특성을 이용한 방법이다. 다만 이 방법은 소자의 물리적 제한이 있고 냉각시스템에 추가적인 전력을 소비한다는 점에서 아직 현실적인 방법이 아니다.

물리적 저장방법

물리적 저장방법에는 양수발전 방식, 플라이휠 방식, 압축공기 방식, 열적저장 방식이 있다. 양수발전 방식은 전통적이고 오래된 방식으로, 기저발전인 대규모 화력발전이나 원자력발전의 잉여전력을 이용하여 댐 하류의 하천수를 양수하여 댐 상류로 옮기고 부하전력이 최대일 때 수력발전기로 전력을 생산한다. 즉 전력을 물리적 에너지인 위치에너지로 바꿔 저장하는 방식이다.

플라이휠 방식은 관성력을 이용하여 무거운 중량체로 구성된 원형의 구조물, 즉 바퀴 형태의 중량체를 잉여전력으로 고속 회전하며 만든 관성력으로 잠깐 동안의 전력을 저장하고 사용하는 방법이다. 전기에너지를 기계적인 힘으로 바꾸면서 에너지 밀도가 낮아지며, 저장 후 기다리는 동안 대기 시간, 즉 대기전력의 손실이 높은 반면 급속 충전이 가능하고 수명이 긴 것이 특징이다.

압축공기 방식은 잉여전력을 이용하여 공기를 압축하여 저장하고 첨두부하 시간에 압축공기를 연소시켜 가스터빈을 돌리는 방식으로, 저장 공간과 압축률에 따라 대규모 저장이 가능하고 발전단가가 낮은 장점이 있다. 그러나 설치할 수 있는 장소가 많지 않고 설비시공 비용이 높다.

열적 저장 방식에는 열저장 매체에 열을 저장하는 현열형 방식과 물질의 상태변화를 이용하여 열을 저장하는 잠열형이 있다. 열을 저장하는 것을 축열이라고 하는데, 현열형 축열의 매체로는 물과 같이 저렴하고 흔한 것이 많이 사용된다. 잠열형 매체는 고체상태에서 액체상태로 변하는 상태변화를 이용하는 빙축열 매체와 액체상태에서 고체상태로 변하는 용융열 매체가 사용된다.

화학적 저장방법

전기분해를 통해 물을 산소와 수소로 분해하고 저장한 뒤 필요한 때에 연료전지의 연료로 사용하여 전기를 생산하는 방식이다. '물을 전기분해한다'고 하여 수전해라고 하며, 수소경제에 대한 관심으로 최근 급부상하고 있다. 재생에너지로 생성한 전력을 이용하여 수전해를 통해 수소를 만들고 저장하여 연료전지에 사용하는 생태계를 구성하는 것이 수소경제의 개념이다. 수소는 오랜 기간 저장하는 것이 어렵고 수율이 높지 않아 경제성과 효율 측면에서 아직은 연구할 것이 많은 분야지만 연료전지의 고효율성과 기술의 발달로 수전해에 대한 열망이 고조되고 있다.

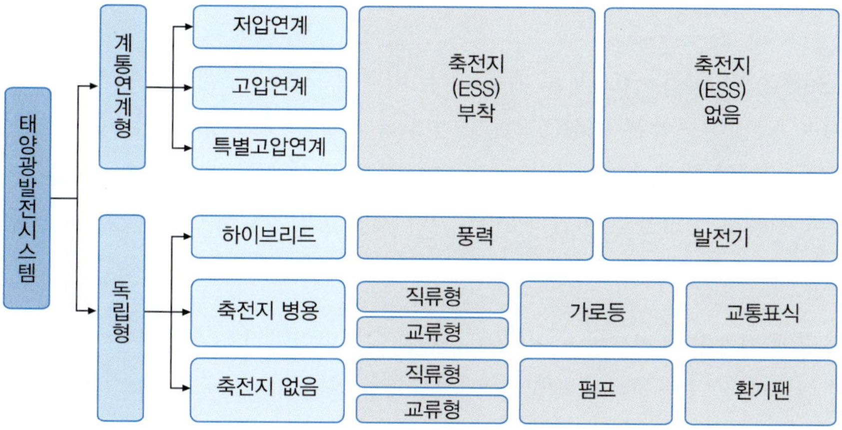

[그림 5-32] 계통연계 유무에 따른 태양광발전시스템의 분류

4 태양광발전설비의 구성

태양전지 어레이

태양광발전설비의 기본이 되는 장치는 태양전지이다. 태양전지의 기본 단위는 **셀**(solar cell)이며, 셀을 적당한 크기로 잘라 모은 것을 태양전지 **모듈**(module)이라고 부른다. 모듈은 크기와 전압이 다양한데, 이는 면적과 셀의 재질에 따라 발전용량이 달라지기 때문이다. 모듈을 구성한 **패널**(panel)은 내구성과 운반, 시공의 편의를 위해 가장자리와 뒤판을 다양하게 구성하기도 하여 이에 따라 매우 많은 종류의 모듈의 형태가 시판되고 있다. 이 모듈을 모아 지지대와 가대를 이용하여 설치하게 되면 태양전지 **어레이**(array)를 구성하였다고 할 수 있다. 태양전지는 기본적으로 반도체 소자이며, 빛을 전기로 변환하는 기능을 수행한다.

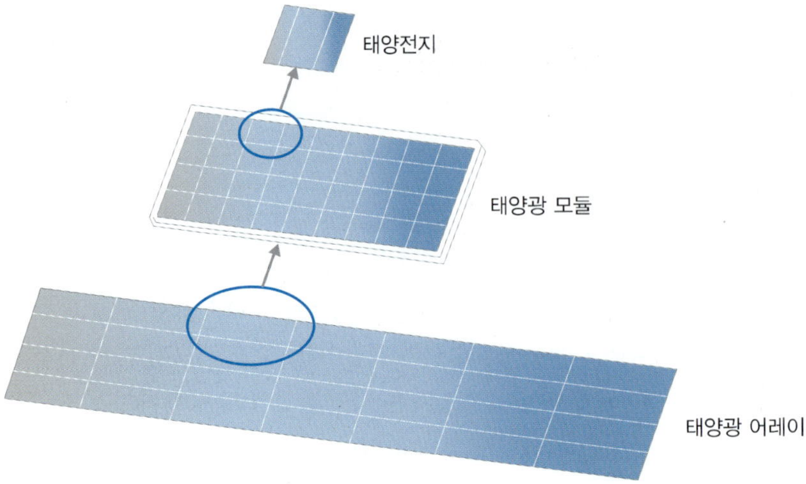

[그림 5-33] 태양전지 셀, 모듈, 어레이의 구분

보통 셀 한 장에서 나오는 전압은 약 0.5 ~ 0.6 V 로 매우 작다. 따라서 모듈을 구성하기 위해서는 여러 장을 직렬로 연결하여 수 V 에서 수십 V 이상의 전압을 얻도록 패널 형태로 제작해야 한다. 예를 들어 셀당 전압이 0.5 V 인 20개의 태양전지를 직렬 연결하면 10 V 의 전압을 갖는 **모듈**을 만들 수 있다. 물론 일사량에 따라 뒤에서 설명할 최대전력점전압이나 개방전압이 달라지지만 일반적으로 직렬 연결 개수를 통해 전압을 조정하여 모듈의 용량을 결정한다.

이러한 모듈을 부하의 용량에 적합하게 연결하여 어레이로 구성하면 화력발전소나 풍력발전소의 발전기와 같은 회전운동형 발전 방식의 발전기에 해당한다. 모듈과 마찬가지로 모듈을 직렬로 연결한 개수에 따라 전압을 결정할 수 있어 용량을 설정할 때 직렬 연결 개수가 중요하다.

실리콘결정형 단결정 타입의 태양전지 셀을 이용한 태양전지 모듈로 구성된 태양전지 어레이는 약 20 ~ 30 m^2 의 면적에서 3 kW 의 용량이 발전된다. 최근 생산된 제품은 300 W 의 경우 1 m × 1.985 m 의 크기로 1.98 m^2 의 면적을 갖는다. 3 kW 의 용량이라면 모듈 10장이 필요하며, 그 면적은 19.85 m^2 가 되겠지만 태양광 효율을 위해 이루는 경사면을 만들 각을 생각하면 더 작아질 수도 있다. 단, 이는 그림자 영역을 고려하지 않은 면적이다.

또한 태양전지 모듈의 규격 사양은 최대출력전력으로 표시하는데, 일기 조건과 일사량에 따라 측정값이 다르기 때문에 일반적으로 표면 온도 25℃ 의 태양전지 셀에 1 kW/m^2 의 일사량을 조사하여 출력된 값을 사용한다.

태양전지 모듈을 이용하여 발전할 때 발전전압은 모듈을 직렬로 연결하는 개수에 의해 조절할 수 있다. 모듈을 직렬로 연결한 구성을 **스트링**(string)이라고 하며, 스트링들을 병렬로 연결하면 어레이가 된다.

모듈을 직렬로 연결할 때 직렬로 연결된 태양전지의 모든 성능이 동일하고 모두 같은 빛이 조사되면 각각의 태양전지가 발생시키는 전류의 양이 모두 동일하므로 이웃하고 있는 태양전지의 발생된 양과 음의 전하가 상쇄되어 0이 되며, 직렬 경로에 일정한 값의 전류가 흐를 때와 같은 동작을 한다.

그런데 발생된 전류량이 하나라도 다른 것보다 적다면 직렬 경로 전체를 흐르는 전류값은 적은 전류량에 제약되어 버린다. 최악의 경우 하나의 태양전지의 발전량이 0이 되면 그 태양전지를 포함한 직렬 경로의 전류량도 0이 된다. 다음과 같은 경우 모듈별로 전력변환 효율이 일정하지 않아 직렬 경로 전체의 전류값이 저하된다.

- 햇빛의 일사량이 고르지 않은 경우
- 모듈 위로 그림자가 지는 경우
- 모듈의 생산 중 불량품이 있는 경우
- 모듈 중 전압이 일정하지 않는 경우

이런 때를 대비해 전류값이 저하된 태양전지를 자동적으로 우회시키는 회로인 바이패스 다이오드(D_b)를 미리 추가해 두면 이를 어느 정도 완화할 수 있다. 또한 스트링을 구성한 직렬 경로 사이의 전압 차이로 전류가 역류하는 경우를 대비해 역류방지 다이오드(D_s)를 구비하면 스트링 사이의 높은 전압 속에서 역전류로 인해 태양전지 모듈에 해를 끼치지 못하도록 방지할 수 있다.

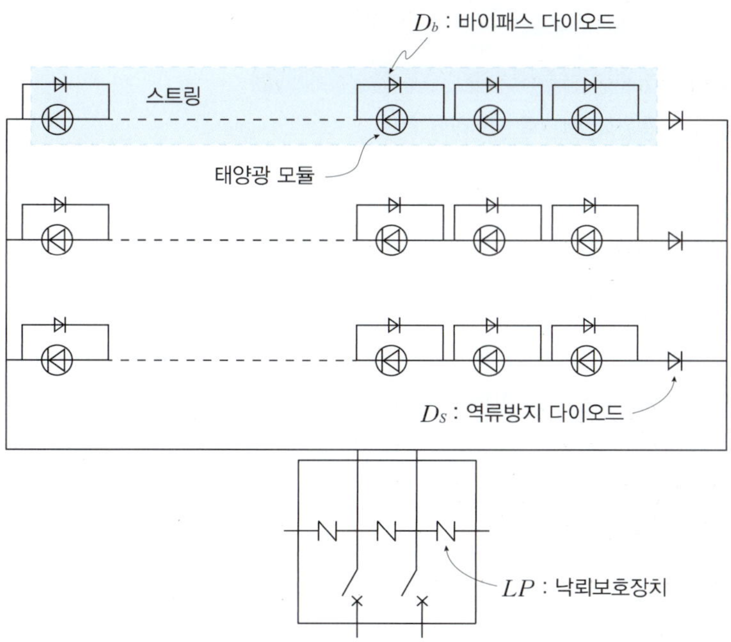

[그림 5-34] 태양전지 어레이의 전기적 구성

핫스팟과 바이패스

스트링을 구성한 직렬 경로 내부의 모듈은 바이패스 다이오드와 같이 결속되어 직렬 연결 중 태양전지 모듈의 불량에 대비할 수 있도록 하였다. 태양전지 모듈 내부의 태양전지들도 모듈의 전압 크기와 전류 크기를 맞추기 위해 직병렬로 연결되어 있다. 이때 모듈 내부의 전지 셀들이 연결될 때 불량 소자가 연결되거나 모듈 중 전지 몇 개에 그림자가 지게 되면 다른 셀들의 전류에 비해 낮은 전류가 형성되어 셀의 내부저항을 높이게 된다.

이렇게 높아진 셀 저항은 점차 열화되어 주변의 다른 셀보다 더 쉽게 더 높은 저항을 띠며 발열하는데, 이러한 현상을 **핫스팟**(hot spot, 열점)이라고 한다. 스트링을 구성한 직렬 경로와 달리 모듈 내부의 셀들은 개별적으로 바이패스 다이오드를 접속하고 있지 않기 때문에 핫스팟이 모듈에 나타나는 것은 보기 드문 현상은 아니나 육안으로는 쉽게 확인할 수 없으므로 적외선카메라 등을 이용하여 찾는 수고가 필요하다.

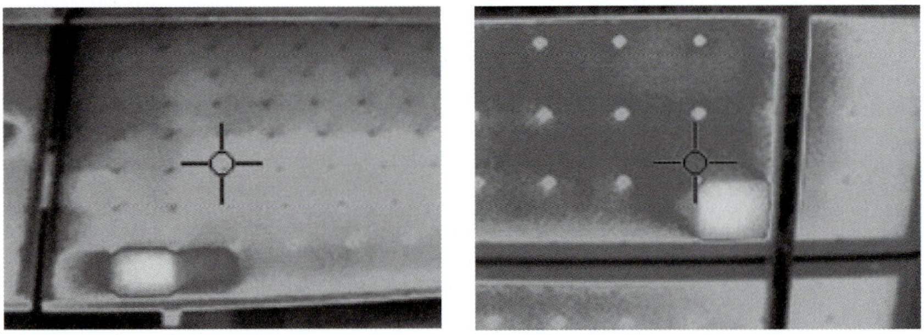

[그림 5-35] 핫스팟이 발생한 태양전지 모듈(열적외선카메라를 이용하여 촬영)

스트링의 직렬 경로를 구성하기 위해 기본이 되는 모듈을 직렬로 연결할 때 모듈의 제작상의 불량이나 운용상의 결함인 핫스팟이 발생할 경우 직렬 연결의 특성으로 인해 전체적인 변환효율(태양광을 이용하여 전력을 생산하는 효율, 태양광발전효율)이 저하될 수 있다. 이를 방지하기 위해 불량 모듈 혹은 핫스팟이 발생하는 모듈을 회피하여 기전력을 누적 전달하여 전력을 공급할 수 있다. 이 방법은 [그림 5-36]에서처럼 회피할 우회로를 구성하는 바이패스 소자를 모듈의 양단에 걸쳐 설치하고 그림자나 먼지 등으로 기전력이 저하되는 스트링을 병렬로 연결하는 곳에 역류방지 소자를 두어 안전성과 내구성을 높이는 데 이용한다.

태양전지 셀을 등가적인 유사회로로 다시 표시하면 기본적인 소자 특성에 견주어 다이오드와 유사한 특징을 나타낸다. 다시 말하면 스스로 기전력을 만드는 전지이면서 한 방향으로 전류를 흐르게 하는 다이오드의 특성을 갖는다. 내부에 순방향 극성을 만드는 전지의 극성은 외부에 양(+)단자와 음(−)단자를 보이며, 전류의 방향은 내부 순방향 다이오드 등가모델과 반대의 방향으로 출력된다. 이러한 이유로 전지 내부와 반대로 외부에서 우회용 바이패스 다이오드는 모듈의 극성과 동일한 방향으로 결속해야 한다.

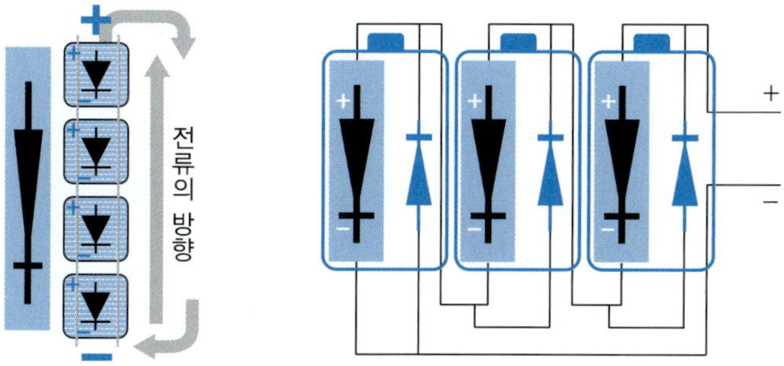

[그림 5-36] 모듈의 극성과 바이패스 다이오드의 극성

역전류방지 다이오드 등을 구비한 **접속함**(combiner box)은 태양광발전 어레이에서 생산된 전력을 모아 컨버터와 인버터 등으로 구성된 PCS에 전력을 넘겨주는 중간 구성장비이다. 어레이가 실외에 위치하여 낙뢰에 의한 전기충격인 서지나 우천 및 습기의 영향으로 단락사고가 발생할 위험이 높으므로 퓨즈와 낙뢰 보호소자(LP)를 이용하여 접속된 다른 장비와 기기를 보호하기 위한 장치들로 구성된다.

태양광 어레이 구조물(가대)

어레이 배치는 발전소 설계의 기본이다. 설계 시 햇빛 간섭을 최소화하고 정해진 부지면적 안에 많은 수의 어레이를 넣어야 발전용량이 많아진다. 이렇게 발전부지 안에 어레이의 방향과 태양의 계절적 고도변화에 의한 음영을 고려한 설치 간격을 설계한 것을 배치도라고 한다. 이 배치도에 맞춰 가대를 설치한다.

가대는 태양전지 모듈을 직렬로 연결한 어레이를 받치고 있는 구조물로, 토목 공사 기반 구조물 위에 부식을 방지한 강철 각파이프로 구성한다. 풍하중을 견딜 수 있도록 땅에 기초를 다져 콘크리트 기단을 형성하고 그 위에 3~5mm 정도 두께의 강철빔이나 사각파이프를 세운다. 다음으로 그 기둥 위에 태양전지 모듈을 받쳐줄 틀을 구성하여 올린다. 이때 모듈이 햇빛을 받는 방향과 경사를 고려해야 하는데, 3장에서 다룬 적위각을 통해 태양의 고도와 방향각의 변화를 추정하여 배치를 설계해야 한다.

일반적으로 가대는 남쪽을 향해 경사면을 만들고 태양광발전설비를 시공하는 위도에 맞춰 지면과 이루는 경사각을 형성하게 설계한다. 중요한 것은 어레이와 어레이 사이의 음영을 확인하는 것이다. 계절적 변화에 따라 고도각이 변해 그림자의 길이가 바뀌기 때문이다. 태양의 고도가 달라지는 것을 감안하여 경사각을 계절에 맞춰 변화를 주면 발전효율을 높일 수 있다. 예를 들어 하지를 중심으로 여름에는 고도가 높으므로 지면과 이루는 경사를 낮게 하고 동지가 있는 겨울에는 고도가 낮으므로 지면과 이루는 경사를 높게 하여 태양전지 모듈에 받는 태양광이 수직에 가깝게 입사하도록 조정하면 발전량 증대에 도움이 된다.

이러한 계절적 경사각 가변 방식을 단축가변형 시스템이라고 하며, 대개는 춘분점과 추분점을 기점으로 경사 각도를 조정한다. 여름에 태양의 고도가 높아지면 그림자 영역이 짧아 어레이 간격을 좁게 해도 그림자 간섭이 생기지 않지만 겨울에는 고도가 낮은 태양광에 의해 모듈의 경사를 높이면 어레이의 그림자가 길어져 간섭이 생길 수 있다. 따라서 이격거리를 겨울철 태양의 고도각과 모듈의 경사각을 통해 계산하여 발전소 설계에 반영해야 하며, 이격거리 산출을 위해서는 모듈의 길이와 길이, 태양의 고도를 고려해야 한다.

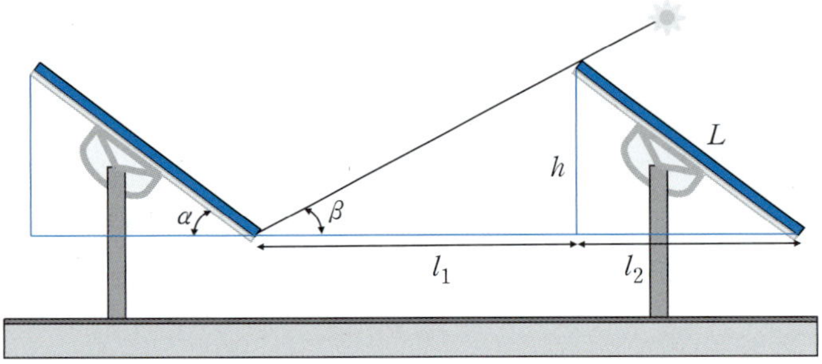

[그림 5-37] 구조물의 이격거리 설계

[그림 5-37]에 대해 자세히 살펴보자. 모듈의 길이를 L이라고 하고 설치 간격을 l이라고 할 때 l은 어레이 사이의 간격 l_1과 설치 길이 l_2의 합이다. 태양의 고도각을 β라고 하고 태양전지 모듈의 경사각을 α라고 하자. 이러한 요소로부터 설치 길이 l_2는 $L\cos\alpha$가 된다. 어레이 간격은 $l_1 = \dfrac{h}{\tan\beta}$이고 $h = L\sin\alpha$에서 $l_1 = L\dfrac{\sin\alpha}{\tan\beta}$가 된다. 각 구조물 간 설치 간격은 두 값의 합인 l을 고려해야 한다. 계산하면 $l = l_1 + l_2 = L\dfrac{\sin\alpha}{\tan\beta} + L\cos\alpha = L\left(\dfrac{\sin\alpha\cos\beta}{\sin\beta} + \dfrac{\cos\alpha\cos\beta}{\sin\beta}\right)$로부터 설계 시 고려해야 하는 설치 간격은 $l = L\left(\dfrac{\sin(\alpha+\beta)}{\sin\beta}\right) = L\dfrac{\sin(\pi-\alpha-\beta)}{\sin\beta}$가 된다.

즉 태양광발전소는 시공 지역의 위도에서의 태양의 날짜별 혹은 계절별 고도각과 모듈이 지면과 이루는 경사각을 이용하여 그림자의 길이를 계산하여 설치 간격을 구한다. 일 년 중 태양의 고도가 가장 낮을 때 그림자의 길이가 가장 길어지므로 동지를 기준으로 하여 태양의 고도를 반영한 음영을 계산하는 것이 바람직하다.

5 인버터의 역할

태양광발전시스템을 구성하는 핵심 부품 중에서 단일 제품으로 가격이 가장 높은 것은 **인버터**이다. 기본적인 인버터가 직류를 교류로 변환한다면 태양광발전 인버터는 태양전지 어레이에서 발생한 전력을 접속반을 거쳐 일정 전압과 전류로 모아 직류 입력을 받는다. 그 다음 MPPT를 통해 최고전력점을 추정하여 교류변환을 한 다음 전력계통에 주파수에 동기화하여 교류전력을 연계한다.

이때 인버터에 입력으로 인가되는 직류전력은 인버터의 허용 입력전압의 범위를 고려해야 하는데, 어레이로 구성된 태양전지의 결선은 설비시공 시 결정하면 변경이 어렵다. 따라서 시공된 직렬 연결 구성은 모듈의 개수에 따라 대략의 전압이 결정되지만 태양전지의 특성상 계절별 온도변화에 따라 개방전압이 변화하면 입력전압의 크기가 변동하는 것을 감안하여야 한다. 이 부분은 발전소 설계 시 매우 중요한 부분이므로 인버터의 사양서를 통해 입력전압의 범위를 확인하는 것이 좋다.

우리가 사용하는 가정용 전자제품과 전력 송배전시스템은 교류를 사용하며, 교류의 특성인 주파수와 진폭, 그리고 위상을 이용하여 전력변환에 사용한다. 교류는 직류보다 변압이 쉽고 전기를 사용하는 회전기기 등의 속도 제어에 유리한데, 태양광발전은 직류가 출력되므로 우리가 사용하는 가전제품에 곧바로 공급할 수 없어 인버터라는 장비를 사용하여 직류를 교류로 변환시켜줘야 한다.

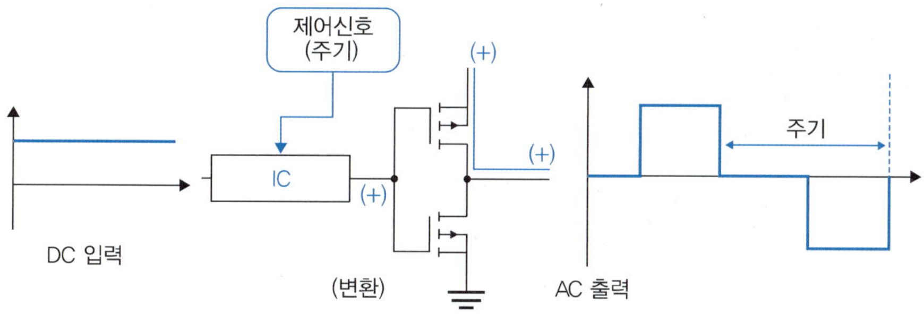

[그림 5-38] 스위칭 소자를 이용하여 직류를 교류로 변환하는 기본 개념

기본적인 DC-AC 변환은 스위칭 소자를 이용하여 양의 방향으로 도통하고 단선한 뒤 다시 음의 방향으로 도통하고 단선하는 방식이다. 이렇게 (+) → 0 → (−) → 0 → (+)의 반복에 의해 간략한 정현파 모양의 교류파형이 만들어지는 것이다.

가정에서 사용하는 교류(AC) 220 V 용 전기제품을 사용하거나 계통(전력회사)으로 전기 판매 시 DC-AC 인버터가 필요하다. DC-AC 인버터는 크게 다음 두 가지로 구분된다.

■ 정현파(pure sine wave)와 유사 정현파(modified sine wave) 인버터

계통(전력회사)에서 일반 가정에 공급되는 전기의 파형을 정현파라고 한다. 이 파형의 전기는 가정에서 사용하는 교류 전기제품을 모두 사용할 수 있다. 독립형 태양광발전시스템이나 측정기기, 의료기기, 통신기기, 음향기기, 형광등, 컴퓨터 등 고가 정밀기기에는 정현파 인버터를 사용해야 한다.

정현파와 비슷하지만 파형의 왜곡에 있어서 정격출력에 도달하면 파형이 찌그러지는 현상이 생겨 서지와 잡음, 화상 노이즈가 발생하는 파형을 유사 정현파라고 한다. 변형된 파형이어서 민감한 전자제품은 사용을 피하는 것이 좋으므로 파형에 민감하지 않은 모터류, 전등, 전열기구 등에 사용된다.

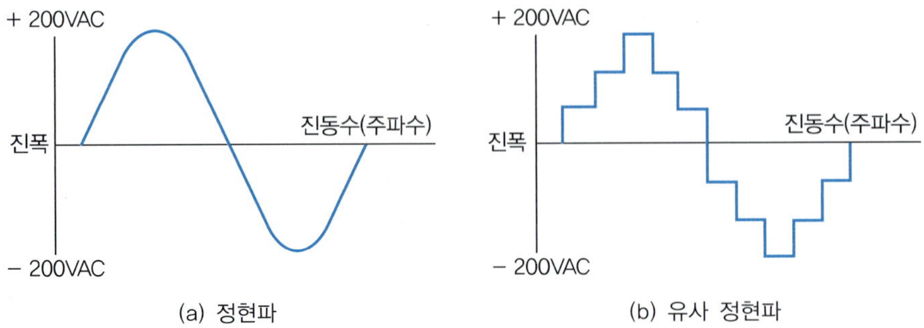

[그림 5-39] 인버터에 의해 만들어지는 정현파의 종류

■ 최대전력점 추종(maximum power point tracking, MPPT)

MPPT를 통한 전력생산 제어 방식을 구현하기 위한 방법에는 직접 제어 방식, P&O(Perturb and Observe) 방식, 인크리멘탈 컨덕턴스(Incremental Conductance, IncCond) 방식, 히스테리시스 밴드(Hysteresis-band) 변동 제어 방식 등이 있다. 이 중 가장 많이 사용하는 방식은 P&O 방식으로, 단어가 주는 의미처럼 교란하듯 툭툭 옮겨보고 관측하는 방식이다.

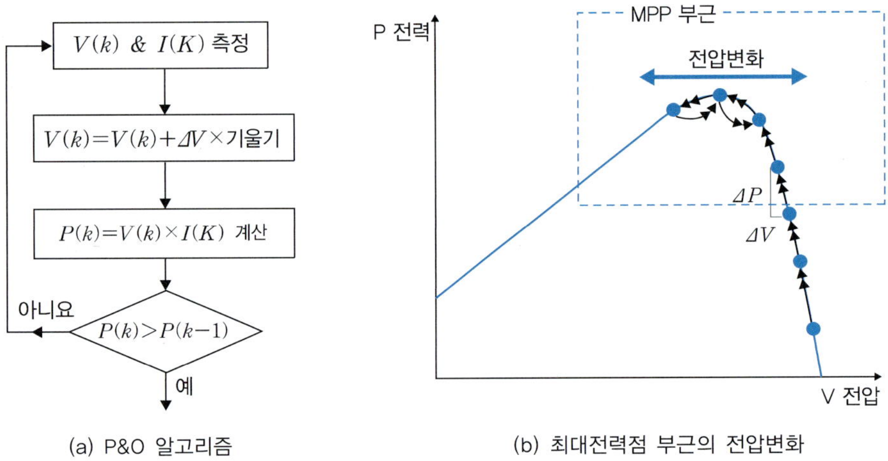

[그림 5-40] P&O 알고리즘과 최대전력점(MPP) 부근의 전압변화

다시 말해 최대점(MPP)을 추정하기 위해 전압을 임의로 바꿔 출력 전력 $P(k)$를 측정하여 바꾸기 전 전압에서 전력 $P(k-1)$과 비교하여 순간 전력이 줄었는지 늘었는지 관측하고 비교해서 전압을 옮겨가며 전력최댓값을 추정하는 방식이다. 태양의 계절에 따른 고도변화나 시간에 따른 이동변화에도 최대전력점을 유지하고 있는 인버터는 MPPT 제어 기능을 통해 전력생산효율을 최대한으로 끌어내는 매우 중요한 장치이다. 이 외에도 안전상의 문제로 자동정지나 낙뢰의 직류측 지락검출 등의 안전점검 규칙에 부합하는 부가적 기능을 수행할 수 있는 장치들을 탑재하고 있다.

6 인버터와 모듈의 특성에 따른 설계인자 계산

■ 모듈의 개수와 발전소 면적

모듈의 직렬수는 발전소의 발전전압을 결정하는 것으로, 발전소에서 계통연계에 매우 중요한 인자이다. 모듈의 직렬 연결은 앞서 설명한 바와 같이 스트링이라고 하는데, 스트링 전압이 바로 직렬수에 따른 발전소 발전전압이 된다.

모듈의 전압은 셀의 직렬 연결 개수와 비례한다. 즉 공장 출하 시 모듈의 개별 전압은 정해져 있으며, 여기에 앞서 설명한 온도변화에 따른 개방전압의 변화가 영향을 미친다. 모듈 1개의 온도가 변할 때 전압변화는 미미하지만 수백 장의 태양전지 모듈이 한꺼번에 온도가 변하면 그 영향은 크므로 설계 시 직렬 연결 모듈의 개수, 즉 스트링전압을 미리 계산하여 결정해야 한다.

또한 태양전지 모듈의 개방전압 온도계수인 전압온도변화(α)의 크기를 고려해야 한다. 결정질 태양전지의 경우 온도가 낮으면 개방전압이 높다. 이 특성을 고려하여 모듈표면온도가 최저인 상태에서의 모듈 개방전압 V_{ocL}(V)에 직렬 수(S_n)를 곱한 크기가 인버터의 입력전압 변동 범위의 최곳값(V_{im}) 미만이 되도록 선정한다.

$$V_{ocL} \times S_n < V_{im}$$

태양전지 모듈의 직렬수(S_n)는 인버터의 입력전압 변동 범위 최곳값(V_{im})을 최저 모듈표면온도에서의 개방전압 V_{ocL}(V)로 나눈 값보다 작아야 한다.

$$S_n < \frac{V_{im}}{V_{ocL}}$$

이제 이 식에 온도에 따른 태양전지 모듈의 개방전압의 변화를 반영하여 계산해야 한다. 개방전압은 온도에 반비례하는 특성이 있으므로 최저온도에서 가장 높다. 따라서 최저온도에서의 개방전압 V_{ocL}(V)는 표준조건에서의 개방전압 V_{oc}(V)로부터 전압온도변화 α와 표준조건 최저온도 온도편차 σ_L을 고려하여 다음과 같이 구한다.

$$V_{ocL} = V_{oc}\{1 + (-\alpha \times \sigma_L)\}\,[\mathrm{V}]$$

스트링 개방전압은 직렬수에 V_{ocL}(V)를 곱해 계산하며, 인버터의 입력전압 변동범위 최곳값보다 작아야 한다. 반대로 최고온도에서는 개방전압이 가장 낮을 것이므로 최고온도에서의 개방전압 V_{ocH}(V)는 표준 조건에서의 개방전압 V_{oc}(V)로부터 전압온도변화(α)와 표준조건 최저온도 온도편차 σ_H를 고려하여 다음과 같이 구한다.

$$V_{ocH} = V_{oc}\{1 + (-\alpha \times \sigma_H)\}\,[\mathrm{V}]$$

이제 개방전압으로부터 최대출력 동작전압(V_{mpp})의 변화를 계산해보자. 최저온도일 때 최대전력점에서의 전압은 개방전압 계산식과 동일하다. 그러나 온도계수인 전압온도변화 값이 개방전압에 대한 최대전력점 전압의 비율에 비례하여 다음과 같이 계산된다.

$$V_{mppL} = V_{mpp}\{1 + (-\beta \times \sigma_L)\}[\mathrm{V}], \quad \beta = \frac{V_{mpp}}{V_{oc}} \times \alpha$$

반대로 최고온도일 때 최대전력점에서의 전압은 개방전압 계산식과 동일하다. 그러나 온도계수인 전압온도변화 값이 개방전압에 대한 최대전력점 전압의 비율에 비례하여 다음과 같이 계산된다.

$$V_{mppH} = V_{mpp}\{1 + (-\beta \times \sigma_H)\}[\mathrm{V}], \quad \beta = \frac{V_{mpp}}{V_{oc}} \times \alpha$$

실제 계산을 위해서는 발전소 설비에 사용된 태양전지의 모듈 특성을 알아야 한다. 태양전지 모듈의 특성으로는 최대전력 $P_{\max}$(W), 개방전압 V_{oc}(V), 단락전류 I_{sc}(A), 최대전압 V_{mpp}(V), 최대전류 I_{mpp}(A), 전압온도변화 (%/K), NOCT[16](℃)가 있으며, 이는 태양전지 모듈 뒷면에 명판으로 표기되어 있다.

또한 발전소의 발전용량과 연동하여 계산하기 위해 인버터의 특성도 알아야 한다. 대개 인버터의 특성은 최대입력전압(kW), MPP 범위(V), 최대입력전압(V), 최대입력전류(A), 정격출력(kW), 주파수(Hz)로 표시하며, 태양전지 모듈의 특성과 마찬가지로 제품의 옆면 혹은 뒷면에 명판으로 표기되어 있다.

정리하면 모듈의 수량은 발전소의 설계 전압과 전류에 따라 직렬수와 병렬수를 결정할 수 있으며, 이러한 계산으로부터 설계하는 발전소에 필요한 태양광 모듈의 개수를 계산할 수 있다. 모듈의 직렬수와 병렬수는 다음 규칙을 따른다.

- 모듈의 직렬수 $< \dfrac{\text{인버터의 입력 전압변동 범위 최댓값}}{\text{모듈 표면온도가 최저인 상태의 개방전압}}$
- 모듈의 병렬수 $< \dfrac{\text{인버터의 입력 전류 최댓값}}{\text{모듈 표면온도가 최고인 상태의 개방전압}}$
- 모듈의 직병렬 수 : "직렬수 × 병렬수 × 모듈 1장의 면적"이 만드는 설치 면적을 고려해서 결정

이러한 특성값들과 환경지표인 주위 온도와 셀 표면온도 등을 통해 개방전압과 최대전력점전압을 계산하고 설치 지역의 최고온도와 최저온도 범위를 통해 발전소 구성에 사용할 수 있는 최대 직렬 모듈 수를 계산할 수 있다.

---

16 Nominal Operating Cell Temperature의 약자로, 일반적인 동작 시의 셀 온도를 뜻한다.

예를 들어 다음과 같이 구성된 태양전지 모듈과 인버터의 특성을 고려해 주위 온도 $-10℃ \sim 70.5℃$의 변화에 따른 태양전지 모듈의 개방전압과 최대전력점 전압, 발전소 구성이 가능한 직렬 수를 구해보자.

태양전지모듈 특성	
최대전력 P_{max} [W]	300
개방전압 V_{oc} [V]	44.9
단락전류 I_{sc} [A]	8.78
최대전압 V_{mpp} [V]	36.1
최대전류 I_{mpp} [A]	8.32
전압온도 변화[%/K]	0.3
NOCT[℃]	46

인버터 특성	
최대입력전압[kW]	80
MPP 범위[V]	450~850
최대입력전압[V]	900
최대입력전류[A]	182
정격출력[kW]	80
주파수[Hz]	60

온도계수는 전압온도변화 값 0.3%/K이므로 0.003이 되며, 최저온도편차 σ_L은 '$-10℃ - 25℃$'가 되므로 $-35℃$이다. 표준 개방전압 V_{oc}는 44.9이므로 계산식에 넣으면 최저온도 개방전압과 최저온도에서 최대전력점 전압은 다음과 같다.

$$V_{ocL} = 49.61 = 44.9 \times \{1 + (-0.003 \times -35)\} [V]$$

$$\beta = \frac{V_{mpp}}{V_{oc}} \alpha = \frac{36.1}{44.9} \times 0.003 = 0.0024$$

$$V_{mppL} = 39.13 = 36.1 \times \{1 + (-0.0024 \times -35)\} [V]$$

이번에는 최고온도 개방전압과 최고온도 최대전력점 전압을 구해보자. 최고온도편차 σ_H는 $70.5℃ - 25℃$가 되므로 45.5℃ 이다.

$$V_{ocH} = 38.77 = 44.9 \times \{1 + (-0.003 \times 45.5)\} [V]$$

$$V_{mppH} = 32.16 = 36.1 \times \{1 + (-0.0024 \times 45.5)\} [V]$$

앞선 계산 결과로부터 직류측 전압 강하가 3%일 때 최대직렬수 Max S_n은 다음과 같이 계산한다.

$$\text{Max } S_n = \frac{V_{im}}{V_{ocL}} \times (1 + \text{전압강하율}) = \frac{900}{49.61} \times 1.03 = 18.68$$

따라서 최대직렬수는 18이다. 최소직렬수 Min S_n을 계산해보자. 인버터의 최소입력전압은 MPP 범위 최소전압을 취하며, 이에 따라 개방전압 대신 최고온도의 최대전력점전압에 비례한 식으로 계산한다.

$$\text{Min } S_n = \frac{V_{iL}}{V_{mppH}} \times (1 + \text{전압 강하율}) = \frac{450}{32.16} \times 1.03 = 14.41$$

따라서 최소직렬수는 14이다.

■ 전기 설계

태양광발전설비의 직류와 교류 전선에서 발생하는 내부저항은 발전전력의 전압을 방해하여 전압을 떨어뜨린다. 이것을 전압 강하라고 하는데, 직류의 전압 강하는 옴의 법칙과 저항 재질의 특성을 반영하여 계산할 수 있다. 전선의 단면적이 변해 전압의 변동이 생길 때 면적에 대한 전압의 변화를 전압 강하 단면적 A라고 한다. 이제 그 특성을 계산해보자.

전압 강하 단면적 A와 전선의 길이 l, 그리고 재질의 특성치 비저항 ρ에 의해 $V_r = Ir$이고 $r = \rho\frac{l}{A}$이므로 $V_r = I\rho\frac{l}{A}$이 되어 전압이 저하된다. 따라서 전선의 두께에 해당하는 단면적을 적당히 넓게 하는 것이 좋다. 다만 단면적이 넓은 전선은 가격이 오르는 것을 감안해야 한다.

교류의 경우 부하 접속 시 수전단의 전압은 송전단의 전압보다 낮다. 전류는 전압이 높은 쪽에서 낮은 쪽으로 흐르기 때문이다. 이 전압차를 교류 전압 강하라고 한다. 전압강하율 e는 송전전압 E_s와 수전전압 E_r의 차이를 수전단 전압의 크기로 나눈 비율을 이용한다.

$$\text{전압강하율}\, e\,[\%] = \frac{E_s - E_r}{E_r} \times 100\,[\%]$$

앞선 식에 따라 전압 강하를 고려한 전선의 굵기를 계산해보자. 교류전력의 송전 방식에 따라 [표 5-4]와 같이 정리하였으며, 여기에서 도전률과 저항률을 각각 97%와 1/58로 적용하면 비저항 ρ는 다음과 같이 계산할 수 있다.

$$\rho = \frac{1}{58} \times \frac{100}{97\%} = \frac{100}{5626} = \frac{17.8}{1000}$$

[표 5-4] 전압 강하율과 전선 굵기 계산 (도전율 97%, 저항률 1/58 적용)

송전 방식	전압 강하	전선 굵기
직류 2선식 교류 2선식	$e = 2 \times \frac{17.8 \times L \times I}{1000 \times A}$	$A = \frac{35.6 \times L \times I}{1000 \times e}$
단상 3선식	$e = 1 \times \frac{17.8 \times L \times I}{1000 \times A}$	$A = \frac{17.8 \times L \times I}{1000 \times e}$
3상 3선식	$e = \sqrt{3} \times \frac{17.8 \times L \times I}{1000 \times A}$	$A = \frac{30.8 \times L \times I}{1000 \times e}$
3상 4선식	$e = 1 \times \frac{17.8 \times L \times I}{1000 \times A}$	$A = \frac{17.8 \times L \times I}{1000 \times e}$

7 태양광발전설비의 점검주기

태양광발전설비의 주요 점검주기는 다음과 같다.

[표 5-5] 태양광발전설비의 주요 점검주기 및 점검내용

구분	주요 점검내용	점검주기
수시점검	• 모니터링 발전 상태 표시 및 센서 정상동작 여부 • 인버터 LCD 표시창 발전 상황 정보표시 이상 여부	수시
일상점검	• 태양광 모듈 표면 오염 및 파손, 접속케이블 손상 여부 • 구조물 및 부속자재 고정볼트 풀림 여부, 인버터 정상동작 여부	월 1회
정기점검	• 구조물 및 장비 부식 여부, 외부 배선 손상, 접속단자 풀림 여부 • 필요시 외부 전문기관 전기안전진단 실시(한국전기안전공사)	연 1회
특별점검	• 태양광발전설비 정상가동에 문제가 발생한 때 • 외부 기관 안전점검 등의 사유가 발생한 때 등	필요시

태양광발전설비의 주요 점검항목과 점검방법을 요약하면 다음과 같다.

[표 5-6] 태양광발전설비의 주요 점검항목 및 점검요령

구분	방법	점검항목	점검요령	측정장비	수시	일상	정기
태양전지 어레이	점검	유리 등 표면의 오염 및 파손	심한 오염 및 파손이 없을 것	육안		●	
		접속케이블의 손상 및 접속단자 풀림	접속케이블/접속단자 풀림이 없을 것	육안 및 공구		●	
	측정	태양전지판 셀 열화상태	각 셀의 열화가 없을 것	열화상카메라			●
구조물	점검	가대의 부식 및 녹 발생	부식의 녹이 없을 것	육안		●	
		가대의 고정	볼트 및 너트의 풀림이 없을 것	육안 및 공구		●	
		프레임 파손 및 변형	파손 및 두드러진 변형이 없을 것	육안		●	
	측정	접지저항	접지저항 100Ω 이하일 것 (제3종 접지 경우)	접지저항계			●
접속반	점검	외함의 부식 및 파손	부식 및 손상이 없을 것	육안		●	
		외부 배선의 손상 및 접속단자 풀림	배선/나사의 풀림이 이상이 없을 것	육안 및 공구		●	
		접지선의 손상 및 접지단자 풀림	접지선/나사의 풀림이 이상이 없을 것	육안 및 공구		●	
	측정	절연저항	〈태양전지-접지선〉 0.2MΩ 이상, 측정전압 DC 500 V (각 회로마다 전부 측정) 〈출력단자-접지간〉 1MΩ 이상, 측정전압 DC 500 V	절연저항계			●
		개방전압	규정의 전압일 것 다이오드의 상태 확인 (각 회로마다 전부 측정)	멀티테스터			●

구분	방법	점검항목	점검요령	측정장비	수시	일상	정기
인버터	점검	외함의 부식 및 파손	부식 및 파손이 없을 것	육안	●	●	
		외부 배선의 손상 및 접속단자 풀림	배선/나사의 풀림이 이상이 없을 것	육안 및 공구		●	
		접지선의 손상 및 접지단자 풀림	접지선/나사의 풀림이 이상이 없을 것	육안 및 공구		●	
		환기팬 확인	환기구를 이물질이 막고 있지 않을 것	육안	●	●	
			환기팬이 정상 작동하고 있을 것	육안	●	●	
	측정	절연저항 (인버터 입출력단자-접지간)	1MΩ 이상, 측정전압 DC 500 V	절연저항계			●
		접지저항	접지저항 100Ω 이하일 것 (제3종 접지 경우)	접지저항계			●
		수전전압	주단자대 수전전압이 기준치 이내일 것	멀티테스터			●
		표시부의 동작 확인	표시상황 및 발전상황에 이상이 없을 것	육안	●	●	
모니터링	점검	발전상태 및 센서 정상 표시 여부	발전량 및 센서 표시가 이상이 없을 것	육안	●	●	
		인터넷 회선	인터넷망에 정상적으로 접속되어 있을 것	육안	●	●	

8 수상 태양광발전설비의 구성

[그림 5-41]의 **수상 태양광발전**(Floating PV, FPV)은 기존의 태양광발전기술과 플로팅 기술을 융합한 신개념 발전 방식이다. 종래의 육상(나대지 등)이나 건축물이 아닌 댐의 유휴 수면에 설치하는 재생에너지원으로, 구조체, 계류장치, 태양광발전설비, 수중케이블 등으로 구성된다.

- **구조체**(float) : 태양광 모듈을 설치할 수 있는 수상 부체
- **계류장치** : 수위 변동에 응동하면서 남향을 유지할 수 있도록 지지하는 장치
- **태양광발전설비** : 구조체 위에 설치되는 태양광 어레이, 접속함 등 전기설비
- **수중케이블** : 발전된 전력을 육상의 전기실까지 전송하는 전송로

수상 태양광과 육상 태양광을 구분하는 확연한 차이는 부유체를 포함한 구조물의 특성에 있다. 육지에 시설을 시공할 때는 기초라고 하는 토목공사를 통해 발전소 부지에 평탄 작업과 함께 시설물을 고정할 기초공사로 터파기, 채움 과정을 거쳐 콘크리트 구조물을 구성한다.

반면 수상 태양광발전은 기본 골조인 철 구조체, 부유를 위한 FRP 구조체, 태양전지 모듈을 받치기 위한 알루미늄 구조체를 서로 연결한 형태를 기본 단위로 하여 시설용량에 따라 단위 유닛을 여러 개 연결하는 구조이다. 상호 연결된 전체 구조체의 계류는 연중 수위 변동에서 추종이 가능하도록 현수선 방식의 계류시스템을 적용하는 부유체가 중심을 이룬다.

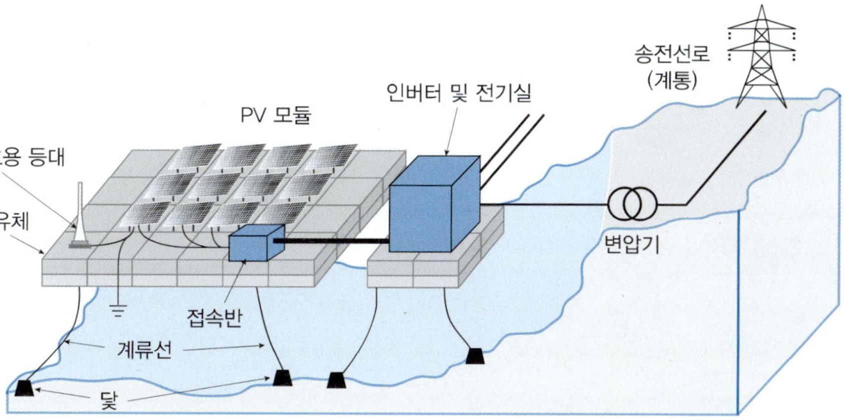

[그림 5-41] 수상 태양광발전개념도[17]

구성된 유닛 간 연결은 [그림 5-42]와 같은 힌지(hinge) 방식을 이용한다. 이는 너울에 의한 상하 출렁임에 의해 기울어져 파손되는 것을 막기 위한 것으로, 유닛별 자중 및 부력의 차로 인한 단차를 극복할 수 있도록 연결한다.

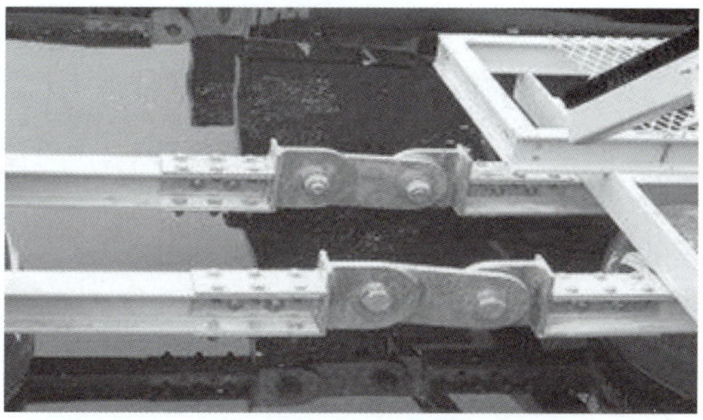

[그림 5-42] 단위 구조체(유닛)간 힌지 연결

계류시스템은 구조체의 방향을 항상 정남향을 향하도록 고정하는 동시에 연중 수위 변동에 응동하면서 태풍 및 기상악화 시에도 수상 태양광발전설비가 유실되지 않도록 단단히 고정해야 한다. 이를 위해 구조체를 수중 바닥에 고정시키기 위한 닻과 구조체와 연결하기 위한 계류선, 수위 변동에 응동하면서 장력을 유지하기 위한 무게추 등으로 [그림 5-43]과 같이 다양하게 구성된다.

수상 발전시스템의 특성은 전력선에도 영향을 미치므로 절연과 부식에 매우 주의를 기울여야 한다. 전력시스템은 태양광(PV) 모듈과 모듈의 직병렬회로(어레이), 직렬회로를 인버터 용량에 맞게 병렬 연결하기 위한 접속반, 수상의 접속반에서 육상의 전기실에 설치된 인버터까지 생산된 전력을 전송하기 위한 수중케이블, DC 전력을 AC 상용전력으로 변환하여 한전 배전계통에 연계하는 인버터, 전력계통의 고장 시 이를 감지하고 차단할 수 있는 보호계전 방식을 수납한 저압 계통연계반으로 구성된다.

17 SERIS, at the National University of Singapore

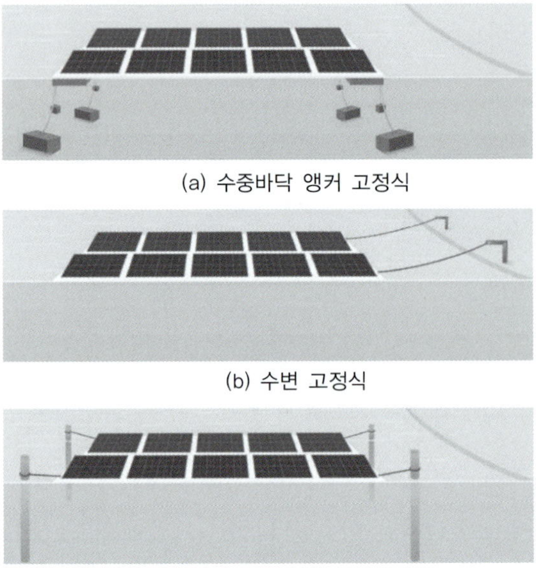

(a) 수중바닥 앵커 고정식

(b) 수변 고정식

(c) 파일 고정식

[그림 5-43] 부유 구조체를 위한 다양한 계류 방식[18]

전기실은 경제성 측면을 고려하여 수상 구조물에서 가까운 직선거리의 육상에 위치하도록 설계하며, 사유지를 회피하여 저수구역 내의 적당한 부지면적과 계통 연계를 위한 배전선로가 인접한 곳을 적지로 선정한다.

수중케이블 시공은 수상 태양광설비 특성에서 필수 불가결한 부분이다. 수상 태양광에 사용하는 수중케이블은 일반적인 해저 케이블의 환경 조건보다는 가혹하지 않지만 장기간 수중에 있으므로 흡습에 의한 절연열화를 충분히 고려해야 하며, 전기설비기술 기준 및 앞에서 언급한 수중케이블의 요구조건과 경제성, 시공성 등을 고려하여 일반 케이블보다 수중에서의 특성이 우수한 특수 수중케이블로 내구성을 향상해야 한다.

수상 태양광발전시스템은 안정성과 경제성을 고려하여 주변 환경과 구조물들의 특성이 태양광발전에 미치는 영향과 기상 조건에 따른 영향을 원격으로 관리할 수 있는 장치들이 필요하다. 항상 배를 타고 물에 나가 있을 수는 없으며, 기상악화 시 접근이 더욱 어렵기 때문이다. 이를 감안하여 각종 기상센서(일사량, 온도, 습도, 풍향, 풍속, 모듈온도, 수온)와 CCTV, 접속함, 인버터의 전기적 데이터 등의 자료를 저장하고 원격으로 감시할 수 있도록 이를 처리하는 통신 모듈, 데이터 전송장치 및 데이터 분석 프로그램 구성이 필요하다.

---

18 Where Sun Meets Water FLOATING SOLAR MARKET REPORT, SERIS

9 신재생에너지 발전(태양광주택) 전기요금 부과 방식

2012년 1월부터 신재생에너지 발전설비 설치 시 기설치된 수전용 계량기[19] 외에 잉여전력용 계량기[20]를 추가로 설치하도록 의무화되었다.

상계거래 방식 전기 사용량 계산

전기 사용량을 한전에서 수전 받은 전력량으로, 전기 소비량을 자가발전을 통해 소비되는 전력량이라고 정의할 때 신재생에너지 발전설비를 통해 생산된 전기는 건물에서 바로 소비되므로 수전용이나 잉여전력용 계량기에는 표시되지 않고 발전량이 전기 소비량보다 클 때만 표시된다.

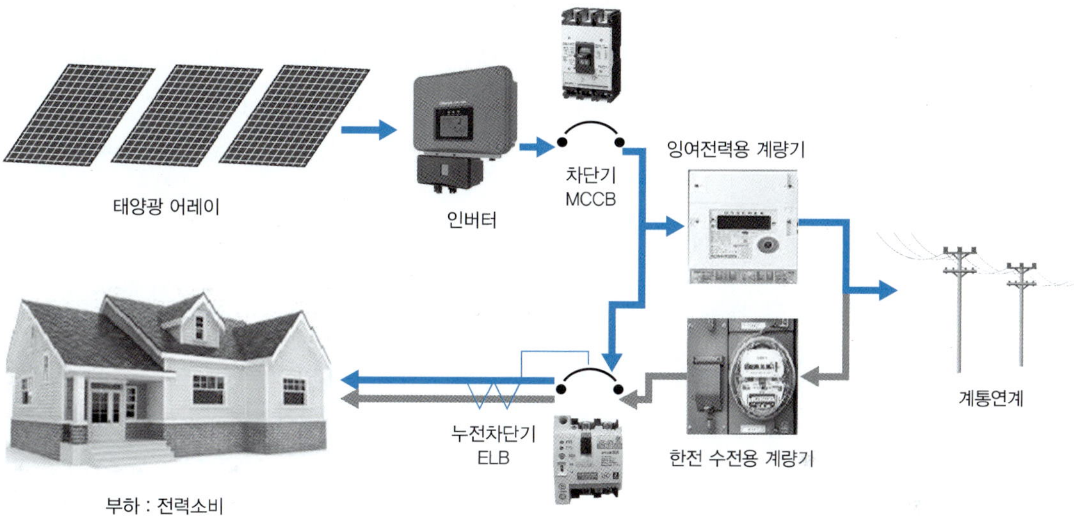

[그림 5-44] 전기 사용량 계산 흐름도

★ 전기 사용량 계산 ★

❶ 대양광발전설비를 통해 생산된 전기는 건물의 전기계통에 연결된다.
❷ 발전된 전기를 건물에서 소비한다.
❸ 자가생산, 소비 후 남은 잉여전력량을 잉여전력용 계량기에 표시한다.
❹ 자가생산, 소비 후 부족하여 한전으로부터 수전받은 전력량을 수전용 계량기에 표시한다.
❺ 전기 사용량(수전 전력량값) − 잉여전력량(잉여전력 계량값)
= 총 전기요금 계산값(최종 전기 사용량)

19 일반적 건물에 설치된 계량기로, 한전으로부터 수전받아 사용하는 전기 사용량을 표시하는 계량기를 말한다.

20 발전설비를 통해 생산한 발전량이 건물에서 소비한 전력량보다 많을 때 잉여전력량(발전량−소비량)을 표시하는 계량기를 말한다.

한 예를 통해 전기 사용량을 계산해보자.

❶ 자가생산・소비 후 부족하여 한전으로부터 수전받은 전력량(수전계량기) : 291 kWh
❷ 자가생산 ・소비 후 남은 잉여전력량(잉여계량기) : 134 kWh
❸ 총 발전된 태양광 전력량(인버터 계량치) : 293 kWh
❹ 자가 발전된 전기를 건물에서 소비한 전력량 : 159 kWh = 293 kWh − 134 kWh
❺ 총 전기 사용량 : 157 kWh = 291 kWh − 134 kWh

설명과 계산 예시를 통해 살펴본 전기요금 계산 방식을 정리하면 발전이 되는 시간대(태양이 있는 낮 시간대)의 계량기 표시 내용은 다음 두 경우이다.

- **발전량 > 전기 소비량** : 잉여전력량이 잉여전력용 계량기에 표시됨
- **발전량 < 전기 소비량** : 한전으로부터 수전받은 전력량이 수전용 계량기에 표시됨

생산된 전기는 건물에서 바로 소비되므로 계량기에는 표시되지 않으며, 발전량이 소비량보다 적을 때는 수전 계량기 측에 표시된다. 발전이 되지 않는 시간대, 즉 태양이 없는 시간대에는 전기 발전량이 없으므로 수전 계량기에 표시된다. 이때 이 두 경우를 합해 부과되는 전기요금은 다음과 같다.

- 수전전력량 = 291 kWh
- 잉여전력량 = 134 kWh
- 상계 후 전력량(전기요금 부과) = (291 kWh − 134 kWh) = 157 kWh

이때 부가세는 수전 전력량(291 kWh) 기준으로 부과되며, 잉여전력량이 수전량보다 큰 경우에도 기본요금 및 부가세는 청구된다. 동・하절기에 전력 소비가 큰 냉난방기를 사용할 경우 잉여전력량은 아주 적거나 없을 수 있다.

[표 5-7]에서 사용요금은 상계 후 전력량(157 kWh)에 대한 요금을 부과한 것이다. 부가세는 수전 전력량(291 kWh)에 대한 요금을 부과한 것이다.

[표 5-7] 태양광발전 전기요금 부과 방식 예시

수전전력량	잉여전력량	상계 후 전력량
291 kWh	134 kWh	(291 − 134) = 157 kWh

사용요금(93.3원/kWh)	기본요금(200kWh 이하)	부가세(10%)	납부요금
14,648	910	1,556	17,114

RPS 제도와 REC, SMP에 의한 전력가격

신재생에너지 공급 의무화(Renewable Portfolio Standard, RPS) 제도는 일정 규모 이상의 발전사업자에게 전력 총 공급량 중 일정 부분을 신재생에너지로 공급하도록 의무화하는 제도이다. 2012년부터 대한민국 정부는 태양광, 풍력, 수소 연료전지 등의 산업화를 위해 발전량의 일정 비율을 신재생에너지로 의무화하는 RPS 제도를 도입했다.

현행 RPS 제도에서 공급의무자는 총 발전설비용량 500MW 이상을 보유한 발전사업자로, 한전발전 자회사 6개사, 공공기관 2개사, 민간발전사업자 13개사의 총 18개 업체이다. 공급의무비율은 신에너지 및 재생에너지 개발이용보급 촉진법 시행령에 규정되어 있으며, [표 5-8]에 연도별 비율을 표시하였다. 연도별 총 의무공급량은 신재생에너지를 제외한 전년도 총발전량에 의무비율을 곱해 계산한다.

[표 5-8] 연도별 공급의무비율[21]

연도	2015	2016	2017	2018	2019	2020	2021	2022	2023	2024
비율(%)	3	3.5	4	4.5	5	6	7	8	9	10

가정용과 달리 신재생에너지를 이용한 전력사업자의 태양광발전사업의 주 수익원은 크게 생산한 전력의 **계통한계가격**(System Marginal Price, SMP) 판매수익과 **공급인증서**(Renewable Energy Certificate, REC) 판매수익으로 분류된다.

계통한계가격(SMP)은 한전에서 발전사로부터 매입하는 전기의 단가로, 거래시간별로 원자력과 석탄화력발전소를 제외한 일반발전기의 전력량에 적용하는 전력시장가격이다. 신재생에너지 공급인증서(REC)는 RPS 의무에 따라 전력을 신재생에너지로 공급했다는 증명 확인서로 거래가 가능하며, 입찰과 판매를 목적으로 발행하는 것이다.

계통한계가격 측면에서 전력의 판매수익은 발전용량에 따라 다음과 같이 분류된다.

■ 1MW 미만 발전사업

한국전력공사와 전력거래소 중 선택하여 전력거래를 할 수 있다. 이때 한국전력공사와의 거래를 선택하면 전력수급계약(Power Purchase Agreement, PPA)을 맺어 월가중평균 계통한계가격(SMP)에 따라 전력을 거래하게 되는데, 각종 추가 비용과 절차 때문에 소규모 사업은 PPA를 선택하는 것이 일반적이다.

일반적인 신재생에너지의 경우 10kW 이하에서만 상계거래가 가능하지만 태양광발전은 1,000kW까지 상계거래가 가능하다. 상계거래를 하는 경우 사업자등록은 필수가 아니며, PPA 방식이 아닌

21 신재생 원스톱 사업정보 통합포털(http://onerec.kmos.kr/portal/index.do)

자가소비 방식으로 사용하고 잉여전력만 계통연계로 송전할 수 있다.

[표 5-9] 1MW 이하 태양광발전소의 전력거래 방식 (한전 거래)

계약방식	사업구분	용량	사업방식	판매방식
전력수급계약 (PPA 신청), 사업자등록 필수	사업용	1,000 kW 이하	발전량 모두 판매	발전량 기준 SMP + 가중 REC
	자가용	10 kW ~ 1,000 kW 이하	자가소비 후 잉여분 판매	잉여량 기준 SMP + 기준 REC
상계거래계약 (PPA 미신청), 사업자등록 안함	이월 상계	1,000 kW 이하	자가소비 후 잉여분 이월	주택용 누진제 완화 목적
	현금 정산	10 kW ~ 1,000 kW 이하	자가소비 후 잉여분 판매	상계거래 누적량 정산 1년 1번 SMP만

■ 1MW 이상 발전사업

한국전력공사와 거래할 수 없으며, 반드시 전력거래소와 시장거래로 실시간 SMP에 따라 수익을 거두게 된다. 즉 월 평균 SMP가 아닌 실시간 변동되는 SMP 가격을 적용받아 판매한다. 일반적으로 발전소가 송전하기 위해서는 하루 전에 송전 거래량을 거래소에 통보해야 하며, 실시간 변동하는 전력 수매가를 주시해야 한다. 마찬가지로 태양광발전소도 발전량을 하루 전에 통보하고 변동하는 SMP에 따른 전력수매가를 확인해야 하고 입찰 방식의 매전 거래도 준비해야 한다. 이러한 이유로 하루 전날 혹은 실시간 발전량 예측이 필요하며, 태양광발전소의 입지 특성과 날씨에 따라 변동하는 발전량을 추정하는 인공지능기술이 시급하다.

Note 태양광발전사업에서 SMP의 의미

■ 판매구조 안정성

전기사업법 제31조 4항 3호에 따라 신재생에너지로 생산한 전력은 한국전력공사에서 반드시 구매하도록 되어 있으며, 태양광발전사업을 한다는 것은 반드시 판매되는 전력을 생산하는 것이므로 SMP 차익을 지속적으로 얻을 수 있어 판매구조가 안정적이다.

■ 그리드 패리티 안정성

현재 전 세계적으로 태양광발전 단가는 기술 발전에 힘입어 지속적으로 하락 중이다. 마찬가지로 판매단가(SMP)도 하락하고 있으나 발전 단가와 비교하면 하락폭이 완만하다. 따라서 향후 판매 단가가 하락한다 해도 수익을 얻을 수 있을 것이다. 신재생에너지 선진국에서 태양광 발전 단가는 이미 원자력보다 낮은 수준을 보이고 있는데, 이를 **그리드 패리티**(grid parity)라고 한다.

■ 판매단가 최대 시간대

태양광발전이 가능한 오전 10시 ~ 오후 4시는 전력수요가 높은 첨두부하 시간대이다. 전력수요가 많은 시간에 판매 단가 SMP가 높아지는 것은 당연하다. 또한 이 시간대는 태양광발전이 가능한 시간으로, 특정 시간에만 발전기 가동이 가능한 태양광발전의 단점이 일정 부분 상쇄될 수 있다.

CHAPTER

05 연습문제

5.1 실리콘 반도체가 태양전지의 재료로 가장 널리 사용되는 가장 큰 이유를 고르시오.

① 경제적인 가격　　② 자원의 희소성
③ 우수한 성능　　④ 가공의 편리함

5.2 전체 시장의 약 85%를 점유하고 있으며, 효율 측면에서 아직은 우수한 태양전지를 고르시오.

① 화합물 반도체 태양전지　　② 실리콘 태양전지
③ 박막형 태양전지　　④ 비결정형 태양전지

5.3 가격을 줄이기 위해 기판 위에 바로 얇은 막(박막) 형태로 태양전지를 증착시키는 기술로, 가격이 싸지만 효율이 낮고 광열화가 생기는 문제가 있는 전지를 고르시오.

① 화합물 반도체 태양전지　　② 실리콘 태양전지
③ 박막형 태양전지　　④ 유기 태양전지

5.4 빈칸에 들어갈 화학식으로 옳은 것을 모두 고르시오.

> 실리콘 태양전지의 문제를 해결하기 위해 제안된 대안으로, 다중접합 구조의 (　　), (　　) 계의 화합물 반도체를 소재로 효율을 높이고 초기 열화현상이 없도록 하는 등의 비교적 안정성이 높은 태양전지 실용화로 연구 중에 있다.

① GaAs　　② Ge　　③ CdTe　　④ CuInSe2

5.5 효율이 아주 높지만 가격이 매우 비싸서 우주선 등의 전원공급용으로 국한되어 사용되고 있는 화합물 반도체 계열의 태양전지로 옳은 것을 모두 고르시오.

① GaAs　　② Ge　　③ CdTe　　④ InP

5.6 탄소, 산소, 수소 등의 생명체를 구성하는 원소를 이용해 만든 태양전지를 이르는 단어로 옳은 것을 고르시오.

① 생체 태양전지 ② 탄소 태양전지
③ 유기 태양전지 ④ Bio 태양전지

5.7 유기 태양전지의 장점으로 옳지 않은 것을 고르시오.

① 가격경쟁력 ② 공정의 유연성
③ 응용성 ④ 높은 효율

5.8 다음은 무엇에 대한 설명인지 고르시오.

> 전자는 주위의 원자에 속박된 전자와 서로 힘을 미치므로 그들 전자의 하나에 에너지를 주고 본래의 상태로 돌아간다. 이렇게 하여 전자에 주어진 에너지는 원자에서 원자로 전해진다. 전자는 이동하지 않고 들뜸현상만이 마치 1개의 입자처럼 고체 안을 돌아다닌다.

① 엑시톤 ② 전자 ③ 정공 ④ 포톤

5.9 유기염료를 소재로 전자주개와 전자받개 특성을 갖는 태양전지로 옳은 것을 고르시오.

① 유기고분자형 ② 염료감응형 ③ 광합성형 ④ 생체반응형

5.10 염료 감응형 태양전지의 염료 특성으로 다양한 색과 투명한 모듈을 제작할 수 있어 건축물의 소재로 사용될 수 있는 태양전지로 옳은 것을 고르시오.

① BIPV ② HVDC ③ PIDC ④ ASPV

5.11 빈칸에 들어갈 내용을 올바르게 나열한 것을 고르시오.

> 빛을 전기로 바꿀 수 있는 것은 빛의 근본인 (　　　)이/가 갖고 있는 에너지로서의 능력을 이용하여 반도체의 (　　　)에 의한 (　　　)와/과 (　　　)의 밀도차가 갖는 특성을 자극해 기전력을 발생시키는 메커니즘이다.

① 광자, PN접합, 전자, 정공 ② PN접합, 광자, 전자, 정공
③ 전자, 정공, PN접합, 광자 ④ 정공, PN접합, 광자, 전자

5.12 금속 등의 물질이 고유의 특정 파장보다 짧은 파장을 가진 전자기파를 흡수했을 때 전자를 내보내는 현상으로 옳은 것을 고르시오.

① 광전효과 ② 전자파동효과 ③ 전자방출효과 ④ 광자효과

5.13 빈칸에 들어갈 내용을 올바르게 나열한 것을 고르시오.

원자번호가 33인 비소(As)는 바깥 ( )에 5개의 ( )을/를 보유하고 있다. 이를 실리콘에 미량 첨가하면 주위에 있는 실리콘과 4개의 전자만 ( )한 상태가 된다. 적은 양의 에너지에도 쉽게 전기를 이송시키는 여분의 전자가 생성된 ( ) 반도체가 된다.

① 가전자대, 정공, 흡수, N형 ② 가전자대, 전자, 공유, N형
③ 가전자대, N형, 전자, 공유 ④ 가전자대, P형, 전자, 공유

5.14 태양전지에 빛을 쪼였을 때 전기가 발생하는 반응은 두 가지의 현상이 연속적으로 일어나는 것으로 설명될 수 있다. 두 가지 현상에 대한 설명으로 옳은 것을 고르시오.

① 전자(자유전자)가 발생하는 현상이다.
② 발생된 자유전자를 회로로 유도하는 과정이다.
③ 전자가 에너지를 충전하는 과정이다.
④ 전류가 역전되지 않도록 기전력을 발생시키는 과정이다.

5.15 에너지 경계층을 넘어 전자가 이동하려면 밴드갭이라고 하는 에너지 문턱을 넘어가야 한다. 밴드갭 에너지를 E_g라고 하고 최대 흡수 파장을 λ_c라고 할 때 광전효과에 의해 기전력이 발생하기 위한 파장과 에너지의 관계로 옳은 것을 고르시오.

① $\lambda_c \le h\dfrac{c}{E_g}$ ② $\lambda_c \ge h\dfrac{c}{E_g}$

③ $\dfrac{hc}{\lambda_c} = E_g$ ④ $\dfrac{hc}{\lambda_c} \ge E_g$

5.16 빈칸에 들어갈 내용으로 옳은 것을 고르시오.

파장이 짧은 태양광의 광자들은 매우 높은 에너지를 갖고 있는데, 이 에너지 중 일부만이 ( )을/를 넘어가는 일에 기여하고 남은 에너지는 주변에 열로 변환되어 흡수된다.

① 광전효과에 의한 밴드갭 에너지 ② 광전효과에 의한 금지대역
③ 광전효과에 의한 전자대 ④ 광전효과에 의한 최대흡수파장

5.17 빈칸에 들어갈 내용을 올바르게 나열한 것을 고르시오.

> 밴드갭이 작으면 상대적으로 (   )의 광자들도 쉽게 광전효과를 일으켜 많은 전자를 만들지만 (따라서 (   )이 낮아지겠지만) 매우 많은 광자들이 낮은 (   )으로 인해 광전효과를 일으키고 남은 에너지가 (   )이 되어 (   )에 의한 손실이 커지게 된다.

① 긴 파장, 열변환, 밴드갭, 개방전압, 과잉
② 개방전압, 과잉, 긴 파장, 열변환, 밴드갭
③ 과잉, 열변환, 긴 파장, 개방전압, 밴드갭
④ 긴 파장, 개방전압, 밴드갭, 과잉, 열변환

5.18 단결정 실리콘 태양전지의 발전효율 결정 요인과 설명을 올바르게 연결하시오.

> ① 표면전극에 의한 가림
> ② 표면에서의 반사
> ③ 밴드갭보다 적은 광자에너지(파장의 불완전 흡수)
> ④ 광자에너지 과잉(단파장에서의 열손실)
> ⑤ 전압인자
> ⑥ 곡선계수
> ⑦ 직렬저항 손실

> Ⓐ 약 3%의 손실이 표면의 전극 패턴에 의한 가림에 의해 발생한다.
> Ⓑ 표면의 무반사 처리를 한 실리콘이라도 3% 정도의 반사가 일어나며, 이로 인해 1%의 손실이 발생한다.
> Ⓒ 빛의 파장이 1.1 μm 이상인 경우 에너지는 사용되지 못한다. AM1에서 23%의 빛이 이에 해당한다.
> Ⓓ 밴드갭보다 큰 에너지는 부분적으로 열로 손실될 수 있으며, 크기는 33%이다.
> Ⓔ 태양전지는 내부에서 발생한 실제 에너지보다 작은 출력전압을 갖는다. 이로 인해 20%의 손실이 발생한다.
> Ⓕ 전류-전압 특성에 대한 전력 특성의 곡선으로, 최대 전압과 전류를 곱한 것과 다른 최대전력을 갖는다.
> Ⓖ 전극을 통과할 때마다 생기는 저항 성분의 합으로, 다른 손실요인에 비해 작다.

5.19 밴드갭에 의한 태양전지 효율의 한계를 극복하기 위한 방법으로 옳지 않은 것을 고르시오.

① 하나의 재료로 된 태양전지 대신 다양한 물질로 만든 여러 종류의 태양전지를 이용한다.
② 넓은 파장 영역의 태양광을 이용할 수 있는 다중접합 구조의 태양전지를 사용한다.
③ 재료 혹은 재질에 따라 밴드갭의 크기가 다르지 않도록 하여 단일 밴드갭을 갖게 한다.
④ 다양한 최대 흡수 파장을 통해 열손실과 장파장의 투과에 의한 손실로 인한 요인을 보완한다.

5.20 파장을 활용한 태양전지 구성을 위해 적합한 물질에 대한 설명으로 옳지 않은 것을 고르시오.

① 다중 파장을 활용한 태양전지를 구성하기 위해 적합한 물질로 페로브스카이트가 주목받고 있다.
② 페로브스카이트는 $CaTiO_3$ 구조를 갖는 독특한 물질이다.
③ 상대적으로 고효율, 할라이드 물질 조성 제어를 통한 밴드갭 조절이 용이하다.
④ 고온 공정의 가능성이 있어 차세대 태양전지의 주요 후보로 연구되고 있다.

5.21 태양광발전설비는 기본적으로 태양전지와 인버터 등을 기본 설비로 하여 구성한다. 다음 중 태양광발전설비의 구성이 순서대로 나열된 것을 고르시오.

① 태양전지(모듈) – 접속함 – 인버터 – 변압기
② 태양전지(모듈) – 인버터 – 접속함 – 변압기
③ 태양전지(모듈) – 인버터 – 변압기 – 접속함
④ 태양전지(모듈) – 접속함 – 변압기 – 인버터

5.22 산업용 태양광발전시스템의 전력판매 방식에 대한 설명으로 옳지 않은 것을 고르시오.

① 전력을 판매하기 위해서는 매전용 계량기를 설치해야 한다.
② 자체생산한 전력의 자가소비 후 잉여전력을 판매해야 한다.
③ 한전 및 전력거래소(KPX)와 계약을 통해 전력을 판매하는 방식을 PPA라고 한다.
④ 매전한 전력량을 월별로 산정하여 전력량에 따른 판매 금액을 정산하는 방식이다.

5.23 전력판매를 목적으로 시공된 태양광발전소는 안전관리와 발전설비 및 발전량 감시 혹은 모니터링을 위해 인터넷망을 기반으로 하는 원격감시장치를 설치해야 한다. 이 장치에 대한 설명으로 옳지 않은 것을 고르시오.

① 장치의 명칭은 RTU(Remote Terminal Unit)이다.
② 주로 인버터 같은 PCS 장치의 상태를 기준으로 모니터링을 한다.
③ 센서를 통해 수집한 데이터를 원격으로 전달하는 장치이다.
④ 일반적으로 규약된 방식인 모드버스(Modbus) 방식의 통신 규정을 제공한다.

5.24 태양광발전시스템을 전력망 연계 유무에 따라 구분한 것으로 옳지 않은 것을 고르시오.

① 매전 형태의 산업용 발전설비와 주택용 상계 방식은 계통연계를 기반으로 구성한다.
② 산업용 자가설비도 잉여전력분을 상계 방식으로 연계할 수 있다.
③ 야간 혹은 기상에 따라 자가발전의 부족분을 계통에서 수전받을 수 있도록 계통연계한다.
④ 상계와 매전 방식을 제외한 다른 방식의 태양광발전설비는 계통연계를 할 수 없다.

5.25 계통연계형의 운영 방식에 대한 설명으로 옳지 않은 것을 고르시오.

① 한전계통에 연결하여 운전하는 형태를 모두 계통연계라고 한다.
② 전력망에서 수전하거나 송전하거나 하는 것이 모두 가능한 형태이다.
③ 산업용 PPA 발전설비는 수전하지 않는다.
④ 상계처리용 발전설비의 잉여전력 부분은 한전에서 매입한다.

5.26 ESS에 대한 설명으로 옳은 것을 고르시오.

① 재생에너지의 간헐적 발전 형태를 연속적인 전력공급 형태로 바꿔주는 설비이다.
② 태양광발전시스템의 발전시간이 증가하도록 하는 장치이다.
③ 발전설비에 추가하여 전력을 저장할 수 있는 시스템이다.
④ 여러 발전소처럼 독립적인 운영을 하는 발전설비이다.

5.27 ESS 설비를 구성하는 방식으로 옳지 않은 것을 고르시오.

① 전기적 저장방법 – 배터리
② 생물학적 저장방법 – 바이오연료
③ 화학적 저장방법 – 열저장
④ 물리적 저장방법 – 압축공기

5.28 태양전지 어레이에 대한 설명으로 옳지 않은 것을 고르시오.

① 태양전지를 잘라서 직렬로 모아 붙인 것을 모듈이라고 한다.
② 모듈을 이용해 생산 방식에 따라 제품화 된 것을 패널이라고 한다.
③ 패널을 직렬로 연결하여 필요한 발전소 전압을 만드는 것을 스택이라고 한다.
④ 발전소 용량을 결정하기 위해 패널들을 직병렬로 구성한 것을 어레이라고 한다.

5.29 태양전지 패널의 어떤 요인으로 전력변환 효율이 저하되어 발전전력이 저하되면 발생하는 일에 대한 설명으로 옳지 않은 것을 고르시오.

① 전압이 낮아져 다른 패널에서 발생한 전류가 불량 패널로 모인다.
② 불량 패널이 있는 스트링에 역전류가 발생하여 화재가 발생할 위험이 있다.
③ 불량 패널이 있는 스트링의 모든 패널들의 전류가 불량 패널의 전류와 동일해진다.
④ 패널 중 불량인 전지가 패널 내에서 자동 탈락하여 전압은 불량 전지만큼 낮아진다.

5.30 바이패스 다이오드와 역전류방지 다이오드의 역할에 대한 설명으로 옳은 것을 고르시오.

① 바이패스 다이오드는 불량이 발생한 패널을 우회하여 전력을 생산하도록 한다.
② 바이패스 다이오드는 불량이 발생한 스트링을 우회하여 전력을 생산하도록 한다.
③ 역전류 방지 다이오드는 불량이 발생한 스트링을 우회하여 전력을 생산하도록 한다.
④ 역전류 방지 다이오드는 불량이 발생한 패널을 우회하여 전력을 생산하도록 한다.

5.31 모듈의 길이를 L이라고 할 때 설치 간격을 계산하시오. 단, 태양의 고도각을 β라고 하고 태양전지 모듈의 경사각을 α라고 한다.

① $l = L\left(\frac{\cos(\alpha+\beta)}{\cos\beta}\right)$ ② $l = L\left(\frac{\sin(\alpha+\beta)}{\sin\beta}\right)$

③ $l = L\left(\frac{\sin\beta}{\sin(\alpha+\beta)}\right)$ ④ $l = L\left(\frac{\cos\beta}{\cos(\alpha+\beta)}\right)$

5.32 인버터에 대한 설명으로 옳은 것을 고르시오.

① 교류를 직류로 바꿔주는 장치를 인버터라고 한다.
② 최대전력점의 출력 제어를 통해 입력전압의 최적화를 유지한다.
③ 인버터 출력은 정현파 혹은 유사 정현파 형태로, 등급이 높을수록 정현파 형태로 출력된다.
④ MPPT 제어 방법인 P&O 알고리즘은 임의 전압 변동에 따른 전력값의 변화를 비교하는 방식이다.

5.33 태양광발전소 설계에서 고려해야 하는 요소가 아닌 것을 고르시오.

① 태양전지 패널의 개방전압과 단락전류
② 계절에 따른 온도편차
③ 발전소 용량 대비 스트링을 이룰 패널의 개수와 어레이의 병렬 회로수
④ 인버터 출력측 전압과 전류, 주파수

5.34 태양광발전소를 설계할 때 3상 3선식으로 송전할 경우 전선의 굵기 A를 계산한 것으로 옳은 것을 고르시오(전압강하율 : e, 송전거리 : L, 송전전류 : I, 도전율 : 97%, 저항률 : 1/58).

① $A = \frac{35.6 \times L \times I}{1000 \times e}$ ② $A = \frac{30.8 \times L \times I}{1000 \times e}$

③ $A = \frac{17.8 \times L \times I}{1000 \times e}$ ④ $A = \frac{17.8 \times L \times I}{1000 \times e}$

CHAPTER

06

풍력에너지

이 장에서는 바람을 이용하는 에너지인 풍력에 대해 설명한다. 풍력을 이용해 온 인류의 역사와 풍력을 이용한 전기의 생산, 그리고 풍력발전의 구성과 방법을 단계적으로 설명한다. 또한 풍력발전시스템을 기계적인 부분과 전기적인 부분으로 나누어 설명한다. 기계적인 부분은 풍력의 크기 계산과 동력 전달장치를 중심으로, 전기적인 부분은 발전기의 종류와 종류별 전자기적 기선력에 의한 발전 방식을 구분하여 설명한다.

CONTENTS

SECTION 6.1

풍력발전의 개요

바람이 가지고 있는 에너지를 인류가 필요로 하는 에너지로 전환하는 방식을 설명하기에 앞서 바람이라는 공기의 흐름과 그 역사에 대해 이해해보자.

Keywords | 풍력 | 편서풍 | 코리올리의 힘 | 등압선 | 풍력발전시스템 |

1 바람이 부는 원리의 이해

바람이 발생하는 원인은 쉽게 말하면 해풍과 육풍에 의한 기압 차이 때문이다. 일반적으로 해양보다 육지가 빨리 따뜻해지고 빨리 차가워진다. 따라서 낮에는 햇빛에 의해 따뜻한 대륙 측에서 상승기류가 생겨 낮은 고도에 공기의 공백이 생기며, 이로 인해 바다에서 육지로 바람이 불어 해풍이 발생한다. 반대로 밤에는 바다보다 육지가 온도가 내려가기 쉬우므로 역방향의 바람, 즉 육지에서 바다로 바람이 불어 육풍이 발생한다. 해풍과 육풍이 바뀌는 때에는 바람이 없는 무풍상태가 된다.

사실 바람이 부는 근본적 원인은 태양에서 공급되는 복사에너지의 열이다. 열이 대기의 순환이라는 과정을 통해서 바람이라는 운동에너지로 변환되는 것이다. 풍력도 태양광발전 등과 마찬가지로 태양의 에너지 공급을 근원으로 하는 재생 가능한 에너지의 형태인 것이다.

바람에는 바다와 육지 사이와 같은 지역적인 바람만 아니라 지구 규모의 대기 순환에 의한 바람도 있는데, 그 중에는 무역풍과 편서풍이 있다. 우리나라 같은 중간 위도 지역은 편서풍의 영향으로 날씨의 변화가 대부분 서쪽에서 동쪽으로 일어난다. 남쪽의 낮은 위도 지역의 해상에서 발생한 태풍이 발생 직후 서쪽으로 향해서 이동하는 것은 무역풍에 의한 영향이다.

왜 편서풍과 무역풍은 부는 방향이 반대일까? 이를 설명하기 위해서는 지구의 자전 때문에 생기는 코리올리(Coriolis)의 힘에 대한 해설이 필요하다. 북반구처럼 반시계 방향으로 회전하는 반구 모양의 물체를 아래에서 위로 일직선으로 이동한 궤적은 회전하고 있는 원판 내에서 보면 상대적으로 오른쪽으로 휘어지게 힘이 작용한 결과처럼 보인다. 이렇게 작용하는 상대적이고 보이지 않는 힘이 **코리올리의 힘**으로, 지구가 자전하고 있다는 직접적인 증거이기도 하다.

이제 태양에 의한 온도 상승을 생각해보자. 가장 강한 햇볕을 받은 적도 부근이 가장 따뜻해지므로 상승 기류가 발생한다. 따라서 낮은 위도 지역의 지면에서는 적도 쪽으로 향하는 북반구에서 남쪽으로 바람이 분다. 이것이 코리올리의 힘에 의해 오른쪽으로 구부러지며 동쪽에서 서쪽으로 부는 **무역풍**이 되는 것이다.

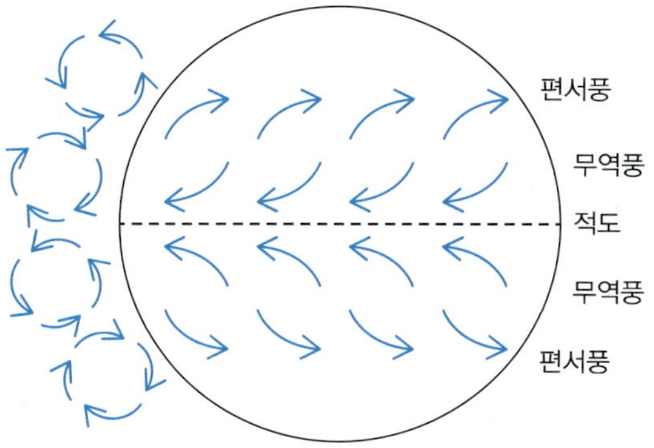

[그림 6-1] 무역풍과 편서풍

적도 부근의 상승 기류는 높은 위도 쪽으로 이동한 후 지상으로 강하한다. 이러한 형태로 대기가 순환하지만 이 하강한 기류의 일부는 극 방향으로 향하는 바람이 된다. 이 역시 코리올리의 힘으로 오른쪽으로 돌며 서쪽에서 동쪽으로 부는 바람이 되는데, 이것이 **편서풍**이다. 높은 위도 지역에서 상승하고 극지역에서 하강하는 큰 대류의 소용돌이에 대응하여 **극동풍**이라고 불리는 바람도 존재한다.

지역적으로 작은 규모에서는 어느 정도의 범위에 걸쳐서 바람을 발생시키는 압력차가 발생할 때 코리올리의 힘에 의해 똑같이 오른쪽으로 굽혀지는 바람이 분다. 이 바람은 기상 전문용어로 지형풍이라고 부른다.

기상도에 그려져 있는 등압선 사이에서는 등압선을 끼고 고압 측을 오른쪽으로 보고 섰을 때 전방을 향해서 바람이 분다. 따라서 등압선의 간격이 좁으면 바람이 강하게 불고 간격이 넓으면 바람이 약하게 분다. 강폭이 좁아지면 강물이 빠르게 흐르며, 넓어지면 완만하게 흐르는 것을 떠올려보면 알 수 있을 것이다.

앞의 설명들을 조금 보충하면 고기압은 시계 방향으로, 저기압이나 태풍은 반시계 방향으로 돌아서 소용돌이치는 것 역시 바람 방향이 오른쪽으로 굽어지는 효과에 의한 것임을 이해할 수 있다. 단, 이들은 북반구의 경우이며, 남반구에서는 코리올리의 힘이 역방향인 좌측으로 작용하므로 고기압이나 저기압의 풍향도 반대 방향이 된다.

2 풍력발전의 시작과 미래 잠재력

풍력발전의 시작점은 B.C.1000~A.D.1300으로 보고 있다. 돌아보면 인류 역사의 초창기는 매우 느리지만 매우 중요한 발견과 발명이 있던 시대이다. 이러한 것 중 페르시아 유적에서 발견된 고대 풍력장치에는 바람이 미는 힘에 의해 장치가 반작용하여 움직이게 하는 힘인 **항력**(drag)을 이용하기 위해 바람을 모아서 보내는, 매우 간단하면서 효과적인 공압 기구적 건축구조를 사용했던 흔적이 있다.

(a) 고대 페르시아의 풍차

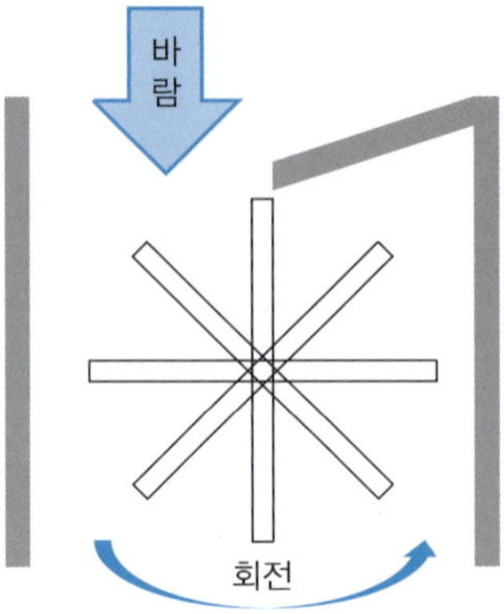

(b) 풍차의 평면도

[그림 6-2] 고대 페르시아의 풍차와 풍차의 평면도[1]

풍력발전은 바람이 가지는 운동에너지(1차에너지)를 전기에너지(2차에너지)로 변환하여 전력을 생산하는 시스템이다. 인류는 바람을 에너지원으로 하는 다양한 활용 방법을 고안하고 만들어왔으며, 예를 들어 고대부터 물을 퍼 올리거나 곡물을 가공하는 용도로 사용되었던 풍차는 바람의 힘을 기계적 에너지로 변환하는 매우 훌륭한 장치였다.

고대 풍차는 형태는 간단하지만 바람을 모으는 구조로 되어 있어 공기의 압력을 높일 수 있었다. 이러한 형태를 고안한 점으로 보아 당시 바람을 이용한 동력원의 사용이 얼마나 빈번하였는지 가늠할 수 있다. 당시 해양기술이 바람을 이용해 배를 움직일 수 있는 돛을 이용하기 시작하던 시기임을 감안하면 선박용 돛을 기반으로 하는 풍차 형태가 등장한 것이 당연할지도 모른다.

중세 이탈리아의 크레타 섬에서는 목축업과 경작을 위해 항해용 돛 형태의 회전 풍차 날개를 이용한 수백 개의 우물용 펌프가 사용되었다. 이는 당시 기술로는 가장 성공적인 풍력 적용 사례였을 것이다. 1800년대 후반의 근대까지는 다양한 종류의 풍차들을 이용하여 곡식을 빻거나 목축용 우물 펌프로 사용했다.

여기에서 주목할 만한 기술적 진보는 바람을 받아 동력을 만들어 내는 에어포일(airfoil)[2] 형태의 초기 공력 저항용 블레이드(blade)가 등장했다는 점이다. 바람의 방향을 잡아주는 모서리를 따라 캠버(camber, 풍차 날개의 등)가 등장하고, 날개의 1/4 지점에 날개의 스파(spar, 날개보)[3]를 놓거나 동일하게 무게 중심을 잡고 날개의 회전축부터 날개 끝으로 비선형적으로 비틀어 놓는 등의 기술이 진보하였다.

---

1 Nashtifan Windmills, 'Atlas Obscura' https://www.atlasobscura.com/places/nashtifan-windmills

2 비행기 날개처럼 주변 공기의 움직임에 따라 반동력이 생기는 디자인으로 만들어진 본체를 말한다. 이때 비행기라면 날개는 공중으로 떠오르도록 디자인되어 있다. 레이싱카를 위한 에어포일은 앞쪽에 변류기가 위치하거나 뒤쪽에 날개 모양의 장치가 디자인되어 있어 차의 안정성을 향상시키고 정지 마찰력을 높여준다.

3 에어포일 내에 있는 주 구조 부재의 하나로, 날개 구조에서는 날개 끝에서 끝 혹은 날개 밑에서 날개 끝까지 걸려있는 부재를 말한다.

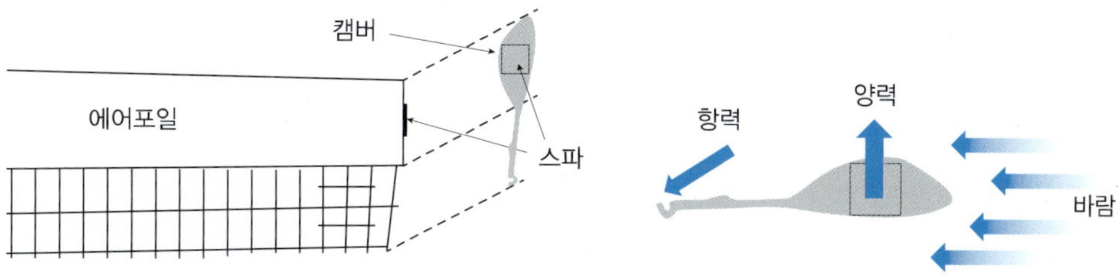

(a) 풍차 날개의 구조 명칭 (b) 구조에 따른 바람의 영향

[그림 6-3] 풍차 날개의 구조와 구조에 따른 바람의 영향

이는 1차에너지를 2차에너지로 변환해 사용한 주목할 만한 기술적 발견으로, 이러한 발견을 통해 현대에 와서는 바람을 이용하는 다른 방법들이 가능해졌다. 기존에는 바람을 이용하여 기구를 직접 동작시켜 동력을 얻었다면 현대에는 전기의 발견과 발전기의 발명으로 전력을 생산하는 풍력발전시스템을 사용하는 것이다.

풍력은 신재생에너지의 대표적인 에너지원이라고 할 수 있다. 재생 가능한 에너지 자원을 거의 무한정 이용할 수 있고 이산화탄소나 방사선폐기물과 같은 환경오염물질을 배출하지 않는 무공해 천연에너지이다. 앞서 1장에서 소개한 것과 같이 지구온난화에 대한 환경문제와 화석연료 고갈에 따른 에너지 문제를 해결하기 위한 방안으로 신재생에너지의 사용이 주목받고 있으며, 여러 에너지원 중에서 풍력에너지가 가장 큰 잠재력을 가지고 있다.

3 풍차 회전의 원리

기체나 액체 같은 유체의 흐름 속에 물체가 있고 어느 한쪽 혹은 양쪽이 움직이고 있다면 이 물체에는 항력(drag)과 양력(lift)이라는 두 종류의 힘이 작용하게 된다. 또한 정지상태더라도 중력(gravity)과 부력(buoyancy)이라는 힘이 작용한다.

바람의 항력은 범선의 돛이 바람으로부터 받는 힘과 같은 것으로, 오래전부터 이용되어 왔다. 양력은 비행기를 공중에 떠받치고 있는 힘이며, 날개 모양과 깊은 관련이 있다.

유체의 흐름이 있다면 그 흐름에 수직인 방향으로 힘이 발생하며, 그 힘의 세기는 흐름이 빠를수록 커진다. 이것이 **베르누이의 정리**(Bernoulli's principle)라고 불리는 보편적인 물리현상의 한 예이다. 흐르는 통로가 좁아지면 필연적으로 흐름의 속도가 빨라지므로 빨려드는 힘이 강해진다. 그렇기 때문에 좁아진 부분에 다른 유체를 이끌면 본체의 흐름에 흡입, 혼합되어 하류로 빠져나가게 되는 것이다. 분무기나 스프레이가 기본적으로 이 원리를 이용한 사례이다.

이러한 흐름 속에 [그림 6-3]과 같은 형태의 물체가 있는 경우에는 상부가 넓어지므로 통로가 좁아지는 것과 똑같은 영향이 발생하며, 상부의 유속이 증가하는 동시에 흐름의 흡입 방향인 위로 치켜세우려는 힘이 발생한다. 물체의 하부에서도 유속은 약간 증가하므로 마찬가지로 하향 힘이 발생하지만 상부 쪽으로 발생하는 힘이 크다.

결과적으로 이 물체에는 위쪽으로 치켜세우려는 힘인 **양력**이 작용하며, 흐름이 하류 쪽으로 밀어 흐르려고 하는 힘인 **항력**도 작용한다. [그림 6-2]에서 보듯 항력은 흐름에 평행으로 작용하는 반면 양력은 흐름과 거의 수직 방향으로 작용하는 경우가 많다.

풍차의 날개가 단순한 평판 모양이더라도 바람을 비스듬히 받으면 항력에 의해 밀리고 회전한다. 고전적인 풍차는 이렇게 회전하지만 바람에 밀리는 힘을 받기 위해서는 날개가 어느 정도의 면적을 가질 필요가 있다. 만약 개선된 풍차의 날개가 가늘어도 바람으로 회전하는 힘이 얻어진다면 양력을 이용하고 있기 때문이다. 날개가 회전하고 있는 경우 풍차 정면에서 받은 풍향에 더해 날개의 회전 속도와 합성한 상대적 방향이 날개가 실제로 받는 바람의 방향이 된다. 그 경우 날개의 배면 측의 풍속이 커지게 되어 양력이 생기며, 이 양력의 회전 방향 성분이 날개를 회전시키는 구동력이 된다. 단, 날개가 정지하고 있을 때 받은 풍향은 실제 풍향과 마찬가지이므로 날개가 회전을 시작할 때의 구동력은 고전적인 평판 날개 풍차처럼 바람의 항력에 의존하게 된다.

19세기 말 풍차를 경작용 지하수를 추출하기 위한 펌프 역할로 이용하거나 가축을 먹이기 위한 우물에 이용하기 위한 작은 시스템이 등장했으며, 나무와 직물을 이용하던 풍차의 날개가 얇은 철판을 이용하게 되면서 견고하면서도 항력을 효과적으로 이용할 수 있도록 형태적으로도 진보하였다. 증기기관차의 보일러에 증기발생용 용수를 공급하기 위해 기차역에 직경 18 m 의 거대한 회전 날개를 가진 풍차가 설치되기도 했다.

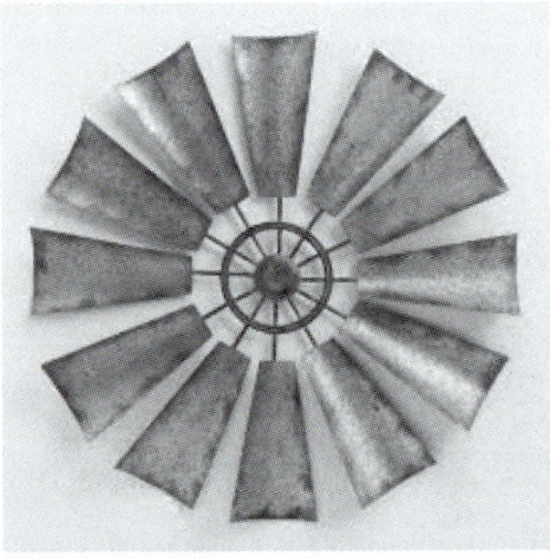

[그림 6-4] 금속 날개형 우물 펌프 풍차

또한 다중날개 풍차설계를 통해 처음으로 대규모 전력생산용 풍차가 등장하기도 했다. 이 풍차는 50:1의 기어를 사용해 속도를 높였으며, 500 RPM 의 속도를 이용해 직류를 생산하였다.

4 풍력발전기술의 개발 확대

풍력발전의 선두그룹인 유럽에서는 덴마크, 독일 및 영국 등을 중심으로 활발한 기술 개발과 보급이 이루어지고 있으며, 중국이 거대한 자국 내 보급시장을 바탕으로 선진국의 기술을 뒤쫓는 형태의 기술 개발이 이루어지고 있다. 특히 판매량을 기준으로 세계 10대 풍력발전기 제작사 중 4개가 중국 기업일 만큼 중국은 위협적인 존재로 성장하였다.

세계 풍력발전 시장은 지속적으로 성장하고 있다. 2015년에는 전 세계적으로 63.5 GW의 신규 풍력발전기가 설치되어 총 누적 발전용량 432.9 GW를 달성하여 22%의 성장률을 기록하였다. 이는 2009년 이후 세계 최대 풍력시장으로 부상한 중국의 2015년 신규 설치용량인 30.8 GW에 힘입은 바가 크다.

경제협력개발기구(OECD) 산하의 NEA(Nuclear Energy Agency)는 22개 회원국에서 2020년 상업운전 예정인 181개 발전소의 평균 균등화 발전단가(Levelized Cost of Electricity, LCOE)를 분석하고 그 결과를 발표하였다. 이 분석에 따르면 풍력은 경제성 및 기술적 성숙도가 가장 뛰어난 재생에너지원으로, 그 뒤를 이어 발전단가가 육상풍력(74.7 USD/MWh), 석탄화력(76.3 USD/MWh), 천연가스(98.3 USD/MWh) 및 태양광(121.6 USD/MWh)의 순으로 나타났다.[4]

풍력은 누적 설치 용량에서도 꾸준한 성장세를 보여주고 있으며, 해상풍력의 경우 2010년 처음으로 전체 풍력발전 설치용량 중 2% 비중을 돌파한 후 2021년에는 7%를 달성하는 등 급속하게 성장하고 있다. 이처럼 탄소중립 달성이 각국의 주요 정책목표로 설정됨에 따라 풍력발전의 중요성이 강조되고 있으며, 향후 연 평균 6.6%의 시장 성장률이 전망된다. 이에 따라 육상풍력은 2026년까지 연 평균 6.1%의 성장이 기대되며, 설치 용량으로는 연 평균 93.3 GW가 보급될 것으로 전망된다. 해상풍력은 2026년까지 연 평균 8.3%의 성장률을 유지하여 총 90 GW의 해상풍력발전기가 설치될 것으로 예상된다.[5]

---

4 한국에너지공단, 『2016 신재생에너지백서』, 2017.

5 한국에너지공단, 『2022 신재생에너지백서』, 2023.

SECTION 6.2

풍력발전시스템의 분류

다양한 종류의 풍력발전시스템을 구분하고 각각의 특징을 알아보자.

Keywords | 수평축 | 수직축 | 실속 제어 | 피치 제어 | 유도발전기 | 동기발전기 |

1 풍력발전시스템의 다양한 분류

풍력발전시스템은 앞선 설명과 같이 구성장치의 특성에 따라 기계적인 부분과 전기적인 부분으로 나눌 수 있다. 즉 블레이드를 포함한 구조물과 기어 등의 기계적인 구성에 따라 분류할 수 있으며, 전기적인 부분인 발전기의 전기적 구성에 따라서도 분류할 수 있다. 또한 외관에 따라 바람의 방향과 블레이드의 회전축의 방향이 수평인 것과 수직인 것으로 나눌 수 있으며, 발전기의 종류에 따라 유동발전기 혹은 동기발전기를 사용했는지로 나눌 수도 있다.

특히 발전기 종류에 따라서 풍력발전시스템의 세대를 나누기도 한다. 풍력발전기에서 1세대는 농형 유도발전기, 2세대는 권선형 유도발전기, 3세대는 이중권선형 유도발전기, 그리고 4세대는 영구자석형 동기발전기를 시스템에 적용하고 있다.

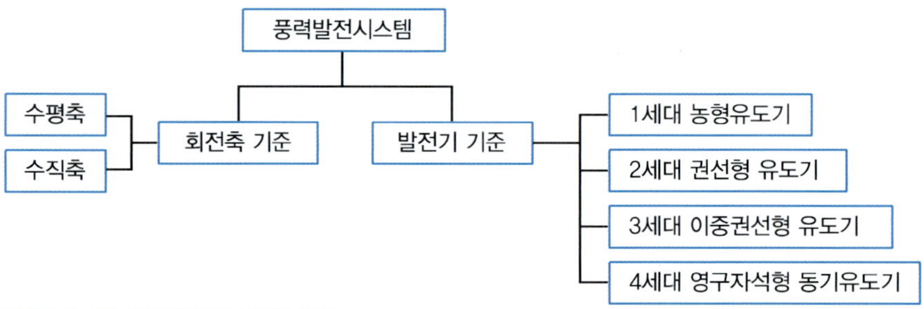

[그림 6-5] 풍력발전시스템의 분류

2 회전축에 의한 분류

풍력발전기는 회전축의 방향에 따라 크게 수평축과 수직축으로 구분할 수 있다. 수평과 수직은 날개 회전면이 아니라 회전축의 방향에 대한 정의이므로 회전축의 방향으로 판단해야 한다. 바람이 불어오는 방향에 대해 로터[6]의 회전축 방향이 평행하게 설치되면 **수평축 풍력발전기**(horizontal axis

6 발전기의 기계적 회전장치 혹은 부품을 말한다.

wind turbine), 수직하게 설치되면 **수직축 풍력발전기**(vertical axis wind turbine)라고 한다. 바람이 지면에 대해 평행하게 불어오면 수평축은 회전축이 지면과 나란한 방향으로 설치되며, 수직축은 지면과 수직으로 설치된다. 회전의 원동력이 항력인가 양력인가로도 풍력발전기를 분류할 수 있다. 일반적으로 형태에 따른 이름은 날개 모양의 특징이나, 고안한 사람의 이름을 따르기도 한다.

수평축 풍력발전기

수평축 풍력발전기는 날개의 형태에 따라 다양하게 분류된다. 프로펠러형은 오늘날 풍력발전기에 가장 많이 사용되며, 네덜란드형은 네덜란드의 풍차에서 주로 볼 수 있는 형태이고 네덜란드형의 날개를 배의 삼각돛처럼 바꾼 것이 세일형이다. 블레이드형은 얇고 긴 칼 모양의 날개를 여러 개 모은 듯한 형태이다.

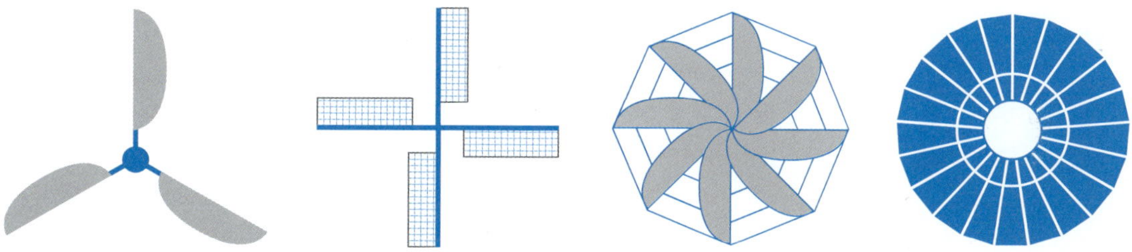

(a) 프로펠러형 (b) 네덜란드형 (c) 세일형 (d) 블레이드형

[그림 6-6] 수평축 풍력발전기의 날개 형태

수평축 풍력발전기는 회전축의 방향이 지면과 평행하도록 설치된다. 출력이 가장 안정적이고 효율이 높아 최근에는 주로 대용량 풍력발전기에서 채택하고 있다. 대형 풍력발전기에서 주로 채택하는 날개 형태는 날개 개수가 3개인 3-블레이드형으로, 대형이 되면 회전 날개가 받는 항력도 커지므로 날개의 수는 적은 편이 유리하다.

수평축 풍력발전기의 프로펠러형 형태의 풍력터빈 날개는 맞바람(up-wind type)을 이용하는 방식과 뒷바람(down-wind type)을 이용하는 방식으로 나뉜다. 먼저 유체의 흐름을 맞서는 방향으로 장치를 배치하면 유체 힘의 저항으로 저항이 작은 쪽으로 움직인다. 따라서 수평축의 특성상 풍력발전기의 날개의 축은 바람의 방향에 정면으로 향해야 한다. 반면 유체의 흐름을 뒤따르는 장치를 배치하면 유체 흐름의 방향에 따라 장치는 정렬한다. 이러한 이유로 뒷바람 방식의 소형 풍력발전기는 날개의 축이 바람의 방향에 자연스럽게 맞춰지도록 회전한다.

[그림 6-7] 수평축 풍력발전기의 바람 이용방법에 따른 형태

이렇게 수평축 풍력발전시스템에서 회전축과 나란한 바람의 방향에 따라 회전하는 회전각을 **요각**(yaw angle)이라고 한다. 이때 내외부의 동력을 이용하지 않고 날개의 축 방향을 회전시키는 방식을 수동 제어 방식(passive control)이라고 한다. 대형 발전기의 경우 스스로 자연스럽게 방향을 바꿀 수 없어 내부의 동력장치를 이용하여 회전하여 방향을 맞추는데, 이를 능동 제어 방식(active control)이라고 한다.

요각의 능동 제어를 위해 풍향 및 풍속을 감지하려면 관측기기가 나셀(nacelle)[7] 위에 설치되어야 하지만 이렇게 하면 날개에 바람의 변화가 도달한 뒤에 제어를 개시하는 지연이 일어날 것이다. 이 때문에 풍차에 도달하는 바람의 속도변화를 앞서서 감지할 수 있는 LIDAR[8]를 주로 이용하고 있다.

LIDAR는 풍차의 나셀에 탑재되어 레이저 광 펄스를 발사하면서 공기 중 먼지 등의 작은 입자에서 생긴 산란광이 돌아오는 것을 감지한다. 그 움직임에 따른 도플러 효과[9]에 의한 산란광의 미소한 파장변화를 검출하고 해석함으로써 날개의 전방 300 m 정도까지의 바람 상황을 파악할 수 있다. 다만 이 방법은 고출력 레이저가 필요하므로 고가라는 점이 해결해야 할 과제이다.

수직축 풍력발전기

수직축 풍력발전기의 종류로는 먼저 S자의 한가운데를 떼어 반대 쪽으로 바람이 벗어나도록 한 사보니우스형이 있다. 크로스플로우형은 공기의 흐름 방향이 사보니우스형과 다르고 공기가 회전 부분을 관통하는 형태이다. 따라서 공기의 흐름은 원주회전 날개 부분을 2회 통과하게 되며, 이 방식은 수차에도 적용된다. 패들형은 봉의 끝에 반구형의 컵을 부착한 형태의 날개로, 기계식 풍속계로 많이 이용된다. 프랑스 항공의 엔지니어 조르주 다리우스(Georges Darrieus)가 발명하여 1926년 특허를 받은 다리우스형은 바람의 방향에 영향을 받지 않는 구조로 유명하다. 자이로밀형은 다리우스형을 개량한 것으로, 수직축에 대칭 형태의 날개를 부착한 형태이다.

7 풍력발전시스템의 타워 위에 놓인 발전기실을 의미한다. 자세한 내용은 6.3절에서 설명할 것이다.

8 Light Detection and Ranging의 약어로, 라디오파를 이용하는 RADAR(Radio Detection and Ranging)과 유사성이 있다.

9 도플러 효과(Doppler effect) 또는 도플러 천이는 어떤 파동의 파동원과 관찰자의 상대속도에 따라 진동수와 파장이 바뀌는 것이다.

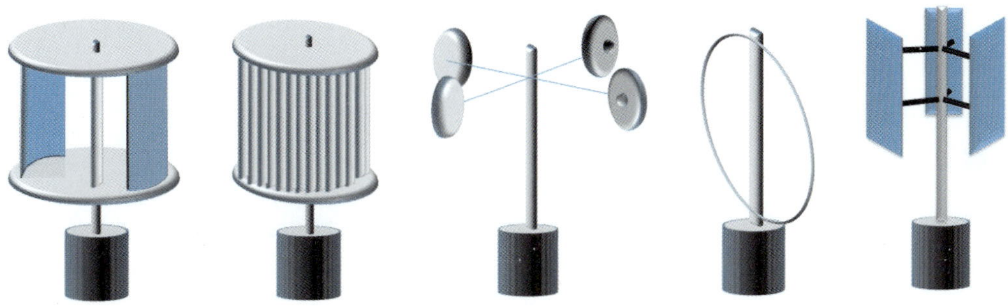

(a) 사보니우스형 (b) 크로스플로우형 (c) 패들형 (d) 다리우스형 (e) 자이로밀형

[그림 6-8] 수직축 풍력발전기의 날개 형태

수직축 풍력발전기의 장점은 풍향에 대한 요각 제어가 필요 없고 발전기 같은 중량물을 수평형처럼 높은 곳에 두지 않아도 되어 지상에 놓을 수 있어 설치가 용이하다는 점이다. 그러나 날개의 제조가공 비용이 크고 발전기 등 설비가 고장날 때 신속한 대처가 어렵다는 단점이 있다. 특히 대형화한 경우 높이가 증가하는 회전축 자체도 길고 무거워 유지 관리 면에도 어려움이 있다.

수평축과 수직축 형태는 다시 양력을 이용하는 방식과 항력을 이용하는 방식으로 나눌 수 있다. 양력은 바람의 흐름을 이용해 공기의 밀도차를 만들어 부양력이 발생하게 하는 방식이며, 항력은 바람의 흐름을 날개로 방해하여 부딪힌 바람의 저항력을 이용하는 방식이다.

[표 6-1] 풍차의 종류

	양력	항력
수평축	• 프로펠러형	• 네덜란드형 • 세일형(돛) • 블레이드형(미국 서부)
수직축	• 다리우스형(현수선 유사) • 자이로밀형(직선 날개)	• 사보니우스형 • 크로스플로우형 • 패들형(풍속계)

3 기어 유무에 따른 분류

로터에 연결된 주축의 저속 회전을 발전기의 구동에 적합한 회전속도로 높이는 장치인 **증속기**(gearbox)의 존재 여부에 따라 증속기가 포함된 간접구동형(geared type)과 증속기가 없는 직접구동형(gearless type)으로 구분한다. 두 방식이 혼합된 방식은 하이브리드형(hybrid type)이라고 한다.

간접구동형

간접구동형은 저회전 고토크의 로터 입력 동력을 고회전 저토크의 출력 동력으로 변환하여 발전기에 전달한다. 견고하면서 가격이 저렴한 유도발전기를 사용하여 현재까지 가장 많이 사용하고 있는 방식이다. 증속기의 구조에는 평행축기어와 유성기어열이 있으며, 중대형 풍력발전기에는 가볍고 소형인 유성기어열을 주로 사용한다.

직접구동형

직접구동형은 저회전 고토크의 로터가 증속기 없이 발전기에 직접 연결된다. 대부분 가변속운전 방식의 동기발전기를 사용하며, 다극형 발전기를 사용하므로 발전기가 크고 무거우며 비싸다.

하이브리드형

하이브리드형은 두 방식을 혼합한 방식으로, 고단의 증속기로부터 발생하는 기계 손실과 나셀부의 무게 증가의 단점을 저단 기어로 대체하고 발전기의 극수와 크기를 감소시켜 보완하는 절충 형태이다.

4 설치 장소에 따른 분류

풍력발전시스템은 바람이 불 때 지형이나 주변 환경의 방해가 적고 바람의 방향변화가 심하지 않은 곳에 설치하는 것이 좋다. 외부의 지형지물에 의해 바람이 방해받지 않고 잘 불어오는 높은 곳이 좋을 것이다. 도심의 건물 옥상 같은 곳이 좋겠지만 거대하고 노출된 회전 구조물의 안전한 운영과 관리를 생각하면 좋은 장소라고 할 수 없을 것이다.

이러한 이유로 대부분 사면이 트인 산 위에 설치하여 바람이 부는 것을 방해받지 않게 하거나 육풍과 해풍이 밤낮으로 불어 풍속과 풍향, 즉 풍황이 좋은 해변에 설치한다. 땅의 활용성을 고려해 인근 바다에 설치하는 경우도 있는데, 이럴 때에는 대규모의 시설을 설치하는 경우가 대부분이다.

육상풍력(On Shore)

세계적으로 1990년도 이전 대부분의 풍력발전은 육상에 설치되어 전력을 생산하였다. 육지의 개활지나 넓은 지형은 풍황자원의 손실을 최소화할 수 있는 구조물만 설치하여 전력을 생산할 수 있으며, 접근이 편리하여 유지보수와 관리 등도 매우 용이하다.

우리나라의 경우 최근까지 산악지형의 특성과 높은 지가로 풍황자원의 최대치를 이용하기 위해 산의 능선을 따라 설치하였다. 그러나 이러한 이유로 시설 공사 및 관리를 위한 도로를 건설하는 추가적인 비용이 들고 자연환경을 훼손한다는 우려를 낳고 있다. 또한 돌풍과 뇌우 등의 혹독한 일기와 극심한 기후변화 같은 산악지형의 환경 조건으로 장치 관리에 어려움이 있다.

해상풍력(Off Shore)

1991년 시작된 해상풍력은 바다에 구조물을 설치하여 그 위에 풍력발전 시스템을 구성하는 고정식(fixed) 방법이었다. 해상풍력은 2009년 노르웨이에서 부유식(floating) 방식에 대한 실증을 통해 고정식과 다른 풍력발전의 가능성을 열었다.

해상풍력은 육상풍력과 달리 풍력단지를 구성할 때 고저차가 발생하지 않는 장점이 있다. 고저차에 의해 풍황이 달라지면 발전량이 균등하지 않아 단지 내 전압을 제어하는 것이 복잡하다. 이러한 이유로 현대의 대부분의 대규모 풍력발전 단지의 구성은 해상을 따라 이루어지고 있다.

문제는 바다에 거대한 구조물을 거치시키는 방법이다. 일반적으로 바다의 해저면에 구조물을 설치하고 그 위에 풍력발전 시스템을 고정시키는 방법과 물 위에 부력을 통해 뜰 수 있는 구조물을 구성하고 앵커 등을 이용하여 이 구조물을 붙잡아 부유식 기초 위에 풍력발전시스템을 구성하는 방법이 적용되고 있다. 단, 고정식은 수심이 깊거나 해저면이 무른 지형일 경우 고정할 기단에 대한 토목건설의 부담이 있어 해상풍력의 경우 부유식을 선호하고 있다.

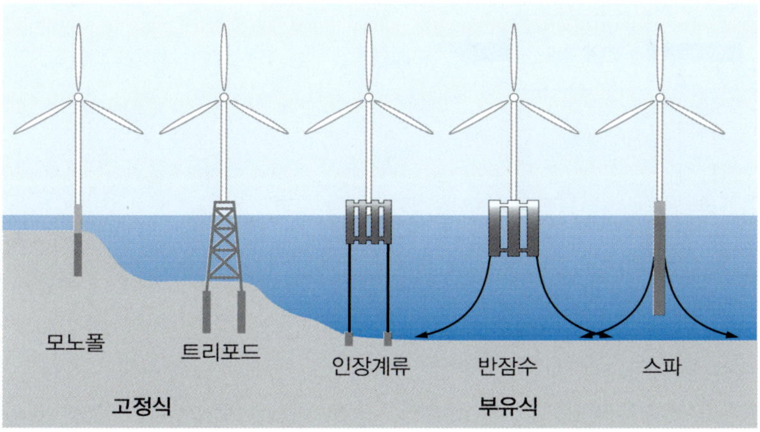

[그림 6-9] 해상풍력발전시스템의 설치 장소에 따른 분류[10]

5 발전기 종류에 의한 분류

유도발전기

유도발전기(induction generator) 또는 유도기는 증속기를 통해 증속된 회전 토크로 발전기를 회전시켜 전력계통에 연결하는 장치이다. 전력변환장치나 복잡한 제어장치가 필요하지 않지만 풍속의 변화에 대해 출력의 변동이 심하고 효율이 낮다.

10 "*Assessing Environmental Impacts of Offshore Wind Farms: Lessons Learned and Recommendations for the Future*" Figure 4 Types of offshore wind turbine foundations (reproduced from ref. 102, source Principle Power).

유도발전기는 자체 여자시스템이 없어 무효전력(reactive power)을 공급할 수 없고 발전전압도 자체적으로 조정할 수 없다. 계통연계 운전의 경우 자계(magnetic field) 유지를 위한 무효전력을 계통에서 공급받아야 하며, 독립 운전인 경우 무효전력 공급을 위한 커패시터 뱅크(capacitor bank)가 필요하다.

일반적으로 농형 유도발전기와 권선형 유도발전기, 이중여자 유도발전기로 분류되며, 유도전동기가 동기속도 이상으로 회전하게 되면 유도발전기가 되므로 기본적으로 유도기의 전동기와 발전기는 구조가 같다.

■ 농형 유도발전기

농형 유도발전기는 농형 유도전동기와 동일하며, 정속 제어시스템(fixed speed system)에 적용한다. 회전자에 브러시가 없어 구조가 간단하고 견고하며, 가격도 저렴하다. 주로 회전속도가 일정한 정속 회전 제어 방식에 이용하고 있다.

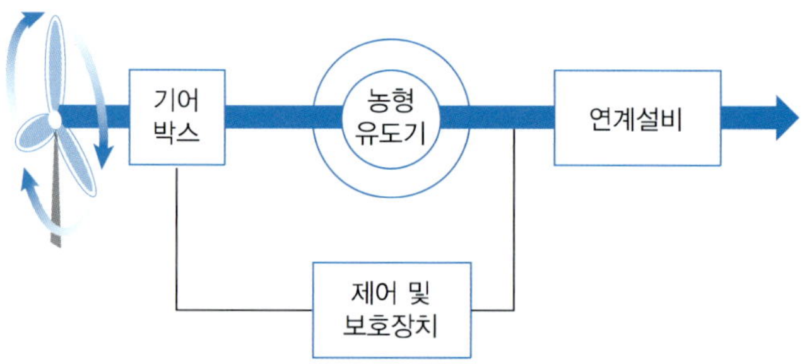

[그림 6-10] 농형 유도발전기의 간략한 구성도

■ 권선형 유도발전기

권선형 유도발전기에서 회전자는 고정자의 권선과 같은 형태의 3상 권선(coil)을 가지고 있다. 권선형 유도발전기 방식은 가변속 드라이브 방식을 주로 사용하며, 전체 용량에 비해 작은 용량의 전력변환장치를 사용하여 시스템을 구성한다. 회전자와 고정자 양쪽에서 전력을 발전하여 전력계통으로 보낼 수 있고 정격의 1/3 전력을 발전기 회전자로부터 발전할 수 있어 경제적이다.

■ 이중여자 유도발전기

풍력터빈시스템의 용량이 MW급 이상으로 커지면서 현재 가장 많이 사용되는 유도발전기는 **이중여자 유도발전기**(Doubly-Fed Induction Generator, DFIG)이다. 고정자와 회전자 양쪽 모두에 여자전류를 공급하며, 이를 통한 슬립효과를 이용하여 강풍에서 균일한 품질의 출력을 얻을 수 있고 드라이브 트레인에 작용하는 하중을 감소시킬 수 있다. 이중여자 유도발전기에서 컨버터의 설계 용량은 정격 출력의 25~30% 정도만 차지한다.

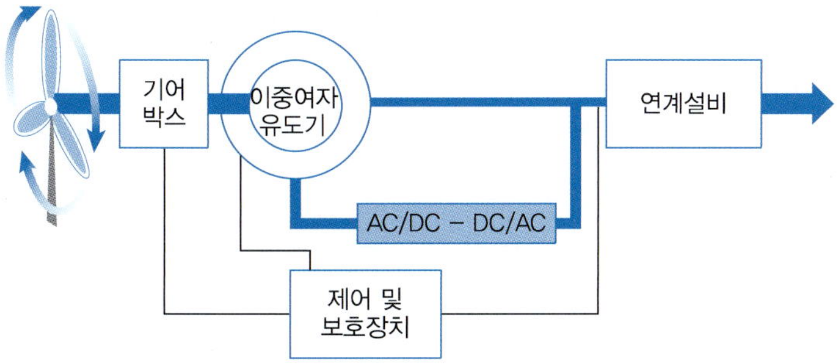

[그림 6-11] 이중여자 유도발전기

동기발전기

동기발전기(synchronous generator) 또는 동기기는 증속기 없이 전력변환장치와 결합하여 사용한다. 직류전원으로 자계를 만들고 전기자 권선을 일정한 속도로 회전하면 교류 기전력이 발생하는데, 이를 외부회로로 연결하는 것이 동기발전기이다.

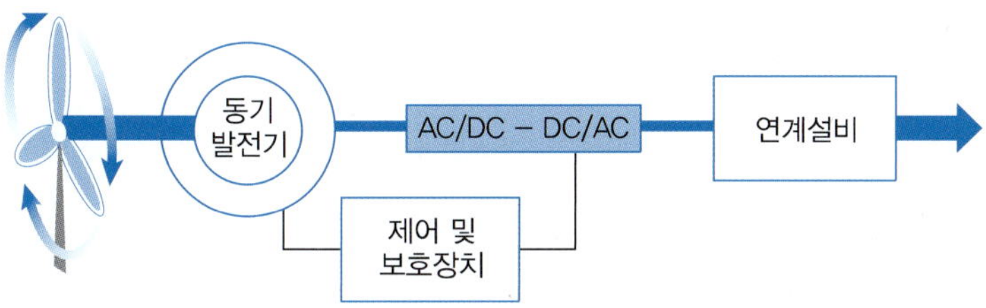

[그림 6-12] 동기발전기의 구성

동기발전기에는 권선여자형 동기발전기와 영구자석형 동기발전기가 있으며, 일반적으로 영구자석형 동기발전기가 사용된다. **영구자석형 동기발전기**(Permanent Magnet Synchronous Generator, PMSG)는 영구자석이 계자[11]이므로 계자전원이 필요 없고 증속기 없이 터빈 로터에 직접 연결할 수 있어 기어가 없는 형태의 풍력터빈시스템에 적용된다. 권선형 유도기와 달리 자체 역률 제어가 불가능하며, 계통에 직접 연결할 수 없어 계통연계형 인버터가 필요하다.

교류 동기발전기는 직류 여자[12]된 회전자를 3상 전기자 권선 안에서 회전시키는 구조이므로 회전수에 비례한 주파수의 교류전력이 발생한다. 따라서 전력계통에 연계되면 계통의 주파수에 의해 결정된 회전속도(동기속도)로 회전하게 되는데, 회전자 입력 토크가 커지면 동기이탈(탈조)을 일으키게 되므로 돌풍이 불 때에는 회전자의 급격한 가속을 막을 필요가 있는 등의 이유로 주파수 제어가 쉽지 않은 편이다. 또한 유효전력뿐만 아니라 무효전력 공급이 필요한 단독 운전 방식인 경우 동기발전기를 사용하는 곳이 많은데, 가격 면에서 유도발전기보다 비싸고 크기도 크다는 단점이 있다. 최근에는 영구자석의 발달로 영구자석을 이용한 가변속 풍력발전시스템에 이용되는 경우가 많다.

---

11 계자(field system)는 철심과 계자 코일로 이루어진 전자석 형태의 회전형 전기기기의 자기장을 생성하는 부품이다. 영구자석형 동기발전기에서는 회전자(로터)를 의미한다.

12 여자(excitation)는 권선에 기자력을 생성하는 것으로, 기자력은 자속, 자류의 생성 능력을 의미한다.

한편 동기발전기가 그 자체로 교류전력을 발생시킨다면 유도발전기는 외부전원으로부터 회전자계를 받아 회전자를 회전자계보다도 약간 빠른 회전속도(통상 1 ~ 2%)로 회전시켜 전력을 발생시킨다. 유도발전기는 동기발전기와는 달리 무효전력을 소비하기 때문에 연계된 계통에 충분한 무효전력 공급 능력이 없으면 전압 강하를 일으키며, 이에 따라 콘덴서 등의 무효전력 보상장치가 필요하다. 그러나 구조가 간단하여 보수가 간편하고 신뢰성이 높으며, 제어가 쉽고 동기발전기보다 저렴하기 때문에 풍력발전용으로 널리 사용되고 있다.

6 출력 제어 방식에 의한 분류

풍력발전기는 정격풍속에서 최대의 출력이 발생할 수 있도록 설계되며, 정격풍속 이상의 풍속에 대해 풍력터빈시스템을 보호하고자 발전량을 조절하는 출력 제어를 한다. 출력 제어 방식은 크게 실속 제어(stall control)와 피치 제어(pitch control)로 구분할 수 있다.

실속 제어 방식

실속현상을 이용하여 일정 풍속 이상에서 블레이드에 작용하는 양력을 유지하거나 줄어들도록 함으로써 로터의 회전속도를 제어하는 방식이다. 블레이드의 피치각은 일정하게 고정되어 있으며, 풍속이 빨라지면 블레이드의 받음각이 증가하여 자연스럽게 발생한 실속이 양력을 감소시킨다. 이처럼 피치각이 고정되어 조절이 필요하지 않은 경우는 **수동형 실속 제어**(passive stall control)라고 하며, 경제성을 고려하여 이전의 중소형 풍력발전기에 많이 채택되었다. 반면 실속현상을 이용하지만 피치각을 조절하여 출력 제어의 기능을 향상시킨 것이 **능동형 실속 제어**(active stall control)이다.

피치 제어 방식

피치 제어 방식은 블레이드의 피치각을 조절하여 출력을 제어한다. 효율적으로 출력을 제어할 수 있고 전력생산량을 높일 수 있어 현재 대부분의 중대형 풍력발전기에서 채택하고 있다. 피치 제어 방식은 매우 낮은 시작 토크를 형성할 수 있어 풍속이 느려도 전기를 생산할 수 있으며, 최대 풍력을 만들기 위해 바람의 저항력과 양력을 합성하는 방식을 사용하여 성능을 끌어올릴 수 있다.

7 운전 방식에 의한 분류

풍력발전기의 날개가 바람의 흐름에 따른 저항력으로 만들어내는 회전력, 즉 토크(torque)는 기본적으로 날개에 부딪히는 바람의 양과 속도에 따른 관계식으로 해석할 수 있다. 풍력에 대한 정량화 방법으로는 해면 10 m 상공의 바람의 세기를 등급화한 보퍼트 풍력 등급을 사용한다.

풍력발전기의 풍차인 로터 블레이드의 회전수에 따라 정속 운전(fixed rotor speed) 방식과 가변속 운전(variable rotor speed) 방식으로 구분하며, 계통의 주파수, 증속비, 발전기에 대한 설계를 함께 고려하여야 한다. 먼저 **정속 운전 방식**은 풍속에 관계없이 로터의 회전속도가 일정하다. 특정 풍속에서 최대의 효율을 낼 수 있어 일정한 속도 이상에서는 풍차 날개의 양력을 감소시켜 속도를 낮추는 **실속 제어**[13]와 함께 초기의 풍력발전기에 많이 사용되었다.

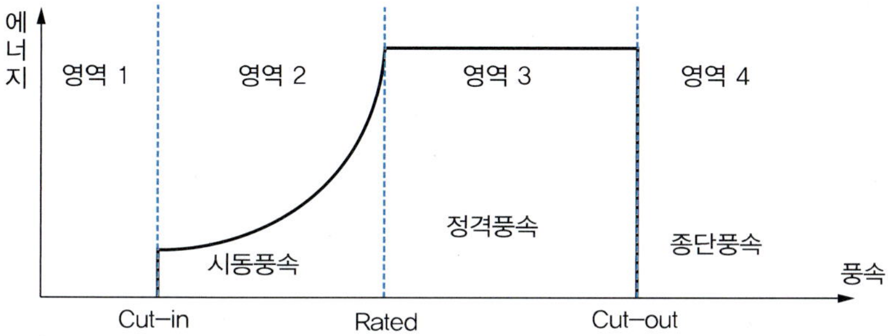

[그림 6-13] 풍속에 따른 풍력발전기의 운전방법

풍속에 대한 풍력발전시스템 운전방법에 따른 발전량의 크기를 표시한 [그림 6-14]에서 영역 1은 바람이 불지 않거나 매우 느린 바람이 부는 영역으로, 이때 풍력발전기는 움직이지 않거나 발전이 불가능할 정도로 매우 느린 회전, 즉 아이들링(Idling)을 한다. 영역 2는 풍력발전이 시작되는 구간으로, 전력생산량이 많지는 않지만 풍속에 따라 블레이드 회전속도가 변하는 **가변속 운전**이 가능한 구간이다. 바람이 강해지면 풍차가 회전을 시작하여 발전하는데, 이렇게 발전이 시작할 때의 풍속을 컷인(cut-in) 풍속이라고 한다.

컷인 풍속은 작은 편이 좋다. 바람이 적게 불어도 전력을 생산할 수 있도록 하기 위해서이다. 풍차발전기 설치 장소의 바람상태(평균 풍속, 최대 풍속)에 따라 최적화된 기획이 필요하지만 대략적인 컷인 풍속은 3 ~ 3.5 m/s 이며, 정격 풍속은 9 ~ 12 m/s 이다.

바람으로 얻을 수 있는 에너지는 풍속의 세제곱에 비례하므로 상한인 정격출력은 발전기의 최대 허용값으로 결정된다. 만약 정격풍속, 정격출력에 이른 후 풍속이 더욱 커지면 블레이드의 회전을 정지시켜야 안전하나. 이때의 풍속을 컷아웃(cut-out) 풍속이라고 하며, 보통 12 ~ 20 m/s 로 설정하지만 강풍이 불 때 발전시스템의 강도 등에 따라 다를 수 있다.

정속운전 방식의 기어를 이용하는 유도기형 발전기를 바탕으로 한 풍력발전시스템은 영역 2의 운전이 복잡하고 어렵다. 이 구간에서 풍속이 변화하려면 기어의 비율과 블레이드의 각도 제어를 통해 최대의 풍력을 유지해야 한다. 이는 시스템을 설계했던 최적의 풍속 조건을 얻지 못했을 때 에너지를 최대로 끌어내려면 불가피한 방법이다.

---

13 날개 형상을 연구하는 것으로, 강풍 시의 바람의 흐름을 날개에서 분리하여 양력을 떨어뜨리고 회전속도를 억제하는 제어를 말한다.

영역 3은 정격구간으로, 이 구간의 풍속은 풍속변화와 무관하게 일정한 전력을 생산할 수 있다. 정속운전을 하는 시스템의 경우 정격구간에서 블레이드의 회전과 기어의 비율 등을 제어하여 발전기 회전 속도를 유지하고 전력생산을 안정적으로 만든다. 너무 빠른 풍속은 고속회전에 대한 시스템의 저항이 커져 파손의 원인이 되므로 최대의 속도를 추정하는 것보다 시스템의 설계 사양에 따른 정속을 유지해야 한다. 이러한 이유로 영역 3을 넘어서는 풍속에 대해서는 감당할 수 없는 회전속도에 따른 파손을 막기 위해 전력생산을 멈추도록 한다.

가변속 운전 방식은 풍속의 변화에 대해 로터의 회전속도를 연속적으로 받아들인다. 넓은 범위의 풍속에서 최대의 공력 효율을 얻을 수 있도록 설계하며, 풍속의 변화에 따른 출력계수가 최적이 되도록 회전속도를 조절한다. 가변속운전은 같은 풍황 조건에서 정속운전보다 출력을 많이 얻을 수 있으며, 보다 우수한 전력품질을 얻을 수 있어 현재 개발되고 있는 대부분의 풍력발전기에 채택되고 있다. 따라서 영역 2에서 영역 3까지 기어의 도움 없이 발전기를 다양한 속도로 운전할 수 있는 장점이 있다. 이러한 장점은 시스템을 간략화하여 시스템 유지보수도 용이하게 한다.

풍속에 따른 일반적인 속도 제어 방식은 날개의 부양각 혹은 피치각이라 불리는 회전면과 이루는 각을 변화시키는 방식이다. 실속 제어에 비해 풍속의 변화에 유연하게 대응할 수 있어 보다 안정된 출력을 얻을 수 있다는 이점이 있으며, 정격풍속 이상으로 바람이 불 때는 페더링(feathering)이라 불리는 방법으로 날개를 풍향과 평행하게 제어하여 바람에서 받는 힘을 저감시킬 수 있다.

이 방법은 효율 등을 이유로 양력에 의한 블레이드 회전속도를 낮게 설정하므로 발전기에 필요한 수준까지 회전속도를 대폭 증가시키기 위해 증속기를 사용한다. 전력계통과 연계시키기 위한 요건을 만족하려면 태양전지가 전력변환장치를 이용하는 것처럼 풍차는 컨버터와 인버터를 통해 출력을 제어한다. 컨버터와 인버터를 사용하는 이유는 교류에서 다시 교류로 변환하는 과정에서 직류를 통하기 때문이다.

바람개비 형태의 풍력터빈 날개 역할을 하는 블레이드의 소재는 광섬유에서 강화된 플라스틱 재료로, 기존에는 유리섬유 강화 폴리에스테르 수지를 사용했다면 최근에는 에폭시 수지 혹은 더 가벼우면서 강한 탄소섬유를 사용하고 있다.

SECTION
6.3

풍력발전의 원리와 구조

공기의 흐름으로부터 풍력의 힘을 끌어내고 전기로 변환하는 과정의 원리와 이를 이용한 계산방법을 알아보자.

Keywords | 풍속 | 간섭계수 | 파워계수 | 날개끝 속도비 | 베츠한계 | 풍력발전기의 구조 |

1 풍력에너지 크기 계산

풍력발전은 바람에 의해 발생하는 에너지를 전기에너지로 변환하는 에너지 변환기술이다. 바람이 가지는 운동에너지에서 로터 블레이드가 기계적 에너지를 추출하면 이 회전력으로 발전기의 로터를 회전시켜 전력을 생산한다.

바람의 흐름을 바람의 밀도와 부피를 이용한 운동에너지로 표현하면 다음과 같이 나타낼 수 있다.

$$E = \frac{1}{2} m U^2, \quad m = \rho A U \tag{6.1}$$

- m : 질량
- ρ : 밀도
- A : 면적
- U : 풍속

★ 바람의 운동에너지 P 계산 ★

$$E = \frac{1}{2} \rho A U U^2 = \frac{1}{2} \rho A U^3 = P \tag{6.2}$$

풍력발전기 날개의 효율은 터빈에서 풍속이 감소하는 비율인 **간섭계수**(interference factor)에 따라 달라진다. 풍력에너지 중 풍력발전시스템의 터빈, 즉 블레이드에 의해 사용되는 에너지를 P_T라고 하면 다음과 같은 식들을 정의할 수 있다.

$$U = \frac{1}{2}(U_0 + U_1) \tag{6.3}$$

- U_0 : 날개 앞편 풍속
- U : 날개에 닿은 풍속(평균속도)
- U_1 : 날개 뒤편 풍속

$$P_T = C_P P_0 = \frac{1}{2} \rho A U (U_0^2 - U_1^2) \tag{6.4}$$

간섭계수 $a = \dfrac{U_0 - U}{U_0}$ 와 식 (6.3)의 변형을 통해 U와 U_1을 소거하는 방식을 이용하여 식 (6.4)를 전개하면 다음과 같은 식을 얻을 수 있다.

$$U = (1-a)U_0\ ,\ U_1 = 2U - U_0 \ \rightarrow\ U_1 = (1-2a)U_0$$

$$P_T = C_P P_0 = \frac{1}{2}\rho A \frac{1}{2}(U_0 + U_1)(U_0^2 - U_1^2)$$

$$P_T = \frac{1}{2}\rho A(1-a)U_0[U_0^2 - (1-2a)^2 U_0^2] = \frac{1}{2}\rho A(1-a)U_0[4a(1-a)U_0^2] \qquad (6.5)$$

파워계수 C_P

날개가 갖는 총 풍력(P_T)은 바람이 가진 풍력에너지(P_0)를 날개 특성에 따른 변환능력으로 환산하여 계산할 수 있다. 이때 날개의 특성에 따른 변환을 위한 환산계수로 **파워계수** C_P를 사용하면 풍력발전기를 통해 에너지를 만들어내는 풍력에너지의 크기는 다음과 같다.

$$P_T = \frac{1}{2}\rho A U_0^3 4a(1-a)^2 = C_P P_0 \qquad (6.6)$$

이때 파워계수 C_P는 다음과 같이 정의되며, 풍력발전기의 회전 날개의 길이를 반지름으로 하는 바람저항력의 면적과 풍속, 그리고 에너지의 관계는 최종적으로 다음과 같이 정리할 수 있다.

$$C_P = 4a(1-a)^2 \qquad (6.7)$$

$$P_T = \frac{1}{2}\rho\frac{\pi D^2}{4}U_0^3 C_P \qquad (6.8)$$

날개끝 속도비 λ

발전기에 불어오는 바람으로 인해 날개에서 발생하는 풍력에너지가 바로 전기가 되는 것은 아니다. 먼저 풍력에너지를 발전기 회전축을 회전시키는 힘으로 전환해야 한다. 이러한 힘을 **토크**라고 하는데, 토크란 힘의 작동점과 그 점에서의 힘의 방향, 그리고 연결된 링크 혹은 강체가 회전하는 축과의 관계를 나타내는 것으로, 다음과 같다.

$$T = FR$$

이때 $P = W = FS$이며, 거리 $S = Vt$ (속도와 시간의 곱)이다. 이때 시간은 단위시간 1초이고 식 $F = \dfrac{P}{V}$에서 $V = U_0$이므로 다음 식을 유도할 수 있다. 이때 F는 힘의 크기 및 방향이고 R은 회전축까지의 거리이다.

$$T = \frac{1}{2}\rho A U_0^2 R = P_0\frac{\lambda}{\omega} \qquad (6.9)$$

n을 날개의 수라고 할 때 **날개끝 속도비**(Tip Speed Ratio, TSR) λ는 다음과 같다.

★ 날개끝 속도비 ★

$$\lambda = \frac{R\omega}{U_0} \simeq 4\pi/n$$

날개에 작용하는 힘 F는 풍력에너지이며, λ는 풍속에 따라 풍력발전기 날개끝의 속도가 달라지므로 풍속을 날개끝의 속도로 환산하여 이용하는 것이다. 이때 계산된 토크는 최대 토크로, 회전축의 기구적 특성으로 인해 토크의 크기는 풍력에너지와 기구적 특성을 환산하여 계산해야 한다. 이 환산 계수는 기계적 변환상수로, C_T로 표현하며, 최종 토크 T_C는 다음과 같이 계산된다.

$$T_C = C_T T$$

이때 파워계수 C_P와의 관계는 다음과 같이 정의된다.

$$C_P = \lambda C_T$$

날개끝 속도비에 따른 파워계수의 변화를 날개의 모양이나 개수, 수평, 수직형에 따라 계산하면 다양한 관계 그래프가 만들어지는데, 이론상 파워계수값의 한계인 값 0.59를 **베츠한계**라고 한다.

베츠한계

풍력을 통해 많은 에너지를 얻으려면 큰 풍속의 바람이 블레이드를 통과하고 풍속 크기의 세제곱에 비례하는 풍력에너지를 흡수한 후 뒤쪽으로는 작은 풍속의 바람이 흘러가야 한다. 이때 어느 정도의 바람을 통과시켜 주어야 최대의 효율을 얻을 수 있는지를 판단해야 한다. 이를 정리한 것이 바로 **베츠의 법칙**(Betz's law)으로, 식 (6.2) ~ 식 (6.5)로부터 다음의 식을 유도할 수 있다.

$$\begin{aligned} P &= \frac{1}{2}\rho A U(U_0^2 - U_1^2) = \frac{1}{4}\rho A(U_0 + U_1)(U_0^2 - U_1^2) \\ &= \frac{1}{4}\rho A U_0^3\left(1 - \left(\frac{U_1}{U_0}\right)^2 + \left(\frac{U_1}{U_0}\right) - \left(\frac{U_1}{U_0}\right)^3\right) \end{aligned} \tag{6.10}$$

앞선 식을 미분하면 블레이드 앞뒤 풍속의 비 $\frac{U_1}{U_0}$의 값이 $\frac{1}{3}$일 때 에너지의 최댓값을 갖는다는 것을 알 수 있다. 에너지의 최댓값을 갖는 $\frac{U_1}{U_0} = \frac{1}{3}$을 기준으로 식 (6.10)에 대입하여 값을 구하면 다음과 같다.

$$P_{MAX} = \frac{16}{27}\frac{1}{2}\rho A U_0^3 \tag{6.11}$$

식 (6.11)은 식 (6.6)와 비교하여 파워계수 C_P의 값이 변화할 때 풍력에 대한 에너지가 어떻게 변하는지 보여준다. 식 (6.8)과 식 (6.9)에서는 유도된 풍력에너지가 날개의 형태에 대해 어떻게 영향을 미치는지 보여주고 있으며, 이러한 식들을 통해 파워계수와 날개끝 속도비(TSR)가 어떤 관련이 있는지 확인할 수 있다.

베츠의 법칙에 의해 유도된 공식과 베츠한계 식을 통해 [그림 6-12]의 그래프를 작성할 수 있다. 식 (6.6)과 비교해보면 파워계수가 최대 $\frac{16}{27}$, 즉 0.5925의 값을 가질 때 풍력 한계를 보이는 그래프와 풍력발전기의 블레이드 형태와의 상관성이 나타난다. 이때 풍력발전의 발전효율의 한계, 즉 풍력의 이론적 변환효율 59%가 **베츠한계** 값이다.

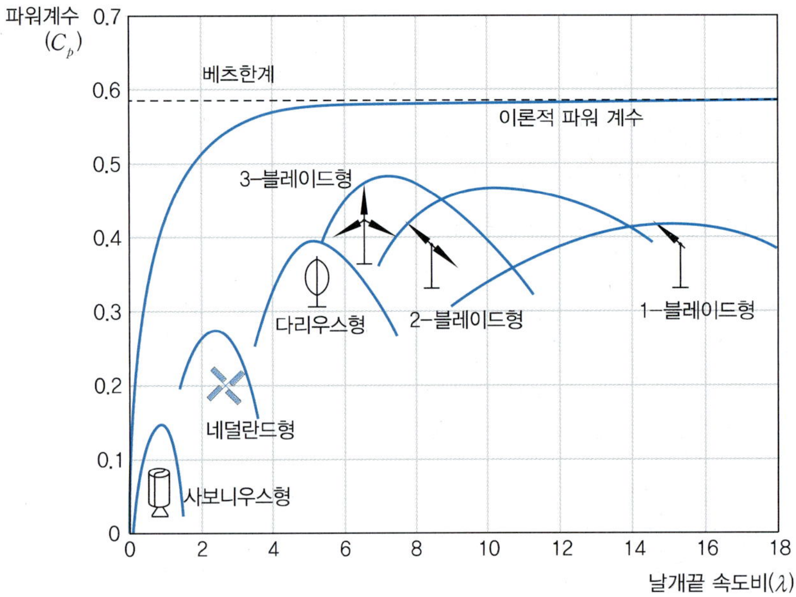

[그림 6-14] 각종 날개 형태와 개수에 따른 날개끝 속도비와 파워계수의 관계[14]

2 풍력발전기의 구조

블레이드를 통과하는 바람에 의해 발생하는 양력과 항력으로부터 로터 블레이드를 회전시키는 힘이 발생하며, 이때 바람이 갖는 운동에너지의 일부를 기계적인 에너지로 추출하게 된다. 블레이드의 회전 동력은 주축을 통해 발전기의 회전자로 전달되어 전기를 생산한다. 발전기에서 생산된 전력은 축전지에 저장(소형 풍력터빈)하여 사용하기도 하지만 대부분은 전력계통에 연계하여 송전한다.

기어 형태의 증속기를 갖는 풍력터빈에서는 저회전 고토크의 로터 회전 동력이 고회전 저토크의 동력으로 증속되어 발전기에 연결된다. 저회전 로터의 주축이 직접 발전기에 연결되는 풍력터빈은

14 Erich Hau, Wind Turbines(2rd Ed.), 2006, Figure 5.10, Page. 101

계통 주파수와 일치시키기 위해 전력변환장치를 사용한다.

풍력발전시스템은 크게 풍력발전기 구조물시스템과 풍력발전기를 제어하는 제어시스템으로 나뉜다. 전자는 다시 발전기 방식에 따라 기어가 있는 방식과 기어가 없는 방식으로 나눌 수 있다.

먼저 기어가 있는 방식은 바람이 가지는 에너지를 회전력으로 변환시키는 블레이드(blade), 블레이드를 연결하는 허브(hub), 회전력을 증속기에 전달하는 주축(main shaft), 저회전 고토크의 회전을 고회전 저토크의 회전으로 변환하는 증속기(gearbox), 회전력을 전력으로 바꾸는 발전기(generator), 풍력발전기를 지지하는 타워(tower), 블레이드의 피치각을 조절하는 피치 시스템(pitch system), 나셀을 바람이 부는 방향으로 일치시키는 요 시스템(yaw system), 그리고 풍력발전기를 제어하는 제어와 모니터링 시스템으로 구성된다.

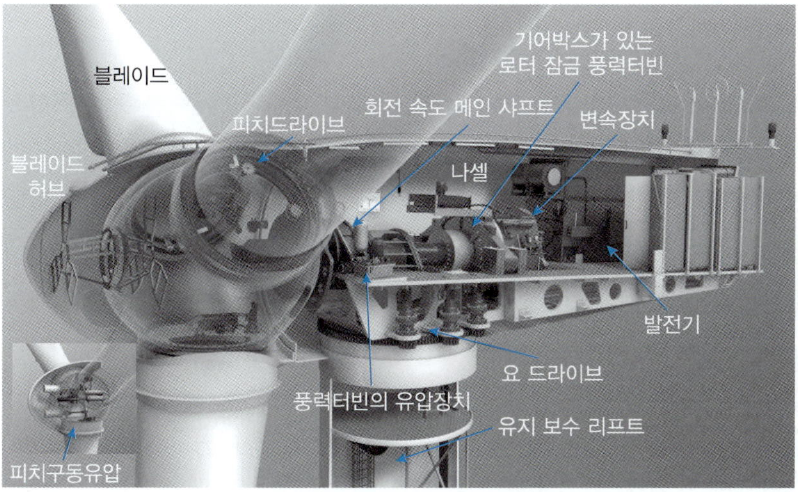

[그림 6-15] 기어박스가 있는 풍력발전기의 구조 및 구성품[15]

바람의 방향에 따라 너셀이 요 시스템의 요각 제어에 의해 바람의 방향에 맞춰지면 허브에 연결된 3개의 블레이드가 바람에 맞서게 된다. 바람의 에너지는 블레이드를 회전시키고 회전하는 블레이드는 피치 제어를 통해 회전속도를 조정하며, 연결된 회전축이 기어를 통해 발전기에 연결되어 전력을 생산한다. 블레이드와 발전기가 직접 연결되지 않고 중간에 기어를 통해 연결되므로 이를 기어 구동 방식 혹은 간접 구동 방식이라고 한다.

기어가 없는 방식은 바람의 에너지를 회전력으로 변환시키는 블레이드(blade), 블레이드를 연결하는 허브(hub), 회전력을 발전기에 전달하는 주축(main shaft), 회전력을 전력으로 바꾸는 발전기(generator), 풍력발전기를 지지하는 타워(tower), 블레이드의 피치각을 조절하는 피치 시스템(pitch system), 나셀을 바람이 부는 방향으로 일치시키는 요 시스템(yaw system), 풍력발전기를 제어하는 제어, 그리고 모니터링 시스템으로 이루어진다. 이 방식은 기어가 있는 방식보다 간결하다.

15 https://www.ifm.com

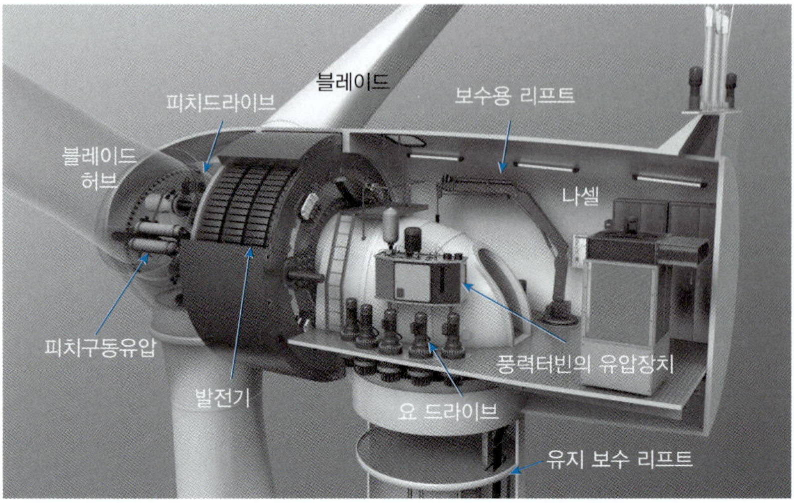

[그림 6-16] 기어박스가 없는 풍력발전기의 구조 및 구성품[16]

마찬가지로 바람의 에너지는 블레이드를 회전시키고 회전하는 블레이드는 피치 제어를 통해 회전속도를 조정하며, 연결된 회전축이 기어 없이 발전기에 곧바로 연결되어 전력을 생산한다. 블레이드와 발전기가 직접 연결되기 때문에 이를 기어리스(gearless) 구동 방식 혹은 직접 구동 방식이라고 한다.

[표 6-2] 풍력터빈의 부품별 역할과 기능[17]

부품명	역할과 기능
블레이드(날개)	바람을 기계적 회전운동으로 변환
피치 시스템	블레이드의 각도를 조절하는 장치
잠금장치	나셀의 수송 및 설치 시 내부 부품의 보호와 유지보수 시 주축의 회전 방지
주축 베어링	주축의 회전 및 지지
주축	블레이드의 토크를 증속기와 발전기로 전달
증속기	저속의 블레이드 회전수를 발전기용 고속회전으로 변환
유압시스템	브레이크 등 유압 공급장치
고속 브레이크	최종 정지를 위한 기계 브레이크
고속축	증속기로 빨라진 속도로 하중과 토크를 전달
커플링	증속기와 발전기를 연결하는 전달 장치
요 드라이브	요 베어링을 회전시키는 드라이브 모터
요 베어링	나셀을 회전시키는 요 시스템의 베어링
발전기	출력을 발생시키는 발전장치
제습 및 냉각장치	증속기의 과열 방지 및 발전기용 냉각 및 제습장치
윤활장치	주축베어링용 윤활장치
필터장치	증속기어의 오일 필터 장치
충격완화장치	증속기의 회전 충격을 흡수하는 장치
제어장치	풍력터빈의 제반 작동을 제어하는 장치
타워	블레이드와 나셀의 하중을 지지
나셀	주축, 증속기, 발전기 등 주요 핵심 부품을 보호하는 하우징

이렇게 기어박스의 유무가 결정되는 것은 발전기의 종류가 다르기 때문이다. 기어박스를 필요로 하는 발전기는 발전의 효율과 안전을 위해 일정 속도의 회전력을 필요로 한다. [표 6-2]에 풍력터빈의 부품별 역할과 기능에 대해 보다 자세히 나타내었다.

베어링과 증속기

블레이드에서 허브에 전달되는 회전력은 나셀 안의 증속기에 연결된 주축(shaft)을 통해 발전기에 도달한다. 이 주축의 베어링에는 일반적인 볼 베어링보다 큰 중량을 지탱할 수 있는 원통형 구름 베어링이 기본적으로 이용된다. 그러나 원통형 구름 베어링은 축 방향으로 걸리는 힘을 받아들일 수 없어 단면이 사다리꼴 모양인 테이퍼형의 원추형 구름 베어링(tapered roller bearing)으로 역방향의 테이퍼와 조합하거나 원통 같은 모양을 조합하여 이용하는 구면 베어링을 활용한다.

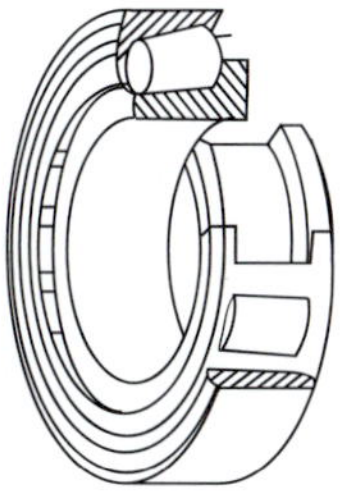

[그림 6-17] 테이퍼 구름 베어링의 구조와 모양

몇 MW급의 대형 풍차가 되면 날개끝의 풍절음을 절감하기 위해 로터의 회전속도를 10RPM 정도까지 억제할 수 있다. 따라서 발전기의 극수에 따라 상용전원 정도의 주파수를 얻으려면 증속기를 이용해 100배 이상으로 회전속도를 증속시켜야 한다. 이를 위해서는 단순하게 크고 작은 기어를 조합하는 것만으로는 어려워 주로 **유성기어**(planetary gear)를 1단 혹은 2단으로 이용한다.

유성기어는 기어 중심의 중심치차(sun gear), 유성치차, 양자를 연결하는 암(arm)과 유성기어의 가이드(guide) 역할을 하는 외륜, 그리고 고정 링크로 구성되며, 주로 중심치차를 입력으로 하고 암을 출력으로 한다. 유성기어의 입출력 축은 일직선상에 있으며, 콤팩트(compact)로 구성되어 5~100의 큰 감속비를 1단에서 얻을 수 있다. 유성기어는 전달효율이 높으며, 기어를 롤러로 바꿔 전동한 유성 롤러 감속기는 백래시(backlash)가 적어 소음, 진동도 작다.

보통 유성기어의 움직임은 네 가지 방식이 있는데, 이 중 풍력발전시스템에서 사용하는 것은 네 번째 방식이다.

- **외륜 고정** : 중심치차가 회전하고(power input) 유성치차가 회전함(power output)
- **유성치차 위치 고정** : 외륜이 회전하고(power input) 유성치차가 회전함(power output)

16 https://www.ifm.com

17 https://driveconstructor.com

• **중심치차 고정** : 유성치차가 회전하고(power input) 외륜이 회전함(power output)
• **유성치차 고정** : 외륜이 회전하고(power input) 중심치차가 회전함(power output)

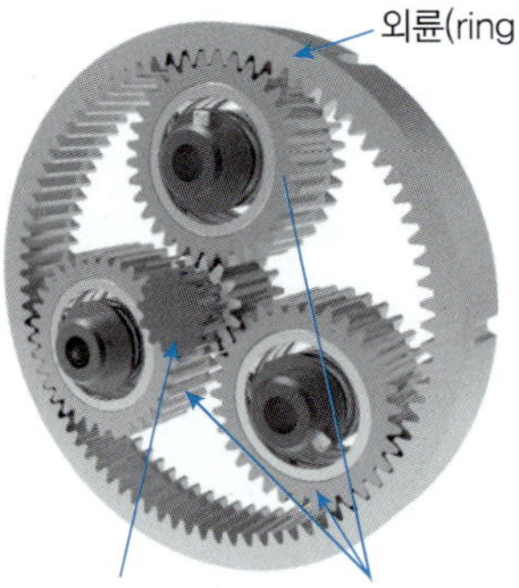

[그림 6-18] 유성기어의 개념

풍력발전기에서는 3개의 유성치차의 중심을 고정하면 외륜의 회전에 따라 중심축을 이루는 중심치차가 회전하며, 외륜의 안쪽 기어 잇수와 중심치차 바깥쪽 기어 잇수의 비율로 증속된다. 중심치차의 기어 잇수를 Z_1 이라고 하고 외륜의 기어 잇수를 Z_2 라고 할 때 감속비 R은 다음과 같다.

$$R = 1 + \frac{Z_2}{Z_1} \tag{6.12}$$

풍력발전기의 블레이드 허브에 유성기어를 이용하면 회전수 비를 크게 하고 입력과 출력을 동축 선상에 일치시킬 수 있으며, 복수의 중간 기어에 힘을 분산하여 전달할 수 있어 큰 토크(회전력)를 전달할 수 있다.

가속기를 이용하지 않고 주축이 발전기의 회전축에 직결된 다이렉트 드라이브에는 주로 고성능의 영구자석을 사용한 다극식 발전기가 이용되고 있다. 풍력발전기의 증속기어장치는 부품 수가 많아 고장이 발생할 확률이 높으므로 장기적으로 신뢰성이 향상될 수 있도록 극수를 늘리고 부품 수를 줄인 다극식 발전기를 사용하는 것이다. 극수를 늘리기 위해 발전기의 바깥둘레가 커지는 것을 방지하기 위해 어느 정도의 증속과 발전기의 다극화를 조합시킨 하이브리드 방식이 사용되기도 한다. 증속기를 이용하는 대신 유압펌프로 기름을 순환시켜 가속효과를 얻는 방식도 고안되고 있다.

SECTION
6.4 유도기와 동기기

풍력발전시스템에서 주로 사용하는 발전기는 유도기와 동기기로, 유도기는 3세대, 동기기는 4세대 풍력발전기라고 부른다. 두 발전기의 특징에 대해 알아보자.

Keywords | 페러데이의 법칙 | 동기기 | 유도기 | 유효전력 | 주파수 제어 |

앞서 발전기의 구조에 따라 풍력발전기의 종류를 구분하였다. 풍력발전기의 핵심은 바람의 운동에너지를 블레이드라는 바람개비 형태의 풍력터빈을 이용하여 회전운동으로 바꾸고 이 회전운동을 통해 발전기의 축을 회전시켜 전기를 생산하도록 하는 것이다.

이때 사용하는 중요한 에너지 변환장치인 발전기는 형태에 따라 유도기와 동기기로 나뉜다고 앞서 설명하였다. 발전기에 대한 이해를 통해 풍력발전의 전기적 요소를 좀 더 이해해보자.

1 패러데이 법칙

에너지 변환장치인 전기기기는 기계적 에너지와 전기적 에너지의 상호 변환하는 과정에 대한 물리학적 이해가 필요하다. 특히 균일한 자속밀도 B의 자기장에서 v의 속도로 움직이는 길이 l의 도체가 서로 수직의 위치에 있을 때 유도전압 V는 다음과 같다.

★ 패러데이 전자기 유도 법칙 ★

$$V = Blv \tag{6.13}$$

이 식은 **패러데이 전자기 유도 법칙**이라고 하며, 기계에너지인 속도 v가 전기에너지로 변환하는 과정에서의 에너지 크기를 기전력전압 V로 나타낸다. 변환 과정에서 매개 역할을 한 물리요소는 자기장 B이다.

자기장 내에서 기계적 움직임을 갖는 도체가 일으키는 전기적 현상을 통해 에너지 변환 과정을 간단하게 해석한 것처럼 다음과 같이 구조를 변경하면 패러데이의 법칙을 만족하는 조건을 만들 수 있다.

- 직선운동을 회전운동으로 바꾼다.
- 도체의 운동을 고정하고 자계의 운동으로 상대적 움직임에 대한 속도를 만든다.

이러한 반복적인 주기운동은 단순하면서도 안정적으로 기구적 운동의 영속성을 확보할 수 있어 기구 설계와 운용에 매우 이점이 있다. 이렇게 만들어진 전기에너지의 기전력은 다음과 같다.

$$E = NZ\frac{P}{a}\Phi$$

- Φ : 자속 • P : 극수 • N : 권선수 • Z : 전기자 도체수 • a : 병렬회로수

2 교류 동기발전기의 개념

[그림 6-20]에서 계자(field)는 자기장, 즉 자계를 형성하는 부분이고 전기자(armature)는 유도된 전류가 이동하는 부분이다. 교류발전기에서는 전기자가 고정자(stator)가 되며 계자가 회전자(rotor)가 된다. 도체에 해당하는 고정자 권선은 고정되어 있으며, 자속의 원인인 중심의 회전자, 즉 권선된 계자가 직류에 의해 N극과 S극을 갖게 되어 전자석이 된다. 이때 직류전원은 고정자전원보다 매우 작다.

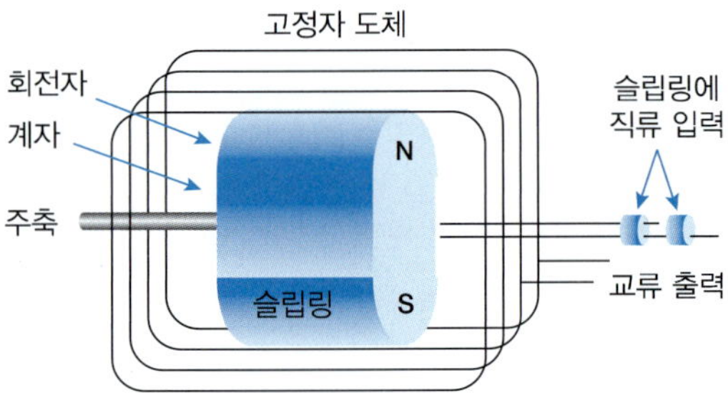

[그림 6-19] 교류발전기의 간단한 구조

계자 권선으로 이루어진 회전자의 N극이 도체에 가까울 때 양의 최대 자속이 되고 90°일 때 0이 되며, 180°를 이룰 때 음의 최대 자속이 만들어진다. 이렇게 회전할 때마다 고정자 권선과 이루는 각이 변해 자속이 변화하여 고정자 권선 도체에 기전력이 발생한다. 이러한 자계의 변화는 쇄교(linkage)[18]하는 자계가 회전하면서 양과 음의 연속적 변화를 되풀이하며 고정자 권선(도체)에 영향을 미치기 때문이다.

도체를 이루는 고정자 권선의 형태와 회전자의 배치를 통해 연속적 변화를 정현파 형태로 유도하면 고정자 출력단에 정현파 교류가 발전되어 출력된다.

---

18 '전류의 통로인 폐곡선'과 '자속 적분로가 만드는 폐곡선'이 서로 얽히는 것으로, 코일에 흐르는 전류에 의해 생긴 자속이 코일 형성 단면적을 통과하는 것을 말한다.

3 3상 전원과 기자력

고정자 권선을 이용하면 동기발전기의 출력을 **3상 전원**으로 구성할 수 있다. 3상으로 구성된 권선은 교류장치의 성능을 매우 향상시킨다. 각 상을 이루는 권선은 양극 혹은 양 단자를 이루는 한 쌍으로 이루어져 있으며, 한 주기를 이루는 원 안에 배치하기 위해 서로 120°의 공간적 위치 차이를 두고 구성한다.

회전하는 원운동을 통해 연속적 변화는 주기성을 가지며, 한 주기에서 각 쌍은 120° 위상차를 갖는 3개의 정현파가 출력된다. 이 3개의 전력을 3상 전원이라고 한다.

실제 고정자 권선은 원통형 자성체의 슬롯에 삽입되어 있는 형태로 분포되도록 제작하며, 회전자의 계자에 의해 발생되는 자속밀도 B와 자속 ϕ는 **기자력**(magmeto-motive force, mmf)에 비례한다. 기자력은 자속을 발생시키는 전류 코일 혹은 영구자석의 능력으로 자속을 흐르게 하는 공급 원천이자 자기적 현상을 일으키는 힘으로, 다음과 같이 나타낸다.

$$\oint H dl = Hl = Ni$$

- H : 자기장의 세기 • N : 권선수 • i : 전류

4 동기기의 출력전압

동기발전기를 단독 운전하여 전력을 생산하는 경우를 통해 발전의 과정을 살펴보면 회전자 계자 권선의 자속밀도 B_f는 기자력과 연관이 있고 계자의 기자력은 계자전류 I_f에 의해 결정된다. 이 전류에 의해 자기력이 일어난다고 하여 이를 **여자전류**(exitation current)라고 한다. 고정자의 권선된 도체에 자속이 쇄교하는 속도는 회전자의 회전속도와 같고 이는 각속도 ω에 다음과 같이 비례한다.

$$V = Blv = kNi\omega \tag{6.14}$$

여기에서 V는 발전기의 고정자에서 유도되어 발생하는 전압이고 k는 공극 간격, 슬롯 내의 도체분포, 기하학적인 구조 및 자속통과 강자성체 재질 등에 따른 비례 상수이다. 이러한 요소를 반영하여 최대의 효율 및 최저의 재료 가격으로 기계적 입력을 전기적 출력으로 변환하도록 설계한다.

동기기(synchronize electric machine)를 독립형으로 단독 운전하여 사용하는 경우는 매우 드물며, 대부분 연계형으로 전력망에 연결하여 사용한다. 만약 회전자를 무시하고 동기기의 고정자에 3상 전원을 투입하면 원통형 고정자 내부 권선들은 60 Hz 전원에 대해 분당 $60 \times 60 = 3{,}600$ 회전하는 N-S극의 자계변화에 노출된다. 또한 각 상을 이루는 극수를 여러 개로 배치할 수도 있는데, 이에 따라 회전자계의 속도는 공급전원의 주파수와 극수에 의해 다음과 같이 표현할 수 있다.

★ 회전자계의 속도 ★

$$N_s = \frac{2f}{p}\ [\mathrm{RPS}] \tag{6.15}$$

계통연계형은 외부전원으로부터 고정자에 투입된 전류로, 자기장을 형성하여 회전자의 자속과 동기시켜 회전자계가 형성되면 회전자와 회전자계 양극은 구속되고 두 전자석은 동기화된 속도로 회전한다. 이때 외부전원과 기계적 입력을 모두 제거하고 손실이 없다면 회전자는 동기속도로 계속 회전한다. 이를 무부하상태라고 한다.

회전자계의 회전속도는 고정되어 있다. 계통전력의 주파수가 고정되어 있기 때문이다. 따라서 회전자의 토크가 변동되면 회전자는 회전자계에 구속되어 동기속도 N_s로 계속 회전하려고 할 것이며, 회전자계와 회전자의 자극 축이 일치하지 못해 차이가 발생한다. 이렇게 동기가 이루어지지 않을 때 동기화하려는 힘의 발생은 전자기에너지 변환의 핵심 요인이 된다.

회전자의 외부 영향, 즉 토크의 기계적에너지 변화에 따른 에너지 변환원리는 동기기의 작동 방식에 의해 다음과 같이 쓸 수 있다.

$$P_m = \tau N_s \tag{6.16}$$

기계적에너지 P_m은 토크 τ와 동기속도 N_s에 의해 구해진다. 즉 동기속도가 일정하면 토크에 의해 장치는 발전기 혹은 전동기의 역할을 하는 것이다. 식 (6.16)에 의해 회전자계를 형성하는 고정자의 극수가 많아지면 주파수가 고정될 때 동기속도는 작아지는 것을 알 수 있다. 이는 풍력발전기의 블레이드 회전속도를 정할 수 있는 근거가 된다. [표 6-3]은 그 예시를 나타낸 것이다.

[표 6-3] 계통연계 동기발전기의 극수와 동기속도

p(극수)	RPM(60Hz)
1	7200
2	3600
3	2400
4	1800
⋮	⋮
100	72
200	36

5 유도기의 출력전압

유도발전기는 유도기라고 불리는 전기기의 한 종류로, 유도발전기의 원리를 알기 위해서는 먼저 유도기(induction electric machine)의 특성을 이해하는 것이 필요하다. 유도기의 구조적 특징은 전동기를 이해하는 것부터 시작하면 좋다.

외부에는 자석을 두고 내부에는 회전이 가능한 도체 원판을 축에 꿰어 놓았다고 하자. 외부의 자석을 회전시키면 내부 원판은 반대 방향으로 이동하는 상대적 운동이 생기며, 플레밍의 오른손 법칙에 의해 기전력이 원판의 중심축과 수직 방향으로 유도되어 원판의 가장자리에서 중심 쪽으로 전류가 흐르게 된다. 유도된 기전력 주변으로는 원판의 특성으로 단락되어 있는 원판 내부 주변에 전류가 흘러 기전력과 동일한 방향의 맴돌이 전류가 형성되며, 이 전류에 의해 만들어진 자기장이 플레밍의 왼손 법칙을 만족하여 원판은 자석이 회전하는 방향으로 회전하게 된다. 이 실험에 사용된 원판을 **아라고의 원판**(Arago's disc)이라고 한다.

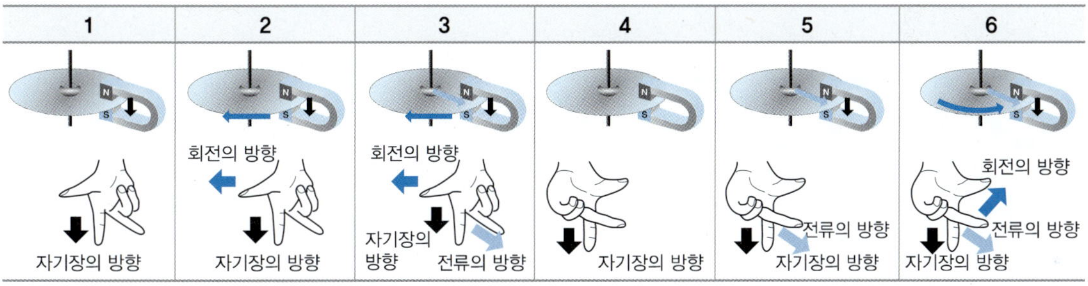

[그림 6-20] 아라고의 원판에 의한 유도기 원리 해석[19]

아라고의 원판에 사용된 자석의 회전을 자계의 회전이라고 하며, 주로 회전자계라고 표현한다. 이 회전자계를 대신할 전기적 방법으로 전기기기에서는 교류 전력을 사용한다. 유도기는 일반적으로 회전축을 중심으로 권선되어 있는(코일 형태로 구리선을 감은) **회전자**(rotor)와 회전자 주변에 일정 간격을 두고(공극) 고정되어 있는 **고정자**(stator)로 구성된다.

19 https://www.orientalmotor.com/ac-motors-gear-motors/technology/ac-motor-fundamentals.html

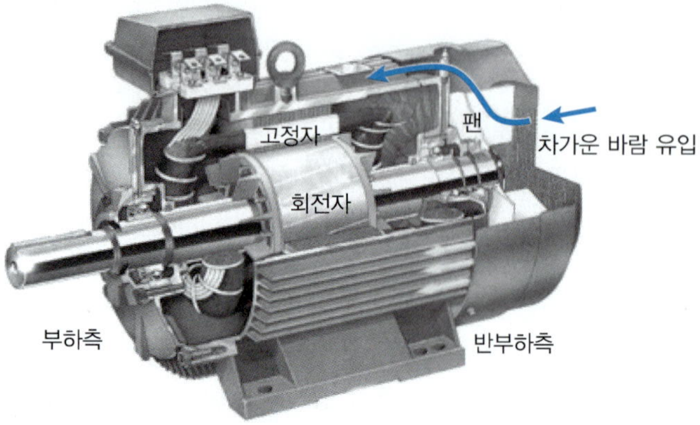

[그림 6-21] 4kW급 유도전동기의 고정자와 회전자의 구조도[20]

고정자는 고정자 코어와 고정자 코일로 이루어져 있으며, 전자석과 같은 역할을 하고 교류전원에 의해 전자석의 극성이 전원 주파수에 맞춰 자기장의 변화를 일으킨다. 자기장의 극은 서로 일정한 주기로 변하므로 마치 자석이 회전하는 듯한 회전자계를 형성하게 된다.

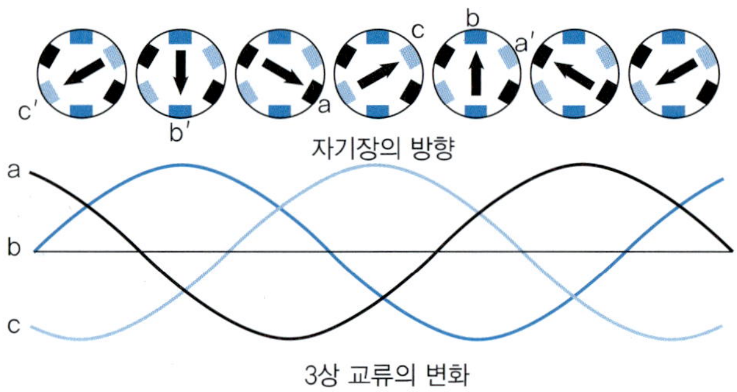

[그림 6-22] 3상 교류와 자기장의 방향변화

■ 유도발전기와 동기발전기의 차이

유도발전기에서 고정자와 회전자는 상호 유도를 통해 회전자계를 형성한다. 고정자에서 회전자로 유효전력이 전달되면 회전자의 토크가 발생해 전동기가 되며, 회전자에서 고정자로 유효전력이 전달되면 발전기가 된다. 이때 회전자계를 형성하는 것이 무효전력이다. 권선의 무효전력은 유효전력을 상호 유도하여 전달하기 위해 필요하다.

유도기는 여자기, 즉 자기장을 스스로 만들 수 없어 외부에서 자기장을 만들 전력을 받아와야 한다. 이렇게 받은 전력은 권선된 코일에서 자기장을 만드는 무효전력이 된다. 외부에서 전력을 공급하는 장치로 콘덴서 등을 사용할 수 있다.

---

20 GE Power Systems, USA

이러한 유도기에서는 유효전력의 제어만 가능하며, 여자전류를 위해 무효전력이 필요하다. 반면 동기기는 유효, 무효전력의 출력 제어가 모두 가능하며, 유도기와 달리 여자전류가 필요하지 않아 무효전력을 공급받지 않아도 된다.

6 풍력발전시스템의 제어

여러 대의 풍력발전기가 대규모로 구성되는 풍력단지의 경우 배전선로에 연계되는 소규모 풍력발전과 달리 전력생산량이 커 연계 시 파급효과를 고려하여 송전계통에 연계해야 한다. 그러나 송전계통에 교류선로로 연계할 경우 소규모 풍력발전에서는 고려하지 않았던 다양한 문제가 발생할 수 있다. 따라서 풍력단지 혹은 단위 풍력발전기는 전력시스템의 안정적인 운영에 적극적으로 참여할 수 있도록 제어와 전기품질 등에 관련된 다양한 제어기술이 필요하다.

풍력발전 계통연계 규정에서는 기존의 대형 발전소들이 단순히 계통에 전력을 공급하는 것 외에도 전력시스템의 안정성을 유지하는 역할을 수행하는 것처럼 풍력발전단지 역시 동일한 책임을 가져야 함을 강조하고 있다. 이는 점유율이 점점 높아지는 풍력발전단지가 계통의 안정도에 주는 영향이 지속적으로 증가해왔기 때문이다. 이에 대한 좋은 자료를 요약하여 정리하였다.[21]

유효전력 제어를 통한 시스템의 효율적 운영

풍력단지는 평균출력의 허용 오차 제어 시간인 5분 내에 5% 내로 제어되는 정격출력의 20~100% 범위에서 유효전력을 제어하며, 분당 조정 범위는 정격출력의 10~100%로 조정할 수 있다. 풍력발전단지의 유효전력은 다음과 같은 상황을 위해 제어되어야 한다.

■ 예비력 확보

일반적으로 전력계통의 각 발전기는 수급균형을 유지하기 위해 설비가 최대로 낼 수 있는 출력에서 일정 부분의 출력을 감소시켜 운전하며, 부하의 갑작스러운 증가에 대응하여 주파수를 안정적으로 유지하기 위해 부하의 증가량만큼 출력을 증가시킨다. 이를 예비력 확보(spinning reserve)라고 하며, 풍력단지 역시 이러한 예비력 확보를 위해 가능한 최대의 출력량에서 일정 부분을 감발하여 운전하고 감량 발전량은 계통 운영자의 지시에 따라 설정한다.

■ 최대출력 제한

최대출력 제한(absolute production constraint)은 계통운영자의 요구 시 출력의 절대량을 제한할 수 있도록 하는 제어이다. 대규모 풍력단지가 연계된 송전선로의 과부하를 방지하기 위한 것으로,

21 [트렌드리포트] 풍력발전시스템의 제어기술: 유효전력 제어, 임지훈, 월간전기 2018년 7월호

과부하 발생 가능성이 있을 때 풍력단지 정격용량의 20~100% 범위에서 특정 출력량 이하로 제한된다.

■ 출력변화율 제한

출력변화율 제한(power gradient constraint)은 풍속의 변화에 따른 급격한 출력변화에 맞서 계통운영자가 정한 값 이하로 출력변화율을 제한할 수 있도록 하는 것이다. 풍력터빈이 전력을 생산하기 시작하는 풍속인 컷인(cut-in) 풍속에서 연계가 시작될 때 혹은 5 m/s 이상의 풍속에서 단지 내 풍력터빈들이 재투입되어 발전량의 증가가 클 때 출력의 급격한 증가를 제한하는 것을 목적으로 하며, 돌풍(gust)에 의한 급격한 출력의 변화를 방지하는 역할도 한다. 최근에는 발전기의 효율 때문에 풍력터빈의 회전속도 허용 범위보다 큰 풍속인 컷아웃(cut-out) 풍속 이상에서 풍력터빈이 자가 보호를 위해 기동정지를 하지 않도록 소프트 컷아웃(soft cut-out) 수행을 선호하는 추세이다.

■ 수급균형 제어

수급균형 제어(balance control)는 발전량과 부하량의 균형을 유지하기 위해 계통운영자의 지령에 따라 출력량의 증감발을 할 수 있도록 하는 제어이다. 이때 풍력단지는 기존 발전기와 같은 급전 지시의 대상이 되는데, 이는 수급균형을 맞추기 위한 절차 중 최상위에 위치한다. 계통운영자는 안정적인 계통운영을 위해 풍력단지의 급전을 계획적으로 시행할 수 있으며, 출력량의 증감발량은 풍력단지의 증감발속도를 고려하여 설정한다. 수급균형 제어에서 풍력발전단지의 최대 출력량은 최대 출력 제한의 크기를 초과할 수 있다.

■ 출력유지 제한

풍력단지는 계통운영자의 요구 시 출력유지 제한(stop regulation)을 통해 운영자가 요구한 그 시점의 출력을 유지할 수 있어야 한다. 이 기능은 풍속이 현재보다 증가할 때 풍력단지의 출력을 해당 시점의 수준으로 유지하는 것이 목적으로, 풍속이 현재 수준보다 감소할 때는 적용되지 않는다. 최대 출력 제한과 유사한 제어 방식으로 볼 수 있지만 조금 더 능동적인 운영 측면에서 사용될 수 있다.

■ 시스템 보호

시스템 보호(system two-stage protection)를 위해 풍력단지는 인근 선로가 차단되었거나 선로의 과부하가 발생하는 등 계통의 이상을 감지했을 경우 계통운영자의 제어 명령 없이도 외부 보호 계전기의 정보를 통해 자동적으로 출력을 감별하고 해당 출력을 유지할 수 있어야 한다.

주파수 제어와 유효전력 제어[22]

전력망에서는 수급균형을 위해 교류전원의 주파수 제어를 활용하고 있다. 계통의 발전량이 부하량에 비해 크면 주파수가 증가하고 발전량이 부하량에 비해 적으면 감소한다.

전력계통에서 풍력발전의 점유율이 크게 증가할 경우 기존 발전기들의 투입 감소로 인해 부하 혹은 풍력발전의 출력이 갑작스럽게 변동되면 계통의 안정적인 주파수 제어가 어려울 수 있다. 따라서 풍력단지는 필요시 계통 주파수 변화에 따라 주파수 제어를 목적으로 그 출력량을 자동적으로 조절할 수 있어야 하며, 갑작스런 주파수의 변화에 대해서도 보호계전기의 동작 없이 계통연계를 일정 시간 동안 유지할 수 있어야 한다.

풍력발전 예측

풍력단지에서의 유효전력 제어의 필요성이 요구됨에 따라 유효분 전력을 통제하는 형태의 제어를 시행하고 있다. 만약 풍력단지의 출력량을 예측할 수 있다면 유효전력을 원활히 제어하는 데 도움이 되므로 풍력발전 출력 예측에 대한 시도가 진행되고 있다. 풍력발전 예측 기법은 크게 물리적 모델과 통계적 모델, 그리고 두 모델을 섞은 혼합 모델로 구분할 수 있다.

■ 물리적 모델

물리적 모델은 물리 수리적 모델을 이용한 풍력발전 예측시스템으로, 지역의 대기 및 기상서비스에서 제공하는 풍속을 이용하여 풍력발전기의 허브 높이, 지형, 터빈 특성 등으로 출력을 변환하여 사용하는 기법을 뜻한다.

■ 통계적 모델

통계적 모델을 이용한 풍력발전 예측시스템은 기상 조건보다는 통계적인 관계의 날씨와 풍력발전기의 출력 데이터들의 상관관계에서 출발한다. 주로 사용되는 통계적인 기술로는 자기회귀시계열(auto-regressive model, AR), 이동평균(moving average, MA), 이동평균 모형(autoregressive moving average model, ARMA), 비정상시계열 모형(autoregressive integrated moving average model, ARIMA)이 있다. 또한 예측된 바람과 출력 사이의 관계로부터 학습하는 형태의 통계 데이터를 활용하여 LAN(learning approach methods)라고 불리는 ANN(artificial neural networks), fuzzy logic, SVM(support vector machine)과 같은 방법도 있다.

---

22 관련된 내용을 살펴보고 싶다면 2.3.3절을 참조하라.

CHAPTER

06 연습문제

6.1 빈칸에 들어갈 내용으로 옳은 것을 고르시오.

풍력발전은 1차에너지인 (　　　)를 2차에너지인 전기에너지로 변환하여 전력을 생산하는 시스템이다.

① 운동에너지　② 속도에너지　③ 흐름에너지　④ 열에너지

6.2 바람이 부는 근본적 원인으로 옳은 것을 고르시오.

① 지구와 태양의 만유인력　② 지구의 자전의 힘
③ 태양광 에너지의 반사율　④ 태양에서 공급되는 복사에너지의 열

6.3 우리나라와 같은 중간 위도 지역에서 부는 지구 규모 순환의 바람으로 옳은 것을 고르시오.

① 무역풍　② 편서풍　③ 삭풍　④ 북서풍

6.4 풍력발전시스템의 구성부가 아닌 것을 고르시오.

① 기계부　② 전력망연계부　③ 제어부　④ 전기부

6.5 풍차 날개의 진보에서 주목할 만한 기술적 진보로, 바람을 받아 동력을 만들어내는 풍차 날개의 구조를 고르시오.

① 윙　② 에어포일　③ 프로펠러　④ 풍선

6.6 빈칸에 들어갈 내용으로 옳은 것을 모두 고르시오.

풍력발전기를 회전축 방향에 따라 분류하면 크게 (　　　)과 (　　　)으로 구분한다.

① 수평축　② 수직축　③ 평행축　④ 회전축

6.7 풍력발전기의 형태와 설명을 바르게 연결하시오.

① 프로펠러형	② 네덜란드형	③ 세일형	④ 블레이드형	⑤ 사보니우스형
⑥ 크로스플로우형	⑦ 패들형	⑧ 다리우스형	⑨ 자이로밀형	

Ⓐ 현대의 풍력발전기에 가장 많이 사용되는 형태
Ⓑ 네덜란드형의 날개를 배의 삼각돛처럼 바꾼 형태
Ⓒ 얇고 긴 칼 모양의 날개 여러 개를 모은 형태
Ⓓ S자의 한가운데를 떼어 반대 측에 바람이 벗어나도록 한 형태
Ⓔ 공기의 흐름이 회전 부분을 관통하여 원주회전 날개 부분을 2회 통과하는 것이 되는 형태
Ⓕ 봉의 끝에 반구형의 컵을 부착한 형태로, 기계식 풍속계로 많이 이용하는 형태
Ⓖ 바람의 방향에 영향을 받지 않는 형태
Ⓗ 다리우스형을 개량한 것으로, 수직축에 대칭 형태의 날개를 부착한 형태

6.8 빈칸에 들어갈 내용으로 옳은 것을 모두 고르시오.

> 수평축 풍력발전기의 프로펠러형 바람개비 형태의 풍력터빈 날개는 ( )을 이용하는 방식과 ( )을 이용하는 방식으로 나뉜다.

① 맞바람 ② 뒷바람 ③ 옆바람 ④ 윗바람

6.9 수평축 풍력발전기의 방식 중 바람의 방향에 날개 축이 자연스럽게 맞춰지도록 회전하게 하는 방식으로 옳은 것을 고르시오.

① 맞바람 ② 뒷바람 ③ 옆바람 ④ 윗바람

6.10 양력을 이용하는 수평축 풍력발전기 방식을 고르시오.

① 네덜란드형 ②세일형(돛) ③ 블레이드형 ④ 프로펠러형

6.11 빈칸에 들어갈 내용으로 옳은 것을 고르시오.

> 풍력발전기의 운전 방식은 풍차인 로터 블레이드의 회전수에 따라 구분된다. 이에 따라 계통의 주파수, 증속비, 발전기에 대한 설계를 함께 고려하여야 한다. ( ) 방식은 풍속에 관계없이 로터의 회전속도가 일정하다. 따라서 특정 풍속에서 최대의 효율을 낼 수 있어 일정한 속도 이상에서는 풍차 날개의 양력을 감소시켜 속도를 낮추는 실속제어와 함께 초기의 풍력발전기에 많이 사용되었다.

① 정속 운전 ② 가변속 운전 ③ 하이브리드 ④ 속도 추정

6.12 풍력발전기는 정격풍속에서 최대의 출력이 발생할 수 있도록 설계되며, 정격풍속 이상의 풍속에 대해 풍력터빈 시스템의 보호를 위해 발전량을 조절하는 출력 제어를 한다. 출력 제어의 두 가지 방식을 고르시오.

① 실속 제어 ② 정속 제어 ③ 요 제어 ④ 피치 제어

6.13 증속기는 풍력발전기의 로터에 연결된 주축의 저속 회전을 발전기의 구동에 적합한 회전속도로 증속시키는 역할을 하는 장치이다. 이 증속기의 존재 여부에 따른 세 가지 방식이 아닌 것을 고르시오.

① 증속기가 포함된 간접구동형 ② 증속기가 없는 직접구동형
③ 두 방식이 혼합된 하이브리드형 ④ 증속기 속도 가변 기어변속기형

6.14 계자 전원이 필요하지 않으며, 증속기 없이 터빈 로터에 직접 연결할 수 있는 방식의 발전기를 고르시오.

① 이중권선형 유도발전기 ② 권선형 유도발전기
③ 농형 유도발전기 ④ 영구자석형 동기발전기

6.15 바람이 갖고 있는 에너지의 크기로 옳은 것을 고르시오.

① 풍속의 2배 ② 풍속의 제곱배
③ 풍속의 세제곱배 ④ 풍속의 0.5배

6.16 풍력발전기는 날개의 효율에 따라 터빈의 풍속이 감소하는 비율이 달라진다. 이 날개의 효율을 정의한 것을 고르시오.

① 직접계수 ② 간섭계수 ③ 파워계수 ④ 날개끝 속도비

6.17 날개가 갖는 총 풍력(P_T)은 바람이 가지고 있던 풍력에너지(P_0)를 날개에 대한 특성에 대한 변환 능력으로 환산할 수 있다. 이때 날개의 특성에 따른 변환을 위해 사용하는 환산계수를 고르시오.

① 간섭계수 ② 직접계수 ③ 날개끝 속도비 ④ 파워계수

6.18 풍력발전기 날개끝의 속도가 달라짐에 따라 풍속을 날개끝의 속도로 환산하여 이용하는, 날개수에 대한 속도의 비를 지칭하는 것을 고르시오.

① 직접계수 ② 간섭계수 ③ 파워계수 ④ 날개끝 속도비

6.19 풍력을 통해 많은 에너지를 얻으려면 큰 풍속의 바람이 블레이드를 통과하고 풍속의 크기의 세제곱에 비례하는 풍력에너지를 흡수한 후 뒤쪽으로는 작은 풍속의 바람이 흘러가야 한다. 이처럼 최대의 효율을 얻기 위해 흘러가는 바람의 정도에 대해 정리한 것을 고르시오.

① 베르누이 정리　② 파스칼 정리　③ 베츠의 법칙　④ 관성의 법칙

6.20 대형 풍차는 발전기의 극수에 따라 상용 전원 정도의 주파수를 얻으려면 100배 이상의 회전속도 증속이 필요하다. 이를 위해 사용하는 기어 방식을 고르시오.

① 유성기어　② 무성기어　③ 감성기어　④ 베벨기어

CHAPTER

07

수력에너지와 해양에너지

이 장에서는 전통적인 재생에너지 분야인 수력에 대해 설명하고 산업 동향에 대해 이야기한다. 수력발전의 역사에서 수차와 발전기의 역사는 다른 신재생에너지 분야보다 오래된 것으로, 전기 및 토목과 기계기술의 공학적인 내용들을 깊게 언급하지는 않고 소수력에 대한 이해를 돕고자 하였다. 해양에너지는 최근 여러 연구소와 대학을 중심으로 국가적인 연구가 진행되고 있어 여러 사례들을 기초로 해양에너지의 다양한 분야를 소개한다.

CONTENTS

SECTION 7.1

수력에너지와 해양에너지의 개요

물은 지구의 70%를 넘게 차지하고 있는 물질로, 열을 쉽게 얻거나 잃으며, 흐르고 움직인다. 이러한 이유로 물의 에너지로서의 능력은 매우 크다. 예로부터 물은 인류가 가장 쉽게 오래 사용한 에너지 자원이었다.

Keywords | 물의 에너지 | 해양에너지 | 수력 | 에너지 부존량 |

1 물이 가지고 있는 에너지

지구 표면의 71%는 물로 구성되어 있다. 지구가 가지고 있는 물의 97.2%[1]는 바다이며, 2.8%는 육지에 있다. 빙하를 이루는 물의 비율이 2.15%임을 반영하면 지하수나 호수, 그리고 강이 가지고 있는 물은 0.65% 정도로 매우 작다. 따라서 해양이 가지고 있는 에너지가 강이나 하천이 가지는 에너지에 비해 매우 크다는 것을 어렵지 않게 알 수 있다. 그러나 개발의 역사를 통해 강이나 하천의 물이 갖는 에너지를 이용하는 것이 해양에 비해 접근성이나 지리·환경적 조건에서 매우 유리함을 알 수 있다.

해양에너지의 대부분은 태양, 달, 지구 간의 상호운동과 태양에서 방사되는 태양에너지에 기인한다. 태양방사에너지가 지구의 대기권에 도달하면 약 30%는 우주 공간으로 되돌아가고 70%는 대기권 내에서 흡수되어 여러 형태의 에너지로 변환된다. 최종에너지는 크게 바람, 파랑, 해류, 항류와 같은 유체 흐름 형태의 운동에너지와 대기나 육지 혹은 해양의 표면수에 저장된 열에너지로 나뉜다. 즉 해양에너지에는 파랑, 조위, 조류, 수온, 염도 등 다양한 에너지원이 존재하며, 자원이 고갈될 염려가 전혀 없다. 또한 일단 개발되면 지구가 존속하는 한 이용 가능하고 오염 문제가 없는 무공해 청정에너지이다.

다만 해양이라는 환경이 갖는 가혹성 때문에 해양에너지는 다른 신재생에너지 분야에 비해 상대적으로 미개척의 영역이었다. 그러나 해양공학기술의 발전으로 기술적 어려움을 극복할 수 있게 되었고 화석연료 가격의 급등, 전 지구적 기후변화의 심화 등 새로운 대규모 청정 대체에너지 개발의 필요성이 급증하면서 해양에너지 자원에 대한 관심이 커지고 있다. 관련 기술에 대한 연구도 활발히 진행되고 있다.

3면이 바다로 둘러싸인 우리나라 연안 해역은 다양한 가용에너지 자원이 풍부하게 분포하며, 설치 가능한 해역 또한 광범위하여 해양에너지 자원의 대규모 활용이 가능하다. 해양에너지에는 앞서 언급한 파력, 조력, 조류, 해수온도차, 해수염도차 외에도 해상풍력, 해상태양광, 해양바이오 등의 에너지원이 존재한다.

1 https://www.usgs.gov/special-topics/water-science-school/science/how-much-water-there-earth

물로 구성된 또 다른 에너지이자 신재생에너지의 한 분야인 수력은 물의 낙차를 이용하는 방식으로, 발전기라는 에너지 변환장치에 의존하여 개발하고 건설된 분야이다. 현재 수력 분야는 연구 개발 및 보급 대상을 주로 발전설비용량 1만 kW를 초과하는 대수력으로 확대하고 있지만 신재생에너지 공급 의무화 제도(RPS)는 수력발전 설비용량 5천 kW 이하만 지원하고 있다. 따라서 일반적으로 신재생에너지에 관해서는 수력 분야를 소수력으로 한정한다.

2 수력발전 개발 여건

우리나라의 연평균 강수량은 1,245 mm로, 강수량이 비교적 풍부하고 전 국토의 $\frac{2}{3}$가 산지로 구성되어 있어 지형 및 수문학적으로 수력자원 부존량이 많은 편이다. 단, 부존자원량에 비해 수력에 대한 개발 비중은 저조하였으나 부존자원 활용의 필요성 증대와 정부의 전력매입 단가의 현실적인 조정, 수차 제작기술의 국산화와 성능 향상을 통한 효율 증대기술의 확보, 신재생에너지 개발 촉진 및 지원 정책 증가 등으로 수력 잠재량에 대한 개발 여건이 유리하게 조성되고 있다. 또한 소수력에 대한 높은 기대감으로 관련 기술 개발이 진행되고 있다.

신재생에너지 데이터 센터의 '수계별 시설용량 및 연간발전량 산정 결과'를 통해 국내 수력 상황을 살펴볼 수 있다.

3 해양에너지 부존량

전 세계 해양에너지의 발전 잠재량은 총 82,950 TWh로 추정된다. 이는 2008년도에 측정한 전력소비량인 16,819 TWh의 5배에 달하는 양이다. 2050년까지 세계적으로 최대 748 MW, 즉 현재 세계 발전시설용량의 약 19%에 해당하는 해양에너지 발전시설이 건설될 것으로 예상되며, 이에 따른 이산화탄소 배출 절감량은 520억 톤에 이를 것으로 추정된다.

해양에너지는 에너지의 부존량이 매우 많고 고갈될 염려가 없지만 에너지 밀도가 낮아 실용적으로 활용하기 위해서는 에너지 밀도를 높일 수 있는 시설과 장치가 필요하다. 따라서 대부분 시스템의 부피와 질량을 키우는 대규모 시설물을 이용하는 방식을 개발하고 있다. 또한 해양에너지는 시설을 구축, 건설할 수 있는 적지를 찾아야 하므로 건설 입지 선정이 까다롭다는 어려움이 있다. 조류, 파력 및 해수온도차의 경우 풍력이나 태양광 같이 일기와 기후에 따라 전력의 출력 변동이 심하고 해상에 건설되는 시설 특성상 육상으로 송전이 어렵다는 것도 대단히 중요한 어려움 중 하나이다.

조석간만의 차이를 이용하는 해양에너지는 주기적인 해수면의 상승과 하강에 대한 위치에너지인 **조력에너지**와 해수면 높이의 국부적인 차이에 기인하는 해수의 수평흐름 운동에너지인 **조류에너지**로 구분된다. 이 두 에너지는 천해 연안에 집중되어 있고 상대적으로 밀도가 높다는 이점이 있다.

반면 파랑에너지는 외해로 나갈수록 밀도가 높아지므로 대규모 자원 개발이 가능한 외해로 점차 적용이 확장되고 있으며, 천해 연안에 비해 약 10배에 달하는 파랑에너지 자원이 외해 연안에 부존되어 있어 깊은 수심에 따른 기술적 어려움을 극복하는 것이 관건이다. 전문가들은 궁극적으로 연간 2,000 TWh의 전력이 파력발전으로 생산될 것으로 예측하는데, 이는 전 세계 전기소비량의 약 10%에 해당하는 막대한 양이다.

해양에너지기술 개발이 가장 활발한 영국의 경우 궁극적으로 전체 전력수요의 20%를 해양에너지로부터 공급할 수 있을 것으로 전망하고 있으며, 이 중 5% 정도는 조류에너지로, 나머지 15%는 파력에너지, 그중에서도 심해 파력에너지에서 얻을 것으로 예측하고 있다.

물론 국내 연안에도 개발 가능한 풍부한 해양에너지 자원이 존재한다. 우리나라의 서해는 세계적인 조력발전 적지로서 우수한 개발 여건을 지닌 지역으로, 가로림만(500 MW), 인천만(1,500 MW), 강화만(800 MW), 해주만(2,300 MW) 등 총 6,500 MW의 부존량을 보유하고 있다. 조류발전의 적지로는 울돌목(50 MW), 장죽수도(150 MW), 맹골수도(250 MW) 등이 있고 총 1,000 MW의 부존량을 갖고 있다. 외해역까지 대상을 확장하면 50 GW의 막대한 파력에너지 자원이 부존하고 있다. 특히 동해안과 제주도를 비롯한 남해안은 상대적으로 파력에너지 밀도가 높아 파력발전 적지로 평가되고 있다. 제주도 연안의 경우 파력에너지 부존량(총 1,950 MW)의 5%만 개발해도 약 3만 5천 가구의 전력수요 충족이 가능하다.

SECTION

7.2 수력기술 개발

수력에너지를 전기에너지로 전환하는 기술을 통해 소수력에 대한 이해를 높이고 풍부한 소수력자원의 안정성, 친환경성에 대해 살펴본다.

Keywords | 전력수요 | 예비력 | 낙차 | 수차 | 잠재량 | 소수력 |

1 수력발전기술의 개요

수력발전의 역할변화

기술의 발달로 전력수요가 발생하기 시작했던 초기에는 수력발전이 주로 전력공급을 담당하였으나 발전설비가 증가하는 수요를 감당하지 못해 송전이 제한되던 때가 있었다. 따라서 화력, 원자력, 유연탄 및 복합화력 등이 건설되면서 수력발전은 에너지 개발의 중심에서 보조로 역할이 바뀌어 왔다. 실제로 시대가 바뀌어 화력발전이 본격적으로 도입되고 관련 설비가 증설되면서 수력발전은 기저발전 역할을 화력발전에 내주고 중간부하용으로 사용되었다. 이후 공업화 및 도시화의 진전으로 대규모 용수 공급이 필요해지고 매년 반복되는 홍수의 피해 경감을 위해 발전용의 목적과 더불어 수계 조절용의 다목적댐 건설이 시작되었다.

즉 전력수요가 급증하면서 기저부하 및 중간부하는 화력발전이 담당하고 부하 변동에 따른 주파수 변화에 맞춰 공급을 변동시키는 방법인 주파수 조정과 첨두부하 공급을 수력이 담당하여 전력의 양적 공급능력 확보와 전기품질 유지를 위한 예비력의 역할을 하게 되었다(2장 참조).

대용량 발전소가 전력망에 전력을 공급하지 못하는 계통탈락 또는 수요 급증 시 순간 예비력 확보를 위해 첨두부하전원으로 양수발전소를 건설하기도 한다. 일반 수력은 경제성 있는 입지의 고갈로 발전 단일목적댐의 건설이 극히 제한되며, 용수공급, 홍수조절 등 다목적 기능을 갖는 댐의 수력발전소가 주로 건설되고 있다.

수력발전은 전통적인 재생에너지 분야로, 환경과 기술 및 에너지 자립 등의 이유로 다른 재생에너지 분야보다 비교적 오랜 기간 실질적으로 이용되고 개발된 분야이다. 수력 분야의 장점은 다음과 같다.

■ 청정에너지

기후변화에 대한 IPCC(Intergovernmental Panel on Climate Change) 보고서에 의하면 석유, 석탄 등의 화석에너지뿐만 아니라 지열, 풍력 등의 다른 신재생에너지원과 비교했을 때 이산화탄소 배출량이 가장 적은 청정에너지로, 지구온난화 방지에 크게 기여하고 있다.

■ 전력공급향 조정 기능

5분 이내의 짧은 시간에 전기의 생산이 가능하여 전력계통의 수요변화에 가장 신속히 대응할 수 있는 기동 특성과 부하 변동에 대응하는 높은 응동력을 가지고 있다. 또한 첨두부하와 주파수 조절을 담당하여 전력계통 안정화에 중요한 역할을 하고 있다.

■ 발전 단가 장기 안정성

수력발전의 원가는 대부분 자본비로, 인플레이션이나 연료비 가격 변동이 거의 없어 타 전원과 비교하여 발전생산 원가가 싸고 장기적으로 안정적이다. 피크시간에 상대적으로 저렴한 수력발전이 생산한 전력만큼 변동비가 비싼 중유발전기가 가동되지 않아 전력시장 가격 안정화에도 기여하고 있다.

■ 에너지 안보

지형이나 기후 등 자연적인 조건과 조화를 이루며, 에너지의 변환효율 및 밀도가 높아 지속적으로 발전공급이 가능한 반영구적인 에너지 자원으로, 에너지 안보 측면에서 우수하다.

수력발전시스템

수력발전(hydropower)은 하천 또는 호수 등에서 수차를 이용하여 물이 가지는 위치에너지를 기계적 회전에너지로 변환하고 이것을 다시 전기에너지로 변환하는 발전 방식으로, 낙차(H)와 유량(Q)에 의해 설비의 용량이 결정된다. 댐을 쌓아 그 낙차를 이용하는 댐식, 강을 상류에서 막아 취수구를 만들고 물을 수로로 흘려보내어 본류와의 낙차를 이용하여 발전하는 수로식, 댐식과 수로식의 장점을 이용하여 낙차를 높이는 댐수로식, 강의 흐름을 바꿔 낙차의 크기를 늘리는 유역변경식 등이 있다.

낙차(H)는 상부에서 하부로 이용 가능한 최대 수직거리를 말하며, 이때 손실로 인해 감속한 낙차를 정격낙차(net head)라고 한다. 유량(Q)은 단위시간당 수차를 통과하는 물의 양(단위 : $\mathrm{m^3/s}$)을 말한다. 수차를 회전시키는 물의 양이 많고 낙차가 클수록 발전설비 용량이 커지고 전력생산량이 많아 경제성이 좋아지는데, 이를 이론수력이라고 하고 다음과 같이 정의한다.

★ 이론수력 ★

$$P[\mathrm{kW}] = 9.8 \times Q[\mathrm{m^3/s}] \times H[\mathrm{m}] \times \eta \qquad (7.1)$$

- P : 이론수력
- Q : 사용수량
- H : 유효낙차
- η : 종합효율(수차효율 × 발전기효율)

2 수력발전시스템의 구성요소

수력발전시스템은 [그림 7-2]와 같이 하천이나 수로에 댐이나 보를 설치하고 발전소까지 물을 이송하는 수압관로, 물의 위치에너지와 운동에너지를 기계적 회전에너지로 변환하는 수차, 전기를 생산하는 발전기, 생산된 전기를 공급하기 위한 송변전설비, 출력 제어 등 발전소 운영을 위한 감시 제어 설비로 구성된다.

★ 수력발전시스템 ★

댐 혹은 저수지 → 수압관[2] → 수차발전기 → 전기설비 → 송전계통

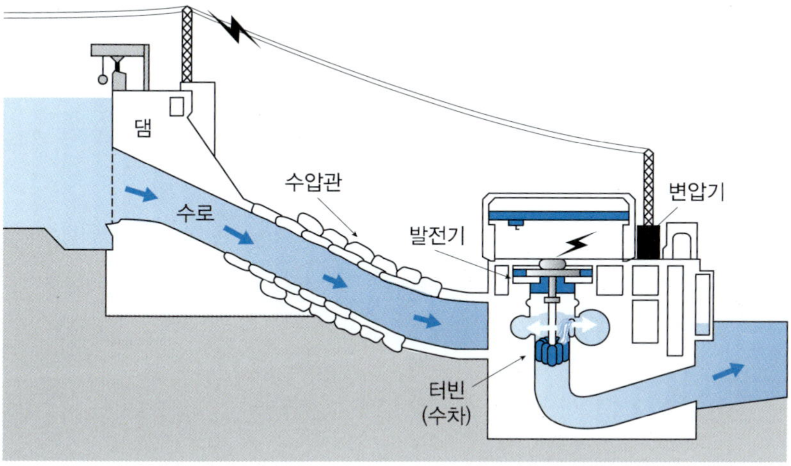

[그림 7-1] 수력발전시스템 구성도[3]

3 수력발전의 잠재량

수력발전의 잠재량은 이론적으로 전체 물이 흐르는 영역의 표면상에 강수된 물이 가지는 총에너지(E_r)를 의미한다. 이론적인 잠재 수력계산 방식으로 식 (7.1)을 다시 기술하면 다음과 같다.

$$\text{전력 } dP\,[\text{kW}] = \text{중력가속도 } g\,(9.8\,[\text{m/s}^2]) \times \text{ 유량 } Q\,[\text{m}^3/\text{s}] \times \text{ 낙차 } dH\,[\text{m}]$$

전력에 대한 총합은 다음과 같이 계산된다.

2 높은 곳에서 수차로 물을 끌어들이는 관으로, 철관, 철근 콘크리트 관 등을 사용한다.

3 https://www.lafsozluk.com/2013/06/hidroelektrik-nedir-ne-demektir.html

$$E_r = \int_0^{H_{\max}} gQ(H)dH = \int_0^{H_{\max}} gLA(H)dH \tag{7.2}$$

- $Q(H)$: 표고상의 유량(m^3/s)
- H_{max} : 지표최고점의 높이(m)
- L : 지역 내 평균 강수고[4](m)
- $A(H)$: 등고상의 면적(m^2)

실출력은 '이론수력 × 수차효율 × 발전기 효율'이 된다. 따라서 국내 수력 잠재량은 이론적 잠재량, 지리적 잠재량, 기술적 잠재량, 시장 잠재량으로 분류한다. 국내의 수계별 수력 잠재량을 에너지의 양을 나타내는 단위인 toe로 환산하면 낙동강, 한강, 금강 등의 순으로 분포되어 있음을 알 수 있다.

- **이론적 잠재량** : 전체 유역 표면상에 강수된 물이 가지는 총 에너지
- **지리적 잠재량** : 이론적 잠재량에서 국립공원 유역을 제외하고 유역의 지리적 특성에 따른 유출률을 고려한 잠재량
- **기술적 잠재량** : 지리적 잠재량에서 시스템 효율과 가동률을 고려한 잠재량
- **시장 잠재량** : 기술적 잠재량에서 4대강 본류 유역, 동·서·남해안 인근 및 도서 유역을 제외한 유역의 잠재량

[표 7-1] 국내의 수계별 수력 잠재량[5] (단위 : 10^3/year)

구 분	한강	낙동강	금강	섬진강	영산강	제주도	합계
이론적 잠재량	14,262	14,502	6,770	4,034	2,187	1,672	43,427
지리적 잠재량	7,796	7,782	3,436	2,074	1,338	272	22,698
기술적 잠재량	2,496	2,490	1,099	650	428	87	7,250
시장 잠재량	1,554	1,890	587	218	198	40	4,487

4 수력발전의 분류

물 이용방법에 의한 분류

하천을 자연스럽게 흐르는 유수의 수량을 조절하는 방법에 따라 물 사용법이 달라진다. 예를 들어 장마 시기에 수량을 모아 두었다가 물이 적은 갈수기에 사용하면 주기적인 계절적 변동에 유량이 평균화되어 유량의 안정성을 꾀할 수 있다. 또한 전력의 사용량이 적은 심야 등 경부하 시에 물을 퍼 올려 모아 두었다가 수요가 가장 많은 첨두부하 시에 사용하면 최대의 발전을 할 수 있다. 수력발전소는 이처럼 하천 유량을 어떻게 사용하느냐에 따라 다음과 같이 구분할 수 있다.

4 강수 후에 물이 모이는 높이를 말한다.

5 한국에너지기술연구원, 신·재생에너지 자원지도 및 활용시스템 구축사업, 2013

■ **유입식 발전소**

수력발전에 필요한 최대 저수용량 내에서 하천의 자연 유입량을 인위적으로 조절하지 않고 그대로 발전에 이용하는 발전소이다. 저수지 또는 조정지[6] 없이 수로를 통해 유입수로 전력을 생산하는 발전소가 바로 이 방식을 사용한다. 건설 비용이 적지만 유입되는 수량에 따라 생산전력이 달라지며, 자연 유입 수량이 계절에 따라 변동되므로 전력생산량도 영향을 받아 부하 변동에 대응한 전력공급이 어렵다는 단점이 있다.

■ **조정지식 발전소**

전력부하의 변동에 따라 하루 동안의 하천의 유량을 조절하는 못을 조정지라고 하는데, 발전소로 유입되는 물의 수로 중간 혹은 물을 모으는 취수구 앞에 이 조정지를 설치하여 하천으로부터 유입 수량과 발전에 필요한 수량과의 차이만큼을 조정지에 저수하거나 방출할 수 있도록 하여 수시간 내지 수일간의 부하 변동에 대응할 수 있게 한 발전소이다. 이 방식은 하천의 취수량에 비해 발전소의 최대 수량을 크게 설계할 수 있는 이점이 있다. 첨두부하를 분담할 때 주로 사용하여 피크 발전소라고 부르기도 한다.

■ **저수지식 발전소**

하천의 유량변화에 대응하여 저수지를 이용해 수위를 조절함으로써 발전량을 일정하게 유지할 수 있는 능력을 가진 발전소 형태로, 장마기간 혹은 강수가 많은 때에 물을 저수하였다가 강수가 적은 시기에 방출하여 유량을 장기간 원활하게 한다.

취수 방법에 의한 분류

■ **수로식 발전소**

하천 수로 중간에 조정지를 설치하여 전력수요에 맞춰 하천수를 흘려보낸다. 하천의 경사에 의한 낙차를 그대로 이용하는 발전소로, 하천의 상·중류부에서 경사가 급하고 굴곡진 곳을 찾아 짧은 수로 형태의 흐름으로 바꿔 낙차를 높인다. 보통 상류 쪽에 취수댐을 만들어서 취수댐 → 취수구 → 침사지[7] → 수로 → 상수조 → 수압관 → 발전소 → 방수로 → 방수구 순으로 연결한다.

■ **댐식 발전소**

하천을 가로지르는 댐을 쌓아 댐 위의 수위를 올려서 하천 하류 쪽까지의 낙차를 이용하여 발전한다. 댐식은 저수지가 조정지가 되며, 댐 위쪽 저수지에 저장되는 수량이 풍부할수록 경제적이므로 경사가 완만하고 수량이 풍부한 수계의 중·하류부에 많이 건설되고 있다. 국내 수력발전소는 대부분 댐식 발전소이다.

---

6 일정한 양의 유량을 유지하도록 만든 저수시설 혹은 연못(regulating pond)을 말한다.

7 토사를 함유한 원수로부터 침전법에 의해 토사를 제거하는 못을 말한다.

■ **댐 수로식 발전소**

댐식과 수로식을 합친 것으로, 댐으로 낙차와 하류의 경사를 함께 이용한다. 북한강 상류에 있는 화천 수력발전소는 댐을 통해 저수한 물을 수로를 이용하여 수로 아래의 발전소로 유도해서 발전하는 댐 수로식 발전소의 대표적인 예이다. 저수지에 물을 저장하고 조정지로 삼아 전력의 수급균형을 위한 유량 조절용으로 활용한다.

■ **유역변경식 발전소**

인근의 두 하천 혹은 하천의 경로가 크게 꺾여 둘 사이에 큰 낙차를 얻을 수 있을 때 두 하천을 수로로 연결하여 그 낙차를 이용한다. 대표적으로 정읍 지역에 있는 섬진강과 동진강을 이용한 칠보 수력발전소가 있다.

■ **양수식 발전소**

전력수요가 적은 심야 또는 주말 등의 경부하 시에는 여유전력을 이용하여 저수지 아래의 물을 높은 곳에 위치한 저수지 위쪽에 양수하여 물을 저장하고 전력사용이 가장 많은 시간에는 저수지 위의 물을 다시 저수지 아래로 낙하시켜 전력을 생산한다. 물을 양수하여 저수지에 저장한다는 측면에서 조정지식 또는 저수지식 발전소의 일종으로 보기도 한다. 저수지에 하천으로부터의 물이 자연스럽게 흘러들어와 부족한 수량만 아래 하천으로부터 양수하는 혼합식 양수발전 방식과 저수지로의 물 유입 없이 양수한 물만으로 발전하는 순양수식 발전 방식이 있다. [그림 7-2]의 무주 양수발전소와 산청 양수발전소는 순양수식 발전 방식에 속한다.

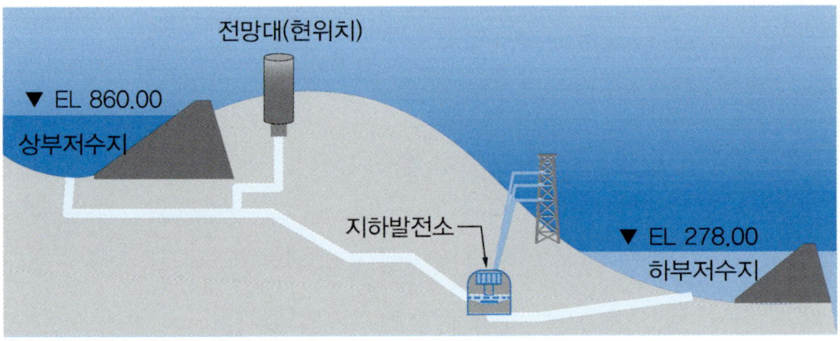

[그림 7-2] 무주 양수발전소

5 수차의 종류 및 특징

물이 가진 에너지를 기계적인 에너지로 바꾸는 방법은 풍력과 유사하다. 즉 바람이 가진 운동에너지를 바람개비 형태의 풍력터빈을 이용하여 회전운동으로 바꾸는 것처럼 물이 가진 위치에너지를 운동에너지로 바꾼 후 **수차**(water turbine)를 이용하여 회전운동으로 바꾼다. 물이 가지고 있는 에너지를 기계적에너지로 바꾸는 방법에 따라 충동 수차 및 반동 수차로 나뉜다.

충동 수차는 대체로 큰 높낮이 차이가 날 때 이용되며, 물의 양이 적어도 사용할 수 있다는 장점이 있다. 반대로 반동 수차는 낙차가 작아도 물의 양이 풍부할 때 사용한다. 현실적으로는 물의 낙차가 크지 않고 유량도 풍족하지 않은 경우가 많은데, 물은 바람과 달리 방향이나 유속, 유량을 인위적으로 조정할 수 있으므로 두 방식 중에 적절한 방식을 선택하여 운전환경을 제어하는 것이 일반적이다.

충동 수차

충동 수차(impulse water turbine)는 저수되거나 수로에 모인 물이 높은 위치에너지를 가지고 모여 있을 때 이 물을 수차로 유입하여 노즐(nozzle)을 통과시켜 분출함으로써 속도와 연관된 운동에너지로 바꾸는 수차로, **속도수두**(velocity head)[8]가 에너지의 핵심이다. 속도수두란 물이 흐르는 관(pipe) 내에서 액체의 유속을 높이로 환산한 것으로, 속도수두를 유도하기 위해 위치에너지와 운동에너지의 관계로부터 다음 식을 유도할 수 있다.

$$E_s = \frac{1}{2} m_s v_s^2 = m_s g h_v \tag{7.3}$$

- E_s : 특정 위치에서의 에너지
- m_s : 특정 위치에서의 물의 질량
- v_s : 특정 위치에서의 물의 속도
- h_v : 속도수두

식 (7.3)에서 속도수두 h_v를 구하기 위해 식을 이항하여 전개하면 다음과 같다.

$$h_v = \frac{1}{2} m_a v_a^2 \frac{1}{m_a g} = \frac{v_a^2}{2g} \, [\mathrm{m}] \tag{7.4}$$

[그림 7-3(a)]의 펠톤 수차(Pelton turbine)는 대표적인 충동 수차이다. 수차가 물에 완전히 잠기지 않고 물이 수차의 일부 방향에서만 공급되며, 물의 높이가 아닌 속도를 이용하여 운동에너지만을 발전기에 에너지원으로 전환한다는 것과 150 m 이상의 고낙차에서만 사용할 수 있다는 것이 특징이다.

(a) 펠톤 수차 (b) 프란시스 수차 (c) 프로펠러(카플란) 수차

[그림 7-3] 무주 적상산 전시관에 전시된 다양한 수차

8 수두란 물이 가지고 있는 세 가지 에너지 형태를 높이 단위로 환산한 것으로, 단위로 m를 사용한다.

반동 수차

반동 수차(reaction water turbine)는 물이 가지고 있는 위치에너지를 압력에너지로 바꾼 후 러너(runner)에 유입시켜 빠져나갈 때의 반작용으로 동력을 발생하는 수차로, **압력수두**(pressure head)가 에너지의 핵심이다. 압력수두는 압력이 작용하고 있는 관 등에서 내부의 액체가 갖는 압력을 액체의 높이로 환산했을 때의 높이이다. 저수된 물이 가진 압력을 P라고 하고 저수된 물의 총 질량을 M_T라고 할 때 다음 식으로 표현할 수 있다.

$$P = M_T g [\mathrm{N}] \tag{7.5}$$

여기에서 저수된 물의 총 질량을 부피와 밀도로 표시하면 저수된 물의 총 질량 M_T는 $\rho A h_p$로 계산할 수 있다. 이를 식 (7.5)에 대입하면 다음과 같다.

$$P = \rho A h_p g \tag{7.6}$$

이렇게 유도된 식 (7.6)을 수두 h_v에 대해 다시 정리하면 다음과 같이 쓸 수 있다.

$$h_p = \frac{P}{gA\rho} \tag{7.7}$$

반동 수차의 대표적 예로는 [그림 7-3(b)]의 프란시스 수차(Fransis turbine)와 [그림 7-3(c)]의 프로펠러(카플란(Kaplan)) 수차가 있다. 프란시스 수차는 낙차가 크지 않은 중낙차(20 ~ 150 m)에서 사용이 가능하며, 수차가 물에 완전히 잠긴 상태로 사용된다. 프로펠러 수차는 높이 20 m 이하의 낮은 낙차에도 사용할 수 있으며, 유량이 풍부한 곳에서 사용할 수 있어 소수력에 사용할 수 있고 수차의 원주 방향에서 물을 공급한다. 또한 프로펠러 수차는 동압(dynamic pressure) 및 정압(static pressure)이 전환된다는 특징이 있다. [표 7-2]는 각종 수차의 사용 방식을 나타낸 것이다.

[표 7-2] 각종 수차의 사용 방식

분류	명칭	잠김 정도	조절
충동 수차 (높낮이 차이) ↑	펠톤 수차 튜고 수차 크로스플로우 수차	일부 잠김	니들(노즐)
↓ 반동 수차 (대유량)	프란시스 수차 경사류 수차 (데리아 수차) 프로펠러 수차 (카플란 수차)	전체 잠김	가이드 베인 날개 피치

6 소수력발전의 특징과 입지 조건

우리나라에서 소수력의 범위는 기관마다 조금 다르다. 한국에너지공단 신재생에너지센터는 소수력발전을 10MW 이하로 규정하며, 전력거래소의 발전설비현황에서는 5MW 이하의 수력설비를 소수력발전으로 분류하고 있다. 일반적으로는 시설용량 10,000kW 이하의 수력발전을 **소수력발전시스템**이라고 한다.

소수력발전의 특징

소수력발전의 특징은 다음과 같다.

- 대규모 수력발전 건설공사에 비해 건설 규모가 작아 지형과 생태계에 미치는 영향이 작다.
- 물의 낙차만을 이용하므로 화석연료나 다른 에너지의 도움 없이 전력을 생산하는 청정에너지이다.
- 대규모 공사가 없는 소규모의 지리 환경친화적 구조를 통해 건설 기간이 짧고 유지관리가 용이하다.
- 마을 단위 발전소로의 역할에 충실한 규모인 1MW 이하의 전력을 생산할 수 있어 지역 경제활동에 기여한다.
- 수로나 댐 등을 이용하여 저수 확보된 용수를 농업용수나 상하수도와 연계할 수 있다.
- 복잡한 설비나 반도체공정 같은 정밀공정의 부품을 사용하는 것이 아니어서 수리와 보수 등의 비용이 적고 발전을 통해 생산한 전력을 판매해 유지관리비 경감에 기여한다.
- 유량이나 유로의 변화가 갑작스럽거나 빈번하게 발생하지 않으므로 구름과 일기의 영향을 받는 태양광·풍력발전 등에 비해 공급 안전성이 우수하다.

소수력발전 입지 조건

소수력발전소는 일반적인 수력발전소에 비추어 볼 때 가능한 한 용량이 클수록 경제성이 높다. 따라서 지리적인 상태 조사에서 유역면적 및 낙차가 큰 곳을 추출한 후 그 지점의 이론출력을 계산하여 큰 곳을 선택한 다음 조건에 적합한가를 검토하여 개발 가능성과 용량을 평가한다. 평가 조건은 다음과 같다.

- 유역면적이 크고 산림이 풍부한 곳
- 낙차가 큰 곳
- 하천의 폭이 가능한 한 좁은 곳
- 토지 보상비가 적은 곳
- 인근에 도로가 있어 개발 시 교통이 편리한 곳

7 소수력발전의 분류

소수력은 설비용량, 낙차, 발전 방식에 따라 분류할 수 있다.

설비용량에 따른 분류

1987년 이전에는 '소수력발전 개발방안' 업무처리지침에 의거하여 설비용량 3천 kW를 기준으로 일반수력(hydropower)과 소수력(small hydropower)을 구분했다. 그러다 1987년에 '대체에너지개발 및 이용보급촉진법'에서 설비용량 3천 kW 이하를 소수력으로 정의하였으며, 2003년에 동법이 개정되어 설비용량 1만 kW 이하를 소수력으로 변경하였다. 2005년에는 '신에너지 및 재생에너지 개발 이용보급촉진법'이 개정되어 수력설비용량 기준을 삭제하고 양수를 제외한 모든 수력설비로 일원화하였다. 현재 신재생에너지 공급 의무화 제도(RPS)는 수력발전 설비용량 5천 kW 이하만 지원하고 있다.

[표 7-3] 설비용량에 따른 분류

분류	수력발전 설비용량
초소수력(micro hydropower)	100 kW 미만
소소수력(mini hydropower)	100 ~ 1,000 kW
소수력(small hydropower)	1,000 ~ 10,000 kW

낙차에 따른 분류

설비용량과 관계없이 낙차에 따라 수력발전의 규모를 다음과 같이 구분할 수도 있다.

[표 7-4] 낙차에 따른 분류

분류	낙차
저낙차	2 ~ 20 m
중낙차	20 ~ 150 m
고낙차	150 m 이상

발전 방식에 따른 분류

발전 방식에 따른 소수력발전의 분류는 다음과 같다.

- **수로식(run-of-river type)** : 하천경사가 급한 중·상류 지역은 자연스럽게 속도수두나 압력수두가 높아 수력발전에 유리한 천연의 조건이 된다. 따라서 이 지역에 취수를 유도할 수 있는 수로를 건설하여 유입량을 늘리거나 발전기가 있는 부근으로 물을 유도하는 방식이다.
- **댐식(storage type)** : 하천경사가 작고 유량이 큰 지역에 낙차를 높이거나 압력수두를 높이기 위해 저수지를 갖도록 댐을 설치하는 방식이다.

- **터널식**(tunnel type) : 하천의 형태가 크게 꺾인 C자 모양 지역에 터널을 건설하고 이를 통해 상류 쪽 물의 흐름을 하류 쪽에 보낼 때 물이 흘러가는 거리는 짧게, 낙차는 크게 만들어 속도수두 및 압력수두를 높이는 방식이다.

8 소수력발전 방식

소수력발전은 기존 토목공사 시설을 이용하여 간이 발전설비를 설치하는 경우가 많으며, 이용하는 방식에 따라 크게 다음과 같이 분류된다.

■ 하천수 이용

하천이나 수로에 보를 설치하여 취수하고 침사지, 도수로, 수조, 수압관로에 의해 발전소까지 유로를 형성한 뒤 유입수를 취수하여 발전 후 다시 하천으로 방류한다. 수로 하단에 설치한 저수지로부터 발전소까지의 낙차를 이용하여 발전하는 방식으로, 산 중턱 경사가 완만한 지점이 적합하다.

■ 농업용수 이용

농업용수의 낙차를 이용하기 위해 짧은 수압철관을 설치하고 간이 발전설비를 설치하여 이용한다. 유량이 크고 물을 안정적으로 이용할 수 있는 경우에는 기존 수로에 발전기 일체형 수차를 설치하는 방법을 사용하기도 한다.

■ 상하수도, 공장 냉각수 이용

사용하려는 물의 수원지 취수 지점으로부터 정수장까지, 또는 정수장으로부터 배수지까지에 얻어지는 낙차를 이용하는 방식이다. 이 방식의 송수 과정에서 관로 끝부분의 압력을 감소시키기 위해 감압용 밸브 등을 이용하여 관로 내부의 수압을 배출하는데, 이렇게 감압되는 수압을 수력발전에 이용한다. 상하수도의 밸브에 병렬로 설치한 수압관에 수차 및 발전기를 설치하고 전력을 생산하는 동시에 수차에 의해 유량을 조정할 수 있다.

이 외에도 기존 댐에서 방류되는 하천유지유량을 이용하여 발전하기도 한다.

SECTION 7.3

해양에너지기술

해양에너지는 파력, 조력, 조류, 해수온도차, 해수염도차 외에도 해상풍력, 해상태양광, 해양바이오 등의 다양한 에너지원이 존재한다. 이 절에서는 다양한 해양에너지기술에 대해 학습한다.

Keywords | 조력발전 | 조류발전 | 파력발전 | 해수온도차발전 |

청정에너지인 해양에너지는 해양이나 대기오염의 염려가 없다는 것이 대표적인 특징이지만 조력발전의 경우 방조제로 바다의 일부를 차단하면 환경을 변화시킬 수 있다는 우려가 있다. 이뿐만 아니라 조력발전을 제외하면 아직 실용화가 되지 않고 개발 단계에 머물러 있다는 것도 해양에너지에 대한 산업화와 상업화의 난제이다. 실용화를 위해서는 출력을 안정시키고 시스템의 가동률과 효율을 높이는 노력이 필요하다.

1 조력발전의 개요

조력발전(tidal power)이란 조석으로 발생하는 바닷물의 높이 차이를 이용해서 전력을 생산하는 발전 방식이다. 조력발전은 수력발전과 유사한 점이 많은 발전으로, 다른 해양에너지에 비해 에너지 밀도가 커서 대규모 발전이 가능하다. 또한 밀물과 썰물이 반복되므로 발전출력의 장기 예측 및 천체의 움직임 계산이 가능하다. 따라서 조수간만의 시기를 정확하게 알 수 있어 에너지를 안정적이고 지속적으로 공급 가능하다. 시설비가 높은 대신 장기적으로 활용 가능하고 고에너지를 획득할 수 있다는 면에서 발전 단가가 저렴하다는 장점이 있다.

그러나 유효낙차가 크지 않아 고효율 발전에 한계가 있고 넓은 저수면적과 큰 조차가 필요하여 설비를 시설할 수 있는 장소가 제한적이다. 또한 조수간만의 차이인 조차의 변화가 연간 일정하지 않아 전력생산이 일정하게 유지되지 못하며, 넓은 조지 구성이 해안환경을 변화시켜 생태계를 교란할 수 있어 지역주민의 어업권 및 생존권에 위협이 될 수 있다는 단점이 있다. 이러한 조력발전의 방식으로는 부체식, 압축공기식, 조지식이 있다.

부체식

하루 두 번 밀물과 썰물 때 발생하는 외해와 내해의 수위차를 이용하여 바다 위의 일정 중량의 부체가 받는 부력을 이용하는 방식이다. 바닷물의 높이변화에 따라 부유체가 받는 부력 저항력을 가동 방식으로 하여 전력을 생산한다.

압축공기식

조위의 상승 및 하강에 따라 밀실에 공기를 압축시키는 방식이다. 밀폐된 관 안에서 바닷물의 상승과 하강에 따른 공기의 흐름을 제어하여 노즐을 통해 상대적으로 높은 압력의 공기를 분출시켜 가동하는 방식으로 전력을 생산한다.

조지식

방조제를 축조하여 조지(해수저수지)를 조성하여 저낙차를 이용하는 수력발전과 같은 방식으로 발전하는 방식이다. 부체식과 압축공기식 방식은 아직 실용화되지 않은 반면 조지를 통해 밀물과 썰물에 의한 수위차를 이용하여 수차발전기로 전기를 생산하는 방식의 조력발전은 상용화되어 국내외의 많은 곳에서 사용하고 있다.

조력발전을 위해서는 바닷물의 수위 차이인 조차가 평균 3 m 이상이 되어야 한다. 폐쇄된 만은 형태가 조지를 건설하는 데 유리하여 조력발전소 조성을 위한 적절한 지역으로 주로 거론된다. 이때 건설한 조지가 유실되지 않으려면 해저의 지반이 강해야 한다.

2 조석현상에 대한 이해

조력발전의 근원인 **조석현상**은 지구 주변 천체의 인력작용에 의해 생기는 것으로, 원인은 해와 달이 지구에 미치는 중력이다. 조석현상은 이러한 해와 달의 위치에 따라 지구에 작용하는 천체의 중력 방향이 달라져 지구 지표 주위를 둘러싸고 있으면서 유동성이 큰 바닷물의 수위가 위치에 따라 달라지는 현상이다.

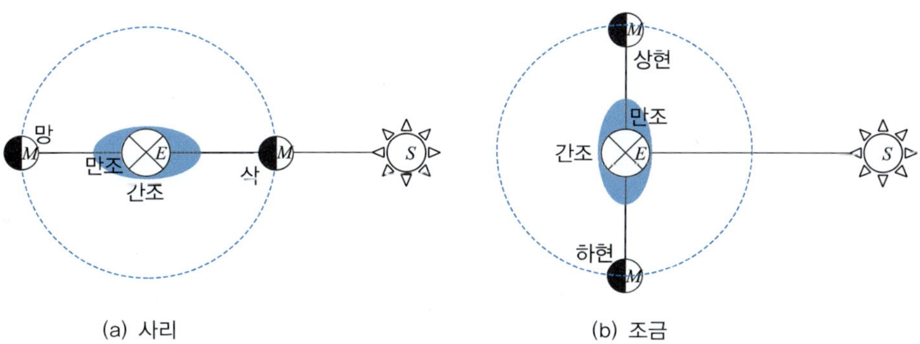

[그림 7-4] 사리와 조금 때의 천체의 위치

지구를 중심으로 해와 달이 수평에 있을 때 최대의 인력이 작용한다. 이때 달이 보름(망) 또는 그믐(삭)이 되고 썰물과 밀물의 최저(간조)와 최대(만조)의 차이가 최대가 되는 **사리**가 된다. 반대로 지구를 중심으로 해와 달이 수직으로 위치하면 달은 반달이 되어 보름달로 향하는 상현이나 그믐으로 향하는 하현으로 보이게 된다. 이때는 거리상 달이 해보다 지구에 가까이 있으므로 달의 영향으로 밀물 때의 만조와 썰물 때의 간조의 차이가 사리 때와 비교했을 때 작게 되는 **조금**이 된다.

이러한 변화는 달의 공전주기와 일치하며, 사리와 조금일 때 해수면의 변화와 변화 차이는 매우 주기적이다.

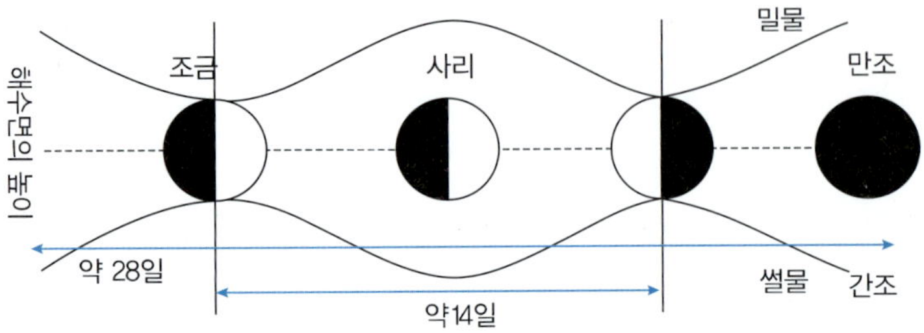

[그림 7-5] 해수면 높이변화의 주기와 사리와 조금 때의 달의 모양

이렇게 명확한 주기를 이용하여 변화를 예측하고 계산할 수 있다는 점은 계획발전에 가장 중요한 요인이 된다. 즉 조력발전은 전력생산량이 시간에 따라 어떻게 변동될지 예측 및 계산이 가능하여 이에 맞춰 다른 발전소에서 전력생산계획을 세워 전력의 수급균형을 이루는 것이 매우 용이하다.

3 조력발전시스템의 구성

조력발전설비는 해수를 저장할 수 있는 육지에 접한 조지가 필요하므로 댐 혹은 방조제 같은 건축물이 반드시 필요하다. 건설된 방조제 안에는 바닷물, 즉 해수의 이동 통로인 수문을 설치하여 통로로 활용한다. 이 수문을 통해 외해의 해수를 내해로 충수하거나 배수하며, 일부 수문에는 발전기 및 수차가 있는 통로를 만들어 해수가 이동할 때 수차와 발전기를 통해 전기를 생산할 수 있게 한다. 설비 요소 중 발전기와 터빈은 전력을 생산하는 핵심 부품이다.

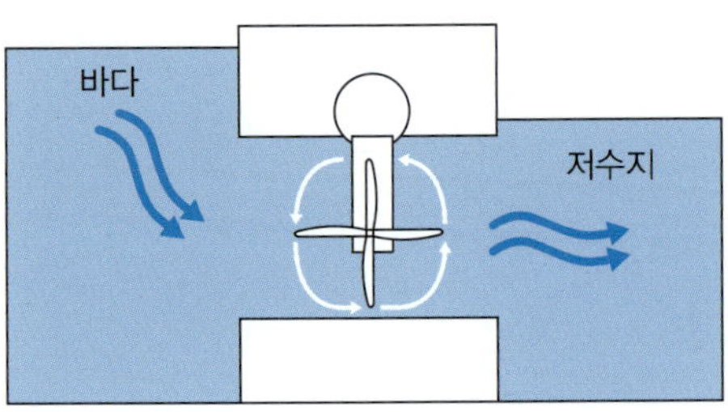

(a) 밀물 때 발전

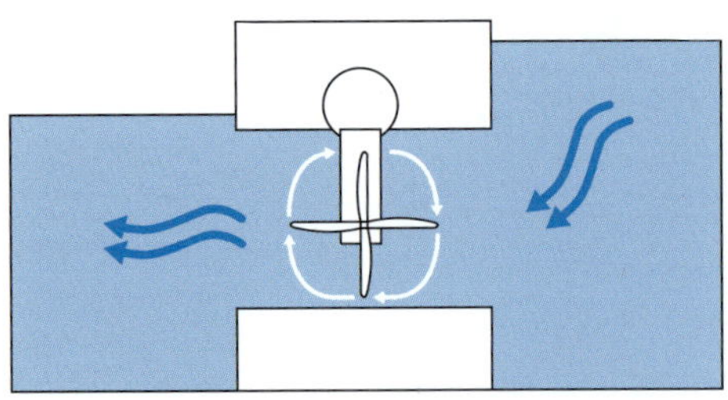

(b) 썰물 때 배수

[그림 7-6] 조력발전시스템

4 조력발전의 평균에너지

해수면의 변화가 좀 더 명확히 대비되도록 조차를 만들어 낙차를 크게 할 때는 방조제 혹은 댐을 건설하는 방식을 사용한다. 이때 얻을 수 있는 에너지의 크기를 계산하기 위해 [그림 7-7]과 같이 조력발전소의 간략화된 구조를 생각해보자.

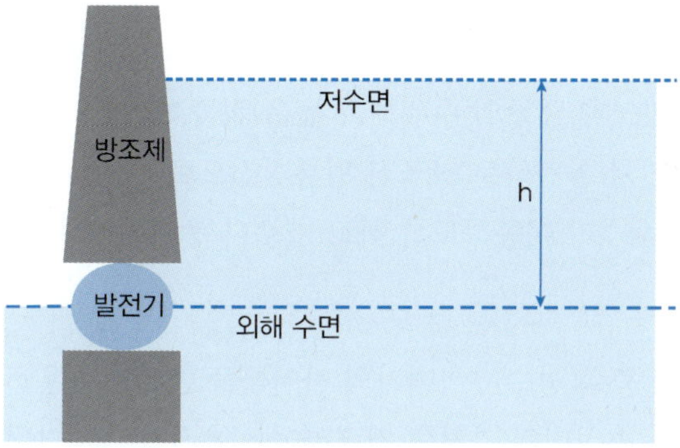

[그림 7-7] 조력발전소의 간략한 구조도

조지 안에 가둔[9] 내수면과 외수면의 높이를 h 라고 하면 높이에 의한 에너지인 위치에너지의 식으로부터 시간 T 동안의 평균 에너지 E_t 를 다음과 같이 정의할 수 있다.

$$E_t = \frac{mgh}{T} \quad (7.8)$$

조석현상은 밀물과 썰물이 교대로 발생하는 현상이며, 지구의 자전에 의해 하루에 2회 발생한다는 것에 유의해야 한다. 밀물과 썰물에 의해 해수면의 높이는 평균적으로 최대 높이차의 $\frac{1}{2}$ 이 된다.

$$E_t = \frac{mgh}{2T} \quad (7.9)$$

이때 T 는 조차가 이루어지는 시간, 즉 내해 저수면이 상승하여 외해 수면으로부터 이루는 높이 h 가 될 때까지의 시간이다. 여기에서 질량 m 은 헤수의 질량이고 조지에 가둔 저수의 면적이 A 라면 해수의 계절적, 지리적 특성에 따라 부피와 밀도 ρ 에 의해 질량을 다음과 같이 계산할 수 있다.

$$m = Ah\rho \quad (7.10)$$

앞선 두 식을 통해 최종적으로 평균에너지를 식 (7.11)과 같이 표현할 수 있다.

$$E_t = \frac{mgh}{2T} = \frac{\rho A h^2 g}{2T} \quad (7.11)$$

9 담수(湛水)를 의미한다. 염수와 구분하는 담수(淡水)와 오인하지 않기 위해 이 책에서는 이 표현을 사용하지 않았다.

5 조력발전의 방식과 발전 사이클

오늘날 가장 실용화된 조력발전 방식인 **조지식**은 조석현상에 의한 조력에너지를 이용하는 방식으로, 강한 조석이 발생하는 큰 하구나 만에 방조제를 설치하여 조지를 만들고 외해 수위와 조지 내의 수위차를 이용하여 발전한다. 조석의 이용 횟수에 따라 단류식과 복류식으로 나뉘며, 조지의 수에 따라서는 단조지 방식과 복조지 방식으로 분류한다.

단류식은 방조제 내부의 수위가 외해 수위보다 높은 밀물 때 방조제 안에 해수를 채우고 썰물 때 배출하면서 발전하는 낙조식 단류발전과 외해 수위가 방조제 내부의 수위보다 높은 썰물 때 방조제 안의 해수를 비우고 밀물 때 방조제 안에 해수를 채우면서 발전하는 창조식 단류발전으로 나뉜다. 발전 시에는 수문을 이용하여 발전기가 있는 통로로만 해수가 이동하도록 하고 배수나 충수 중에는 해수가 이동하게 하여 효율을 높인다.

단류식은 한 방향 흐름만을 이용하여 발전 → 대기 → 충수(방수) → 대기의 사이클을 반복하는 운전 방식으로, 발전출력이 불연속적이지만 방식이 간단하고 설비의 가격도 저렴하여 실용적으로 평가된다. 복류식은 낙조(썰물)와 창조(밀물)를 함께 이용하는 방식이다. 창조 및 낙조 모두 발전이 가능하며, 단류식에 비해 전력생산 시간을 연장시킬 수 있다는 장점이 있다. 그러나 단류식과 동일하게 조지와 외해의 수위차가 있어야 발전이 가능하므로 발전이 연속적이지 못하며, 수차발전기도 양방향 발전이 가능해야 해서 단류식 수차발전기보다 구조가 복잡하다.

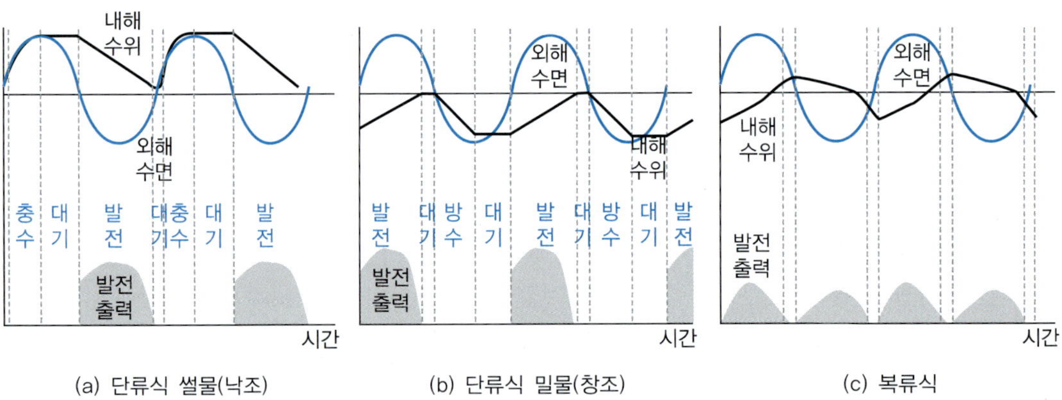

[그림 7-8] 단류식과 복류식의 조석변화와 전력생산 시점 그래프

다음으로 하나의 조지를 사용하는 단조지 방식과 2개 이상의 조지를 사용하는 복조지 방식을 살펴보자. 복조지 방식은 여러 개의 조지를 이용하여 고저지에서 저조지로 물을 유통시키면서 발전하는 연결식과 다수의 조지에 터빈을 설치하여 하나는 창조식, 다른 하나는 낙조식으로 운영하는 분리식으로 나뉜다. 건설이 복잡하고 비용이 많이 들지만 연속적인 전력생산이 가능하다는 특징이 있다.

[표 7-5] 조력발전 방식

분류			특징	장 · 단점
해류 이용 횟수	단류식	창조식	밀물 시 발전, 썰물 시 조지의 물을 방출	대표적인 조력발전 방식으로, 비용이 저렴하지만 발전이 불연속적임
		낙조식	밀물 시 조지에 물을 채우고, 썰물 시 발전	
	복류식		밀물과 썰물 시 발생하는 수위차를 이용하여 밀물과 썰물 양방향으로 발전	연속발전이 가능하지만 이용하는 낙차가 적어 발전효율이 낮음
조지 개수	단조지		하나의 조지를 이용하여 단류식이나 복류식을 이용하여 발전	비용이 저렴하지만 단류식 이용 시 발전이 불연속적임
	복조지	연결식	2개의 조지를 이용하여 고저지에서 저조지로 물을 유통시키면서 발전	건설 비용이 많이 들지만 연속발전이 가능함
		분리식	2개의 조지에 각각 터빈을 설치하여 하나는 창조식으로, 다른 하나는 낙조식으로 운영	

조력발전 사례 : 시화호 조력발전소

우리나라 서해안은 조석간만의 차가 크고 해안가의 갯벌이 넓으며, 바다 쪽으로 길게 형성되어 있어 조력발전에 매우 유리하다.

2004년 12월부터 건설이 시작되어 2018년 6월 모든 건설사업이 마무리된 시화호 조력발전소는 14년의 사업기간을 통해 시설용량 254 MW의 수차발전기 10기, 수문 8문 등의 규모를 갖추고 있으며, 연간발전량은 552 GWh이다. 밀물 때 외해와의 수위차를 이용하여 수문을 통해 조지 안쪽으로 입수하는 바닷물의 흐름을 전력으로 변환하는 단류식 창조발전 방식을 사용한다.

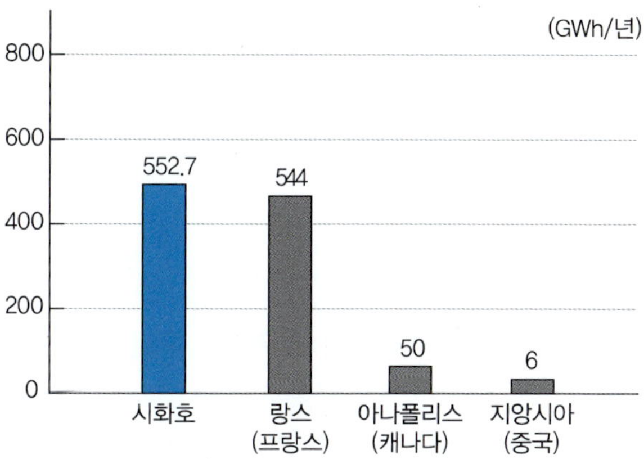

[그림 7-9] 국가별 연간 조력발전량 비교[10]

10 한국수자원공사 시화호 조력발전소

6 조류발전의 이해

조력발전이 해수를 가둘 댐을 만들고 조지와 외해 사이의 낙차를 이용하여 발전한다면 **조류발전**(tidal current power)은 조석현상에 따라 자연적인 바닷물의 흐름인 조류가 빠른 곳을 선정하여 그 지점에 수차발전기를 설치한 뒤 설치된 수차발전기를 가동시켜 발전하는 기술이다.

조류발전은 대규모 댐을 건설할 필요 없이 발전에 필요한 수차와 발전장치만 설치하므로 조력발전에 비해 비용이 저렴하다. 그러나 조류가 빠른 곳에 발전장치를 설치해야 해서 설치 장소가 제한적이며, 대규모 적용이 어렵다.

유체의 흐름을 이용하여 발전한다는 측면에서 조류발전은 풍력과 유사한 부분이 많다. 바람에 비해 밀도가 높은 유체인 물을 이용한다는 점에서 조류발전의 에너지 크기는 상대적으로 높다. 단, 조류의 속도가 빠르지 않아 적정한 속도가 나오는 지점을 찾아야 하는 어려움이 있다. 그럼에도 조류발전은 풍력과 달리 날씨변화나 계절에 관계없이 발전량 예측이 가능하여 신뢰성 있는 에너지원으로 활용할 수 있다는 장점이 있다. 또한 해수 유통이 자유롭고 해양환경에 미치는 영향이 거의 없어 조력발전보다 더 환경친화적인 것으로 간주된다.

단위면적당 조류에너지의 크기는 해수의 운동에너지로부터 다음과 같이 유도할 수 있다.

$$E = \frac{1}{2}mv^2 = \frac{1}{2}\rho Vv^2 = \frac{1}{2}\rho Avv^2 = \frac{1}{2}\rho Av^3 \tag{7.12}$$

- V : 부피
- A : 면적
- v : 속도

앞선 식에서 면적 A의 단위면적을 $1\,\mathrm{m}^2$로 하면 최종 식은 $E = 0.5\rho v^3$이 된다. 이 식에 발전기에서 회전의 기계에너지를 전기에너지로 변환하는 효율 η를 반영하면 다음과 같이 표현할 수 있다.

$$P = \eta E = \eta\frac{1}{2}\rho v^3 \tag{7.13}$$

조류발전용 터빈은 풍력과 유사하게 터빈 회전축의 유체 흐름 방향에 따라 수평축 터빈과 수직축 터빈으로 분류된다. 수평축은 한 방향으로 흐르거나 하천과 같이 일정한 흐름을 유지할 때 유리하고, 수직축은 조류와 같이 흐름의 방향이 변할 때 유리하다. 조류발전은 일반적으로 유속이 $1\,\mathrm{m/s}$ 내외인 곳에서도 가능하지만 경제성 있는 발전을 위해 최소한 $2\,\mathrm{m/s}$ 이상인 곳을 후보지로 선정해야 한다.

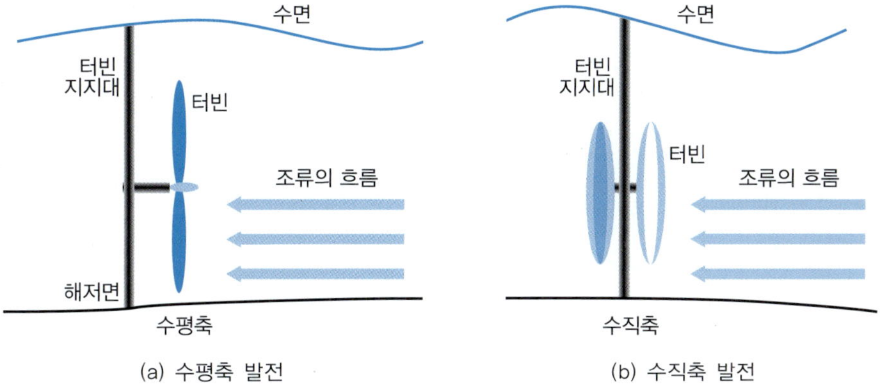

[그림 7-10] 수평축 터빈과 수직축 터빈의 모식도

7 파력에너지의 원리와 특징

파도의 원인

바다에 바람이 불어 해수면이 바람에 끌려오면 바닷물이 바람의 방향으로 마찰력을 받아 물의 표면이 바람의 방향으로 움직이기 시작한다. 그러나 수면 아래쪽에서는 해수의 깊이에 따른 질량과 중력 등에 의해 움직임에 저항하려는 힘이 작용하여 움직임을 억제한다. 이러한 상호 작용이 반복적으로 발생하면 일정한 주기가 형성된다. 이러한 주기운동을 하는 파도의 길이는 파장으로 나타내며, 파도의 깊은 곳과 높은 곳을 각각 **골짜기**와 **마루**라고 부른다.

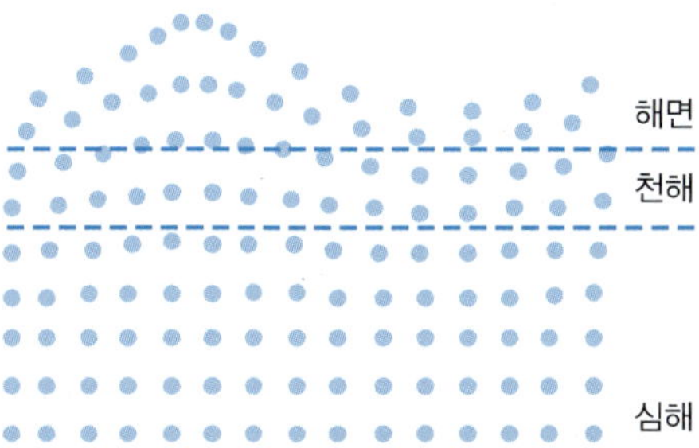

[그림 7-11] 물 입사로 표현한 해수의 깊이에 따른 바람의 영향과 물 입자의 움직임

바람의 속도, 기간과 세기, 횟수, 그리고 바다의 공간적 넓이에 따라 파도의 주기운동은 증폭되어 움직임이 높아지고 거칠어지며, 높은 에너지를 갖게 된다. 이러한 주기운동은 해변에서 먼 파도의 경우 물에 떠 있는 물체를 이동시키는 것이 아니라 상하와 전후로 움직이게 만들기 때문에 결국에는 파도의 움직임을 따라 원형 궤적을 그리며 움직이는 운동을 하는 것으로 보인다.

[그림 7-12]는 물체가 아닌 해수면의 한 곳에서 파도에 따른 움직임을 보여주고 있다. 움직임은 마루와 골짜기가 발생하는 파형의 변화에 따라 원형 궤적을 이루며, 그 원형 궤적의 크기를 반지름이

a인 원이라고 했을 때 반지름 a는 파도의 높이 h의 절반이 된다. 즉 높이 h는 $2a$가 된다. 보통 파도의 파장 λ가 파도의 높이 h의 2배 이상이 되면 바닷물 입자가 원형으로 움직인다.

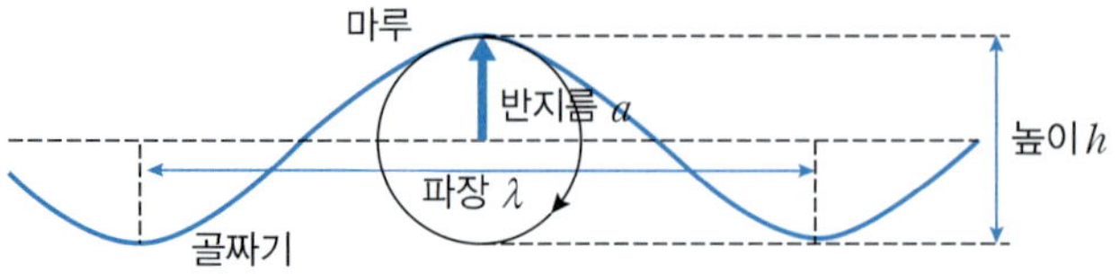

[그림 7-12] 파도의 파장(λ)에 대한 높이(h)와 한 점에서 해수면의 움직임

물에 깊이 들어가면 이 움직임도 점차 작아져 사라지는데, 수심의 반 정도의 깊이에 도달하면 수면 진폭의 5% 정도만 나타나게 된다. 그러나 해변은 해수 깊이가 얕아 해저면의 마찰력이 크기 때문에 물결이 긴 타원의 궤적을 만들어 물에 떠 있는 물체가 이동하는 것처럼 보이게 한다. 이렇게 형성된 에너지는 파력에너지라고 하며, 우리가 바다에서 늘 보는 파도를 의미한다. 파도의 마루와 골짜기 사이의 높이인 파도 높이와 한 지점에서 앞의 마루와 뒤의 마루가 도착하는 속도인 파도 속도, 그리고 길이와 밀도에 따라 파력의 크기가 결정된다.

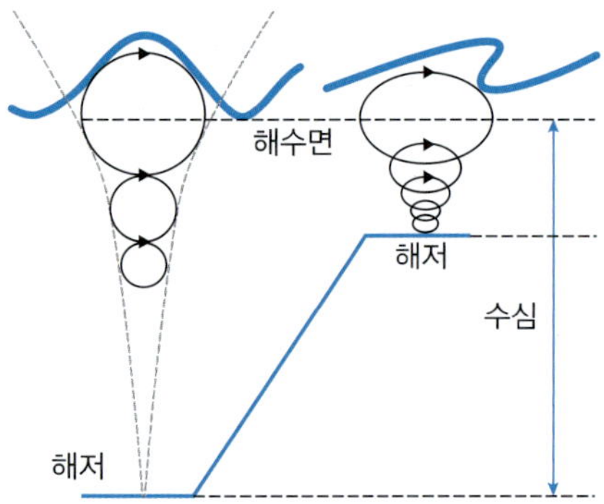

[그림 7-13] 수심에 따른 파도의 움직임과 관련된 물 입자의 움직임 차이(좌측-심해, 우측-천해)

파력발전의 특징

파력발전은 파력에너지를 통해 전력을 생산하는 것으로, 에너지 변환장치를 통해 파도의 위치에너지와 운동에너지의 주기적인 상하운동을 기계적인 회전운동 또는 축 방향운동으로 변환하여 전기를 생산하는 발전 방식이다. 파도(파동)의 주기와 진폭에 따라 파력에너지의 크기가 결정된다.

진폭과 에너지의 관계를 유도하기 위한 파도의 움직임은 정현파 형태이다. 따라서 평균수면을 중심으로 1주기의 절반, 즉 반주기에 대한 면적은 사인파를 반주기 적분하는 것과 같다. 이 반주기의 면적 S를 파도의 진행 방향에 대해 부피 V와 단위길이 n에 대한 값으로 표시하면 다음과 같다.

$$S = \frac{V}{n} = \frac{m}{\rho n} = \frac{a\lambda}{\pi} \tag{7.14}$$

이때 m은 물의 질량이고 ρ는 밀도이며, a는 파도의 평균높이(파도 마디와 골짜기의 가운데)를 기준으로 하는 파도의 높이이다. 파도 마루 부분에서의 면적에 대해 무게중심의 위치를 높이 b라고 하면 일반적인 정현파의 한 곡면에 대한 **무게중심의 원리**(centroid of the area bounded by one arc of sine curve)에 의해 높이 b를 다음과 같이 표현할 수 있다.

$$b = \frac{\pi a}{8} \tag{7.15}$$

파도의 골짜기와 마루에 의해 만들어지는 위치에너지 E를 계산하기 위한 무게중심 높이는 식 (7.15)의 2배이며, 식 (7.14)에서 질량을 이용해 단위길이당 위치에너지를 유도하면 다음과 같다.

$$\frac{E}{n} = \frac{m}{n} g\, 2b = \frac{\rho a \lambda}{\pi} g \frac{\pi a}{4} = \frac{1}{4}\rho a^2 \lambda g \tag{7.16}$$

이렇게 구한 파도의 진행 방향에 대한 단위길이당 위치에너지의 크기는 파도의 진행 방향에 대한 운동에너지의 크기와 일치한다. 따라서 두 에너지의 합이 단위길이당 에너지의 총량이 된다.

$$\frac{E}{n} = \frac{a^2 \lambda}{4}\rho g \tag{7.17}$$

앞서 파도의 움직임을 원형 궤적의 움직임이라고 설명했음을 떠올려보자. 파도의 원형 움직임을 반지름 a의 원운동으로 간주할 때 각속도를 ω라고 하면 다음과 같이 표현할 수 있다.

$$\frac{\lambda}{T} = \frac{g}{\omega} \tag{7.18}$$

식 (7.18)로부터 파장에 대한 식을 유도하면 다음과 같다.

$$\lambda = \frac{gT}{\omega} = \frac{gT}{2\pi f} = \frac{gT^2}{2\pi} \tag{7.19}$$

즉 파장은 주기의 2배와 비례하는 성질을 가지고 있다. 이제 식 (7.17)을 식 (7.19)에 대입하면 단위에너지와 파장과의 관계를 설명할 수 있다.

$$\frac{E}{n} = \frac{a^2\lambda}{4}\rho g = \frac{a^2 \rho g}{4}\frac{gT^2}{2\pi} = \frac{a^2 \rho g^2 T^2}{8\pi} \tag{7.20}$$

이렇게 계산된 에너지는 파장의 주기 전체에 대한 크기이므로 단위길이와 단위시간당 에너지의 크기인 P_n으로 바꾸려면 양변을 주기 T로 나눠야 한다. 파도의 높이는 마루에서 골짜기까지의 거리인 h이므로 높이 a를 $\frac{h}{2}$로 수정하며 다음과 같이 나타낸다.

$$P_n = \frac{h^2 \rho g^2 T}{16\pi} \tag{7.21}$$

보통 해수의 밀도는 1.025 kg/L 이므로 식 (7.21)에서 밀도 ρ와 중력가속도 g를 대입하여 계산하면 P_n은 1.96 $h^2 T$ kW/m^{3}s 가 된다. 따라서 파력에너지는 파도의 높이가 높고 주기가 클수록 높아짐을 알 수 있다. 이러한 에너지는 육지에서 30 km 정도 떨어져 있으며, 수심 300 m 미만인 해상에서 효과적으로 활용할 수 있다.

진폭과 주기가 큰 파도를 흔히 접할 수 있는 지역을 찾는 것은 쉽지 않다. 또한 파력에너지는 일기와 기후에 영향을 많이 받으므로 일정한 양을 일정한 장소에서 얻기 어렵다. 따라서 불규칙하고 접근이 쉽지 않은 파력에너지를 모으는 장치에 대한 아이디어를 구상하고 태풍과 같은 심한 파도와 염수에 대비할 수 있도록 내구성이 우수한 구조물을 설계하는 것이 중요하다. [표 7-6]은 이러한 파력발전의 장단점을 정리한 것이다.

[표 7-6] 파력발전의 장단점

분야	장점	단점
건설	규모에 상관없이 개발 가능함	입지 선정이 어려움
설비	청정에너지이며, 활용자원이 무한함	발전설비의 계류가 어려움
	발전원리와 건설이 간단함	장단기적 발전량 변동이 심함
발전	전력생산에 계절적인 요인이 큼	정확한 발전량 예측이 어려움
	방파제로 활용 가능하며, 수명이 긺	파도와 부식에 견디는 구조물이 필요함

8 파력발전을 위한 장치들

최근 파도의 힘을 이용하기 위해 파력에너지를 이용하는 설비를 다양한 위치에 설치하는 방법들이 제안되고 있다. 이에 따라 파력에너지를 모으는 설비를 해안에 두는 방식과 해안에서 조금 떨어진 위치의 바다에 두는 방식, 그리고 해안에서 먼 바다의 위치의 파도를 이용하는 방법으로 구분할 수 있다.

파도로부터 힘을 추출하는 방법은 파도를 통해 공기를 압축하여 터빈을 돌리는 힘을 얻는 방식인 공기터빈형(air turbine), 바닷물의 움직임을 이용한 주기적 진동을 통해 장치를 펌핑시켜 발전하는 부이형(buoy)과 부주형(pontoon)으로 나눌 수 있다. 또한 파도의 힘을 전기로 바꾸는 에너지 변환장치 관점에서의 발전 방식에 따라 터빈형, 수차형, 선형 전기발전형(linear electrical generator), 유압형(hydraulic ram) 등으로 구분할 수 있다.

구체적으로는 파도에 의해 발생하는 에너지를 이용하여 터빈을 돌려 발전하는 방식과 파도가 진행하는 힘 또는 파도의 상하운동을 이용하여 공기를 압축 활용하는 방식으로 분류할 수 있다. 에너지 변환원리에 따라 가동물체형, 진동수주형, 월파형 방식이 적용되고 있으며, 설치 형태에 따라 착저식(또는 고정식)과 부유식으로 구분하기도 한다.

부유식 가동물체형

수면의 움직임에 따라 민감하게 반응하도록 고안된 여러 형태의 기구를 사용하여 파도에너지를 물체에 직접 전달하고 이때 발생하는 물체의 움직임을 전기에너지로 변환하는 방식으로, 가장 오래된 파력발전 형태이다.

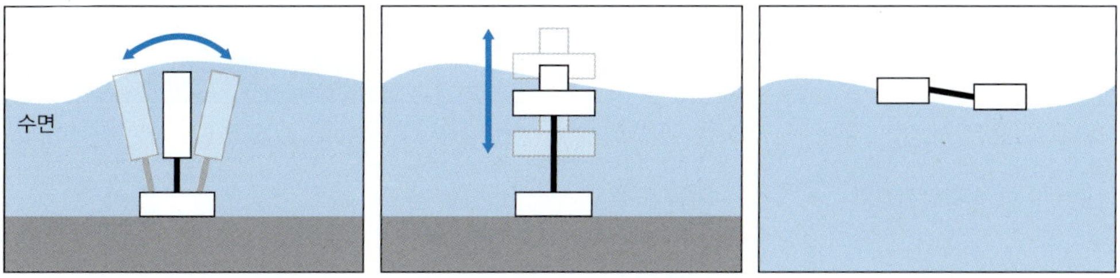

(a) 부이형 좌우진동형 (b) 부이형 상하진동형 (c) 부주형

[그림 7-14] 부유식 가동물체형 파력발전장치

부이형은 물에 대해 부력을 갖는 장치를 이용하여 파도의 움직임을 따라 상하 혹은 좌우로 움직이게 하여 에너지를 얻는 방식이다. 주로 코일 안의 자석 등의 상대적인 움직임이나 유체에 압력을 가해 압력으로부터 터빈을 구동하여 전기를 생산하는 방식을 사용한다.

좌우로 움직이는 장치는 부유체인 부이의 주기적 움직임을 하부의 피벗조인트(pivot joint)에서 진동장치를 통해 에너지로 전환하며, 상하로 움직이는 장치는 베이스에 대한 부력 상단의 움직임을 전력으로 변환한다. 전력발생장치는 변위장치(displacer)와 반응기(reactor) 구성에 따라 형태가 다양하다.

부주형은 파도의 진동에 의해 좌우의 부주가 상대적인 움직임을 하도록 만든 플로팅 장치로, 파도 방향과 평행하게 작동하고 효과적으로 파도를 타고 넘어가면서 에너지를 만들도록 설계되었다. 이렇게 설계된 여러 조각의 부주가 서로 연결되어 파도 진행 방향과 평행해졌을 때 파도가 진행되면 부주의 일부는 상승하고 일부는 하강하면서 이음장치가 있는 골절 부분에 설치된 유압펌프장치를 작동시킨다. 이를 통해 고압으로 오일을 압축하여 전력을 생산하도록 한다.

공기터빈형을 이용한 진동수주형

파도에너지를 공기의 흐름으로 변환하는 방식이다. 파도에너지의 흐름에 따라 발생한 공기의 흐름 중에 터빈을 위치시켜 터빈을 돌리는 방식인 공기터빈형 발전설비를 이용하여 전기를 얻는다.

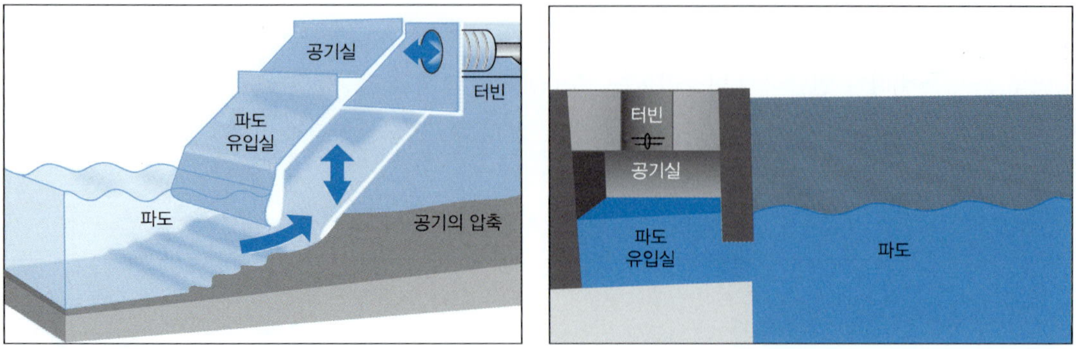

(a) 수평터빈 (b) 수직터빈

[그림 7-15] 진동수주형 파력발전장치

입사파가 장치의 전면에서 반사되어 중복파가 형성되고 이때 발생하는 수면의 상하 움직임이 장치 전면의 개구부를 통해 공기실 내로 전달되어 공기실 안의 공기가 압축 및 팽창을 반복하게 되면 공기실 상부 노즐에 공기의 흐름이 발생한다. 이때 공기실 위쪽에 있는 터빈은 공기 흐름과 관계 없이 공기의 압력에 따라 한쪽 방향으로 회전하는 터빈을 돌려 전력을 생산하는 웰즈터빈(wells turbine)을 이용한다.

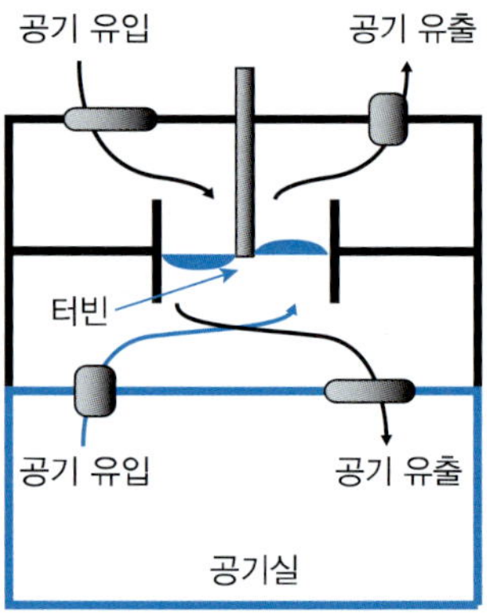

[그림 7-16] 웰즈터빈의 구조와 원리

월파형

파도의 진행 방향 전면에 경사면을 두어 파도에너지를 위치에너지로 변환하여 저수한 후 형성된 수두차를 이용할 수 있는 저수조를 단계별로 두고 각 단계별 저수로의 하부에 설치한 수차터빈을 돌려 발전하는 방식이다. 파도가 치면 빗면으로 되어 있는 덮개 형태의 집수장치에 바닷물이 넘쳐 모이는데, 이를 활용하여 전기를 생산한다.

조력발전소처럼 바닷물을 저장할 수 있는 저수지를 두고 낮은 벽을 통해 파도칠 때 넘어온 바닷물을 모아 사용하기도 한다. 이때 모인 바닷물은 배수관을 통해 바다로 배출되는데, 이 배출구에 터빈을 달아 바닷물의 위치에너지를 이용한 전력생산설비로 사용한다.

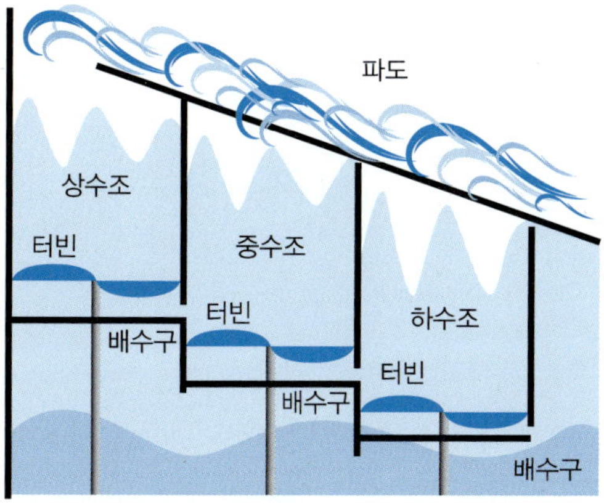

[그림 7-17] 월파형 파력발전

파력발전은 소규모 개발이 가능하고 방파제로 활용할 수 있어 실용성이 크며, 한번 설치 시 거의 영구적으로 사용 가능하고 공해를 유발하지 않는 장점이 있다. 그러나 입지 선정이 어렵고 초기 제작비가 매우 높아 적정 발전 단가를 책정하기 어렵다는 문제점이 있다.

9 해수온도차발전의 원리와 구성

해수온도차발전은 해수 표면과 심해(약 700 m 깊이 정도)의 온도차를 이용하여 발전하는 방식으로, 열에너지를 기계에너지로 변환하고 이를 전기에너지로 변환하는 방식이다. 해수의 온도는 수심에 따라 달라진다. 즉 수심의존성이 매우 높으므로 에너지로 사용하기 위해서는 수심에 따른 해수를 활용해야 한다.

해수온도차발전은 온도차가 20℃ 이상인 곳에서 가능하다. 열대 지방에서 해양의 상층부는 온도 분포가 연간 20 ~ 30℃ 정도로 일정하며, 1,000 m 이상의 심해층의 온도는 4℃ 정도를 유지하므로 온도차발전에 유리하다. 단, 계절 혹은 위도에 따라 해수 표면의 온도가 다르므로 이용할 수 있는 지역이 매우 제한적이다.

해수온도차발전은 기본적으로 천해의 따뜻한 해수를 저압의 증발기에 유입시켜 고압의 수증기를 만들고 터빈부에서 차가운 심해수와의 온도차를 이용하여 터빈을 회전시켜 발전기로부터 전기를 생산한다. 따라서 해수의 표층과 심층 사이의 온도차에 의한 액체와 기체 간 상변환이 가능한 물질을 작동 유체로 이용하고 증발시켜 터빈을 구동한다. 이를 통해 전력을 얻은 후 다시 작동 유체를 응축하는 방식으로 발전한다.

열에너지의 크기는 다음과 같은 식으로 표현된다.

$$P_0 = \rho c Q \Delta T \tag{7.22}$$

이때 c는 비열, Q는 열량, T는 온도이다. 여기에 앞서 배운 카르노 열효율 식 $\eta = 100 \times \left(1 - \frac{T_L}{T_H}\right)$을 적용하면 다음과 같이 다시 쓸 수 있다.

$$P = \eta P_0 = \frac{\rho c Q \Delta T^2}{T_H} \tag{7.23}$$

해수온도차발전의 분류

해수온도차발전은 사용하는 작동 유체에 따라 분류된다. 크게 작동 유체로 저온 비등 냉매를 사용하는 폐순환시스템(closed-cycle system)과 저압의 증발기를 이용하여 온수 자체를 작동 유체로 사용하는 개방순환시스템(open-cycle system)으로 구분된다. 둘을 합친 혼합순환시스템(hybrid-cycle system)이 사용되기도 한다.

폐순환시스템이 해수 표층의 온수를 사용하여 암모니아나 프로필렌 같이 비등점이 낮은 작동 유체를 증발시켜 터빈을 돌려 발전한다면 개방순환시스템은 해수 표층의 온수를 작동 유체로 직접 사용한다. 혼합순환시스템은 폐순환시스템과 개방순환시스템의 장점을 결합한 것으로, 열원을 최대로 사용하도록 설계하여 전력과 담수를 동시에 얻을 수 있다.

이러한 이유로 열에너지가 풍부한 열대 해역을 중심으로 상용화를 위한 연구가 집중되고 있다. 우리나라의 경우 발전소의 온배수 및 양어장의 온배수를 이용하여 미활용 열에너지를 활용하는 해수온도차발전 연구가 진행 중이며, 열대 해역 국가와의 공동 개발 방안도 강구하고 있다.

해수온도차를 이용한 발전시스템의 구성

해수온도차를 이용한 냉난방시스템은 해수온도와 대기온도의 차이를 이용하여 대기온도를 냉각 또는 가열하는 공기 히트펌프(air heat pump)와 해수를 이용하여 냉난방계통 내에 순환되는 냉온수를 냉각 또는 가열하는 해수열원 히트펌프(sea water heat pump)로 구성된다. 이러한 시스템은 8장에서 배울 지열냉난방과 유사하다. 해수온도차를 이용하면 냉각시스템에 이용되는 냉동기의 응축기 부분에서 공기열원 대신 해수열원을 이용하여 냉매를 냉각시킴으로써 냉동효과를 증대시키고 시스템의 효율을 높일 수 있다는 장점이 있다.

해수온도차발전 현황

해수온도차발전은 심해의 저온수를 해수면 가까이 끌어올려야 하고 해수면의 온수를 이용하여 증발기에서 적절한 압력과 온도를 유지해야 하므로 투입해야 할 에너지가 많다. 또한 생산되는 에너지의 밀도가 높지 않아 아직은 상업화가 어렵다. 그러나 해수의 온도를 이용하므로 대규모 에너지를 무한히 얻을 수 있다는 장점이 있어 각국에서 연구 개발에 투자하고 있다.

CHAPTER

07 연습문제

7.1 해양에너지의 근원이 아닌 것을 고르시오.

① 태양풍 ② 태양의 중력 ③ 달의 공전 ④ 태양복사에너지

7.2 해양의 재생에너지원에 속하지 않는 것을 고르시오.

① 파랑 ② 조위 ③ 해풍 ④ 수온

7.3 우리나라에서 RPS 제도에 속하는 소수력의 설비용량을 고르시오.

① 5,000 kW 이상 ② 3,000 kW 이상 ③ 1,000 kW 이하 ④ 5,000 kW 이하

7.4 해양에너지는 에너지의 부존량이 매우 많으며, 고갈될 염려가 없지만 에너지 밀도가 낮아 실용적으로 활용하기 어렵다. 이를 위해 필요한 조치가 아닌 것을 고르시오.

① 에너지 밀도를 높일 수 있는 시설을 개발해야 한다.
② 시스템의 부피를 키우는 대규모 시설물을 이용하는 방식을 개발해야 한다.
③ 많은 수량을 확보하기 위한 대규모 토목공사를 실시해야 한다.
④ 대규모 시설물을 이용하여 시스템의 질량을 키우는 방식을 개발해야 한다.

7.5 조류, 파력 및 해수온도차의 가장 큰 단점 두 가지를 고르시오.

① 기후에 따른 출력 변동 ② 육상 송전의 어려움
③ 국제적 분쟁 ④ 간헐적 발전

7.6 외해로 나갈수록 에너지 밀도가 높아지는 특성을 반영하여 적용이 점차 확장되고 있는 에너지를 고르시오.

① 조력에너지 ② 조류에너지 ③ 파랑에너지 ④ 조석에너지

7.7 천해 연안에 집중되어 있고 상대적으로 밀도가 높은 이점이 있는 해양에너지를 고르시오.

① 파랑에너지 ② 파력에너지 ③ 조력에너지 ④ 조류에너지

7.8 수력에너지는 다른 재생에너지와 달리 계획송전 등이 가능한 전력원으로 사용할 수 있다. 이러한 수력발전이 담당하는 전력원 형태로 옳은 것을 고르시오.

① 부하 변동에 따른 첨두부하 전력공급
② 상시 공급이 필요한 기저부하 전력공급
③ 부하 변동에 따른 응급부하 전력공급
④ 상시 공급이 필요한 중간부하 전력공급

7.9 전력수요 급증에 따라 주파수 변화에 맞춰 공급을 변동시키는 역할을 하는 에너지를 고르시오.

① 조력에너지 ② 조류에너지 ③ 수력에너지 ④ 파력에너지

7.10 수력발전 분야의 장점이 아닌 것을 고르시오.

① 큰 에너지 규모 ② 전력공급량 조정 기능
③ 발전단가 장기 안정성 ④ 에너지 안보

7.11 수력발전설비의 용량을 결정하는 두 가지 요인을 고르시오.

① 온도 ② 유량 ③ 경사도 ④ 낙차

7.12 다음의 각 설명에 해당하는 발전 방식을 고르시오.

① 댐식	② 수로식	③ 댐수로식	④ 유역변경식

Ⓐ 댐을 쌓아 그 낙차를 이용하는 발전 방식
Ⓑ 상류에서 강을 막아 취수구를 만들고 물을 수로로 흘려보내 낙차를 이용하는 발전 방식
Ⓒ 댐식과 수로식의 장점을 이용하여 낙차를 높이는 발전 방식
Ⓓ 강의 흐름을 바꿔 낙차의 크기를 늘리는 발전 방식

7.13 수력발전 과정에서 경제성을 높이기 위한 방법으로 옳지 않은 것을 고르시오.

① 유량의 풍부함 ② 큰 낙차 ③ 경사도 ④ 종합효율

7.14 빈칸에 들어갈 내용으로 옳은 것을 고르시오.

댐 혹은 저수지 → (　　) → 수차발전기 → 전기설비 → 송전계통

① 수압관 ② 기압관 ③ 유량유도관 ④ 취수로

7.15 우리나라 전체 유역 표면상에 강수된 물의 총에너지를 의미하는 잠재량을 고르시오.

① 이론적 잠재량 ② 지리적 잠재량
③ 기술적 잠재량 ④ 시장 잠재량

7.16 수력에너지 잠재량에서 국립공원 유역을 제외하고 유역의 지리적 특성에 따른 유출률을 고려한 잠재량으로 옳은 것을 고르시오.

① 이론적 잠재량 ② 지리적 잠재량
③ 기술적 잠재량 ④ 시장 잠재량

7.17 수력에너지 잠재량에서 4대강 본류 유역, 동·서·남해안 인근 및 도서 유역을 제외한 유역의 잠재량으로 옳은 것을 고르시오.

① 이론적 잠재량 ② 지리적 잠재량
③ 기술적 잠재량 ④ 시장 잠재량

7.18 수력발전소는 하천 유량의 사용방법에 따라 구분할 수 있다. 수력발전에 필요한 최대 저수용량 내에서 하천의 자연 유입량을 인위적으로 조절하지 않고 그대로 발전에 이용하는 방식을 고르시오.

① 유입식 발전소 ② 조정지식 발전소
③ 저수지식 발전소 ④ 수로식 발전소

7.19 하천으로부터 유입 수량과 발전에 필요한 수량과의 차이만큼을 조정지에 저수하거나 방출할 수 있도록 하여 부하 변동에 대응할 수 있게 한 방식을 고르시오.

① 유입식 발전소 ② 조정지식 발전소
③ 저수지식 발전소 ④ 수로식 발전소

7.20 하천의 유량변화에 대응하여 저수지를 이용해 수위를 조절함으로써 발전량을 일정하게 유지할 수 있는 방식을 고르시오.

① 수로식 발전소　　② 조정지식 발전소
③ 저수지식 발전소　　④ 댐식 발전소

7.21 물이 가지고 있는 위치에너지를 운동에너지로 바꿔주는 장치를 고르시오.

① 수차　　② 기차　　③ 수로　　④ 댐

7.22 저수되거나 수로에 모인 물이 높은 위치에너지를 가지고 모여 있을 때 이 물을 수차로 유입하여 노즐을 통과시켜 분출함으로써 속도와 연관된 운동에너지로 바꾸는 수차를 고르시오.

① 펠톤 수차　　② 프로펠러 수차
③ 프란시스 수차　　④ 카플란 수차

7.23 물이 가지고 있는 위치에너지를 압력에너지로 바꾸고 러너에 유입시켜 빠져나갈 때의 반작용으로 동력을 발생시키는 수차가 아닌 것을 고르시오.

① 펠톤수차　　② 프로펠러 수차
③ 프란시스 수차　　④ 카플란 수차

7.24 소수력발전의 특징으로 옳지 않은 것을 고르시오.

① 대규모 수력발전 건설공사에 비해 건설 규모가 작아 지형과 생태계에 미치는 영향이 작다.
② 물의 낙차만을 이용하므로 화석연료나 다른 에너지의 도움 없이 전력을 생산하는 청정에너지이다.
③ 수로나 댐 등을 이용하여 저수 확보된 용수를 농업용수나 상하수도와 연계할 수 있다.
④ 마을 단위 발전소로서의 역할에 충실한 규모인 10MW 이상의 전력을 생산할 수 있어 지역 경제활동에 기여한다.

7.25 하루 두 번 밀물과 썰물 때 발생하는 외해와 내해의 수위차를 이용하여 일정 중량의 부체가 받는 부력 저항력을 이용하는 조력발전 방식을 고르시오.

① 부체식　　② 압축공기식　　③ 조지식　　④ 해류식

7.26 조위의 상승 및 하강에 따라 밀실에 압축시킨 공기의 흐름을 조정하고 이를 노즐을 통해 분출시켜 전력을 생산하는 조력발전 방식을 고르시오.

① 부체식　　② 압축공기식　　③ 조지식　　④ 해류식

7.27 지구를 중심으로 해와 달이 수평에 있을 때 인력이 최대로 작용한다. 썰물과 밀물의 높이 차이가 최대가 되는 때를 고르시오.

① 사리　　② 조금　　③ 만조　　④ 간조

7.28 조력발전을 위한 에너지 크기를 계산하는 식에 대한 설명으로 옳지 않은 것을 고르시오.

① 시간 T 동안의 평균 에너지 E_t를 구하는 방법은 $\frac{mgh}{2T}$이다.

② T는 조차가 이루어지는 시간, 즉 외해 저수면이 상승하여 내해 수면으로부터 이루는 높이 h가 될 때까지의 시간이다.

③ 밀물과 썰물에 의해 해수면의 높이는 평균적으로 최대 높이차의 $\frac{1}{2}$이 된다.

④ 저수의 면적을 A라고 하면 해수의 계절적 혹은 지리적 특성에 따라 부피와 밀도 ρ에 의해 질량 m은 $Ah\rho$이 된다.

7.29 해수를 이용하는 방식에 따라 조력발전을 구분한 것으로 옳은 것을 고르시오.

① 단류식-복류식　　② 일식-이식

③ 단식-복식　　④ 연결식-분리식

7.30 파력에너지를 계산할 때 파도의 움직임은 정현파 형태이다. 따라서 평균수면을 중심으로 반주기에 대한 면적은 사인파를 반주기 적분하는 것과 같은 값을 갖는다. 이 반주기의 면적 S를 구하는 식으로 옳지 않은 것을 고르시오.

① $S=\frac{V}{n}$　　② $S=\frac{m}{\rho n}$　　③ $S=\frac{a\lambda}{\pi}$　　④ $S=\frac{m}{\pi}$

7.31 파도의 골짜기와 마루에 의해 만들어지는 위치에너지 E와 관련된 식으로 옳지 않은 것을 고르시오.

① $E=mg2b$　　② $\frac{E}{n}=\frac{\rho a\lambda}{\pi}g\frac{\pi a}{4}$

③ $E=\frac{1}{4}\rho a^2\lambda g$　　④ $\frac{E}{n}=\frac{1}{4}\rho a^2\lambda g$

7.32 해수온도차발전에 대한 설명으로 옳지 않은 것을 고르시오.

① 적도와 극지방의 심해 온도차를 이용하여 발전하는 방식이다.

② 해수의 온도는 수심의존성이 매우 높으므로 에너지로 사용하기 위해서는 수심에 따른 해수를 활용해야 한다.

③ 천해의 따뜻한 해수를 저압의 증발기에 유입시켜 고압의 수증기를 만들고 터빈부에서 차가운 심해수와의 온도차를 통해 터빈을 회전시켜 발전기로부터 전기를 얻는다.

④ 해양의 상층부는 온도 분포가 연간 20 ~ 30℃ 정도로 거의 일정한 반면 1,000m 이상의 심해층은 4℃ 정도의 온도를 유지한다.

CHAPTER

08

지열에너지

열에너지는 매우 훌륭한 에너지 자원으로, 발전기나 엔진에서 열에너지를 운동에너지나 전기에너지로 바꿔 사용하는 것은 인류 역사에서 오랫동안 사용해 온 기술이다. 이 기술의 관건은 영구적이고 불변하는 열원을 확보하는 것이며, 이러한 관점에서 지열은 매우 유용하고 관심받는 신재생에너지 분야이다. 지열은 인류가 다루기 쉽고 가까우며, 친근하여 이미 그 활용도가 높다. 다만 지리적, 지구적 조건 및 환경에 대한 의존도가 높아 지하자원 혹은 부존자원과 같은 의미가 되고 있다. 이 절에서는 지열에너지의 이용 범위에 대한 학습을 통해 에너지에 대한 이해를 키운다.

CONTENTS

SECTION
8.1 지열에너지의 개요

여러 신재생에너지원 중 계절적, 시간적 제약이 가장 적은 에너지원인 지열은 이용 가치가 매우 높으며, 특히 음식 저장과 농업 등에 이용한 역사가 긴 매우 친밀한 에너지원이다.

Keywords | 방사선 붕괴열 | 조산대 | 지층 | 강화지열 | 건조암반지열 | 고지열 |

1 지열에너지의 이해

동물들은 겨울에는 추위를 피하기 위해 땅속에 굴을 파며, 여름에는 더위를 피하기 위해 동굴 속에서 보낸다. 이유가 뭘까? 바로 땅속의 온도가 계절과 관계없이 일정하게 유지되기 때문이다. **지열에너지**(geothermal energy)란 지하의 열(지열) 혹은 기온을 이용하는 에너지로, 지열은 일 년 내내 온도가 변하지 않으므로 땅속에 관을 설치하여 이용하면 경제적이다. 이러한 이용법 등을 포함한 일반적인 지열에너지란 땅(토양, 지하수, 지표수 등)이 지구 내부의 마그마 열에 의해 보유하고 있는 에너지로 정의한다. 즉 지하를 구성하는 토양, 암반, 그리고 지하수가 가지고 있는 열에너지이다.

지열은 지표보다는 지하에 잠재력이 높은 지열자원이 분포되어 있어 에너지원을 찾아 지하설비를 구성해야 하고 비용이 많이 든다는 단점이 있다. 따라서 지표 가까이 열원이 있을수록 이용이 유리하다. 지하로 내려갈수록 온도가 높아지는 특성 때문에 지열이라고 하면 일반적으로 높은 온도의 열을 생각하기 쉽지만 대기와의 온도차만 있다면 온도가 높지 않아도 에너지원으로 사용될 수 있다.

고대 중국과 로마에서는 온천수를 이용하여 목욕을 했다는 기록이 있고 14세기 프랑스 지방에서는 지하수를 통한 난방을 이용한 만큼 지열에너지의 이용 역사는 매우 길다. 지열발전 설비의 시초는 1911년 이탈리아로, 이는 전기생산 시 지열에너지를 이용한 매우 중요한 사례이다.

2 지열의 원리 : 지구의 구조

지구는 **지각**(crust), 마그마와 암석으로 이루어진 **맨틀**(mantle), 고온의 마그마(magma)로 이루어진 **외핵**(outer core), 그리고 고체상태의 **내핵**(inner core)으로 구성되어 있다.

지각

지표에서 약 25 ~ 65 km 의 두께를 말한다. 지각이 그 무게로 맨틀을 눌러 밀어내므로 주로 산이 높은 곳의 지각이 깊다. 물 위에 배가 떠 있듯 맨틀 위에 지각이 부유하는 형태이다.

맨틀

2,900 km 의 두께로 분포하며, 암석층과 온도, 압력에 의해 매우 유연한 층인 연약층으로 구성되어 있다. 주요 구성물질로는 마그네슘(Mg), 철(Fe), 알루미늄(Al), 실리콘(Si), 산소(O)가 있다.

내핵과 외핵

각각 지구 중심부와 그 바깥쪽 부분으로, 내핵과 외핵을 합친 반경은 약 3,470 km 정도이다. 핵의 주요 구성 성분은 철과 니켈 합금이며, 지구 중심부에 있는 내핵은 압력에 의해 고체상태이고 외핵은 지구 내부의 고온의 열에 의해 액체상태이다.

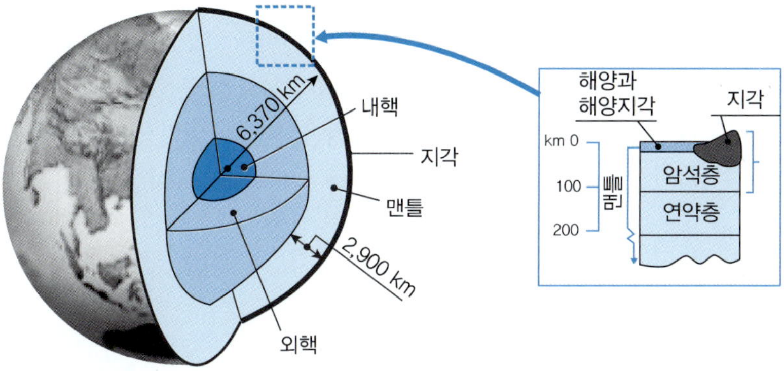

[그림 8-1] 지구 내부의 구조[1]

최근 과학자들은 내핵 내부에 또 다른 핵이 존재할 수 있다는 사실을 발견했다.[2] 호주의 연구팀은 지진계에 기록된 신호를 증폭할 수 있는 기술을 개발했으며, 지진으로 만들어진 지진파가 내핵을 통과했다가 돌아오는 시간 차이를 분석하여 내핵 안의 제5의 구조를 확인하였다. 이 지진파가 철과 니켈 합금으로 구성된 내핵을 통과하는 각도에 따라 속도가 느려지거나 빨라지는 것을 분석하여 내핵의 외부와는 다른 내부구조가 존재하는 것을 추론한 것이다.

3 지열의 원리 : 지구 내부의 열원

지열의 80%는 방사선 붕괴열과 마찰열이다. 방사선 붕괴열은 내부의 핵에서 여러 광물질(우라늄, 칼륨, 토륨 등)의 방사선 동위원소 붕괴에 의해 계속해서 발생하는 열이며, 마찰열은 지구와 달, 그리고 태양이 공전과 자전을 하여 만유인력에 의해 액체 형태의 외핵에 바닷물과 같은 조석변화가 생겨 발생하는 마찰에 의한 열이다. 지열의 나머지 20%는 지구가 생성될 때 저장된 열이다.

1 "What is geothermal energy?", Mary H. Dickson and Mario Fanelli, Istituto di Geoscienze e Georisorse, Pisa, Italy

2 "Up-to-fivefold reverberating waves through the Earth's center and distinctly anisotropic innermost inner core", Nature Communicaions

3장에서 언급한 것처럼 지구의 표면에서 우주에 방출하는 에너지[3]는 0.087 W/m^2 이고 지구에 입사되는 일사량은 지표에서 168 W/m^2 이다. 따라서 방출되는 에너지에 비해 입사하여 들어오는 에너지가 매우 많아 지구 내부의 지열에너지가 보존된다.

이 열에 의해 지구 중심의 온도는 약 6,000℃ 가 되며, 내부의 핵은 암석이 녹은 마그마 상태로, 계속해서 고체상태의 암석을 녹인다. 이 마그마는 대류현상에 의해 계속해서 지표로 보내진다. 지표에서 지하로 내려갈수록 온도는 올라가는데, 이렇게 온도가 올라가는 정도를 지온증가율(geothermal gradient) 혹은 지온경사(geothermal gradient)라고 한다. 지온증가율은 지열자원의 우수성을 판단하는 중요한 근거가 된다. 일반적으로 화산 외 지역의 지온증가율의 범위는 지하 10 km 깊이까지 25 ~ 30 ℃/km 이며, 우리나라의 평균 지온증가율은 약 25 ℃/km 이다.

지각은 지구의 가장 표층인 지하 100 m 까지 약 15℃ 의 평균 온도를 유지하며, 내부로 내려갈수록 온도가 증가한다. 약 2 km 깊이에서는 약 65 ~ 75℃, 약 3 km 깊이에서는 약 90 ~ 105℃ 를 유지하므로 100 m 당 평균적으로 2.5 ~ 3℃ 가 증가하지만 지역에 따라 많은 차이가 있다. 특히 화산활동이 활발한 지역은 마그마가 지표 가까이에 있어서 온도가 매우 높다. 평균적으로 화산 외 지역의 지각의 온도는 15 ~ 540℃ 사이를 유지하며, 깊이가 깊을수록 온도가 높다.

4 지열의 지리적 요인

맨틀은 구성 성분이 유연하여 지구 중심부의 핵 부분과 표면의 지각 부분의 온도 차이로 대류가 일어난다. 이때 맨틀에서 일어나는 대류현상은 밀도가 낮은 액체처럼 매우 빠르게 일어나는 것이 아니라 밀도가 매우 높은 죽처럼 매우 느리게 일어난다. 맨틀 대류의 이 느리지만 강력한 힘은 지각 판들을 이동시켜 판과 판의 경계에서 서로 부딪히게 하여 마찰을 일으키는 원인이 된다.

대륙판과 해양판의 경계에서 이러한 마찰이 빈번히 발생하는데, 해양판은 밀려 내려가고 대륙판은 밀려 올라가면서 심한 마찰과 열이 발생한다. 이로 인해 높은 습곡 산맥이나 열도 등이 만들어지는 조산운동지역(조산대)가 형성된다. 판의 경계에서 이러한 움직임은 심한 마찰로 지각을 더욱 가열하여 지표 부근에 높은 열원을 형성하므로 지열을 많이 이용하는 곳에서는 판이 서로 마주치고 지진이 많이 발생한다. 대표적으로 우리나라와 연관된 환태평양 조산대는 '불의 고리'라고 불리며, 지열에너지의 잠재력이 매우 크다.

3 Richard A. Dunlap, 'Sustainable Energy, SI Edition'

[그림 8-2] 화산활동과 지각의 움직임이 가장 활발한 환태평양 조산대[4]

5 지열의 지질구조별 자원

지열에너지는 재생에너지이면서 지하자원의 속성을 가진다. 깊이에 따라 온도가 증가하는 지열은 km 당 17 ~ 30℃ 의 온도변화를 보인다. 지층 구조에 따라 잠열이 다르므로 온도의 변화 범위도 넓어 지층별로 관입한 열원과의 관계에 따라 지열에너지를 이용하는 방법도 다양하다.

주변에 고온의 마그마가 있다면 깊이에 상관없이 매우 높은 온도의 열원을 이용하는 방법을, 열수가 존재하는 지층이 지표에 가까이 있다면 관정(우물)을 통해 열수를 이용하는 방법을 사용한다. 화강암 등 방사성물질이 많이 포함된 암석이 관입하여 만들어진 지층 혹은 암석이 주변에 있다면 암반 지열을 이용하는 방법을 사용할 수도 있다. 지층에 습곡이나 단층 등의 큰 힘이 지속적으로 가해져 마찰과 압력이 높은 영향을 미치는 지중압에 의한 열을 이용하기도 한다.

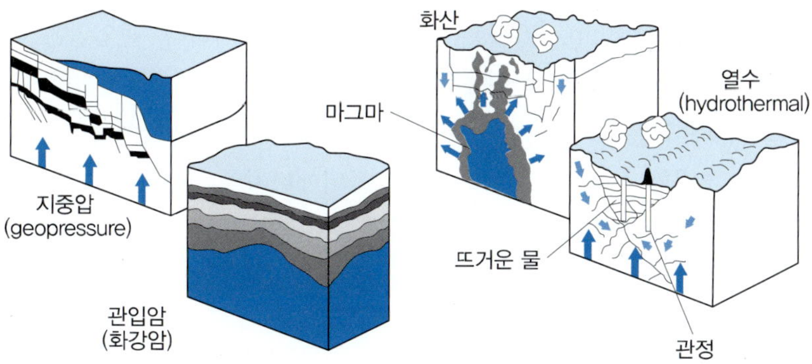

[그림 8-3] 지열에너지의 지층별 에너지원[5]

---

4 Mary H. Dickson and Mario Fanelli, "What is geothermal energy?", Istituto di Geoscienze e Georisorse, Pisa, Italy

5 Allan Jelacic, Geothermal Energy Technology, US Department of Energy

지열자원은 깊이에 따른 온도 증가분 혹은 용융된 마그마를 이용하는 고지열과 강화지열, 뜨거운 건조암석을 이용하는 건조암반지열, 뜨거운 지하수 저장소인 지열대수층, 자연수증기 저장소와 지질적 가압 장소 등의 지질 조건에 따른 지열에너지를 포함하며, 지층 혹은 지질 형태로 지열에너지가 잠재되어 있다. 90℃ 이하를 저온자원, 90 ~ 150℃ 사이를 중온자원, 150℃ 이상을 고온자원으로 구분한다.

고지열시스템

고지열시스템에는 관입암 등의 고온의 열원이 필요하다. 유동성 마그마가 지층 속에 침입하여 굳어지는 현상을 **관입**이라고 하고 이 현상으로 형성되는 화성암을 **관입암**이라고 하는데, 관입암은 주변보다 높은 열을 낸다. 불투수층[6] 아래 있는 고온의 열원인 관입암으로 인해 지층 중 물이 흐르거나 존재하는 지층에 열이 전달되면 높은 열량과 고압상태로 존재하는 지하수를 사용할 수 있는 지층이 형성된다. 이러한 구조를 고지열 지질구조라고 한다.

이러한 지층에서는 지하의 압력이 높아 물의 온도가 100℃ 가 넘어도 수증기화되지 않고 액체상태로 존재한다. 또한 고지열 지질구조에서 지하수가 시추 혹은 높은 압력에 의한 유출로 지상으로 올라와 끓어오르면 순간적으로 액체에서 기체로 바뀌며 부피가 폭발적으로 커지는 **수증기 폭발**(viper explosion)이 발생하기도 한다. 이와 유사하게 **건조암반지열**은 지하의 관입암과 같은 높은 온도의 열원이 지하에 있을 때 갈라진 틈과 같은 공간에 지하수가 고여 높은 온도로 존재할 수 있는 지층을 이용하는 방법이다.

강화지열시스템

지열은 km 당 30℃ 의 온도 상승 비율을 가지므로 4 km 정도의 지하에서는 대략 120℃ 의 열원을 확보할 수 있다. 따라서 유체를 천공된 지하에 주입하는 방식으로 열에너지를 이용할 수 있는데, 이렇게 적극적으로 지하의 열원을 사용하는 방식으로 강화지열시스템이 있다.

강화지열시스템(Enhanced Geothermal System, EGS)은 건조암반지열과 유사하다. 관입암은 깊이가 깊어질수록 온도가 증가하므로 깊은 지하의 열을 이용하기 위해 깊은 파이프 등으로 구멍을 내고 지상에서 내려보낸 물을 지열로 데워 고온의 지하수를 만든 후 지상으로 물을 다시 끌어올려 사용하는 지열시스템이다. 물이 없거나 투과할 수 없는 암반 조건에서도 열에너지를 사용할 수 있어 강화(enhanced)라는 단어를 사용한다. 즉 땅속 깊이 시추한 구멍에 물을 순환시켜 발전하는 지열시트템이다. 최근 미국은 석유탐사기술을 이용하여 지표면 밑 3 ~ 10 km 를 파고 들어가 얻은 지열을 에너지로 전환하는 강화지열시스템을 도입하였다.

---

6 열수의 지하수가 존재하는 지열대수층과 같은 지층에서 물이 빠져나가지 못하는 지층을 말한다.

지열대수층시스템

지하수가 투수층에 고여 있으면서 아래의 불투수층에서 공급되는 열에 의해 데워질 수 있게 된 방식으로, 투수층까지 지하로 구멍을 내고 파이프를 연결한 후 지하수를 시추하여 사용한다.

불안정한 고지열원

용융된 마그마가 지상 가까이 올라와 지표에서 분출되는 것이 용암인데, 마그마가 지표 가까이 있으면 고지열시스템에서 관입암이 가까이 있는 것과 같은 에너지 이득을 얻을 수 있다. 그러나 마그마의 용융상태와 지층의 성분 및 형태에 따라 분출되는 화산활동이 불안정하므로 안전상의 이유로 이용이 어렵다.

SECTION
8.2 지열에너지의 이용

가정용 냉난방과 농장의 온실에서 사용할 때 이점이 많은 지열시스템은 공조시스템과 함께 사용하여 실내온도 조절과 공기정화 기능을 동시에 하고 있다.

Keywords | 히트펌프 | 린달 선도 | 열교환시스템 |

1 온도에 따른 지열에너지의 이용 구분

지열에너지는 온도에 따라 직접 난방, 히트펌프, 전기발전 등 다양한 용도로 사용된다. 발전 분야를 제외하고 이용되는 지열의 35%는 히트펌프에 사용되며, 목욕에 26%, 난방에 22%, 온실에 8%, 양식업에 4%, 그리고 산업용에 3%가 사용되고 있다.

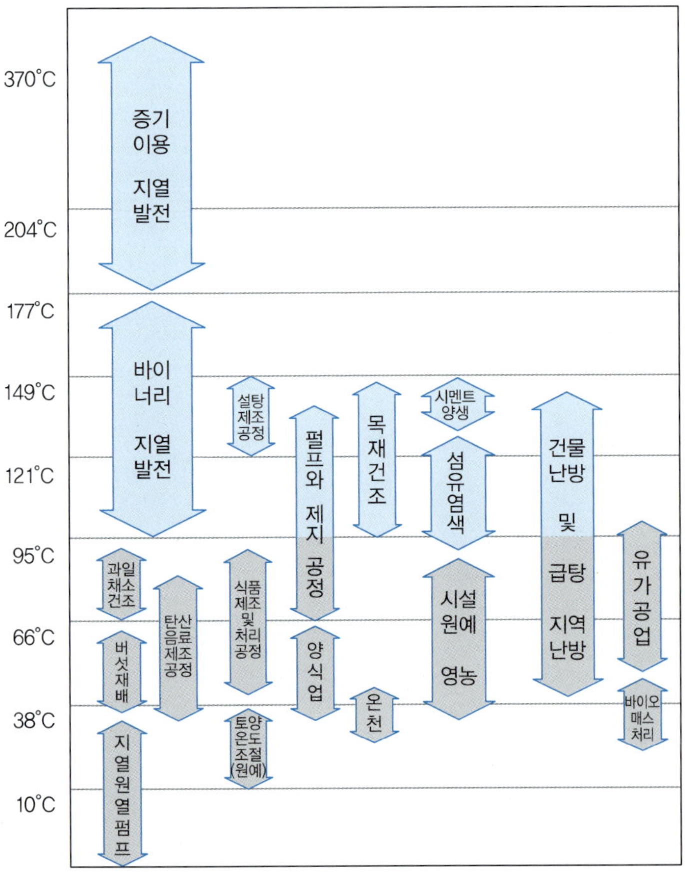

[그림 8-4] 개략적인 지중온도별 지열에너지 활용 기술을 보여주는 린달 선도(Lindal diagram)

[그림 8-4]에 온도별 지열에너지의 활용 분포를 나타내었다. 앞서 언급한 것처럼 지열을 이용하기 위한 시스템에서 요구하는 열량과 온도에 따라 지열에너지를 구분하면 10 ~ 90℃ 의 중·저온 지열에너지와 150℃ 이상의 고온 지열에너지로 구분할 수 있다.

지열에너지는 날씨나 기후 조건과 관계없이 개발·활용이 가능하므로 재생에너지원 중에서 유일하게 **기저부하**(base load)를 담당할 수 있다. 기저부하란 시간이나 계절과 무관하게 최소한으로 꼭 필요한 부하를 말한다. 지열에너지는 또한 부하 조건에 맞게 출력을 조절하기 쉽다.

지열에너지의 이용 기술은 직접 이용(direct use)과 간접 이용(indirect use) 혹은 1차에너지와 2차에너지로 구분한다. 이는 인간이 이용할 수 있는 최종 생산물의 관점에서 분류한 것으로, 열을 생산, 이용하면 '직접 이용' 혹은 '1차에너지'이고 전기를 생산, 이용하면 '간접 이용' 혹은 '2차에너지'로 분류한다. 이는 기준이 다소 모호한 깊이나 온도로 지열에너지를 분류하는 방법보다 명확하여 널리 통용되는 구분법이다.

직접 이용

지열에너지로부터 직접 열을 얻는 기술로, 지열 히트펌프시스템, 건물 난방(space heating), 시설원예 난방(green house heating), 농산물 건조(agricultural drying), 산업이용(industrial use), 도로 융설(snow melting) 등이 있다. 이 방법을 이용하면 땅에서 30 ~ 150℃ 의 중열 온수를 추출하여 사용자에게 직접 공급할 수 있으며, 히트펌프(heat pump)나 냉동기와 같은 에너지 변환기기의 열원으로 활용할 수 있다. 다만 지열 히트펌프시스템을 제외한 나머지 기술들은 중열 온수가 풍부한 지역에서만 이용할 수 있어 지리적으로 다소 제약이 있다.

직접 이용 기술 중 가장 큰 부분을 차지하는 기술은 **지열 히트펌프시스템**(Geothermal Heat Pump system, GHP)이다. 이 시스템은 10 ~ 30℃ 의 저온 지열에너지를 효율적으로 활용하는 지열 분야의 대표 기술이라고 할 수 있다. 상대적으로 저온의 에너지를 활용하지만 연중 일정한 온도를 유지하기 때문에 항온성이 우수하며, 지리적 제약이 없는 것이 큰 장점이다.

간접 이용

땅에서 추출한 150 ~ 350℃ 의 고열 온수나 증기로 플랜트를 구동하여 전기를 생산하는 지열발전을 일컫는다. 최종 생산물은 전기이며, 화산지대나 고지열 지질구조의 시스템에서 유리하기 때문에 지리적 제약이 매우 크다. 이러한 제약을 극복하기 위한 연구 개발이 지열 분야 선진국을 중심으로 진행 중에 있다.

2 지열 히트펌프시스템의 원리

지열 히트펌프시스템의 핵심은 **히트펌프유닛**(heat pump unit)과 **지중 열교환기**(ground heat exchanger)라고 할 수 있다. 통상 열펌프 혹은 히트펌프로 불리지만 '시스템'과 구분하기 위해 '히트펌프유닛'이라고 표현하는 것이 정확하다. 물 대 물(water to water) 방식과 물 대 공기(water to air) 방식으로 구분되며, 최종 생산물이 열이므로 직접이용에 해당한다. 공기열원 히트펌프(air-source heat pump)와 구분하기 위해 지열원 히트펌프시스템(ground-source heat pump system)이라고도 불린다.

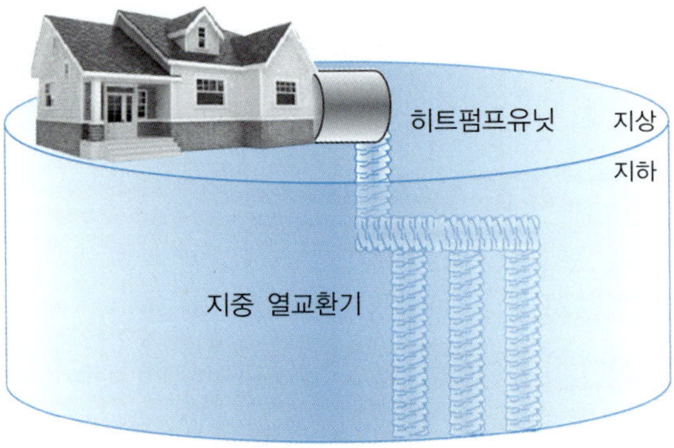

[그림 8-5] 지열 히트펌프시스템의 구성

지중 열교환기는 건물에 필요한 냉난방부하, 가용 면적, 지중 조건 등에 따라 다양한 형식으로 설치될 수 있다. 히트펌프유닛의 작동 유체인 냉매의 증발과 응축에 필요한 에너지를 공급하기 위해 지중 열교환기를 이용한다는 점이 지열 히트펌프시스템의 가장 큰 특징이다. 지열 히트펌프시스템은 지중 열교환기를 순환하는 열매체(물, 부동액, 지하수 등)를 히트펌프의 열원으로 활용하며, 냉방 시에는 건물 내의 열을 지중으로 방출하고 난방과 급탕 시에는 지중의 열을 실내와 온수에 공급한다.

1년 내내 온도가 일정한 땅속에 관을 설치하면 지열을 겨울에는 난방용으로, 여름에는 냉방용으로 사용할 수 있다. 겨울에 히트펌프는 비교적 낮은 온도의 열원이 필요한데, 온도가 일정한 지열은 매우 양호한 저온열원이 된다. 여름에는 직접 공기를 지열로 냉각시켜 사용할 수 있으므로 냉방에 사용되는 히트펌프의 응축기에서 발생하는 열을 냉각시키기 위해 활용한다.

지열 히트펌프시스템은 하나의 시스템으로 냉난방과 급탕을 동시에 구현할 수 있으며, 냉방과 난방 모드에서 각각 방열(heat sink)과 흡열(heat source) 열원의 역할을 하는 지중온도가 연중 안정적이기 때문에 효율이 높고 성능이 우수하다.

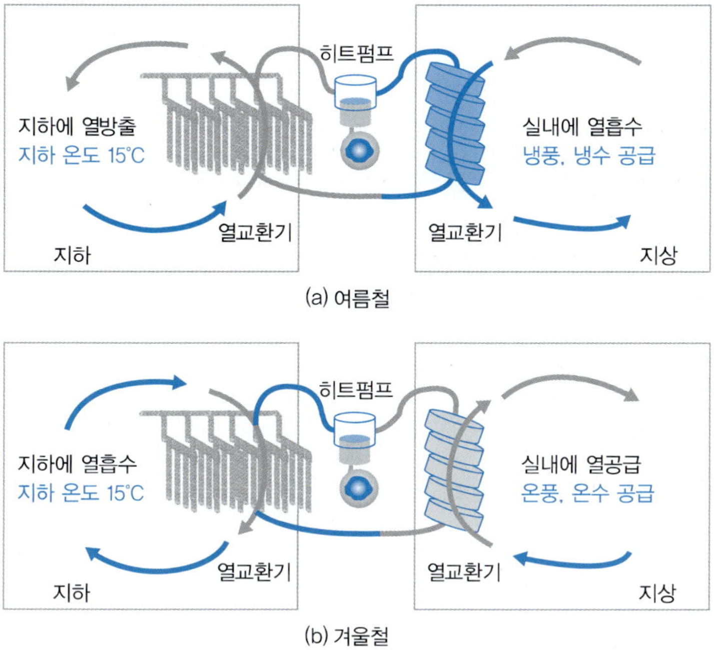

[그림 8-6] 열교환기를 통한 계절에 따른 지열 이용방법

히트펌프유닛의 작동 유체인 냉매는 다음의 과정을 통해 히트펌프와 열교환기 사이를 순환하며, 냉난방에 이용된다.

★ 냉매의 순환 과정 ★

❶ 증발기에서 외부로부터 열을 흡수(열원)하면서 증발(액체 → 기체)하고 저온, 저압의 가스 상태가 되어 압축기로 흡입된다.
❷ 압축기에서 냉매가 압축되면서 고온, 고압상태가 되어 응축기로 전달된다.
❸ 응축기에서 열을 방출(온풍, 온수로 이용)하면서 냉매가 액화된다.
❹ 고온, 고압 액화된 냉매는 팽창변[7]에서 감압되고 저온, 저압 액화된 냉매는 증발기로 들어간다.

히트펌프는 열을 만드는 기능이 아니라 운반하는 기능을 가지고 있다. 히트펌프라는 명칭도 저온의 열을 마치 펌프처럼 고온의 열로 끌어올리는 장치라는 개념적인 의미로 명명된 것이다.

7 냉동 사이클에서 가장 기본적인 제어기로, 냉매 액의 증발에 의한 열 흡수작용이 용이하게 일어나도록 냉매의 압력과 온도를 강하시키며 부하의 변동에 대응할 수 있도록 냉매 유량을 조절하는 역할을 한다.

3 지열 히트펌프시스템의 종류

지열 히트펌프시스템은 토양열원 히트펌프(ground-coupled heat pump), 지하수열원 히트펌프(ground water-source heat pump), 지표수열원 히트펌프(surface water heat pump), 그리고 하이브리드 지열 히트펌프(hybrid GHP) 등으로 구분된다.

형태에 따라 지중 열교환기를 밀폐형(closed-loop)과 개방형(open-loop)으로 구분할 수도 있다. 밀폐형은 열교환기를 구성하는 파이프 등의 냉매가 이동하는 관이 개방되어 있지 않은 형태로, 열을 흡수하고 방출하는 매체가 되는 액체가 폐쇄된 관 안에서 순환하는 구조이다. 반대로 개방형은 냉매가 이동하는 관이 개방되어 냉매가 되는 액체가 관 밖으로 배출되는 방식이다.

수직형 혹은 수평형 지중 열교환기는 밀폐형의 대표 방식이며, 지하수를 이용하는 복수 우물형(duel wells)과 수주지열정(Standing Column Well, SCW) 등은 개방형에 속한다. 또한 하천(river), 호수(lake), 연못(pond)의 물을 직접 끌어와 이용하는 경우 개방형으로 분류하고 물속에 파이프를 침전시켜 이용하는 경우에는 밀폐형으로 분류한다.

[표 8-1]은 이를 정리하여 나타낸 것으로, 현재 국내외에서 주를 이루고 있는 시스템은 토양열원 히트펌프시스템이다. 지중 열교환기는 매설 형태에 따라 다시 수직형과 수평형 시스템으로 분류된다.

[표 8-1] 지열 히트펌프시스템의 종류

형태	구현 방식	지열원 종류
밀폐형	수직형	토양열원 히트펌프시스템
	수평형	
개방형	하천, 호수, 연못 이용형	지표수열원 히트펌프시스템
	우물형	지하수열원 히트펌프시스템
	수주지열형	

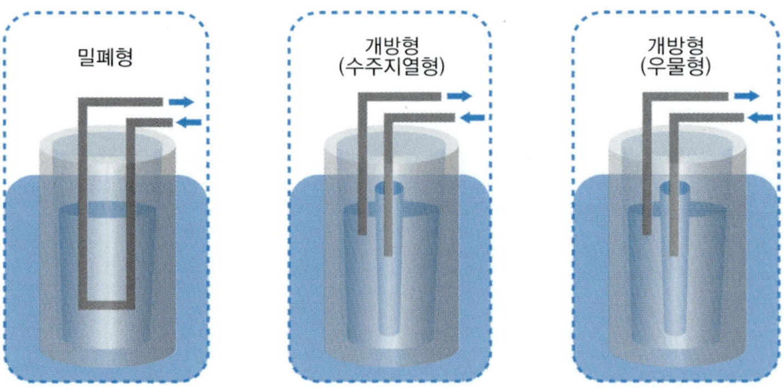

(a) 밀폐형　(b) 개방형(수주지열형)　(c) 개방형(우물형)

[그림 8-7] 관정을 이용한 지열 히트펌프 형태의 구분

수직형 시스템

땅속에 수직으로 매설되는 수직형 지중 열교환기는 건물 냉난방부하와 현장 여건에 따라 다양한 깊이로 시공할 수 있어 시공부지에 대한 제약을 덜 받는다. 일반적으로 직경 100 ~ 150 mm, 깊이 75 ~ 180 m의 보어홀[8]을 천공한 후 외경 $\frac{3}{4} \sim 1\frac{1}{2}$ 인치의 고밀도폴리에틸렌(HDPE) 파이프를 U자관의 형태로 성형하여 삽입한 다음 보어홀 안의 빈 공간을 그라우트(grout)[9]로 채워 완성한다.

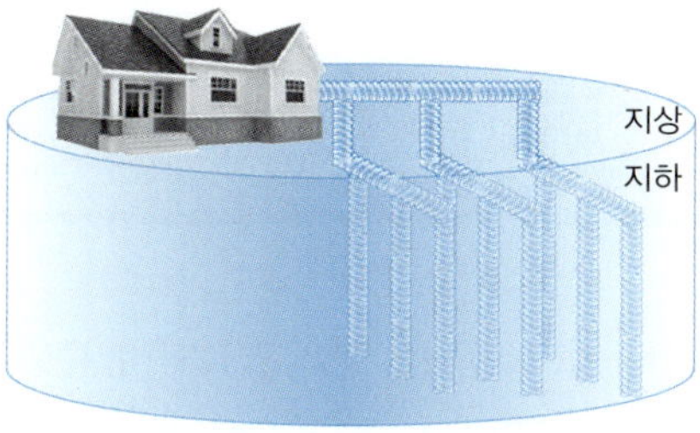

[그림 8-8] 수직형 지중 열교환시스템

수평형 시스템

대상 건물 주변에 지중 열교환기를 매설할 수 있는 부지가 충분할 경우 고려할 수 있는 시스템이다. 수직형과 달리 보어홀 천공 과정이 없으므로 시공 비용은 수직형에 비해 상대적으로 저렴하다. 통상 1.5 ~ 3.0 m 깊이의 트렌치(trench)[10]에 매설하며, 직선이나 나선형 용수철 구조인 슬링키(slinky) 형태로 배열할 수 있다.

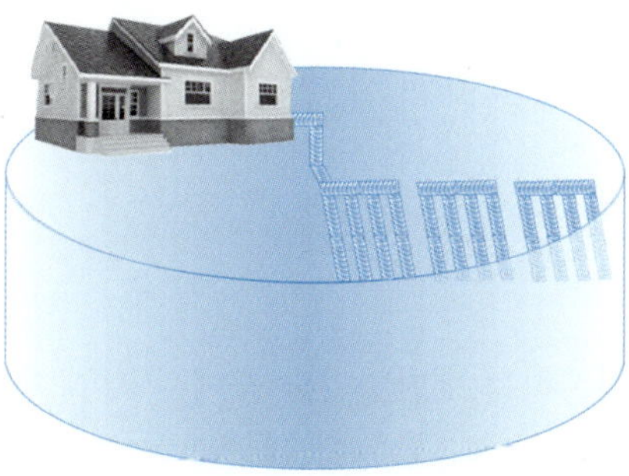

[그림 8-9] 수평형 지중 열교환시스템

---

8 탐사와 시추를 위해 지하로 깊이 뚫은 구멍을 말한다.

9 돌 축대나 건축물의 갈라진 틈을 메우기 위해 묽게 갠 시멘트나 모르타르 따위의 시멘트와 물, 혹은 시멘트와 모래 혼합에 물을 섞어 만든 것을 말한다.

10 지면 아래로 파내서 만든 공간을 말한다.

4 냉난방 성능지표

에너지관리공단[11]에서 제시하는 신재생에너지 설비심사 항목 중 지표로 정의된 냉난방 성능지표는 에너지 효율(Energy Efficiency Rate, EER) 및 성능인자(Coefficient of Performance, COP)로서 다음과 같이 정의된다.

★ 냉난방 성능지표 ★

EER = 정격냉방능력(W) / 유효전력(W)

COP = 정격난방능력(W) / 유효전력(W)

여기서 유효전력은 압축기, 히트펌프 제어 관련 동력을 포함한다. 펌프동력은 지중 열교환기 순환부분의 동력은 포함하지 않으며, 히트펌프유닛 내부를 순환하는 펌프동력만 다음과 같이 계산한다. 여기서 q는 유닛 내 열원 측 순환수 유량, Δp는 순환수 입구와 출구의 정압차이다. η는 상수로, 0.3의 값을 갖는다.

$$\text{펌프동력} = \frac{q\times 10-3\times \Delta p}{\eta}\ [\mathrm{W}]$$

냉방 표준용량 측정 조건에서 열원 측의 유입 순환수 온도는 개방형일 때 15℃, 밀폐형일 때 25℃이며, 부하 측의 유입 순환수 온도는 모두 12℃ 이다. 반대로 난방 표준용량 측정 조건에서 열원 측 유입 순환수 온도는 개방형일 때 10℃, 밀폐형일 때 5℃ 이고 부하 측 유입 순환수 온도는 모두 40℃ 이다. 모드 및 시스템별 성능 차이는 주로 순환 유체의 열교환 온도차에 기인한다.

5 지열 히트펌프의 경제성

미국 환경보호청(Environment Protection Agency, EPA)은 현존하는 냉난방기술 중에서 지열 히트펌프시스템이 가장 에너지 효율적이고 환경친화적이며, 비용효과가 우수한 시스템이라고 밝혔다. 실제로 지열 히트펌프는 공기열원 히트펌프에 비해 최대 44%까지, 그리고 에어컨과 전열기에 비해 최대 72%까지 에너지를 절감할 수 있는 것으로 조사되었다.

11 에너지관리공단, 2009년 신재생에너지 보급통계(2010. 12), 에너지관리공단, 인증제품 물-물 지열 열펌프 유니트(2011. 5)

또한 미국 에너지부(Department of Energy, DOE)의 연구 결과에 따르면 냉방 시 지열에너지의 효율은 밀폐형과 개방형에서 COP[12]가 최대 5, 난방 시에는 최대 4.5 정도이므로 냉난방 시에 COP가 최대 3.0 정도인 공기열원 히트펌프보다 매우 효율적인 시스템으로 평가되고 있다.

지열 히트펌프시스템은 주거용 건물(단독주택, 공동주택, 아파트 등), 중대형 건물(상업용, 공공기관, 학교, 교정시설 등), 산업현장, 시설원예, 도로 융설 등 다양한 분야에 적용할 수 있다. 개별적인 건물뿐만 아니라 건물군이나 지역 단위로도 활용 가능하며, 개보수 건물에도 유연하게 적용할 수 있다. 기후변화에 관한 정부간 협의체인 IPCC(Intergovernmental Panel on Climate Change)의 2007년 발표에 따르면 건물 부문은 전 세계적으로 온실가스를 가장 많이 배출하지만 동시에 배출 절감에 대한 잠재력도 매우 큰 분야이다. 이에 대해 건물용 온실가스 저감방법의 대표적인 기술로 지열 히트펌프시스템이 제시되고 있으며, 경제적으로도 타당성을 확보한 해결책으로 평가받고 있다.

12 히트펌프의 효율은 열기관의 효율과 구별하기 위하여 성능인자로 표시하는데, 이는 새롭게 생성된 열에너지를 입력한 전기에너지로 나눈 값을 의미한다.

SECTION 8.3

지열발전

다른 신재생에너지 분야와 마찬가지로 지열에너지를 이용하는 최종 단계는 전력생산을 목표로 한다. 지열을 이용한 전력생산, 즉 지열발전에 대해 알아보자.

Keywords | 지열발전 | 건증기 | 습증기 | 바이너리 방식 | 강화지열 방식 |

지열에너지는 날씨나 계절 혹은 시간 제약 없이 언제든 사용 가능한 에너지원으로, 특히 다른 재생에너지에 비해 시간적 제약이 거의 없는 에너지원이다. 따라서 지열에너지는 재생에너지의 간헐성이 문제가 되는 태양광이나 풍력 등에 비해 매우 유용한 에너지이다.

이러한 이유로 지열발전은 탄소제로를 이루는, 어쩌면 매우 중요하고 가장 필요한 에너지가 될 수 있을 것으로 보인다. 따라서 지열에너지를 1차에너지로 사용하는 직접 이용 방식이 아닌 2차에너지인 전기에너지로 가공하여 사용하는 간접 이용 방식이 더 중요할 수도 있다. 다만 지표에서 가까운 지하인 천부지열을 이용하는 방법과 지구 중심으로 더 깊이 들어가는 심부지열을 이용하는 방법의 차이가 있음도 기억해두자.

1 지열발전의 이해

국내에서 지열에너지는 주로 히트펌프를 이용한 건물의 냉난방시스템에만 활용되었다. 그러나 앞의 내용에서도 보았듯이 다양한 분야에서 지열에너지를 활용할 수 있는데, 그중 오늘날 적극적으로 연구 개발이 이루어지고 있는 분야는 지열발전이다.

지열발전은 땅에서 추출한 150 ~ 350℃의 고열 온수나 증기의 열에너지로 터빈을 구동하여 전기를 생산하는 발전의 한 형태이다. 건증기(dry steam), 습증기(wet steam 혹은 flash steam), 바이너리(binary) 발전 등으로 구분한다. 이를 활용한 발전소의 온도 및 발전량의 분류는 [그림 8-10]과 같다.

앞서 설명한 강화지열시스템을 이용한 발전은 최근 주목받고 있는 기술이다. 이는 지하 심부의 뜨거운 관입암층(Hot Dry Rock, HDR)까지 보어홀을 시추하고 이 안으로 물을 주입하여 고온의 수증기를 만든 후 이를 다시 터빈으로 공급하여 전기를 생산하는 방식이다. 고온의 지열자원이 없는 지역에서도 가능한 기술이지만 장기간에 걸친 투자와 기술 개발이 필요하다.

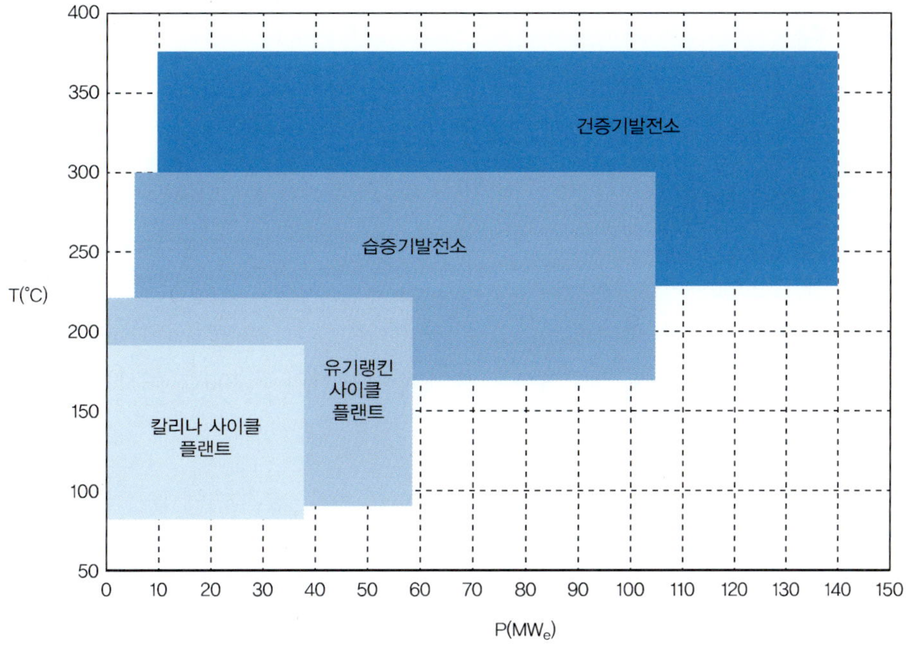

[그림 8-10] 지열발전을 위한 지열자원의 온도 범위와 발전량[13]

지열발전은 전력생산에 필요한 에너지 비용을 절감할 수 있고 **24시간 연속 운전이 가능**하여 다른 신재생에너지원에 비해 **수급과 생산계획이 비교적 안정적**이다. 비록 고열 온수나 증기를 추출할 때 용해되어 있던 이산화질소, 이산화탄소, 황화수소 등도 함께 분출되지만 그 양은 무시할 만한 수준이고 포집도 가능하여 전력생산 시 이산화탄소와 기타 오염물질을 거의 배출하지 않아 환경적인 측면에서도 매우 유리하다. 실제로 석탄이 1,000 g 이상의 이산화탄소와 11 g의 황화수소를 배출한다면 지열발전 플랜트에서는 1 kWh의 전기를 생산할 때 이산화탄소를 13 ~ 380 g, 황화수소를 0.03 ~ 6.4 g 배출한다.

지열발전의 관건은 고온, 고압의 증기이다. 지하수가 지하열원에 의해 가열되어 증기와 열수 중 어떤 형태로 존재하는지에 따라 발전 형태는 건증기와 습증기로 구분되며, 지하열원의 온도가 높을수록 건증기를 활용한 형태로 높은 에너지를 얻을 수 있다. 같은 온도라도 액체와 기체는 각각 보유한 열에너지의 차이가 큰데, 이는 액체에서 기체로 변하는 상변화 시 잠열이 크기 때문이다.

예를 들어 액체상태의 물 1 mL가 온도를 1℃ 높이는데 필요한 열량은 1 cal이다. 그런데 100 ℃의 액체가 동일 온도의 기체로 바뀔 때는 540 cal가 필요하다. 수증기 안에 소량의 액체가 섞여 있다면 이를 습증기라고 하는데, 이 습증기에 포함된 액체가 기화되면서 주변의 에너지를 소모함에 따라 전력을 생산하는 발전기에 공급할 에너지가 그만큼 줄어들게 되는 것이다.

13 Bertani et al (2006)

2 지열발전 방식

건증기 지열발전

건증기 지열발전은 역사가 가장 오래된 지열발전 방식이지만 고온의 증기가 풍부한 지역에서만 활용할 수 있어 널리 보급된 방식은 아니다. 대표적인 지역으로는 이탈리아의 라데렐로(Larderello)와 미국 캘리포니아의 간헐천(The Geysers)이 있으며, 일본의 마츠카와(Matsukawa), 인도네시아의 카모장(Kamojang), 뉴질랜드의 와이라케이(Wairakei), 미국 유타의 코브 포트(Cove Fort) 등에서도 건증기를 활용한다. 화이트(D.E. White, 1973)[14]는 전 세계 지열 자원 중 200℃ 이상의 건증기 지열발전에 적합한 자원은 약 5% 정도인 것으로 추정하였다.

증기의 건조한 정도, 즉 **건도**(degree of dryness or dryness fraction)는 증기 속에 있는 물의 양으로, 만약 증기 속에 물이 5% 포함되어 있다면 '95%의 건도' 혹은 '0.95의 건도'라고 표현한다. 이를 식으로 나타내면 다음과 같다.

★ 증기의 건도 ★

증기의 건도 = 100% − 포함되어 있는 물의 질량 [%]

물이 포함되어 있다는 것은 동일한 압력에서 온도가 상대적으로 낮아 액화되고 있다는 것이다. 이는 액화에 쓰이면서 지열에너지의 일부 열량이 사라진 것으로, 에너지 손실을 의미한다. 반대로 고압상태에서 온도가 상대적으로 높음에도 액체상태를 유지하는 경우 물이 지표 가까이 올라오면서 기화현상이 일어나기도 한다. 이런 경우 액체가 모두 기화되는 것은 아니므로 건도는 지열발전에 상당히 중요한 요소이다.

온도가 150℃ 이하이면 수증기에 물방울이 포함되어 있으므로 수증기에서 물방울을 분리해야 한다. 만약 물방울을 바로 터빈에 주입하면 고속으로 회전하는 터빈의 날개와 충돌하여 날개가 부식되거나 파괴되기 때문이다. 따라서 수증기에 포함된 가스의 양이 12%(질량비) 이상이면 터빈을 통과한 수증기를 응축기에서 응축할 수 없으므로 한 번 사용한 수증기는 대기 중으로 방출시켜야 한다.

건증기(dry steam) 방식은 완전포화상태(saturated state) 혹은 과열상태(superheated state)의 건증기를 하나 혹은 여러 개의 보어홀에서 추출한 후 이를 지상 배관(pipe line)을 통해 플랜트의 터빈으로 직접 보내 전기를 생산하는 방식이다. 이때 보어홀 상부와 증기 배관 사이에 이물질 제거기(axial particulate remover)를 설치하여 터빈 블레이드가 손상되는 것을 방지한다.

---

14 Production of superheated steam from vapor-dominated geothermal reservoirs, Geothermics Volume 2, Issues 3-4, September-December 1973, Pages 154-173, Published by Elsevier Ltd.

지열 관정에서 발생하는 증기의 온도가 150℃ 이상으로 충분히 높다면 증기의 건도는 100%로, 이때 증기 중에는 액체상태인 물이 없다. 이 상태에서는 시스템 구성에서 분리기가 필요하지 않으며, 증기가 바로 증기터빈에 들어가 터빈을 회전시켜 발전할 수 있다. 터빈에서 나온 증기는 응축기에서 액체로 응축되며, 다시 지열 관정에 보내져 가열되어 고온의 증기가 생성되도록 한다. 이러한 순환을 통해 시스템은 외부의 에너지 도움 없이 영구적으로 발전할 수 있다.

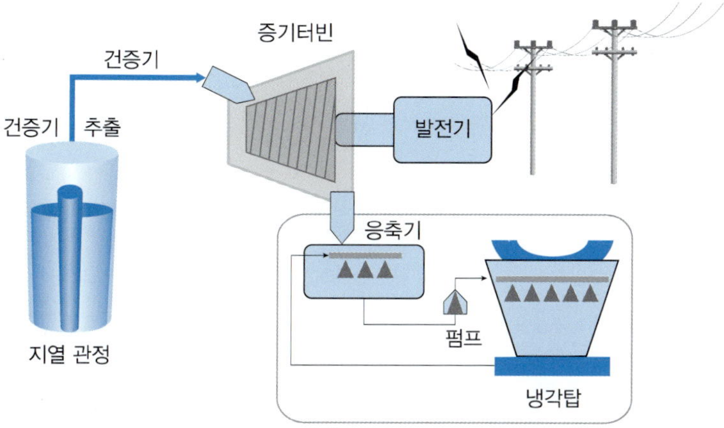

[그림 8-11] 건증기를 이용한 지열발전시스템 (증기 재활용 방식)

습증기 지열발전

지하에 고압, 고온의 액체상태로 존재하는 열수가 증기 형태보다 보편적이어서 현재 가장 널리 보급된 방식으로, 습증기 혹은 플래시증기 지열발전이라고도 한다. 열수가 수증기로 변하면서 수분이 많이 포함되므로 다단의 터빈을 이용한다. 터빈의 단 수에 따라 1단과 2단 습증기 지열발전으로 분류하며, 최근에는 에너지 이용효율을 높이기 위해 3단 습증기(triple-flash) 방식도 도입되고 있다. 대표적으로 멕시코의 세로 프리에토(Cerro Prieto)와 미국의 임페리얼 밸리(Imperial Valley)가 있다.

습증기 플랜트의 보어홀에서 추출되는 습증기는 물과 증기의 2상 혼합물(two-phase mixture)이다. 이 혼합물의 건도는 지열 유체의 상태와 보어홀 크기, 보어홀 상부(well head)의 압력 등에 좌우된다. 일반적으로 보어홀 상부, 즉 보어홀 출구에서 습증기의 건도는 10 ~ 50%이며, 실제 플랜트에서는 원심분리식 기체-액체 분리기(cyclone vapor-liquid separator)를 이용하여 습증기를 기체와 액체상태로 분리한 후 증기만 이용한다. 이 발전 방식은 건증기 플랜트와 비교했을 때 보어홀 출구에 기체-액체 분리기를 설치한다는 점을 제외하면 큰 차이는 없다.

150℃ 이하의 중온 지열발전시스템은 생산전력의 규모에 따라 대기 중으로 사용한 증기를 방출하는, 가장 간단한 발전 형태를 구성하기도 한다. 이 발전 형태의 구조는 매우 간단하고 소규모발전에 사용되며, 규모는 2.5 ~ 5 MW 정도이다. 발전량이 크지 않아 증기를 재활용할 필요가 없고 시공비용도 크지 않아 비교적 간단하게 구성할 수 있다. 시공 기간이 짧다는 장점도 있는데, 단, 사용되는 증기의 양이 많고 대기 중에 고온의 증기를 배출하여 환경에 영향을 끼칠 우려도 존재한다.

[그림 8-12]처럼 지열 과정에서 취수한 증기와 물의 혼합체는 분리기를 통해 물과 증기로 분리된다. 즉 분리된 물은 외부로 배출되고 증기가 터빈을 회전시켜서 발전기의 기전력을 위한 동력으로 사용하고 대기 중으로 배출하는 구조이다. 발전기는 증기터빈의 동력으로부터 생산한 전기를 계통에 연계하여 송전한다.

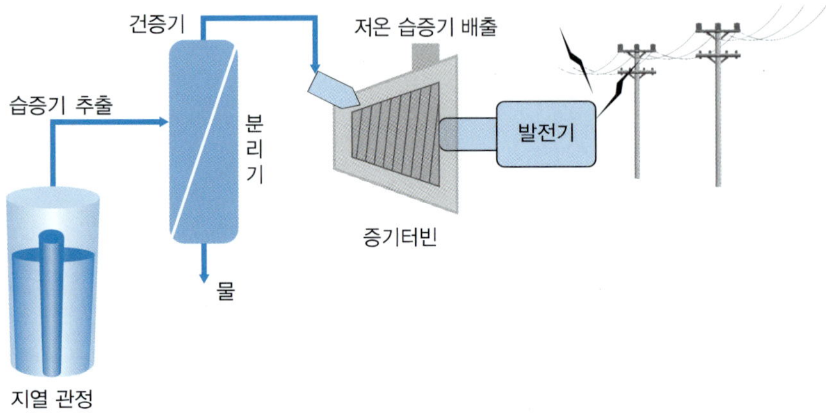

[그림 8-12] 습증기를 이용한 지열발전시스템 (증기 배출 방식)

이러한 간단한 구조는 앞서 설명한 것처럼 규모가 작은 시스템에서 운영되며, 이보다 큰 규모에서는 더 많은 증기가 필요하다. 그러나 이렇게 많은 양을 대기 중에 배출하면 주변에 고온의 열이 발생하여 환경교란과 기후교란을 야기하게 되므로 매우 위험하다. 따라서 재사용할 수 있는 장치를 구성한 시스템을 구현해야 한다.

상대적으로 큰 50 ~ 100 MW 의 규모는 사용한 수증기를 바로 대기 중에 배출하지 않고 응축기를 사용하여 물을 다시 땅속으로 공급함으로써 증기를 만들어 사용하도록 시스템을 구성한다. 따라서 큰 규모에서는 [그림 8-13]과 같이 냉각탑과 응축기 같은 응축장치를 포함하여 구성된다.

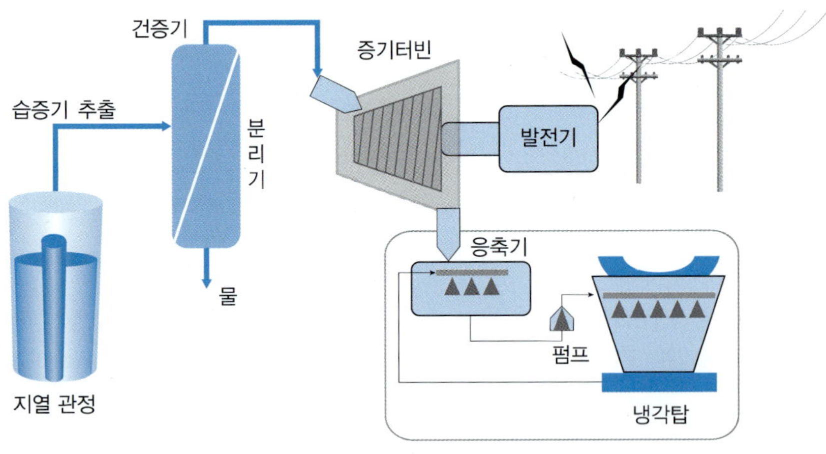

[그림 8-13] 습증기를 이용한 지열발전시스템 (증기 재활용 방식)

바이너리 사이클 지열발전

바이너리 사이클(binary cycle, 2유체 사이클) 지열발전은 건증기 및 습증기 지열발전과는 다소 차이가 있다. 이 방식에서는 지하에서 추출한 저온 지열수(100 ~ 120℃)가 터빈과 직접 접촉하지 않는다. 대신 중간에 설치한 열교환기에서 비등점이 지열수보다 상대적으로 낮은 2차 유체(organic fluid)를 증발시킨 후 이 증기를 이용하여 터빈을 구동한다. 2차 유체로는 냉매계열 프로판(C_3H_8), 펜테인(펜탄)(C_5H_{12}), 부탄(C_4H_{10}), 암모니아(NH_3) 등을 사용하는데, 이 유기화합물(organic compound)들이 작동 유체이므로 유기랭킨 사이클(Organic Rankine Cycle, ORC)로도 불린다. 알래스카의 체나 핫 스프링스(Chena Hot Springs)가 이를 활용하는 대표적인 지역이며, 75℃ 전후의 지열수로 전력을 생산한다.

바이너리 사이클 지열발전은 수백 kWe에서 수 MWe의 개별 유닛들을 조합하여 완공된다. 이때 발전시스템을 위한 플랜트 건설 비용을 좌우하는 것은 열수의 온도로, 이는 터빈, 열교환기, 냉각탑 등의 크기에도 영향을 미친다. 이 발전시스템에서는 증기 분리기 대신 열교환기를 통해 수증기로 작동 유체를 가열 및 기화시켜 사용하는 방식으로, 기화된 작동 유체를 터빈을 회전시켜 발전기의 기전력을 일으키는 동력으로 사용한다.

이 방법은 작동 유체가 터빈을 회전시키며, 지열 관정에서 나온 수증기는 터빈에 들어가지 않으므로 터빈에 손상을 입히지 않아 설비의 안정성을 높일 수 있다. 또한 폐열을 회수하는 곳에도 사용할 수 있고 소규모로 구성하여 사용할 수도 있다.

바이너리 사이클 지열발전은 작동 유체를 적절히 선택함으로써 90 ~ 150℃의 지열수를 이용할 수도 있다. 이때 작동 유체의 열적 안정성은 이용 가능한 온도의 상한을 결정하고 관련 기술과 경제적인 요소들은 하한을 결정한다. 하한보다 낮은 온도에서는 열교환기의 크기가 증가하므로 경제성이 없다.

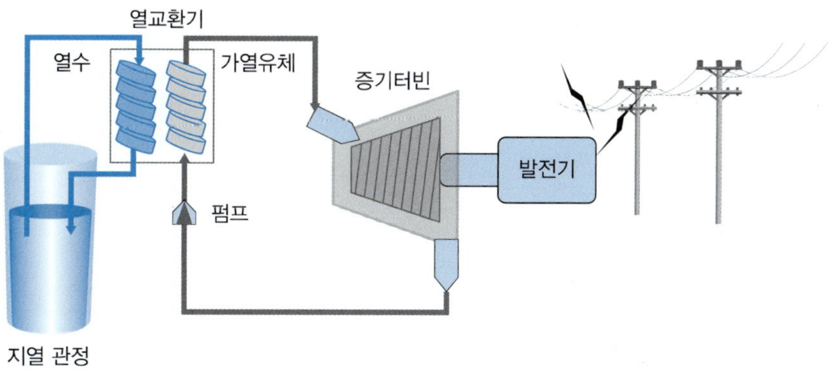

[그림 8-14] 바이너리 사이클 방식의 지열발전시스템

강화지열발전

강화지열시스템을 이용한 강화지열발전은 건조암반지열 방식인 고온 건조암에 인공 파쇄대를 형성하거나 6 km 이상의 매우 깊은 시추공을 건설한 후 시추공에 물을 주입하여 열을 추출하는 방식이다. 이 시스템은 물을 주입하는 수압 파쇄용 시추공, 인공 저류층, 그리고 뜨거운 물을 퍼 올리기 위한 생산정 등으로 구성되며, 발전 플랜트를 포함한 전체 시스템은 밀폐형으로 형성된다. 화산지대가 아닌 지역에서도 지열발전이 가능하여 최근 전 세계적으로 중장기 기술 개발 프로젝트로써 많은 관심을 받고 있다.

앞서 설명한 EGS(Enhanced Geothermal Systems)를 이용한 발전은 최근 들어 주목받는 기술이다. 지하 심부의 뜨거운 관입암층(Hot Dry Rock, HDR)까지 보어홀을 시추하고 이 안으로 물을 주입하여 고온의 수증기를 만든 후 이를 다시 터빈으로 공급하여 전기를 생산한다. 고온 지열자원이 없는 지역에서도 가능한 기술이지만 장기간에 걸친 투자와 기술 개발이 필요하다.

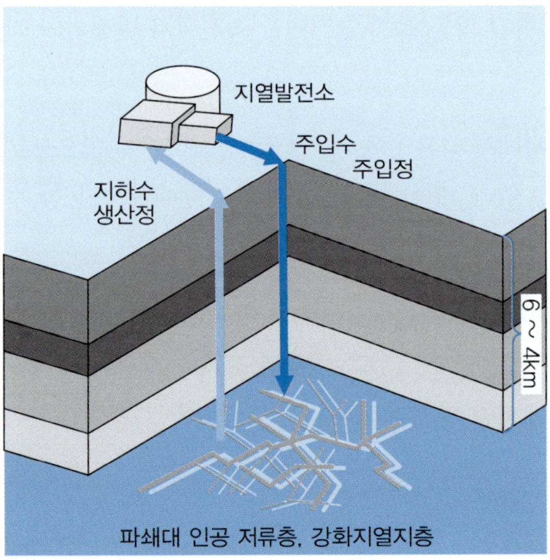

[그림 8-15] 강화지열시스템

CHAPTER

08 연습문제

8.1 지열에너지의 특징으로 옳지 않은 것을 고르시오.

① 지하를 구성하는 토양, 암반, 그리고 지하수가 가지고 있는 열에너지를 말한다.
② 에너지원을 찾아 지하로 설비를 구성해야 하며, 비용이 많이 든다는 단점이 있다.
③ 지표 가까이 열원이 있으면 화산 등의 위험한 환경으로 사용이 불가하여 불리하다.
④ 대기와의 온도차만 있으면 온도가 높지 않아도 에너지원으로 사용될 수 있다.

8.2 다음 설명에 대해 알맞은 지구 구조의 명칭을 고르시오.

① 지각(crust)	② 맨틀(mantle)	③ 외핵(outer core)	④ 내핵(inner core)

Ⓐ 2,900km 두께로 분포하며, 암석층과 온도, 압력에 의해 매우 유연한 층을 포함하는 연약층이다.
Ⓑ 지구 중심부로, 주요 구성 성분은 철이고 압력에 의해 고체상태이다.
Ⓒ 지구 중심부의 고체를 둘러싸고 있으며, 지구 내부의 고온의 열에 의해 액체상태이다.
Ⓓ 지표에서 약 25 ~ 65 km 의 깊이로, 물 위에 배가 떠 있듯 부유하는 형태이다.

8.3 지열의 주요 열 발생 원인으로 옳은 것을 모두 고르시오.

① 방사선 붕괴열 ② 지진
③ 지구 생성 시 저장열 ④ 화산활동

8.4 빈칸에 들어갈 내용을 올바르게 나열한 것을 고르시오.

지구 중심의 온도는 약 ( )가 되며, 내부의 핵은 암석이 녹은 마그마 상태로, 계속해서 고체상태의 암석을 녹인다. 마그마는 ( )에 의해 계속해서 지표로 보내진다.

① 5,000℃, 복사현상 ② 6,000℃, 대류현상
③ 4,000℃, 대류현상 ④ 4,000℃, 전도현상

8.5 지하 100m 에서의 평균 온도가 15℃ 일 때 약 3km 깊이의 지하에서의 평균 온도를 계산하시오.

① 90℃ ② 65℃ ③ 540℃ ④ 54℃

8.6 빈칸에 들어갈 내용을 올바르게 나열한 것을 고르시오.

> 우리나라와 연관 있는 대표적인 조산대인 (A)은/는 판들의 경계에서 움직임이 심한 (B)으로/로 지각을 가열하여 지표 부근에 높은 열원을 만든다. 따라서 지열을 많이 이용하는 곳은 (C)이/가 서로 마주치고 지진이 많이 발생한다. (A)은/는 (D)라고도 불리며, 지열에너지의 잠재력이 매우 크다.

① 환태평양 조산대 ② 마찰 ③ 판 ④ 불의 고리

8.7 지열자원은 열원의 온도에 따라 구분된다. 저온과 중온, 고온자원의 온도를 옳게 나열한 것을 고르시오.

① < 90℃, 90 ~ 150℃, > 150℃ ② < 80℃, 80 ~ 150℃, > 150℃
③ < 90℃, 90 ~ 200℃, > 200℃ ④ < 100℃, 100 ~ 250℃, > 250℃

8.8 빈칸에 들어갈 내용을 순서대로 고르시오.

> 지층별로 관입한 열원으로 지열에너지를 이용하는 방법은 다양하다. 주변에 (A)이/가 있다면 깊이에 상관없이 매우 높은 온도의 열원을 이용하는 방법을, 지층 중 열수가 존재하는 지층이 지표에 가까이 있다면 열수를 (B)을/를 통해 이용하는 방법을 사용한다. 방사성물질이 많이 포함된 암석이 관입하여 만든 지층 혹은 암석이 주변에 있다면 (C)을/를 이용하는 방법을 사용할 수 있다. 지층에 습곡이나 단층 등의 큰 힘이 지속적으로 가해져 마찰과 압력이 높은 영향을 미치는 (D)에 의한 열을 이용하는 방식도 있다.

① 고온의 마그마 ② 관정 ③ 암반지열 ④ 지중압

8.9 강화지열시스템에 대한 설명으로 옳지 않은 것을 고르시오.

① 지열온도 증가분은 km 당 30℃ 의 온도상승 비율을 가지므로 4km 정도의 지하에서는 대략 120℃ 의 열원을 확보할 수 있다.
② 깊이에 다른 온도 증가분을 이용하여 깊은 지하의 열수를 시추한다.
③ 인위적으로 깊은 파이프 등으로 구멍을 내고 지상에서 물을 내려보내 지열로 데워 고온의 지하수를 만든 후 지상으로 물을 끌어올려 사용한다.
④ 물이 없거나 투과할 수 없는 암반 조건에서도 열에너지를 사용할 수 있다.

8.10 고지열시스템에 대한 설명으로 옳지 않은 것을 고르시오.

① 관입암 등의 고온의 열원이 필요하다.
② 고온의 열원이 주변에 존재하면 물이 존재하는 지층에 열이 전달되어 열수가 존재하게 된다.
③ 지층에서 물이 빠져나가지 못하는 불투수층 아래의 고온의 열원인 관입암으로 인해 높은 열량과 고압상태로 존재하는 지하수를 이용한다.
④ 높은 온도의 열원이 지하에 있을 때 절리와 같은 공간에 지하수가 고여 높은 온도로 존재할 수 있는 지층을 이용한다.

8.11 지열대수층시스템에 대한 설명으로 옳지 않은 것을 고르시오.

① 지하수가 투수층에 고여 있는 구조이다.
② 투수층까지 지하로 구멍을 내고 파이프를 연결해 지하수를 시추하여 사용한다.
③ 고온의 열원인 관입암으로 인해 높은 열량과 고압상태로 존재한다.
④ 불투수층에서 공급되는 열에 의해 데워질 수 있게 된 것이다.

8.12 빈칸에 들어갈 내용으로 옳은 것을 고르시오.

지열에너지는 날씨나 기후 조건과 관계없이 개발·활용이 가능하므로 재생에너지원 중에서 유일하게 기저부하, 즉 ( )을/를 담당할 수 있다. 또한 부하 조건에 맞는 출력 조절이 쉽다.

① 시간이나 계절과 관계없이 최소한으로 꼭 필요한 부하
② 부하 변동에 따른 전력생산의 최소한의 양
③ 지하 깊은 곳의 열원을 이용하는 부하
④ 여러 부하 중 추가적으로 발생한 부하

8.13 지열을 이용해 전기를 생산할 때의 핵심 조건으로 옳은 것을 고르시오.

① 150 ~ 350℃ 의 고열 온수나 증기로 플랜트를 구동해야 한다.
② 깊은 채굴이 가능한 기술이 필요하다.
③ 고도의 지열 히트펌프시스템이 필요하다.
④ 높은 압력이 가해진 지하수가 필요하다.

8.14 빈칸에 들어갈 내용으로 옳은 것을 고르시오.

> 지열 열펌프시스템은 (　　)을/를 순환하는 열매체(물, 부동액, 지하수 등)를 (　　)의 열원으로 활용하며, 냉방 시에는 건물 내의 열을 지중으로 방출하고 난방과 급탕 시에는 지중의 열을 실내와 온수에 공급한다.

① 지중 열교환기　　② 히트펌프　　③ 팽창변　　④ 압축기

8.15 다음 중 냉매의 순환 과정을 순서대로 나열한 것을 고르시오.

> A. 증발기에서 외부로부터 열을 흡수(열원)하면서 증발(액체 → 기체)하고 저온, 저압의 가스 상태가 되어 압축기로 흡입된다.
> B. 압축기에서 냉매가 압축되면서 고온, 고압상태가 되어 응축기로 전달된다.
> C. 응축기에서 열을 방출(온풍, 온수로 이용)하면서 냉매는 액화된다.
> D. 고온, 고압 액화된 냉매는 팽창변에서 감압되며, 저온, 저압 액화상태의 냉매는 증발기로 들어간다.

① B–A–C–D　　② A–C–B–D　　③ A–B–C–D　　④ A–B–D–C

8.16 빈칸에 들어갈 내용으로 옳은 것을 모두 고르시오.

> (　　)은/는 열교환기를 구성하는 파이프 등의 냉매가 이동하는 관이 개방되어 있지 않은 형태로, 열을 흡수하고 방출하는 매체가 되는 물 등의 액체가 폐쇄된 관 안에서 순환하는 구조이다. 반면 (　　)은/는 냉매 등의 이동하는 관이 개방되어 냉매가 되는 액체가 배출되는 방식이다.

① 순환형　　② 개방형　　③ 밀폐형　　④ 배출형

8.17 지열 히트펌프시스템의 토양열원 히트펌프시스템을 구현하는 방식으로 옳은 것을 모두 고르시오.

① 연못이용형　　② 수직형　　③ 수평형　　④ 우물형

8.18 지열 히트펌프시스템의 수직형 시스템에 대한 설명으로 옳지 않은 것을 고르시오.

① 건물 냉난방부하와 현장 여건에 따라 다양한 깊이로 시공할 수 있다.
② 건물 냉난방부하와 현장 여건에 따라 시공부지에 제약이 있어 현장환경이 중요하다.
③ 보어홀을 천공한 후 고밀도폴리에틸렌(HDPE) 파이프를 U자 관 형태로 삽입한다.
④ 보어홀 안의 빈 공간을 그라우트(grout)로 채워 완성한다.

8.19 에너지관리공단에서 제시하는 신재생에너지 설비심사 항목 중 지표로 정의된 냉방 및 난방 성능지표는 에너지 효율(EER)과 성능인자(COP)이다. 이 둘의 정의로 옳은 것을 각각 고르시오.

① EER = 정격냉방능력(W) / 유효전력(W)
② COP = 정격난방능력(W) / 유효전력(W)
③ EER = 정격난방능력(W) / 유효전력(W)
④ COP = 정격냉방능력(W) / 유효전력(W)

8.20 지열발전의 형태 중 땅에서 추출한 150 ~ 350℃ 의 고열 온수나 증기의 열에너지로 터빈을 구동하여 전기를 생산하는 발전 형태가 아닌 것을 고르시오.

① 건증기 ② 습증기 ③ 바이너리 발전 ④ 양수식 발전

8.21 증기의 건조한 정도, 즉 건도는 증기 속에 포함되어 있는 물의 양을 나타낸 것이다. 건도를 계산하는 식으로 옳은 것을 고르시오.

① 증기의 건도 = 100% − 포함되어 있는 물의 질량 [%]
② 증기의 건도 = 100% − 포함되어 있는 물의 밀도 [%]
③ 증기의 건도 = 100% − 포함되어 있는 물의 부피 [%]
④ 증기의 건도 = 100% − 포함되어 있는 물의 온도비율 [%]

8.22 건증기 방식의 지열발전에 대한 설명으로 옳지 않은 것을 고르시오.

① 완전포화상태 또는 과열상태의 건증기를 하나 또는 여러 개의 보어홀에서 추출한 후 이를 지상 배관을 통해 플랜트의 터빈으로 직접 보내 전기를 생산하는 방식이다.
② 보어홀 상부와 증기 배관 사이에 이물질 제거기를 설치하여 터빈 블레이드의 손상을 방지한다.
③ 지열 관정에서 발생하는 증기의 온도가 150℃ 이상으로 충분히 높다면 건도는 100%로, 증기 중에 액체상태인 물이 없다.
④ 시스템 구성 시 분리기가 필요하지 않으며, 증기가 바로 증기터빈에 들어가 터빈을 회전시켜서 발전하고 터빈에서 나온 증기는 대기로 배출한다.

8.23 습증기 방식의 지열발전에 대한 설명으로 옳지 않은 것을 고르시오.

① 열수가 수증기로 변하면서 수분이 많이 포함되므로 다단의 터빈을 이용하는 방식을 사용한다.

② 건증기 플랜트와 비교했을 때 보어홀 출구에 기체-액체 분리기를 설치한다는 점을 제외하면 큰 차이가 없다.

③ 150℃ 이하의 중온 지열발전시스템은 생산전력의 규모에 따라 대기 중으로 사용한 증기를 방출하는 가장 간단한 발전 형태를 구성하기도 한다.

④ 큰 규모의 시스템은 사용한 수증기를 바로 대기 중에 배출하지 않고 응축기로 땅 속에 물을 다시 공급하여 증기를 만들어 사용하도록 구성된다.

8.24 바이너리 사이클 방식의 지열발전에 대한 설명으로 옳지 않은 것을 고르시오.

① 지하에서 추출한 저온 지열수를 터빈과 직접 접촉하지 않게 하므로 설비안전성이 위협받는다.

② 중간에 설치한 열교환기에서 비등점이 지열수보다 상대적으로 낮은 2차 유체를 증발시킨 후 이 증기를 이용하여 터빈을 구동한다.

③ 발전시스템을 위한 플랜트 건설 비용을 좌우하는 것은 열수의 온도이다.

④ 증기 분리기 대신 열교환기를 사용하여 수증기로 작동 유체를 가열 및 기화시켜 사용한다.

8.25 강화지열발전 방식의 지열발전에 대한 설명으로 옳지 않은 것을 고르시오.

① 강화지열 방식(EGS)의 지열시스템을 이용한다.

② 건조암반지열 방식인 고온 건조암에 인공 파쇄대를 형성하거나 6km 이상의 매우 깊은 시추공을 건설한 후 물을 주입하여 열을 추출한다.

③ 물을 주입하는 수압 파쇄용 시추공, 인공 저류층, 그리고 뜨거운 물을 퍼 올리기 위한 생산정 등으로 구성된다.

④ 발전 플랜트를 포함한 전체 시스템은 밀폐형으로 형성되며, 화산지대에서만 사용할 수 있다.

CHAPTER

09

바이오에너지

온돌 아궁이의 군불을 지키기 위해 인류는 장작과 마른 나뭇가지, 그리고 초식동물의 배설물을 말린 재료들을 사용해 왔다. 이는 생물로부터 얻은 에너지원으로, 오랜 세월 인류의 난방과 조리 등의 필요를 충족시켰다. 이번 장에서는 최근 관련된 공학적 기술의 발달로 그 가치가 새로워지고 있는 바이오에너지에 대해 알아보자.

CONTENTS

SECTION
9.1 바이오에너지의 개요

생물의 부산물 혹은 폐기물을 이용하는 에너지 자원인 바이오에너지의 종류와 자원의 근원인 광합성에 대해 알아보자.

Keywords | 재생성 | 광합성 | 탄소중립 | 바이오매스 | 바이오연료 |

1 바이오에너지의 이해

바이오에너지(Bio-energy)는 가장 오랜 역사를 가진 에너지원이다. 18세기 산업혁명 이전까지 인류의 주요 에너지원으로 사용되었으며, 지금까지도 적도 이남의 남반구 지역에서는 가정용 에너지원으로 많이 사용되고 있다. 최근에는 펠릿이나 바이오디젤 등 새로운 형태의 에너지 자원으로 사용되고 있는 바이오에너지는 현재 전 세계 재생에너지의 72%를 차지하고 있으며, 2035년까지 전체 공급량의 약 52%를 차지하여 재생에너지 중 가장 핵심적인 역할을 할 것으로 전망된다.[1]

바이오에너지란 식물과 동물로부터 유래된 물질을 사용하여 생산하는 에너지이다. 즉 동식물에서 유래된 부산물이나 폐기물을 이용하는 것으로, 동물이 제공하는 동력 형태는 포함하지 않는다. 오직 현존하는 동식물의 구성물질 및 배출물 등으로 한정하여 죽거나 살아 있는 동식물과 동물의 배설물을 이용하는 것으로 구분할 수 있다. 석유나 석탄 등의 화석연료도 고대의 동식물이 화석화되는 과정에서 탄화되어 만들어진 에너지임을 떠올려보면 바이오에너지와 유사하다고 할 수 있다. 그러나 화석에너지가 화석화된 동식물을 이용한다면 바이오에너지는 살아 있는 동식물로부터 나온 물질을 사용한다는 점에서 차이가 있다.

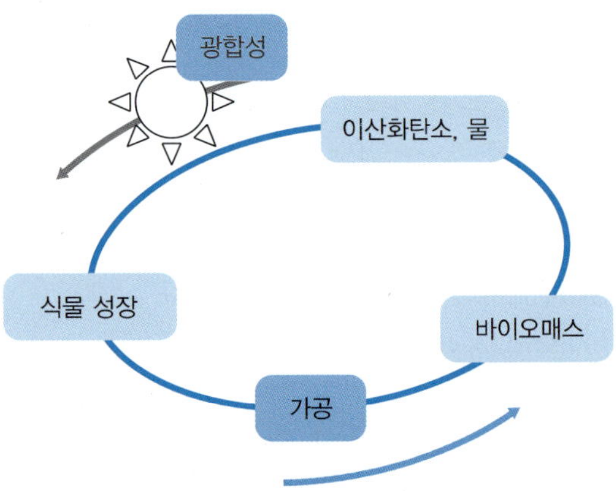

[그림 9-1] 바이오에너지 재생성 과정

1 IEA, World Energy Outlook, 2012

화석연료와 달리 바이오에너지는 **재생성**하므로 자원의 고갈 문제가 없다. 또한 바이오에너지를 사용할 때 이산화탄소가 배출되지만 식물이 자라면서 광합성 과정 중에 이를 다시 흡수하므로 이산화탄소 총량만 놓고 보면 대기 중으로의 이산화탄소 배출량은 크지 않다. 이러한 이유로 바이오에너지는 국제 사회에서 지구온난화 대처에 도움이 되는 재생에너지로 인정받고 있다.

바이오에너지원을 가공하고 연소시켜 다른 에너지로 전환하는 것도 가능하다. 즉 곡물, 목질계 바이오매스, 유기성 폐기물 등을 원료로 열화학 혹은 생물 공정을 이용하여 열과 전기 및 바이오연료를 생산할 수 있다. 열과 전기만을 생산하는 태양광, 풍력, 태양열, 지열 등의 다른 재생에너지원과는 달리 기존 화석연료에서 생산 가능한 모든 에너지원 형태인 열, 전기, 연료를 생산할 수 있다.

국내의 경우 정제된 바이오가스를 도시가스 배관망에 연결할 수 있는 '도시가스사업법'의 일부 개정안이 2014년 1월 공포되어 바이오가스의 에너지화를 위한 법적 근거가 마련되었다. 디젤에 바이오디젤을 2.5% 의무 혼합하는 '신재생에너지연료 혼합의무화제도(RFS)'가 2015년 7월 31일부로 시행되어 바이오알코올 연료와 바이오가스 같은 바이오 수송연료의 의무혼합을 위한 법률적 단계에 진입하였으며, 연도별로 혼합 의무 비율을 점진적으로 높이도록 하고 있다.

[표 9-1] 연도별 혼합 의무 비율[2]

구분	2015.7.31~2017	2018~2021.6	2021.7~2023	2024~2026	2027~2029	2030~
혼합 의무 비율	2.5%	3.0%	3.5%	4.0%	4.5%	5.0%

2 바이오에너지의 필요성과 종류

「신에너지 및 재생에너지 개발 · 이용 · 보급 촉진법」은 바이오에너지를 "생물 유기체를 변환시켜 얻어지는 기체, 액체 혹은 고체의 연료"와 "이것을 이용한 연료를 연소 혹은 변환시켜 얻어지는 에너지"로 정의하고 있으며, 구체적인 범위는 다음과 같다.[3]

- 생물 유기체를 변환시킨 바이오가스, 바이오에탄올, 바이오액화유 및 합성가스
- 쓰레기매립장의 유기성 폐기물을 변환시킨 매립가스
- 동물 · 식물의 유지를 변환시킨 바이오디젤 및 바이오중유
- 생물 유기체를 변환시킨 땔감, 목재칩, 펠릿 및 숯 등의 고체연료

농업과 임업의 부산물과 유기성 폐기물 등으로 대표되는 바이오매스로부터 생산되는 바이오에너지는 열 혹은 전기를 생산하는 다른 재생에너지원과 달리 수송용 연료로도 활용이 가능하다. 따라서 수송 분야에서 석유자원 고갈과 지구온난화 문제에 가장 실질적으로 대응할 수 있는 재생에너지원이다.

2 한국에너지공단 신재생에너지센터 (연도별 혼합 의무 비율은 '15.7.31일 기준으로 3년마다 재검토)

3 신재생에너지법 시행령 [별표1] <표1>바이오에너지 등의 기준 및 범위(제2조 관련)

IPCC[4]가 바이오디젤이 경유를 대체할 경우 2.59 ton/kL의 이산화탄소를 감축한다고 발표함으로써 바이오에너지가 탄소중립[5] 에너지로 인식되게 되었다.

바이오에너지를 1차에너지인 원료와 2차에너지인 가공물, 그리고 최종에너지로 구분하여 원료와 용도에 따라 분류하면 식물의 부산물이나 폐기물 등의 바이오매스와 축산분뇨, 음식물 쓰레기 및 쓰레기 매립가스 등을 이용하는 방법과 이러한 재료를 가공하여 에너지 밀도를 높여 사용하는 바이오연료 및 바이오디젤 등이 있다. 이러한 에너지는 난방과 발전 및 자동차 연료로 사용되고 있으며, 최근에는 연료전지의 연료를 생산하는 데 이용되기도 한다. 바이오매스의 원료물질은 크게 식물계와 동물계로 구분할 수 있으며, 하위 개념으로 목질계, 농업계, 축산계, 공업계, 생활계 등의 계열이 있다. 이는 각종 식물 구성물질, 경작 후 식물 잔여물, 재료를 가공하여 연소 재료로 만든 것, 가축의 배설물을 저장조에 두고 발생하는 가스를 연소시켜 열에너지를 얻는 동물 분뇨, 매립한 쓰레기에서 발생한 메탄(메테인)가스를 추출하는 쓰레기 매립가스 등으로 구분한다.

바이오매스에 함유된 수분 함유율이 적으면 직접 연소를 통해 에너지를 소비하는 전통적인 방식을 사용한다. 수분 함유율이 많으면 연소 전 탈수 과정을 거치며, 발효 혹은 분해 미생물에 의한 부생가스로부터 얻은 가연성 가스를 수집하여 사용하는 근대적 방법을 사용하기도 한다. 고도화되지 않은 기술부터 고도화된 화공기술까지 바이오에너지를 위한 기술 개발 분야는 매우 다양하다.

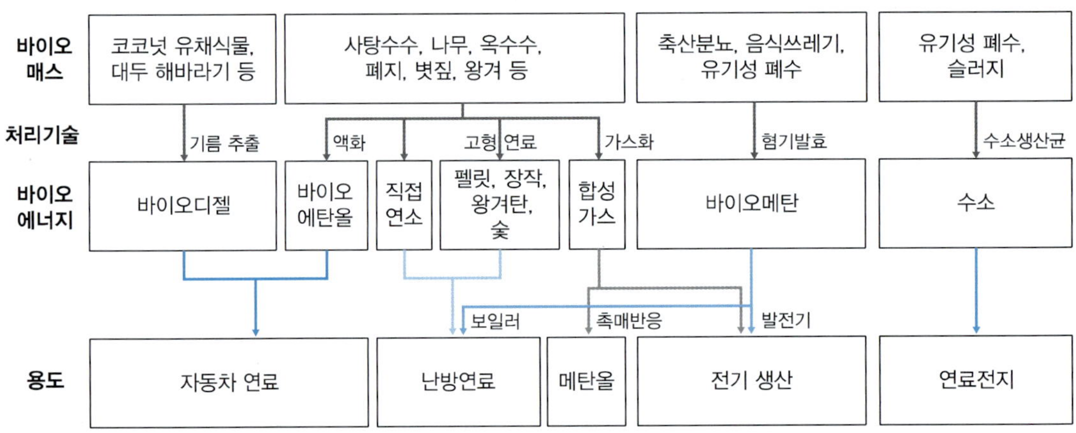

[그림 9-2] 주요 바이오에너지의 종류 및 용도

3 이산화탄소 고착과 광합성

바이오에너지의 근원인 **바이오매스**(biomass)는 식물계와 동물계로 나눌 수 있으며, 긴 시간 동안 화석화작용이라는 탄화작용으로 생성된 화석연료의 근원이라고 볼 수 있다. 따라서 동물계의 유기

4 IPCC(Intergovernmental Panel on Climate Change)는 기후변화에 대해 논의하는 정부 간 협의체이다.

5 이산화탄소를 배출한 만큼 흡수하는 대책을 세워 실질적인 배출량을 0으로 만드는 것을 의미한다.

물은 식물의 탄수화물이 제공한 것이며, 식물계로부터 얻어진 에너지를 고착한 것이라는 주장도 틀린 말은 아니다.

결국 바이오에너지 및 화석연료의 시작은 식물계 바이오매스로부터 시작된 것이고 식물의 이러한 에너지는 지구상의 원소들인 산소, 수소, 탄소, 질소를 광합성작용을 통해 합성한 것이다. 따라서 에너지의 근원은 대부분 햇빛을 이용한 **광합성**이다. 이때 중요한 것은 대기 중의 이산화탄소를 이용하여 광합성을 통해 산소를 만들고 식물의 체내에 탄소를 고착했다는 점이다.

놀랍게도 원시대기에는 현재보다 월등히 많은 이산화탄소가 있었고 대기는 온실효과로 매우 뜨거웠을 것으로 추측하고 있다. 이러한 원시대기의 온실효과를 저감시킨 것이 광합성으로 추정되므로 광합성을 이해하는 것이 중요하다.

광합성과 에너지

생물 중 인간을 제외한 동물은 주로 에너지를 소비하는 소비자로, 에너지를 생산하는 것은 매우 적은 양과 제한된 방식을 통해서만 가능하다. 신체에 필요한 에너지를 얻기 위해 섭취하는 음식은 식량자원으로부터 가공되거나 조리되어 제공되며, 섭취한 음식은 소화를 통해 체내에 에너지로 축적된다. 그 과정에서 부수적으로 생산된 것들은 배설 과정을 통해 체내에서 배출된다.

육체적 활동이 많아 에너지 소모가 많거나 반대로 공급된 음식이 적어 에너지 공급이 적으면 에너지 효율을 높이기 위해 체내에서 분해되고 흡수되는 자원이 높아져 배설량이 적어지고 자원의 이용도는 높아지기도 한다. 결국 외부에서 들어온 에너지 자원을 흡수하여 체내에서 필요한 형태로 바꿔 저장 및 활용을 하는 것이다.

그러나 동물과 달리 식물은 **광합성**이라는 작용을 통해 에너지를 만든다. 광합성은 빛을 이용하여 만든 화합물에너지를 저장하는 화학작용으로, 식물은 이를 통해 스스로 에너지를 합성할 수 있다. 식물은 토양과 수분에서 자원을 얻어 **엽록체**[6]를 통한 화학작용으로 에너지를 만들며, 이 에너지는 식물의 내부에서 생존에 필요한 연료로 사용된다. 광합성을 통해 만든 에너지는 세포에 화합물 형태로 저장되거나 필요한 물질로 전환된다.

광합성에 의해 만들어진 에너지인 포도당이 합성되는 과정은 **광인산화 반응** 과정과 **광비의존성 반응**(암반응)이라는 2개의 에너지 변환 과정을 거친다. 광인산화(photophosphorylation) 반응은 빛을 받아 엽록소의 전자가 들떠 전자전달계(내막 단백질)를 이동하며 ADP를 합성한다.[7]

$$\begin{aligned} &18ADP + 12NADP + 12H_2O + 18P_i + \text{빛에너지} \\ &\quad \rightarrow 18ATP + 12NADPH + 6O_2 \end{aligned} \tag{9.1}$$

6 엽록소를 갖고 있는 광합성을 하는 세포 내 소기관을 말한다.

7 멜빈 캘빈(Calvin)과 그의 동료 벤슨(Benson)이 캘빈-벤슨 회로(캘빈회로)로 알려진 암반응(광비의존적 반응)의 수수께끼를 푸는 데 성공하였다.

반면 광비의존성(light-independent) 반응은 빛과는 독립적으로 일어나는 반응으로, 암반응이라고도 부른다. 기공을 통해 흡수한 이산화탄소와 앞선 광인산화 반응에서 만들어진 NADPH와 ATP[8]를 이용해 포도당을 합성한다.

$$6CO_2 + 12NADPH_2 + 18ATP$$
$$\rightarrow \text{포도당}(C_6H_{12}O_6) + 12NADP + 6H_2O + 18ADP(+18PO_4^-) \quad (9.2)$$

따라서 이산화탄소 농도가 증가하면 광비의존성 반응도 증가해 다른 요소에 의해 저해되기 전까지 탄수화물[9]로 저장되는 탄소량이 늘어난다. 즉 이산화탄소의 농도 증가는 광합성을 위해 이산화탄소를 흡입하고 산소를 배출하는 광호흡 반응을 촉진할 수 있다.

앞서 설명한 것처럼 광합성은 명반응과 암반응으로 나눌 수 있다. 명반응은 태양광으로 물이 분해되어 산소 분자와 수소의 양이온(양성자), 전자가 생성된다. 여기에서 전자는 2회 더 광여기[10]를 거치며, 첫 번째 광여기에 의해 생체 내에서 에너지를 모아 두는 물질인 ATP(아데노신 3인산)가 생성된다. 두 번째 광여기에서 $NADP^+$라고 하는 보충 효소에 '최초의 물 분해로 생성된 양성자와 광여기에 의해 에너지 준위가 올라간 전자'가 전달되어 NADPH를 생성한다.

이 전자의 광여기와 이동을 수반하는 일련의 과정을 전자전달계라고 하는데, 그중에서도 특징적인 2단계의 광여기 과정은 알파벳 Z자가 연상되어 **Z스킴**(Z-scheme)이라고 한다.

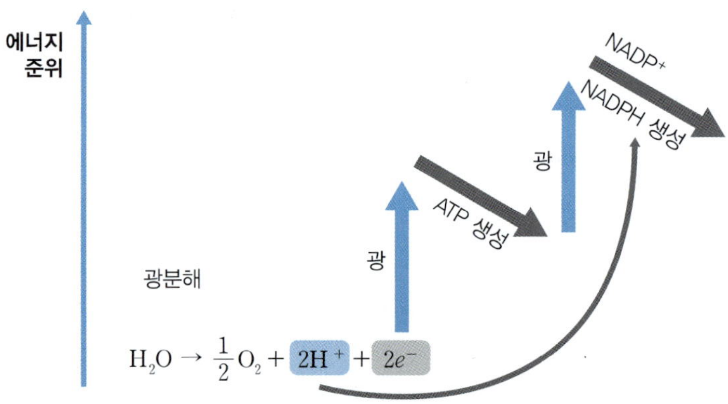

[그림 9-3] 광합성 명반응의 전자전달계 Z스킴

8 ATP는 아데노신 3인산을, ADP는 아데노신 2인산을 의미한다.

9 광합성에 의한 생성물의 기본 단위 구조인 글로코오즈(포도당, glucose)의 분자식은 $C_6H_{12}O_6$으로, 6개의 탄소 원자에 6분자의 물이 결합되어 있는 것처럼 보이기 때문에 탄소와 물의 화합물이라는 의미로 탄수화물이라고 부른다. 현재는 꽤 넓은 범위의 화합물의 총칭으로 쓰이며, 당질 혹은 간단하게 당이라고 부르기도 한다.

10 빛이 물질에 닿으면 물질 내의 전자가 에너지를 얻어 높은 에너지 상태가 된다. 이를 광여기라고 한다.

이렇게 하여 명반응에서 생성된 ATP의 에너지와 NADPH가 운반해 온 수소로 공기 중의 이산화탄소를 탄수화물로 변환한 것이 캘빈회로이다. 기본적으로 빛을 필요로 하지 않는 반응 사이클이기 때문에 암반응이라고도 한다. 그러나 빛에 의해 활성화되는 효소의 관여가 있어 현실적으로 어두운 곳에서는 거의 작동하지 않는다.

이 사이클에서 이산화탄소를 취해서 생성하는 중간체 3-포스포글리세르산은 탄소 원자를 3개 포함하므로 이 회로에서만 암반응을 하는 식물을 C3 식물이라고 한다. C4 식물은 이산화탄소를 운반하는 데 사용되는 유기물이 탄소 원자를 4개 포함하고 있다는 점에서 유래한 것으로, 캘빈회로에 더해 이산화탄소를 효율적으로 끌어당겨 농축하는 반응회로를 가지고 있다. 바이오연료의 원료가 되는 바이오매스 중 옥수수와 사탕수수가 C4 식물에 해당한다. C4 식물은 이산화탄소의 고정을 활발하게 하여 온실가스를 덜 배출한다는 장점이 있다.

4 바이오에너지의 장점과 단점

바이오에너지는 세계적으로 가장 광범위하게 사용되고 있는 에너지원으로, 열과 전기, 그리고 수송용 연료생산이라는 변환 가능성 및 활용도가 높다. 또한 석유연료 대비 공해물질을 적게 배출하므로 친환경적이다. 그중에서도 가장 큰 장점은 기존 인프라를 사용할 수 있다는 것이다. 그중 바이오메탄은 기존 천연가스 파이프라인으로 최종 소비자에게 거부감 없이 전달할 수 있고 액체연료의 경우 혼합 방식으로 사용할 수 있다.

다만 바이오연료를 만드는 데 사용되는 에탄올은 옥수수와 사탕수수가, 바이오디젤은 콩, 팜유 등의 식물이 필요하므로 곡물원료 확보를 위한 넓은 면적의 경작지가 필요하다. 따라서 과도한 바이오매스 작물생산으로 주요 식량자원 위주의 경작에 의한 다양성 훼손, 산림 훼손, 토지이용의 변화로 인한 기후의 영향 등 환경과 생태계에 미치는 갈등 요인도 존재한다. 따라서 이와 같은 문제를 극복하기 위해 수생 재배된 조류(algae)를 기반으로 하는 바이오 원료 및 연료 개발이 활발하게 이루어지고 있다.

SECTION 9.2

바이오에너지 생산기술

신재생에너지를 내연기관 자동차의 연료로 사용할 수 있는 유일한 분야인 바이오연료에 대해 알아보자.

Keywords | 고형연료 | 펠릿 | 열분해 가스화 | 수소생산 | 바이오알코올 | 바이오디젤 |

1 바이오에너지의 구분

바이오에너지는 원료의 기원과 생산기술에 따라 다음과 같이 구분할 수 있다.

[표 9-2] 바이오에너지의 세대별 구분

구분		특징
1세대	원료	사탕수수, 옥수수 등의 에너지 작물, 설탕, 전분 및 대두유, 팜유 등 식물성 기름 등이 사용됨
	장점	비교적 생산 공정이 간단하고 생산 비용이 저렴함
	단점	넓은 경작지가 필요하고 곡물 가격에 영향을 줄 수 있음
2세대	원료	농업이나 임업에서 나오는 목질 셀룰로스(lignocellulose)
	장점	비식용 재활용원료(Non-crop based feedstock)를 이용하여 친환경적이고 경제적임
	단점	목재나 섬유질로부터 유용한 물질을 추출하는 전처리 과정이 복잡하여 효율성이 다소 낮음
3세대	원료	해수나 담수에 분포하는 조류
	장점	대기나 해수 중의 이산화탄소와 물, 태양광을 에너지원으로 삼으므로 대규모 경작지가 필요하지 않으며, 이산화탄소 저감에도 기여할 수 있음(기존 바이오원료를 대체할 원료로 주목받고 있음)
	단점	생산성을 높이기 위해 지질 함량이 높고 번식과 성장이 빠른 종의 선정과 배양기술이 필요하며, 오일을 함유한 지질로부터 불순물 등 비연료 성분을 제거하는 전처리, 오일 추출, 공정 개선, 연료의 품질 향상 등 다양한 연구 개발이 필요함

2 고형 연료화기술

나뭇가지 혹은 추수 후 버려진 덩굴과 짚단 등은 공업화 이전 난방과 요리를 위한 연소열의 재료로 사용되던 직접 연소 방식의 에너지원이었다. 과거 우리나라에서는 가정과 식당 등에서 연소로 사용하기 위해 땔나무와 숯, 왕겨탄 등의 고형 바이오연료를 무분별하게 채취하고 산림을 훼손하여 큰 문제가 되기도 했다.

임산자원이 풍부한 핀란드, 스웨덴 등의 여러 국가에서도 산림자원 등을 주요 에너지로 사용하고 과도하게 벌채하였으나, 여기에는 난방을 위한 원료로 조림에 의해 생산된 목재를 이용하여 자원의 활용을 통한 산업 분야를 창출하고 목재연료 보일러를 만들어 활용하는 등 기술적인 개발이 뒤따랐다.

근래에는 고형 바이오연료도 칩(chip)에서 펠릿 혹은 성형탄의 형태로 가공하여 크기를 작게 하거나 화력을 증가시켜 보일러의 연료로 활용하는 방향으로 기술 개발이 이루어지고 있다.

바이오연료의 기술적 핵심은 고형연료의 재료인 목재가 수분을 포함하고 있는 양인 **함수율**이다. 함수율이 낮아야 열량이 높아지고 완전 연소가 가능하며, 그을음이 없고 일정한 열량을 유지하면서 연소하기 때문에 난방과 발전 등에서 에너지 변환의 변동이 심하지 않아 일정한 효율을 유지할 수 있다. 더욱이 장작 등의 고형 덩어리는 운반과 사용에서 자동화 등의 설비를 구현하기 어려워 우드칩의 형태로 제공되거나 더 작은 펠릿의 형태로 제공된다. 이를 통해 전용 보일러 등에서 일부 자동화 시스템을 구현하여, 액형 원료를 사용하는 보일러와 같은 편리함과 열효율 관리가 가능해졌다.

이산화탄소 감축과 고유가가 중요 관심사가 됨에 따라 우리나라에서는 가정 및 화훼 농가 등을 중심으로 생산된 고형 바이오연료를 보일러의 연료로 활용하는 곳이 점차 늘고 있다. 또한 미국, 독일 등 여러 선진국은 석탄 화력발전소에서 석탄과 함께 사용하는 혼소(co-firing) 기술의 개발을 통해 미활용 임산 폐기물과 도시에서 배출되는 폐목재 등을 펠릿화(peletizing)하여 사용할 수 있는 기술을 개발하여 적용하고 있다.

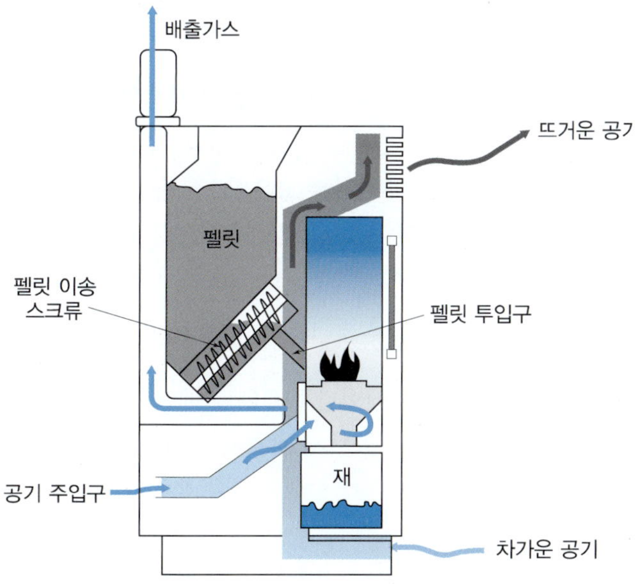

[그림 9-4] 펠릿 보일러의 내부

펠릿 등의 목재 부산물이나 잔재물 등을 이용하는 바이오매스에 대한 온실가스 감축효과에 대한 논란이 있는 것도 사실이다. 그러나 기후변화에 관한 정부간협의체인 IPCC에서 산림 바이오매스가 추가적인 탄소배출이 없다고 인정하였으며, 화석연료를 대체하기 위한 에너지로 바이오에너지 이용을 권고하고 있다. 최근에는 탄소포집 및 저장을 포함하는 바이오에너지(BECCS&CCU)를 활용한 기술 개발과 H_2, NH_3 등 무탄소연료의 생산으로 지속 가능성을 높이고 있다. 이를 통해 순 배출량을 마이너스로 하는(Net negative) 기술 개발을 진행하고 있다.

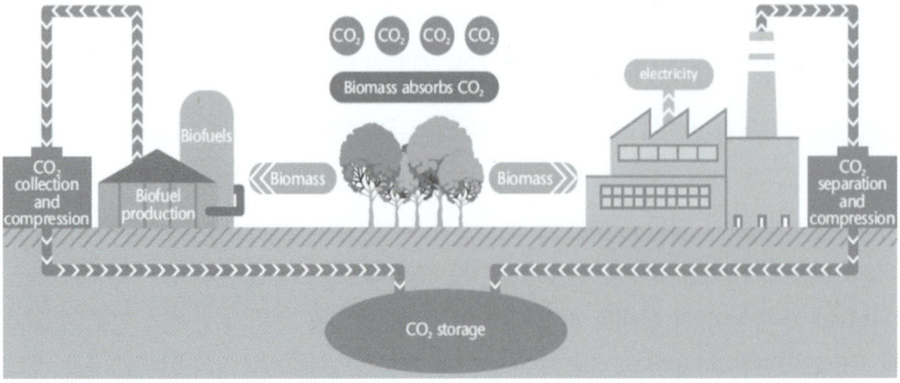

[그림 9-5] 바이오에너지의 탄소포집[11]

3 열분해 가스화기술

바이오매스를 고형연료로 만들어 연소하여 열을 생산하는 방법은 전통적이고 적용이 상대적으로 용이하지만 생산된 에너지의 부가가치가 가장 낮다. 이처럼 재료의 질량과 부피에 비해 얻어지는 에너지는 연소열로 국한되어 효율이 낮으므로 보다 유용한 형태의 에너지로 활용하려는 시도가 있다.

대표적으로 고형연료 형태의 바이오매스를 공기(산소)가 희박한 조건에서 **열분해 가스화**(pyrolysis gasification)하여 이산화탄소, 메탄, 수소 등의 가스연료를 생산하는 기술이 있다. 열분해 과정은 400 ~ 900 ℃에서 분해하는 저온법과 1,100 ~ 1,500 ℃에서 분해하는 고온법으로 구분하며, 저온법에서는 액체상태의 연료가, 고온법에서는 기체상태의 가스형 연료가 생성된다. 이를 가스화라고 한다.

이러한 열분해 과정은 열화학적인 변화를 위해 전처리 → 전환 → 정제 공정을 거쳐 만들어지며, 바이오매스와 산소, 수증기 등을 같이 가열하여 가스 형태인 일산화탄소(CO), 메탄(CH_4), 수소(H_2), 이산화탄소(CO_2)와 타르 등이 혼합된 기체를 만든다. 예를 들어 탄수화물($6C_6H_2O_5$)에 대한 열분해와 가스화의 반응식은 다음과 같다.

- **열분해(저온법)**[12] : $6C_6H_{10}O_5 \rightarrow 7CO + 5CO_2 + 3H_2 + CH_4 + 6H_2O + 3C_4H_9O_3 + 8C$
- **가스화(고온법)** : $6C_6H_{10}O_5 \rightarrow \underbrace{11CO + 6H_2 + 10CO_2 + H_2O}_{\text{기체상태}} + \underbrace{\text{오일} + \text{타르}}_{\text{액체상태}} + \underbrace{\text{차(char)}}_{\text{고체상태}}$

가스화 공정을 통해 얻은 기체로부터 일산화탄소(CO)와 수소(H_2) 혼합물을 남기고 나머지를 제거하면 합성가스를 생성할 수 있는데, 이러한 합성을 통해 탄화수소화합물을 만들 수 있다.

---

11 IEA Technology Roadmap: Delivering Sustainable Bioenergy (2017)

12 '폐기물 소각시설의 환경오염 방지 및 관리를 위한 최적가용기법 기준서 2016', 102쪽, 환경부 국립환경과학원

★ 가스화 공정 ★

바이오매스 + 산소 + 수증기

⇓ ← 가열

일산화탄소, 수소, 이산화탄소, 타르, 메탄 등이 혼합된 상태로 생성

⇓

일산화탄소와 수소 혼합물만 남기고 나머지 물질 제거

⇓

합성가스

이러한 전처리 과정 후 전환 공정에서는 생성한 탄화수소화합물이 목표한 성분 함량이 되도록 수소와 일산화탄소의 비율을 조정하여 합성가스를 생성한다. 생산된 가스는 열과 전기를 동시에 생산하는 열병합발전에 사용되거나 응축하여 액상연료로도 사용된다. 단, 열병합발전기술은 상용화된 반면 액상연료로 활용하는 기술은 기초 및 방향 연구를 완료하고 아직 실용화 시작 단계에 있다.

합성가스에서 액체탄화수소 비율이 조정된 탄화수소화합물의 합성가스는 흔히 F-T 공정으로 불리는 피셔-트로프슈(Fischer-Tropsch) 반응 공정을 통해 촉매에 통과시켜 액체탄화수소를 만든다.

4 메탄생산기술

유기성 폐기물을 공기(산소)가 희박한 혐기성 조건 하에서 미생물에 의해 처리하면서 메탄가스를 회수하는 공법은 여러 형태로 응용되고 있다. 동물 분뇨 등의 유기성 폐기물은 혐기 조건에서 미생물에 의해 분해되는데, 이때 미생물은 메탄이 주성분인 **바이오가스**(bio-gas)를 생성한다.

미생물에 의한 분해는 **혐기성 분해 과정**(anaerobic digestion)이라고 하며, 메탄 발효, 바이오가스화라는 용어를 사용하기도 한다. 혐기성 분해 과정은 온난한 지역에서는 비교적 오랫동안 액상 및 반고상 폐기물의 처리에 이용되있으며, 폐수 혹은 폐기물 처리와 동시에 메탄이라는 에너지를 회수하는 것이 주된 목적이었다. 이러한 혐기성 분해 과정은 생물학적 처리 범주에 속하며, 유기성 폐기물의 발효가 시작되기 전에는 산소에 노출된 상태로 통성혐기성 균이 가수분해와 산 발효를 시킨다. 이후 산소가 고갈되어 희박해지면 절대혐기성 균인 메탄균이 메탄을 생성한다.

유기성 폐기물이 미생물에 의해 분해되기 위한 조건을 만들기 위해서는 분해조가 필요하다. 분해조는 유기물 분해의 안정화, 유기물 양의 감소 및 멸균과 소화 과정의 부산물인 메탄가스 획득에 용이하다. 분해조 내에서 유기물이 메탄으로 전환되는 과정은 다음과 같다.

❶ 고형상의 유기물을 액상화하고 가수분해하는 과정

❷ 휘발성 지방산(VFA)인 저급지방산으로 분류되는 식초산, 프로피온산, 부틸산을 생성하는 과정

③ ②의 물질을 식초산 및 수소가스로 분해하는 과정
④ 생성물을 이용하여 메탄을 생성하는 과정

각 과정에서 사용되는 미생물과 메탄 발효에서 발효조 내 유기물의 종류와 발효 역할을 하는 균의 종류는 모두 다르다. 따라서 균 종류를 구별하지 않는 한 균 농도는 부정확한 지표이다. 단, 최종 산물인 메탄 이외의 부산물들은 퇴비로 사용 가능하여 자원화할 수 있다.

혐기성 분해 과정 중 메탄 생성 과정은 가수분해된 이후 메탄 생성 세균에 의해 이루어지는데, 유기성 폐기물이 가수분해되면 아세트산, 수소, 이산화탄소, 포름산 등으로 변화한다. 발생한 메탄의 약 70%는 아세트산으로부터 변한 것이다.

$$C_aH_bO_c + \left(a - \frac{b}{4} - \frac{c}{2}\right)H_2O \rightarrow \left(\frac{a}{2} - \frac{b}{8} + \frac{c}{4}\right)CO_2 + \left(\frac{a}{2} + \frac{b}{8} - \frac{c}{4}\right)CH_4$$

이러한 혐기성 분해 과정은 에너지 생산 뿐만 아니라 유기성 폐기물의 감량효과가 높아 우리나라와 같이 폐기물 처리 부지의 확보가 어려운 지역에서 특히 유용하다. 유기성 폐기물의 혐기성 분해 과정은 불순물 제거를 위한 전처리, 사전 조정 단계(조정조), 메탄으로 전환되는 분해조로 구성된다.

이를 위해 매립장 건설 시 덮개층을 만들어 메탄, 이산화탄소, 수소 등의 가스를 포집하며, 바이오가스는 열 혹은 전기생산의 에너지로 활용한다. 최근 EU에서는 바이오가스를 고순도로 정제하여 도시가스 대체연료 혹은 CNG 차량용 연료로 활용하려는 시도도 이루어지고 있다.

5 수소 생성균에 의한 수소생산기술

생물학적 수소생산기술은 그 원료 물질이 무엇인지에 따라 세 가지로 구분되며, 관련된 미생물이나 기술의 이론이 각기 다르다.

바이오매스를 통한 수소생산

효소에 의한 물 분해를 통해 수소를 생산하는 기술로, 태양광을 에너지원으로 이용하여 수중 미생물인 녹조류가 물로부터 양성자와 전자를 공급받아 수소를 생산한다.[13]

미생물이 분자상의 수소를 합성하거나 분해하는 성질은 자연계에서 흔한 현상은 아니다. 오직 일부의 광합성 미생물들에 의해서만 관찰되었으며, 크로마티움 비노숨(Chromatium vinosum)이라는 홍색 황세균(purple sulfur bacteria)이 빛이 있는 조건에서 이산화탄소 고정 시 분자상의 수소를 전자주개(electron donor)로 이용했다는 관찰을 통해 최초로 밝혀졌다.

13 DOE Report, Hydrogen posture plan–An integrated research, development, and demonstration plan, 2004

물을 통한 수소생산

질소 고정력이 있는 남세균이 광합성 중에 영양세포(vegetative cell)에서 물을 분해하여 산소를 발생시키고 이산화탄소를 고정하며, 질소 고정세포에서는 이산화탄소와 수소를 발생시키는 효소 관여 2단계 수소생산방법이다.[14]

호수에 생긴 녹색 이끼로부터 수화와 남세균의 일종인 시안세균(Anabaena cylindrica)을 분리하여 이로부터 수소가 생성되는 것을 실험한 후 물로부터 광합성 미생물에 의해 생물학적으로 수소가 발생한다는 사실이 알려지게 되었다.

가스를 통한 수소생산

최근 일본을 비롯한 유기성 폐자원이 풍부한 국가에서 집중적으로 연구되는 기술이다. 유기물로부터 광합성 세균에 의해 수소를 생산하거나 혐기성 미생물에 의해 유기물 자체가 에너지원으로 사용되는 발효를 통해 수소를 생산하는 방법이다.[15]

광합성에 의한 수소생산은 유기산의 존재 하에 광합성 세균인 로도슈도모나스(Rhodo-pseudomonas) 속의 박테리오클로로필(bacterio-chlorophyll, BChl)이 장파장($> 600\,\mathrm{nm}$)의 빛을 흡수하여 방출한 전자가 인산화 반응을 거쳐 ATP를 생성하거나 페레독신(ferredoxin)에 전달되어 질소가 존재하지 않을 경우 양성자(H^+)가 전자 수용체가 되어 질소 고정 효소에 의해 수소를 생성하는 것으로 알려져 있다.

수소를 발생하는 미생물은 편의상 조류(algae) 및 세균(bacteria)으로 나뉘며, 조류는 다시 녹조류(green algae)와 조류와 세균의 경계에 있는 남세균(cyanobacteria, 남조류)으로 구분된다. 세균은 광합성 세균(photosynthetic bacteria), 비광합성 혐기성 세균(nonphotosynthetic anaerobic bacteria)으로 나뉜다.

식물체 내의 엽록체 및 미생물 효소를 추출하여 수소를 발생하는 균 체외 시험관에서의(in vitro) 수소 생산과 광합성 미생물의 일산화탄소 가스 전환 반응에 의한 수소생산 등도 연구 중에 있다.

6 수송용 연료생산기술

수송장치들의 연료로 사용되는 에너지원은 석유 제품과 전기뿐이다. 따라서 바이오에너지를 제외한 신재생에너지원을 수송용 연료로 사용하려면 신재생에너지원을 이용하여 생산한 전기를 배터리에 저장하여 전기차의 동력으로 이용하는 방법뿐이다.

14 김지동, 생물학적 수소생산기술동향, 한국과학기술정보연구원, 기술동향분석보고서

15 김미선, 윤영무, 심상준, 박태현, 이정국, 각종 혐기성 미생물 발효에 의한 유기산 및 수소생산, 한국 수소 및 신에너지학회 논문집, 13, 330(2002).

그러나 바이오에너지는 수송용으로 사용 가능한 유일한 신재생에너지원이며, 이는 바이오에너지의 가장 큰 장점이다. 즉 바이오매스로부터 만들어지는 바이오연료는 현재 차량에서 연료로 사용 가능하고 바이오에탄올, 바이오디젤 등이 대표적이다.

바이오알코올

휘발유와 혼합하거나 대체해서 사용할 수 있는 연료인 **바이오알코올**은 당을 포함하는 바이오매스로부터 생산 가능하며, 현재는 바이오에탄올만 사용되고 있다. 바이오에탄올에 대해 브라질은 당질계 바이오매스인 사탕수수를 원료로 대량생산하여 최대 26% 함유된 바이오알코올 혼합 석유를 자동차 연료로 사용하고 있다. 미국은 옥수수를 이용하여 전분질계 원료로부터 바이오에탄올을 생산하는 기술을 개발하였다.

당을 직접 추출할 수 있는 사탕수수, 사탕무 등의 원료는 직접 당액을 추출하여 바로 효모를 통해 에탄올로 전환한 후 무수에탄올로 농축한다. 효모를 이용하면 포도당이나 설탕 등의 당을 에탄올(C_2H_5OH)로 전환한다.

- 포도당 : $C_6H_{12}O_6 \rightarrow 2C_2H_5OH + 2CO_2$
- 설탕 : $C_{12}H_{22}O_{11} + H_2O \rightarrow 4C_2H_5OH + 4CO_2$

이렇게 생성한 에탄올은 증류 과정을 거쳐 석유에 첨가하여 자동차 연료로 사용한다. 옥수수, 쌀 등 전분질계 원료는 1차 증자 및 당화를 통해 전분질을 먼저 당으로 변환한 후 당질계 원료와 동일한 과정을 거쳐 연료용 에탄올을 생산한다.

목질계 원료로부터의 에탄올 생산 공정은 전분질계 에탄올 생산 과정에 목질계 원료 중 당으로 전환 가능한 부분을 선택적으로 분리하는 전처리 과정이 추가된다는 점에서 차이가 있다. 목질계 바이오매스는 앞서 언급한 당질계, 전분질계 바이오매스에 비해 단단한 구조를 가지고 있어 이를 분해하여 에탄올을 생산하려면 여러 단계의 공정을 거쳐야 한다. 목질계 바이오매스로부터 당의 고분자인 셀룰로스와 헤미셀룰로스를 먼저 분리하고 효소에 의해 당으로 분해한 후 효모에 의해 에탄올을 만든다.

경유 대체 바이오연료

대부분의 수송용 차량은 디젤엔진을 사용한다. 디젤엔진의 주 에너지 원료는 경유로, 끓는점이 높아 분별증류 시 휘발유보다 높은 온도에서 추출된다. 경유는 연소 시 먼지와 황산화물 및 질소 산화물이 배출되기 때문에 미세먼지와 산성비의 대표적인 주범으로 알려져 있다. 따라서 환경오염과 자원 고갈의 위험을 감소시키기 위해 경유를 대체할 친환경 연료로 바이오디젤이 주목받고 있다.

바이오디젤(bio-diesel)은 기름을 포함한 유지계 바이오매스로부터 생산 가능하다. 바이오디젤은 경유와 달리 약 10%의 산소를 포함하고 있는 함산소연료로,[16] 연소 시 바이오디젤에 포함된 산소로

16 대표적인 것으로는 EGBE(Ethylene Glycol Mononobutyl Ether)가 있다.

인해 일반 경유보다 높은 효율의 완전 연소가 일어나 경유에 비해 대기 오염물질이 40~60% 이상 적게 배출된다.[17] 바이오디젤의 분자구조는 경유의 분자구조인 $C_{10} \sim C_{21}$과 유사한 $C_{14} \sim C_{24}$개의 탄화수소 사슬을 가지는 메틸에스테르(methyl ester) 물질로 구성되어 있으며, 여기에 산소를 포함한 형태의 분자구조가 붙어 있다.

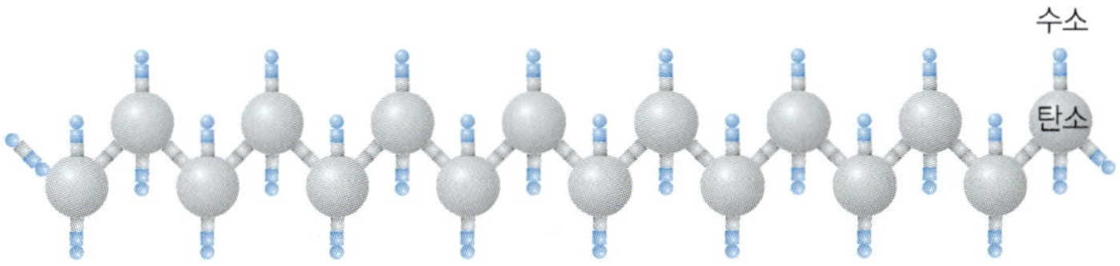

(a) 경유

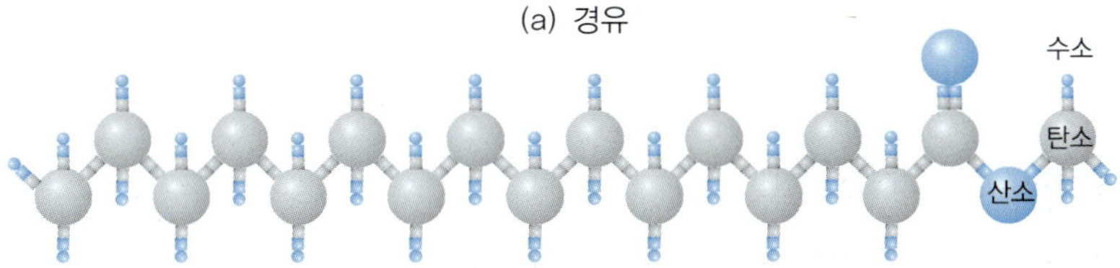

(b) 바이오디젤

[그림 9-6] 바이오디젤과 경유의 분자구조

2002년 발표된 바이오디젤 사용에 따른 전주기 분석(Life Cycle Analysis, LCA) 논문에 의하면 바이오디젤을 1 kg 사용했을 때 경유 대비 3.2 kg의 이산화탄소 배출 절감효과가 있다고 한다.[18]

바이오디젤은 동식물성 기름에 알코올과 촉매를 넣고 반응시키는 에스테르화 반응을 통해 만들어진다. 식물성 기름은 차량 연료로 사용하기 충분한 열량을 가지고 있으며, 열대성 기후인 필리핀에서는 트랙터 구동용 원료로 코코넛 기름을 아무런 가공 없이 바로 사용하기도 한다. 그러나 바이오디젤의 원료가 되는 동식물 기름은 고분자물질로, 점도가 너무 높아 차량의 디젤엔진에 직접 적용하기 어렵다. 특히 온도가 5℃ 이하인 환경에서는 기름이 굳어서 배관이 막히기도 한다. 따라서 고분자의 특성인 점도를 낮추기 위해 화학 반응으로 식물성 기름을 분해하여 저분자물질로 변환시켜 디젤유와 비슷한 수준의 점도를 갖게 해야 한다.

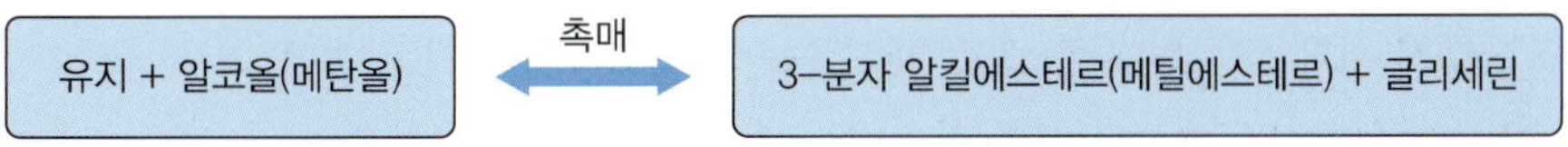

[그림 9-7] 에스테르화 반응

17 국립환경과학원, 연료 유형에 따른 배출가스 특성 연구(Ⅱ), 2006

18 Potential Biodiesel Production from Palm Oil for Thailand, Teerin Vanichseni, Sakda Intaravichai, Banyat Saitthiti and Thanya Kiatiwat; [Kasetsart J. (Nat. Sci.) 36 : 83 – 97 (2002)]

동식물성 기름인 유지에 촉매를 넣고 알코올과 반응시키면 3-분자 알킬에스테르(메틸에스테르)와 글리세린으로 분해된다. 이러한 반응에 의해 생산된 알킬에스테르를 **바이오디젤**이라고 한다. 이 과정에는 모든 종류의 알코올이 사용 가능하지만 가장 가격이 저렴한 메탄올을 주로 사용한다. 메탄올에서 생산된 알킬에스테르는 메틸에스테르라고 한다.

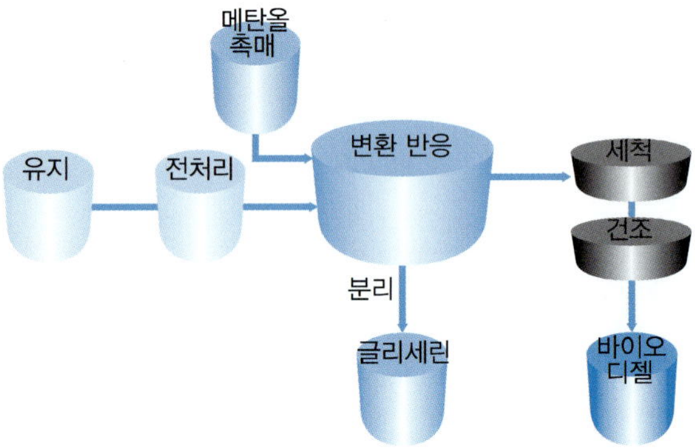

[그림 9-8] 바이오디젤 생성 과정

반응에 의해 생산된 바이오디젤은 글리세린 분리와 정제 과정을 거친 후 정유사에 보내져 경유와 혼합되어 차량연료로 사용된다. 단, 바이오디젤은 경유와 물성이 다소 달라 함량이 높을 때는 차량에 문제를 일으킬 수도 있어 5% 이하로 혼합하여 사용할 것을 권고하고 있다. 변환 반응 중에 사용하는 촉매로는 산 혹은 염기를 사용할 수 있다. 산 촉매의 경우 에스테르화 과정에서 원료물질인 유지 안의 지방산이 중화되지 못해 제거하기 어려워 반응 활성이 우수한 염기 촉매를 주로 사용하고 있다.

현재 바이오디젤 생산에 원료로 사용되는 유채, 대두 기름 등은 식용으로도 사용된다. 그래서 식용 작물의 농산물 거래가격 급등이나 사회적 혼란을 피하기 위해 식용 작물을 대신 원료를 선택하기 위한 바이오디젤 생성 기술 개발 연구가 진행되고 있다. 이러한 원료의 대표적인 예로 독성이 있어 식용으로 사용이 불가능한 유지식물의 기름(자트로파유 등)이나 폐식용유가 있다.

현재 사용되는 바이오디젤은 식물성 기름을 원료로 사용하므로 경유 대체 바이오연료의 수요가 증가하면 원료 수급의 불안정성 문제가 발생할 수 있다. 따라서 이러한 원료 수급의 안정성 문제를 해결하기 위해 목질계 원료로부터 경유 대체연료를 생산하는 기술 개발이 이루어지고 있다. 이는 목질계 바이오매스를 열분해 가스화하여 합성가스를 생산한 후 정제하여 화학 촉매를 사용하여 경유 대체연료로 합성하는 기술이다. 목질계 원료는 열분해에 앞서 가스화를 거쳐 합성가스로 전환되며, 정제 과정을 거쳐 F-T 공정 촉매에 의해 경유 대체연료인 F-T 디젤유로 전환된다.

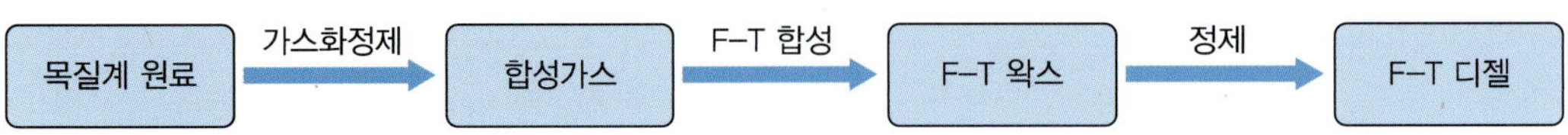

[그림 9-9] 목질계 바이오디젤 생성 과정

CHAPTER

09 연습문제

9.1 바이오에너지에 대한 설명으로 옳은 것을 고르시오.

① 식물과 동물로부터 유래된 물질을 사용하여 생산하는 에너지이다.
② 식물과 동물을 이용한 물질을 사용하여 생산하는 에너지이다.
③ 동물을 사용하여 생산하는 에너지이다.
④ 생화학 및 의학적 물질을 사용하여 생산하는 에너지이다.

9.2 화석연료의 생성 과정을 순서대로 나열한 것을 고르시오.

A. 광합성을 통한 이산화탄소 호흡
B. 식물체내 탄소를 이용한 녹말과 탄수화물 합성으로 성장
C. 성장종료 후 폐사
D. 지층 사이에서 변성을 통한 탄화

① A–B–C–D ② A–C–B–D ③ B–C–D–A ④ C–D–A–B

9.3 바이오에너지의 재생성 과정을 순서대로 나열한 것을 고르시오.

A. 작물의 재배 및 성장
B. 수확과 가공을 통한 에너지화
C. 에너지 사용 중 수증기를 배출하고 이산화탄소를 대기에 방출
D. 광합성을 통해 이산화탄소 및 수분 흡수

① A–B–C–D ② A–C–B–D ③ B–C–D–A ④ C–D–A–B

9.4 열과 전기, 연료로 사용 가능한 신재생에너지 분야를 고르시오.

① 바이오에너지 ② 해양에너지 ③ 태양광에너지 ④ 풍력에너지

9.5 바이오에너지의 분야가 아닌 것을 고르시오.

① 바이오매스 ② 우마력펌프 ③ 바이오디젤 ④ 쓰레기 매립가스

9.6 바이오에너지 분야 중 바이오매스는 1차 혹은 2차에너지 형태로 존재한다. 2차에너지 형태의 바이오매스로 옳은 것을 고르시오.

① 축산분뇨 ② 음식물 쓰레기 ③ 나뭇가지 ④ 장작

9.7 바이오매스의 1차에너지 가공 목적으로 옳은 것을 고르시오.

① 에너지 밀도를 높이는 것 ② 에너지 부피를 늘리는 것
③ 에너지 질량을 높이는 것 ④ 에너지 양을 키우는 것

9.8 코코넛 같은 유채식물에서 추출하여 만들어지는 바이오매스를 고르시오.

① 바이오디젤 ② 바이오에탄올 ③ 바이오가스 ④ 바이오메탄

9.9 사탕수수나 나무 같은 목질계 바이오매스를 가공하여 생성할 수 있는 바이오에너지가 아닌 것을 고르시오.

① 바이오에탄 ② 장작 ③ 바이오디젤 ④ 합성가스

9.10 축산분뇨 등의 유기성 폐기물로 바이오메탄을 생성할 때 사용되는 방식을 고르시오.

① 혐기발효 ② 수소생성균 ③ 고형화 ④ 가스화

9.11 원시대기는 현재보다 월등히 많은 이산화탄소가 있었고 대기는 온실효과로 매우 뜨거웠을 것으로 추측된다. 이러한 원시대기의 온실효과를 저감시킨 것으로 옳은 것을 고르시오.

① 광합성 ② 홍수 ③ 화산활동 ④ 지각 변동

9.12 빈칸에 들어갈 내용으로 옳은 것을 모두 고르시오.

> 광합성은 (A)와/과 암반응으로 나눌 수 있다. 먼저 (A)은/는 태양광으로 물이 분해되어 산소 분자와 수소의 양이온(양성자), 전자가 생성된다. 여기에서 전자는 2회 더 (B)을/를 거친다. 첫 번째 (B)에 의해 생체 내에서 에너지를 모아두는 물질인 (C)가 생성되며, 두 번째 (B)에서 (D)라고 하는 보충효소에 최초의 물 분해로 생성된 양성자와 (B)에 의해 에너지 준위가 올라간 전자가 전달되어, NADPH를 생성 한다.

① 명반응 ② 광여기 ③ ATP ④ $NADP^+$

9.13 광합성의 명반응에서 2번의 광여기 이동을 수반하는 과정을 전자전달계라고 한다. 광여기 과정을 이르는 명칭으로 옳은 것을 고르시오.

① Z스킴 ② M스킴 ③ Y스킴 ④ L스킴

9.14 명반응에서 생성된 ATP의 에너지와 NADPH가 운반해 온 수소를 이용하여 공기 중의 이산화탄소를 탄수화물로 변환한 것을 지칭하는 표현으로 옳은 것을 고르시오.

① 캘빈회로 ② 제트회로 ③ 암반응 ④ 명암 반응

9.15 빈칸에 들어갈 내용으로 옳은 것을 모두 고르시오.

암반응 사이클에서 이산화탄소를 취해서 생성하는 중간체 3-포스포글리세르산은 탄소 원자를 3개 포함하므로 이 회로에서만 암반응을 하고 있는 식물을 (A)이라고 한다. (B)은/는 캘빈회로에 더해서 이산화탄소를 효율적으로 끌어당겨 농축하는 반응회로를 가지고 있으며, 이산화탄소를 운반하는 데 사용되는 유기물이 (C) 원자를 4개 포함하고 있다는 점에서 명칭이 유래하였다.

① C3 식물 ② C4 식물 ③ 탄소 ④ $NADP^+$

9.16 바이오에너지의 장단점으로 옳지 않은 것을 고르시오.

① 열과 전기, 그리고 수송용 연료생산이라는 변환 가능성 및 활용도가 높다.
② 기존 인프라를 사용할 수 있다.
③ 바이오메탄은 연료 천연가스를 대신해 사용할 수 있다.
④ 바이오매스 작물생산으로 주요 식량자원 위주의 경작에 의한 다양성 훼손 등 생태계에 미치는 갈등 요인을 내포한다.

9.17 목재연료를 통해 에너지의 밀도와 편의성을 높인 펠릿이나 성형탄을 제작하는 데 중요한 요소로 옳은 것을 고르시오.

① 함수율 ② 치밀도 ③ 강도 ④ 성형성

9.18 빈칸에 들어갈 내용으로 옳은 것을 모두 고르시오.

> 바이오매스의 목질계 자원의 이용은 연소열로 국한되어 효율이 낮으므로 보다 유용한 형태의 에너지로 활용하려는 시도가 있다. 대표적인 예로 고형 연료 형태의 바이오매스를 (A) 이/가 희박한 조건에서 (B)하는 가스화를 통해 CO, (C), (D) 등의 가스연료를 생산하는 기술이 있다.

① 공기(산소)　② 열분해　③ CH_4　④ H_2

9.19 빈칸에 들어갈 과정으로 옳은 것을 고르시오

> 이러한 열분해 과정은 열화학적 변화를 위해 (　　)의 과정을 거쳐 만들어지는데, 바이오매스와 산소, 그리고 수증기 등을 같이 가열하여 가스 형태인 일산화탄소, 메탄, 수소, 이산화탄소와 타르 등이 혼합된 기체를 만든다.

① 전처리 → 전환 → 정제　② 후처리 → 전환 → 정제

③ 전처리 → 변환 → 정제　④ 후처리 → 변환 → 정제

9.20 빈칸에 들어갈 내용으로 옳은 것을 모두 고르시오.

> 바이오매스 + 산소 + (A)
> ⇓ ← (B)
> 일산화탄소, 수소, 이산화탄소, 타르, 메탄 등이 혼합된 상태로 생성
> ⇓
> (C) + 산소만 남기고 나머지 제거
> ⇓
> (D)

① 수증기　② 가열　③ CO　④ 합성가스

9.21 합성가스를 통해 액체탄화수소를 생성하는 공정으로 옳은 것을 고르시오.

① F-T 공정　② 가스화공정　③ 합성공정　④ 전처리공정

9.22 유기성 폐기물이 혐기성 조건에서 미생물에 의해 분해되며 생성하는 물질로 옳은 것을 고르시오.

① 바이오가스　② 바이오연료　③ 바이오알콜　④ 바이오수소

9.23 분해조 내에서 유기물이 메탄으로 전환되는 과정을 순서대로 나열한 것을 고르시오.

> A. 고형상의 유기물을 액상화하고 가수분해하는 과정
> B. 휘발성 지방산(VFA)으로 분류되는 식초산, 프로피온산, 부틸산을 생성하는 과정
> C. 식초산 및 H_2 가스로 분해하는 과정
> D. 생성물을 이용해서 메탄을 생성하는 과정

① A–B–C–D　　② A–C–B–D　　③ B–C–D–A　　④ C–D–A–B

9.24 다음은 아세트산으로부터 메탄으로 가수분해되는 과정의 화학식이다. 빈칸에 들어갈 내용으로 옳은 것을 고르시오.

$$C_aH_bO_c + \left(a - \frac{b}{4} - \frac{c}{2}\right)H_2O \rightarrow \left(\frac{a}{2} - \frac{b}{8} + \frac{c}{4}\right)CO_2 + (\qquad)CH_4$$

① $\frac{a}{2} + \frac{b}{8} - \frac{c}{4}$　　② $\frac{a}{2} + \frac{b}{4} - \frac{c}{8}$　　③ $\frac{a}{4} + \frac{b}{8} - \frac{c}{2}$　　④ $\frac{a}{2} + \frac{b}{4} - \frac{c}{4}$

9.25 유기성 폐기물의 혐기소화 공정을 순서대로 나열한 것을 고르시오.

> A. 불순물 제거를 위한 전처리
> B. 불순물 제거를 위한 후처리
> C. 메탄으로 전환되는 분해조
> D. 사후 조정 단계(조정조)

① A–B–C　　② A–D–C　　③ B–D–C　　④ B–C–D

9.26 바이오매스에서 수소를 생산할 수 있는 방법 중 효소에 의한 물 분해로 수소를 생산하는 방법으로 옳은 것을 고르시오.

① 미생물인 녹조류가 태양광에너지를 이용하여 물로부터 양성자와 전자를 공급받아 수소생산
② 미생물인 남조류가 태양광에너지를 이용하여 물로부터 양성자와 전자를 공급받아 수소생산
③ 미생물인 녹조류가 발효하여 물로부터 양성자와 전자를 공급받아 수소생산
④ 미생물인 남조류가 발효하여 물로부터 양성자와 전자를 공급받아 수소생산

9.27 유기물로부터 수소를 생성하는 방법으로 옳은 것을 모두 고르시오.

① 광합성 세균에 의한 수소생산　② 혐기 미생물 발효에 의한 수소생산
③ 메탄 생성 세균에 의한 수소생산　④ 호기 미생물 발효에 의한 수소생산

9.28 바이오에너지의 가장 큰 장점은 수송용 연료로 전환 가능하다는 점이다. 바이오매스로부터 만들어지는 수송연료용 바이오연료로 옳은 것을 모두 고르시오.

① 바이오에탄올　② 바이오디젤　③ 바이오메탄　④ 바이오수소

9.29 바이오알코올의 원료가 되는 물질로 옳은 것을 고르시오.

① 당을 포함하는 바이오매스　② 목질계 바이오매스
③ 모든 바이오매스　④ 유지계 바이오매스

9.30 바이오디젤의 원료가 되는 물질로 옳은 것을 고르시오.

① 당을 포함하는 바이오매스　② 목질계 바이오매스
③ 모든 바이오매스　④ 유지계 바이오매스

9.31 목질계 바이오매스를 열분해 가스화하여 F-T 공정 촉매에 의해 만들어지는 것을 고르시오.

① F-T 디젤유　② 바이오디젤　③ 바이오알콜　④ 바이오수소

CHAPTER

10

수소 연료전지와 이차전지

화석연료의 기본 분자식인 탄화수소는 1개의 탄소에 수소가 다수 결합된 구조이다. 즉 한 분자에서 다수의 수소를 활용할 수 있는 전기화학 에너지원이다. 최근 이러한 수소에 대한 관심과 함께 연료전지에 대한 관심이 높아지고 있다. 이는 수소가 가진 자원의 양적 크기에 대한 기대감 때문이자 차량의 동력원으로서 휴대 성능과 에너지의 효율성이 높기 때문이다. 같은 관점에서 이차전지에 대한 관심 역시 높아지고 있다. 이 장에서는 두 전지가 어떻게 다르고 어떤 공통분모의 기술이 있는지 소개한다. 그 효율과 동작에 대한 이해가 반드시 필요함은 당연하다.

CONTENTS

SECTION
10.1 연료전지의 개요

화학적 방법으로 금속 반응을 일으켜 전기를 만드는 기술을 발견한지 300년이 지난 지금은 연료에서 전기를 바로 만드는 기술이 상용화되고 있다. 그 원리와 연료가 되는 수소에 대해 알아보자.

Keywords | 화학에너지 | 산화 환원 반응 | 전해질 | 발열 반응 | 수소 |

1 수소경제

수소경제(Hydrogen Economy)라는 용어는 1970년에 등장하여 2002년에 미래학자인 제러미 리프킨(Jeremy Rifkin)과 미국 조지 부시(George W. Bush) 행정부의 수소 경제 이니셔티브를 통해 대중에게 소개되었다.[1] 2004년에는 미국공학한림원(National Academy of Engineering, NAE)에서 "수소경제란 신재생에너지를 이용하여 수소를 생산하고, 생산된 수소를 운반·저장하며, 수소를 통해 전력을 생산하여 최종적으로 소비하는 에너지 수급시스템에 기반한 경제", 즉 에너지 수요와 공급사슬에서 수소를 에너지 운송수단(Energy carrier)으로 사용하는 경제체제로 정의하였다.[2]

그러나 수소 활용을 위한 막대한 인프라 구축 비용과 수소연료전지 기술력 등의 수소경제 실효성 문제로 '지속 가능한 수소경제 사회'는 세계적으로 큰 변화를 가져오지 못한 채 잊혀졌다. 그러나 최근 지구온난화가 위험상황에 이르러 온실가스를 배출하지 않는 완전 탈탄소화가 요구되고 기후 위기에 대응하기 위한 대안으로 '탄소중립 사회'라는 개념이 등장하면서 수소경제가 재조명받고 있다.

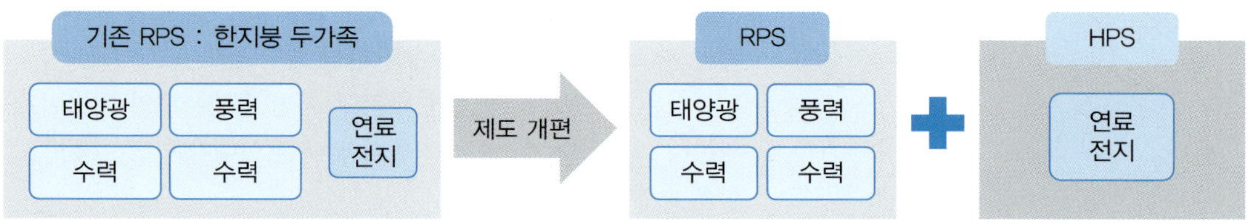

[그림 10-1] HPS 시장 도입 방향[3]

2021년 수소위원회(Hydrogen Council)가 발표한 'Hydrogen for Net-Zero)'에 따르면 수소에너지는 2050년까지 글로벌 에너지 총수요의 최대 22%를 차지할 것이며, 약 2.5조 달러 규모의 시장으로

---

1 Jeremy Rifkin, The Hydrogen Economy (n.p.: TarcherPerigee, 2003)

2 National Research Council and National Academy of Engineering. 2004. The Hydrogen Economy:Opportunities, Costs, Barriers, and R&D Needs. Washington, DC: The National Academies Press. [https://doi.org/10.17226/10922.]

3 산업통상자원부·국토교통부 제차수소경제위원회 보도자료 2020, 10

성장할 것으로 전망하고 있다. 또한 수소경제의 활성화를 위해 2020년 10월에 개최된 제2차 수소경제위원회에서는 기존의 RPS 제도에서 연료전지를 분리하여 발전용 연료전지의 안정적인 보급체계 구축을 추진하는 수소발전 의무화제도(Hydrogen energy portfolio standard, HPS) 도입 방안의 안건을 심의·의결하였다.

탄소중립 이행을 위한 블루수소와 그린수소 등의 청정수소 활성화를 위한 청정수소발전 의무화제도(Clean Hydrogen Energy Portfolio Standard, CHPS)는 2023년부터 수소시장 입찰 시장을 개설하고 운영 중이다. 청정수소를 생산하는 과정에서 탄소 배출량에 등급을 매기는 청정수소 인증제도는 2024년 3월부터 시행되었으며, 1 kg의 수소생산 시 배출되는 이산화탄소의 양을 기준으로 하였다. 청정수소고시에서는 청정수소 인증 대상을 "1 kg의 수소를 생산할 때 발생하는 이산화탄소(CO_2)가 4 kg 미만인 수소"로 정하고 이를 다시 4개의 등급으로 나누었다.

[표 10-1] 청정수소의 등급 (단위 : $kgCO_2eq/kgH_2$)

1등급	2등급	3등급	4등급
0.00～0.10	0.11～1.00	1.01～2.00	2.01～4.00

2 수소 저장 방식

수소는 주기율표에서 원자번호 1번에 위치할 만큼 매우 작고 가벼운 원소이다. 작고 가볍다는 것은 밀도가 낮아 부피가 매우 크다는 것으로, 저장이 어렵고 운반에 비용이 많이 든다는 뜻이다. 따라서 기술적으로 효율과 비용을 고려한 저장 방식을 선택해야 한다.

가장 손쉬운 방식은 수소를 압축하여 압력 저장용기 혹은 탱크에 저장하는 것이다. 수소는 낮은 압력에서는 분자 간 상호 작용이 무시되는, 밀도와 압력에 관한 이상기체 관계를 잘 따른다. 그러나 높은 압력에서는 분자간 상호 작용이 밀접해지고 밀도가 액체에 가까워져 이상기체 법칙을 따르지 않는다. 이는 최대한 압축하여 저장의 효율을 높이는 것이 좋겠지만 실제적 한계가 있음을 의미한다. 높은 압력에서의 밀집은 그만큼 높은 수준의 압력 보관용기가 필요하여 안전과 비용 문제를 고려하지 않을 수 없다.

보통 수소 저장용기에 사용하는 압력은 35 ~ 70 MPa 정도이며, 밀도는 20 ~ 35 kg/m^3 정도로, 액체수소의 0.3～0.5배 정도의 밀도로 저장한다. 이렇게 압축하여 저장할 때 사용된 에너지는 수소가 운반되거나 사용될 때 회복되거나 재사용될 수 있는 에너지가 아니므로 손실된다.

두 번째 방식은 액화수소로 저장하는 것이다. 수소의 끓는점은 20.3 K 이고 섭씨온도는 −252.85℃ 이다. 단, 이 방식은 액화 시 에너지 소모가 많고 액화상태를 유지하는 데 높은 비용이 든다. 효율적인 액화 방식은 수소 분자의 원자상태 분석으로부터 도출할 수 있다.

보통 수소 분자는 두 수소 원자의 결합으로 서로 다른 양자역학적 상태를 유지하고 있다. 이는 상호작용하는 양자들의 자기 모멘트인 스핀의 방향이 평행하여 동일 방향인 **오르토수소**(ortho-hydrogen)와 서로 역평행하여 다른 방향인 **파라수소**(para-hydrogen)의 평형 혼합이다. 오르토수소가 에너지가 상대적으로 높은 여기상태라면 파라수소는 에너지가 상대적으로 낮은 기저상태이다. 오르토수소 및 파라수소의 양은 다음과 같이 온도에 따라 달라진다.

★ 오르토수소와 파라수소의 온도 특성 ★

- −273.5℃ 에서 수소는 주로 안정적인 파라수소를 함유한다.
- 공기의 임계온도인 -140.7℃ 에서 오르토수소와 파라수소의 비율은 1:1이다.
- 실온에서 오르토수소 대 파라수소의 비는 3:1이다.
- 매우 높은 온도에서도 오르토수소 대 파라수소의 비율은 3:1을 초과하지 않는다.

이러한 온도 특성에 따라 급냉각 시 오르토수소가 대량으로 남아있게 되면 여기 상태의 에너지로 발열하고 주변 액화수소를 기화시키게 된다. 이러한 비효율성을 방지하기 위해서는 저장용기의 단열 특성 설계를 고려하여 열전달을 막아야 한다.

(a) 오르토수소 (b) 파라수소

[그림 10-2] 수소의 에너지 상태에 따른 양자역학적 성질

수소 원소를 다른 물질에 결합하여 저장하고 수송하는 방법도 있다. 수소 자체를 금속에 결합한 방식인 금속 수소화물(metal hydride)을 이용하거나 탄화수소 계열의 물질을 저장・수송하여 개질하는 것이다. 금속 수소화물은 생성된 수소를 다른 물질 혹은 원소에 고착시켜 저장하고 운반하는 것이고 탄화수소는 자연에 존재하는 물질 안에 수소 원소가 결합된 것을 분리하여 추출한다는 점에서 근원적으로 차이가 있다. 단, 금속 수소화물 방식은 수소를 티타늄에 결합시키는데, 기술적으로나 비용적으로 압축이나 액화보다 더 좋다고 단정할 수는 없다. 수소에 비해 티타늄이 매우 무거워 운반이 어렵기 때문이다.

2030년부터 이산화탄소 배출 저감을 위해 수송 및 발전 분야와 암모니아와 같은 합성연료 부분에서 수소의 수요가 급격히 증가할 것으로 전망하고 있다.[4] 이러한 추세로 최근 수소 수출입을 위한 장기간, 대규모 해상 수소운송의 경우 암모니아(NH_3)를 활용한 저장 및 운송기술이 대두되고 있다.

4 한국에너지공단, 『2022 신재생에너지백서』, 2023.

3 연료전지의 역사

연료전지(fuel cell)는 1839년 영국의 윌리엄 그로브(William Grove)에 의해 처음 개발되었다. 물의 전기분해를 역으로 수행하여 전자를 내놓고 전류를 만들어 기전력을 이끌어내는 방법은 깨끗하고 효율이 좋은 발전기술로 인정받았지만 기술적으로 성숙되기까지 상당히 긴 시간이 걸렸다. 이후 1959년 영국 캠브리지 대학의 프랜시스 토마스 베이컨(Francis Thomas Bacon)이 5 kW의 전력을 생산하는 연료전지장치를 시연하였으며, 이는 미국의 유인 우주 계획에도 성공적으로 적용되었다.

1960년대는 우주시대를 열고 개척하던 시기였다. 냉전이 한창이던 때 미국과 소련을 중심으로 기술적 우세를 과시하기 위해 우주기술 개발에 투자를 많이 하였는데, 우주에서 업무를 수행하기 위해서는 원격장치와 각종 센서 및 자동화장치들의 전원으로 쓰일 독립전원이 무엇보다 절실했다. 이때 등장한 것이 태양전지와 연료전지기술로, 1962년 제미니 계획에 의해 우주 및 군용의 알칼리 연료전지 연구가 처음 시작되었다.[5] 1969년에는 28개 가스회사가 중심이 되어 주거 및 상업용인 인산염형 연료전지기술 개발을 위한 9년 계획인 TARGET(Team to Advanced Research for Gas Energy Transformation) 프로그램을 수립하고 UTC(United Technology Corp.)사[6]에 개발을 위탁함으로써 민수용 상업적 연구가 시작되었다.

4 화학전지의 원리

일반적으로 전지라고 하면 화학적인 방법으로 전기를 저장해 두었다가 필요시 계통에 연결하지 않은 상태에서 독립적인 전원으로 사용하는 건전지나 납축전지를 떠올릴 것이다. 태양전지처럼 반도체의 광전효과를 이용한 전지를 떠올릴 수도 있다. 여기에서 태양전지를 제외한 건전지나 납축전지는 기본적으로 산화와 환원이라는 반응을 통해 이온화된 화학물질과 이온, 즉 전자의 이동을 이용한다.

산화 반응과 환원 반응은 물질이 산소를 얻는 반응과 잃는 반응을 말한다. 산화(reduction) 반응은 연소를 통해 탄소가 산소와 결합하여 일산화탄소나 이산화탄소가 되는 과정 혹은 철이 공기에 노출되어 서서히 녹슬어 산화철이 되어가는 과정이고 환원(oxidation) 반응은 철광석을 제련하여 산소를 제거한 후 순수한 철을 얻어내는 과정이다. **산화 환원**(reduction-oxidation) **반응**은 물질 사이에서 산화 반응과 환원 반응이 동시에 일어나는 과정이다. 수소 원자를 잃거나 얻는 과정도 산화 환원 반응인데, 산소의 경우와는 반대로 수소를 잃는 과정이 산화 반응, 수소를 얻는 과정이 환원 반응이 된다. 산화 환원 반응에서 왜 수소와 산소는 반대 경향을 보일까?

---

5 한국에너지기술연구소, '에너지선진국의 연료전지 개발' (2003)

6 현재 IFC(International Fuel Cell)로 사명이 변경되었다.

산화 반응은 원소 내부의 전자의 이동과 관련이 있다. 산소를 얻는 경우는 산소와 반응하는 원소가 부족한 전자를 대신하여 산소의 전자를 받아들이는 과정이다. 반대로 수소를 잃는 경우는 수소와 결합하고 있던 원소가 수소를 잃으면서 전자를 잃어버리는 과정이다. 예를 들어 산화철이 만들어지는 것은 철과 산소가 결합하는 과정으로, 산소를 얻는 산화 반응이다.

$$2Fe \longrightarrow 2Fe^{2+} + 4e^{-} \quad \text{철이 전자를 잃고 산화됨}$$
$$2H_2O + O_2 + 4e^{-} \rightarrow 4OH^{-} \quad \text{산소가 전자를 얻어 환원됨}$$
$$2Fe + 2H_2O + O_2 \rightarrow 2Fe(OH)_2 \quad \text{수산화철을 형성함}$$
$$2Fe(OH)_2 + O_2 \longrightarrow Fe_2O_3 \cdot 2H_2O \quad \text{녹으로 변환됨}$$

철의 산화 반응 변환식에서 전자를 잃고 산화된 철은 이온화되어 전자를 얻은 수산기와 결합하여 전기적 평형을 이룬다. 산소는 철이 이온화될 때 발생한 전자를 얻는 환원 과정으로 수산기를 만드는데, 이렇게 전자의 주고받음을 통해 산화 환원 반응을 정의할 수 있다.

구리가 산소를 얻어 산화구리를 생성하는 경우 구리가 산소를 얻었으므로 산화 반응으로 생각하기 쉽다. 물론 구리가 산소를 얻는 과정은 전자를 잃어 양이온이 되는 산화 반응이 맞지만 산소의 입장에서는 구리가 가지고 있던 전자를 얻은 것이므로 음이온이 되는 환원 반응이 된다.

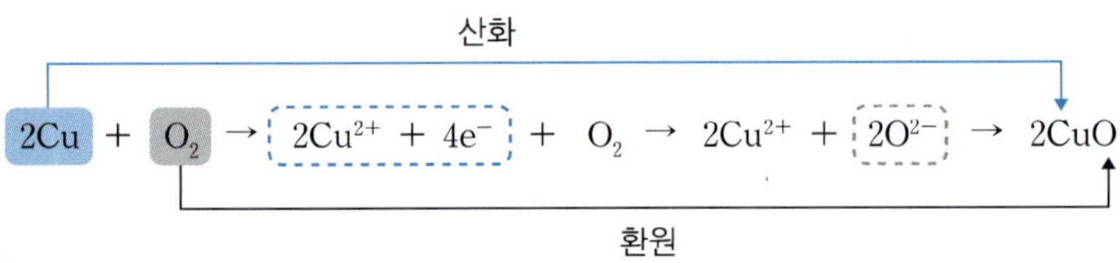

[그림 10-3] 산화구리 생성 반응

이러한 산화 환원 반응을 통해 화학에너지가 전기에너지로 바뀌는 과정은 금속이 종류에 따라 수용액에서 전자를 잃고 양이온이 되려는 성질인 금속의 **이온화**(ionization) **경향**을 이용한다. 이온화 경향이 큰 금속일수록 전자를 쉽게 잃고 산화되는데, [그림 10-4]와 같은 순서로 이온화 경향이 작아진다.

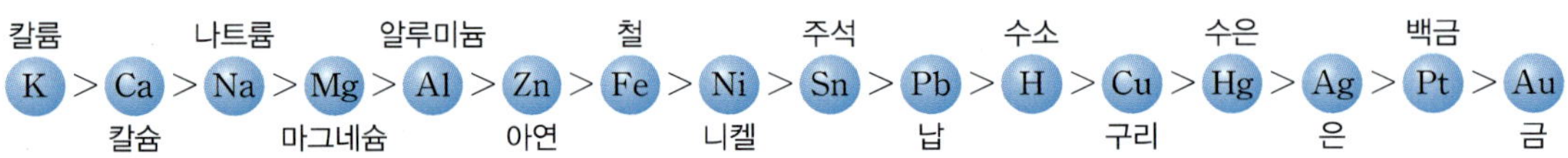

[그림 10-4] 금속의 이온화 경향

일반적인 화학전지의 원리는 양극과 음극을 구성하는 금속 중 이온화 경향이 큰 금속을 음극에 배치하고, 이온화 경향이 작은 금속을 양극에 배치하여 음극에서는 산화 반응으로 전자를 잃고 양극에서는 환원 반응으로 전자를 얻어(혹은 뺏어) 전자가 음극에서 나와 결선된 폐회로의 부하를 거쳐 양극으로 이동하도록 한다. 이때 전자를 잃거나 얻도록 하는 과정을 위해 이온화 경향을 자극하는 촉매인 수용액이 필요하다. 수용액은 화학적 전기 특성이 발생하도록 물에 녹였을 때 전도성을 띠는 **전해질**(electrolyte)로 되어 있다.

최초의 화학전지인 볼타전지는 아연판을 음극으로, 구리판을 양극으로 한 후 황산에 담가 도선으로 연결한 전지이다. 이렇게 하면 아연은 전자를 잃고 황산에 용해되면서 아연 양이온이 되어 전해질 용액에 서서히 분해된다. 반대로 구리는 전자를 얻어 전해질 용액 안의 수소 이온에게 전자를 넘겨주고 수소 기체를 생성한다. 이 수소 기체가 구리판 주변을 에워싸면 구리판에 모인 전자가 수소 이온과 결합하지 못해 전자의 흐름이 둔화되어 전류가 흐르지 못하고 전압이 떨어지는 현상이 발생한다.

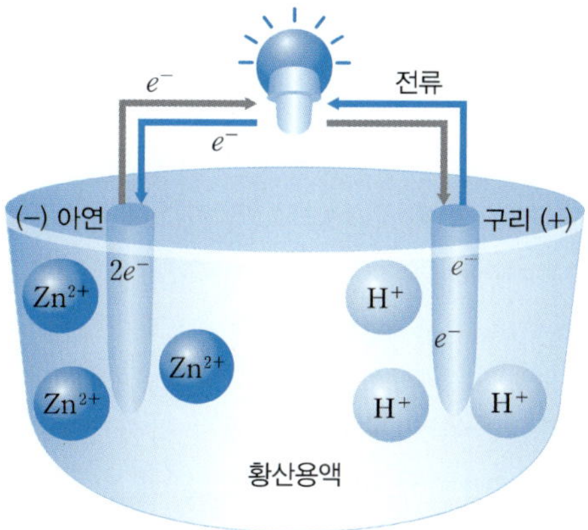

[그림 10-5] 볼타전지 구성도

화학에너지로부터 전기에너지를 발생시키기 위한 다른 방법도 있다. 금속의 이온화 경향을 이용하지 않고 수소 원자로부터 전자를 직접 생성하여 전류를 만들고 양이온이 된 수소를 산소와 결합시켜 물로 만드는 과정을 이용하는 방법으로, 수소를 이용한 **연료전지**가 이 방식을 이용한다.

5 연료전지의 원리

연료전지는 연료가 되는 수소의 이온화 과정, 그리고 산소와 전자, 수소 이온의 재결합이라는 전기화학적 반응을 통해 전기를 생산하는 장치이다.

최초의 연료전지 실험은 물의 전기분해 실험에 대한 역반응을 관찰하면서 이루어졌다. 실험에서는 산성 전해질 용액에 백금 바늘을 넣어둔 시험관에 미리 물의 전기분해로 얻어진 수소와 산소를 각각 모아놓고 전선으로 연결한 후 전류계로 전류의 흐름을 측정하며, 산소와 수소가 결합하여 물이 되는 과정에서 전자의 이동을 통해 전류가 흐르는 것을 관찰하였다. 이 전자들은 백금에 의해 모아진 것인데, 앞서 설명한 화학전지의 이온들의 생성과 전자 이동의 원리와 유사하다. 단지 금속의 반응성 대신 수소와 산소, 전해질 용액을 사용한다는 점에서 차이가 있다.

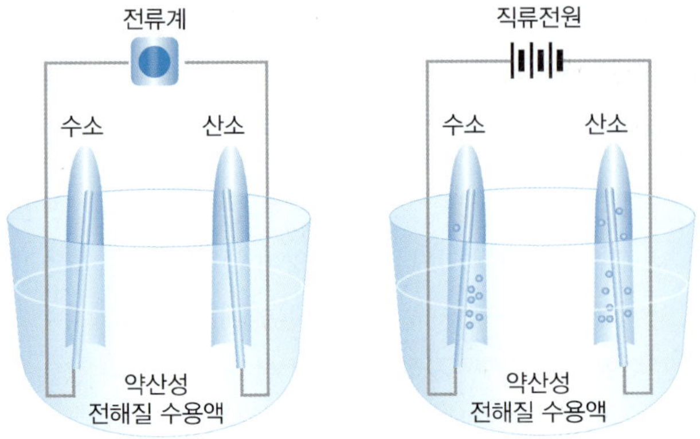

(a) 최초의 연료전지 실험 (b) 물의 전기분해 실험

[그림 10-6] 윌리엄 그로브의 최초의 연료전지 실험

연료전지의 연료인 수소는 전자를 쉽게 잃어버리는 성질이 있다. 수소가 전자를 잃고 수소 양이온이 되면 산성의 전해질막을 횡단하며, 분리된 전자들은 결선된 회로를 따라 산소가 모여 있는 쪽으로 이동하게 된다. 산소는 양이온이 된 수소 이온과 회로를 타고 이동해 온 전자들과 반응하여 물 분자를 형성한다. 이러한 수소 양이온과 산소, 전자의 결합에 따라 열이 발생한다.

이때 발생한 열과 물은 전력생산 과정에서 생긴 것으로, 이 부산물을 이용하는 것까지 합하면 총 효율을 80% 이상으로 높이는 고효율발전이 가능하다. 기존의 화력발전에 비해 효율이 높아 전력생산을 위해 소비되는 연료를 절감할 수 있으며, 부산물로 얻는 열과 물로 열병합발전을 할 수도 있다. 또한 질소산화물과 이산화탄소의 배출량이 각각 석탄 화력발전의 $\frac{1}{38}$과 $\frac{1}{3}$ 정도이고 소음도 매우 적어 공해 배출 요인이 거의 없는 무공해 에너지 기술이라고 할 수 있다.

또한 각 기능을 하는 장치들의 모듈화로 설비의 구축기간을 단축할 수 있다. 발전용량의 크기와 설비의 크기가 비례하기 때문에 용량의 증설을 위해서는 설비의 증설이 필요하지만 모듈화되어 있는 특성에 따라 쉽게 증감이 가능하여 입지에 대한 유동성이 높아 선정이 용이하다. 따라서 도심 지역 또는 건물 내 설치가 가능하므로 경제적으로 에너지를 공급할 수 있다. 또한 천연가스, 도시가스, 나프타, 메탄올, 폐기물가스 등 수소가 다량 함유된 분자구조를 갖는 다양한 연료를 사용할 수 있으므로 기존의 화력발전을 대체하여 탄소가 함유된 가스들이 연소에 의해 산소와 결합된 공해물질의 배출을 줄일 수 있다. 이는 분산전원용 발전소, 열병합 발전소, 무공해 자동차의 전원 등에도 적용 가능하다.

SECTION
10.2 연료전지의 구성

연료전지시스템은 기능과 목적에 따라 전극과 전해질막 조립체인 MEA, 분리판을 이용한 스택, BOP로 총칭하는 그 주변 장치와 연료공급장치, 그리고 전력변환 및 PCS로 구성된다.

Keywords | 연료극 | 공기극 | 전해질막 | 분리판 | BOP | 개질기 |

1 연료전지시스템의 구조

연료전지를 이용한 발전시스템은 기본적으로 다음과 같이 구성된다.

■ 연료개질장치

연료공급장치에 담긴 수소 원소를 함유한 가스(LPG, LNG, 메탄 등) 등으로부터 이온 결합되어 있는 분자들을 분리하여 연료전지의 주 연료인 수소를 분리하는 장치이다.

■ 연료전지 본체

공기 중의 산소로 직류 전기와 물 및 부산물인 열을 발생시키는 장치이다. 연료개질장치에서 들어오는 수소를 이온화하여 전자와 수소 이온을 분리하고 수소 이온만 통과할 수 있도록 하는, 전해질로 구성된 얇은 막인 MEA(Membrane Electrode Assembly)와 수소 이온으로부터 분리된 전자가 이동하면서 전류를 발생시키는 전기적 경로인 전선로, MEA를 통과한 수소 양이온과 결합할 산소 음이온으로 구성된다.

■ BOP

통풍기와 배관으로 구성되며, 플랜트의 효율을 높이기 위해 연료전지 반응에서 생기는 반응열과 연료 개질 과정에서 나오는 폐열 등을 이용하여 연료전지 본체의 습도와 온도를 조절한다.

■ PCS

연료전지에서 나오는 직류를 승압하거나 감압하여 전압을 조절하는 컨버터와 직류를 교류로 변환시키는 전력변환장치인 인버터를 이용하여 전압과 주파수로 전력을 관리하고 계통연계 혹은 독립 사용에 필요한 전력 특성을 관리하는 장치이다.

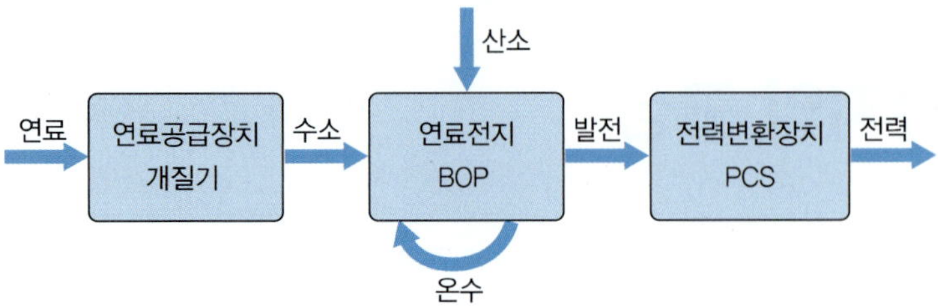

[그림 10-7] 간략화된 연료전지의 구성

2 개질기

개질기는 부탄이나 메탄으로부터 수소를 개질하여 사용하는 장치이다. 탈황장치(desulfurizer), 수증기 발생 개질기(vapor generator reformer), 일산화탄소 전환기, 일산화탄소 제거기 순서로 공정이 이루어진다. 수증기의 개질 반응을 이용한 수소 제조장치는 기본적으로 탈황 반응기, 개질 반응기, 고온전환 반응기 및 저온전환 반응기로 구성된다.

탈황 반응기

천연가스에 포함된 황화합물의 황 성분은 개질 반응 촉매의 활성점으로 작용하는 니켈 촉매의 활성을 감소시킨다. 따라서 이러한 성분은 제거할 필요가 있고 일반적으로 탈황 반응기에서 탈황 반응과 흡수 반응을 통해 제거한다. 탈황 반응은 보통 약 350 ~ 400℃ 의 온도에서 이루어진다. 탈황 및 흡수 반응은 모두 발열 반응이지만 반응열이 작아 거의 무시할 수 있다.

개질 반응기

탈황 반응기에서 황성분이 제거된 천연가스는 뜨거운 수증기와 혼합되어 개질 반응기로 유입된다. 수소 제조장치의 운용 비용을 낮추려면 수증기 제조 비용을 낮추는 것이 필요하다. 수증기의 비율이 높아질수록 메탄으로의 전환율이 높아지며, 수소 수율도 높아진다. 그러나 수증기 비율이 높아질수록 수증기를 만들기 위한 에너지 소모량이 증가하기 때문에 적정한 경제성을 추정할 필요가 있다.

개질 반응은 보통 니켈 촉매에서 일어난다. 적정한 개질 반응온도는 촉매에 따라 다르지만 보통 700 ~ 800℃ 정도이고 촉매의 성능이 좋아질수록 낮아진다. 개질 반응온도가 높아지면 일산화탄소와 수소가 반응하는 메탄화 반응이 일어나 수소의 수율이 줄어들 수 있다. 개질 반응 후 생성되는 가스는 대부분 수소와 일산화탄소이며, 미반응 메탄과 이산화탄소가 포함되어 있다.

고온 및 저온 전환 반응기

최근 한 종류의 촉매로 고온 및 저온 전환 반응이 가능하도록 하는 기술이 개발되고 있다. 이러한 수소 제조장치를 고분자 연료전지에 적용하기 위해서는 일산화탄소를 ppm 레벨로 제거하기 위한 선택적 산화 반응인 PROX(PReferential OXidation) 반응기가 추가적으로 설치되어야 한다. 고순도 수소를 제조하기 위해서는 PSA(Pressure Swing Adsorption)와 같은 별도의 정제 설비도 필요하다.

그 외 필요한 유틸리티 설비로는 개질 반응기에 열에너지를 공급하기 위한 열원과 각 반응기의 열 밸런스를 맞추기 위한 열교환기, 그리고 수증기 제조를 위한 증기 보일러 등이 있다. 반응기의 온도와 운전 조건을 맞추기 위한 제어시스템도 필요하다.

PROX 반응기

고분자 연료전지는 스택 촉매의 비활성화를 막기 위해 혼합가스 중 일산화탄소의 농도를 10 ppm 이하로 유지해야 한다. 이를 위해 적용되는 반응이 선택적 산화 반응인 **PROX 반응**이다.

PROX 반응은 수소와 일산화탄소가 공존하는 조건에서 산소 또는 공기를 이용하여 선택적으로 일산화탄소와 반응시켜 이산화탄소를 생성하는 반응이다. 필연적으로 수소가 소모되며, 경우에 따라 수소와 산소와의 격렬한 반응으로 온도가 급격히 상승하여 반응기시스템을 무력화시킬 수 있어 대단한 주의가 요구된다. 이때 산소는 일산화탄소와 수소와 경쟁 반응이므로 일산화탄소와의 선택도가 높은 촉매가 필요하다.

수소정제기(PSA)

PSA 공정은 반응 생성물 중에 포함되어 있는 수소 성분의 순도를 높이기 위해 이산화탄소, 일산화탄소, 질소, 미반응 메탄 등과 같은 성분을 제거하기 위한 용도로 사용되는 공정이다. 성분 중 이산화탄소의 제거율이 가장 높다.

PSA 공정은 흡착제로 채워진 흡착탑을 혼합 기체가 고압상태로 통과하면서 이산화탄소와 같이 선택도가 높은 기체를 우선 흡착하고 선택도가 낮은 수소 기체는 흡착탑 밖으로 배출하게 되는 원리이다. 흡착된 성분들을 제거하기 위해 흡착탑 내 압력을 떨어뜨려 공정에 사용한 물질들을 다시 사용하며, 고압 생성물의 일부를 이용하여 탑을 세척한 후 재생하는 일련의 공정을 반복하면서 고순도의 수소를 연속적으로 얻을 수 있다.

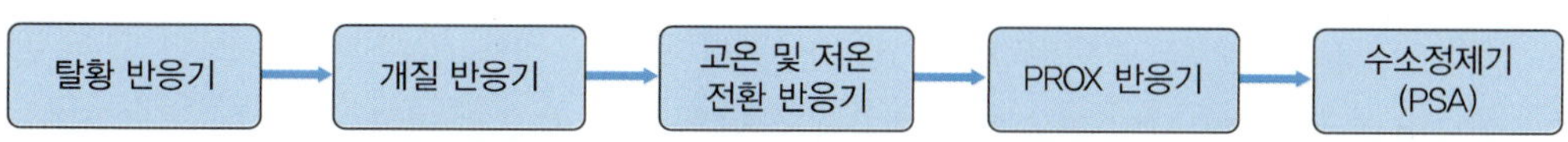

[그림 10-8] 개질기를 이용한 탄화수소 계열 연료로부터 수소를 얻는 과정

3 연료극과 공기극

[그림 10-6]의 최초의 연료전지 실험에서 수소와 산소가 담긴 두 시험관이 바로 오늘날 연료전지의 연료극과 공기극이며, 산성 전해질 용액이 연료전지의 전해질막이다. 현재 연료전지는 수소를 공급하는 쪽을 연료극으로 하고 산소를 공급하는 쪽을 공기극으로 하며, 그 사이에 전해질막(electrolyte membrane)을 둔 구조로 되어 있다.

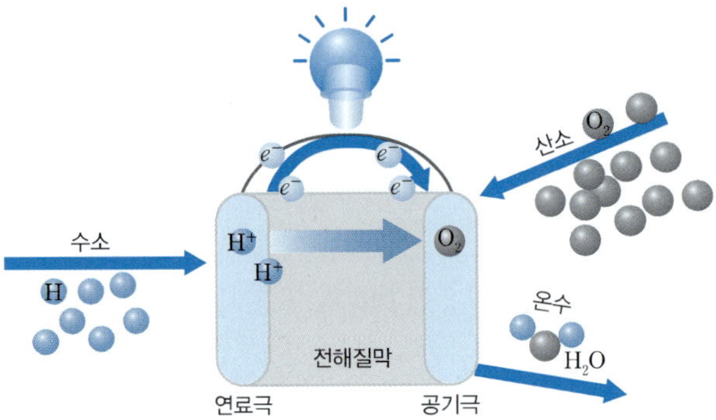

[그림 10-9] 연료전지의 원리적 구성과 동작

연료전지에서는 연료극에서 나와 공기극 쪽으로 이동하는 전자의 이동 경로를 갖는 회로 결선 상에 부하가 존재하도록 회로를 구성할 수 있다. 연료극은 연료전지의 음극인 애노드(anode)[7]로, 공기극은 연료전지의 양극인 캐소드(cathode)[8]로 하는 전기 전극으로 구성되며, 캐소드에서 애노드로 흐르는 전류의 방향을 순방향으로 본다. 따라서 전기적으로는 공기극이 양(+)단자를, 연료극이 음(−)단자를 이룬다.

- 연료극(anode) : $2H_2 \rightarrow 4H^+ + 4e^-$
- 공기극(cathode) : $O_2 + 2H_2^+ + 4e^- \rightarrow 2H_2O$
- 연료전지 전체 : $2H_2 + O_2$ = 전기 + 온수 (H_2O + 열)

연료극은 수소로부터 전자를 분리하여 수소 양이온으로 만드는 역할을 하며, 공기극은 전자와 수소 이온이 다시 산소와 결합하도록 하는 역할을 한다. 두 극 모두 전자를 분리하거나 전자를 결합시키는 촉매 역할과 전자의 이동 경로의 시작과 끝이 되도록 하는 전극 역할을 한다.

최초의 연료전지 실험에서 연료전지의 기전력은 매우 미약했다. 전자를 분리하는 촉매이자 전자를 이동시키는 전극 역할을 하는 백금의 면적이 좁았기 때문이다. 많은 양의 수소를 모으려면 넓은 면적의 촉매가 필요하므로 연료전지의 연료극과 공기극은 넓은 판 모양으로 만들어진다.

---

7 전류가 흘러 들어가는 쪽의 전극을 의미한다.

8 전류가 흘러나오는 쪽의 전극을 의미한다.

판 형태의 연료극과 공기극을 세밀히 관찰하면 수소 분자를 수소 이온과 전자로 분리할 때 촉매 역할을 하는 백금과 백금을 지지하는 탄소분말로 구성되어 있으며, 이러한 덩어리가 전해질막의 면을 따라 고르게 부착되어 판 형태를 유지하고 있음을 알 수 있다. 이러한 방식을 사용하면 값이 비싼 백금을 소량 사용해도 높은 효율을 얻을 수 있다.

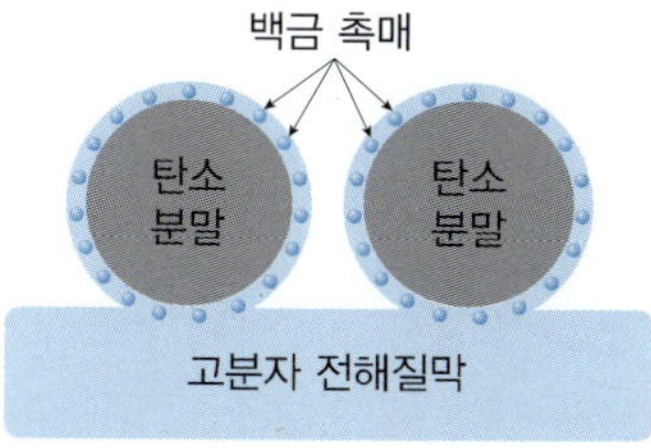

[그림 10-10] 연료극(애노드)과 공기극(캐소드)을 구성하는 백금 촉매 미세구조

또한 연료전지는 양극을 이루는 판 바깥쪽으로는 기체가 고르게 확산될 수 있도록 다량의 미세한 통로를 만들어 수소와 산소 및 전해질 용액이 양 극판에 골고루 침투할 수 있도록 하는 다공질(porous) 구조를 갖는 미세다공질층(Micro-porous Layer, MPL)을 만들고자 한다. 이를 위해 카본페이퍼 등의 재료로 만든 기체확산층(Gas Diffusion Layer, GDL)을 구성한다.

연료전지의 핵심 구성인 'GDL + 촉매 + 전해질막 + 촉매 + GDL'은 전해질막을 사이에 두고 공기극과 수소극이 대칭인 구조를 이루는데, 'GDL + 촉매'로 구성된 기체확산층과 양쪽의 각 극을 이루는 촉매층을 포함하여 '촉매 + 전해질막 + 촉매' 조합으로 간단하게 표기하기도 한다.

4 전해질막

공기극과 연료극의 거리가 멀면 이온의 이동 경로가 길어짐에 따라 저항이 커져 이온의 흐름을 방해한다. 따라서 두 극 사이를 좁게 하여 이동속도를 빠르게 하는 것이 중요하다. 공기극과 연료극 사이에는 전해질막이 있는데, 전해질막을 구성하는 성분에 따라 연료전지를 산성이나 염기성으로 구분하고 연료전지의 동작온도에 따라 저온형과 고온형으로 나눈다. 이때 고온형은 사용되는 연료의 종류에 따라 세부적으로 구분된다.

연료전지의 원리를 이해하기 위해 고분자 전해질막을 사용하는 연료전지를 예로 들어보자. 연료극에서 수소는 양의 수소 이온(proton)으로 변환되면서 애노드를 통해 전자를 전기회로에 보낸다. 이때 수소 이온을 전해질막을 통해 공기극으로 빠르게 이동시켜야 산소 분자와 전자와 반응하여 전류회로를 완성할 수 있다. 수소 이온이 느리게 이동하면 전자와 산소가 반응하지 못하고 지체되면서 전자의 순환 흐름인 전류가 만들어지지 않아 전력이 생산되지 못한다.

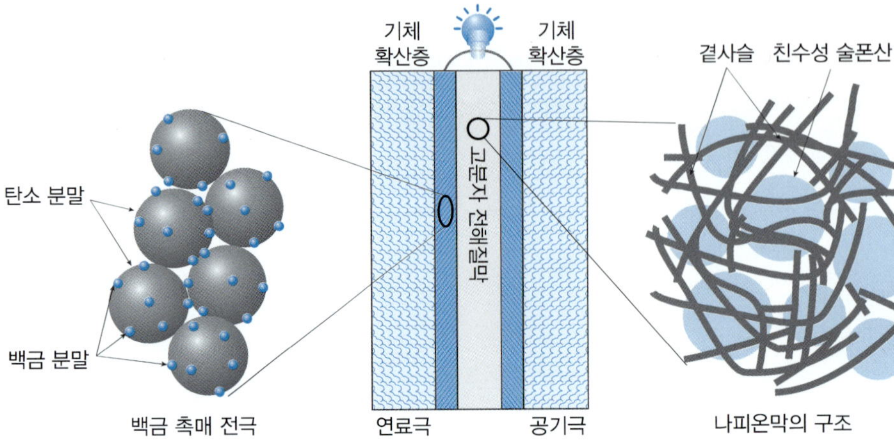

[그림 10-11] 연료전지의 MEA 구조

전해질막은 산소와 수소를 분리하면서 이온만 이동시키는 특수한 물질로 구성하며, 수 μm 의 매우 얇은 두께를 가지면서 화학적으로나 기계적으로 연료전지 작동환경에 안정적인 물질로 만든다. 고분자 전해질막 연료전지(PEMFC)에서는 이러한 특성에 적합한 물질로 **나피온**(Nafion)이라는 물질을 사용한다. 나피온은 폴리에틸렌을 기본 물질로 하여 수소를 불소로 치환한 테트라플루오로에틸렌(TFE)이라는 물질을 이용하여 만든 폴리테트라플루오로에틸렌(PTFE)을 사용한다.

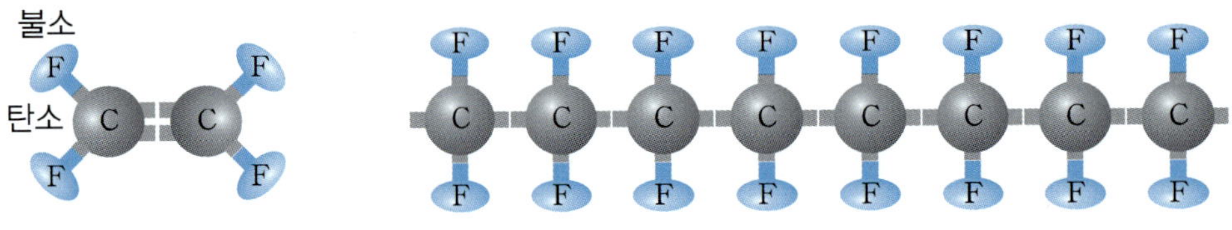

(a) 테트라플루오로에틸렌 (b) 폴리테트라플루오로에틸렌(PTFE)

[그림 10-12] 전해질막의 재료 나피온의 구성 성분

이 물질은 불소와 탄소가 강력하게 접착되어 질기고 화학적으로 매우 안정적이어서 야외에서 사용하는 용품의 재료나 스포츠용품에 많이 사용된다. 또한 소수성(hydrophobic) 물질로, 빗물이나 개울물에 젖지 않아 등산과 캠핑용품에 많이 사용된다. 그러나 바로 이 소수성 때문에 PTFE를 전해질막으로 바로 사용할 수 없다. 수소 이온은 물이 있어야 전도성이 높기 때문이다.

따라서 이온의 전도성을 증가시킬 친수성(hydrophilic) 물질인 술폰산(HSO_3)을 덧붙여 전해질막으로 사용한다. 술폰산을 추가하면 사슬 모양의 PTFE 사이에 술폰산이 자리잡아 수분이 모이게 되고 PTFE는 물을 밀어내면서 흐름을 만들어 수소 이온의 전도성이 높아진다. 이를 통해 화학적으로도 기계적으로도 매우 안정된 결합력과 친수성을 갖는 물질이 만들어진다. 이렇게 만들어진 물질이 나피온이다.

나피온을 이용한 전해질막은 방수 영역과 흡수 영역인 CF_2와 SO_3가 동시에 존재하므로 수분이 적절히 공급될 수 있다. 따라서 양의 수소 이온이 이동하기 적합한 환경을 만들어 이온전도도를 유지할 수 있게 된다. 이렇게 수소 이온이 연료극에서 공기극으로 이동할 때는 전해질막을 통과하면서 물과 함께 이동하는 전기삼투항력(electro-osmotic drag)현상이 발생하며, 전류의 세기와 비례하여 이온전도도에 영향을 준다.

반면 공기극에서는 수소와 전자와 산소가 반응하며 물이 생성되는 발열 반응으로 전해질막이 건조해진다. 발열을 방치하면 성능의 저하뿐만 아니라 심하게 건조해진 전해질막이 부스러지는 기계적 마모가 일어나 영구적 손상을 받을 수 있으므로 발열을 저감시킬 수 있는 냉각장치가 필요하다.

5 분리판

연료전지 셀과 분리판

전지 하나의 전압은 작으므로 큰 전압을 얻기 위해 직렬 연결을 통해 전압을 높일 수 있다. 연료전지의 경우 셀 1개의 전압은 약 0.7V로, 전압을 높이기 위해 연료전지도 셀을 직렬로 연결하여 묶는다. 이를 **스택**(Stack)이라고 한다.

연료전지 셀을 직렬로 연결하는 가장 확실한 방법은 전선을 사용하여 서로 다른 연료전지의 연료극과 공기극을 단자로 연결하는 것이다. 그러나 무수히 많은 전자가 연료극과 공기극 표면을 가로질러 전극으로 모여 전선을 타고 이동하는 경우 상대적으로 큰 저항을 유기한다. 따라서 연료전지 셀이 작거나 전도도가 매우 훌륭한 도체를 재료로 쓰는 경우가 아니라면 이 방법은 적절하지 않다.

현재 가장 합리적이고 많이 사용하는 방법은 [그림 10-13(b)]와 같은 **분리판**(bipolar plate, 양극판)을 사용하는 것이다. 분리판은 두 셀 사이에서 연료극과 공기극을 연결하며, 공기극에는 공기를, 연료극에는 이온화연료인 수소를 공급하는 통로 및 냉각수의 이동 통로 역할도 한다.

분리판을 사용할 때는 두 전극인 연료극과 공기극이 전기적으로 방해나 중단 없이 연결되면서 공기와 수소의 공급이 엄격히 분리되어야 한다. 따라서 전기전도도를 보장하기 위해 흑연이나 스테인리스를 사용하여 분리판을 제작하고 공기와 수소가 드나들 수 있는 통로로 홈이나 요철을 만든다. 이 분리판의 수직과 수평 통로를 유체가 흐르도록 하는 길, 즉 **유로**라고 한다. 각 유로는 밀폐되어 MEA에서 불필요한 기체가 빠져나가는 것을 방지한다.

유로가 좁거나 얕으면 공기의 흐름을 방해하여 공기에 산소를 공급하기 어렵다. 따라서 기체 흐름 속도는 빨라야 하고 유로는 커야 한다. 그러나 촉매층인 극에 접촉하는 면이 좁으면 전자의 이동이 방해받아 효율이 떨어지므로 무작정 커서도 안 된다. 이러한 이유로 [그림 10-13]보다 복잡한 구조와 추가적인 부속품이 필요한데, 이는 당연히 가격 상승의 원인이 된다. 이처럼 작고 단단하며, 적절한 유로를 형성한 분리판을 설계하고 가공하는 기술은 매우 어렵기 때문에 연료전지의 생산기술 접근성을 높이는 장벽 중 하나가 된다.

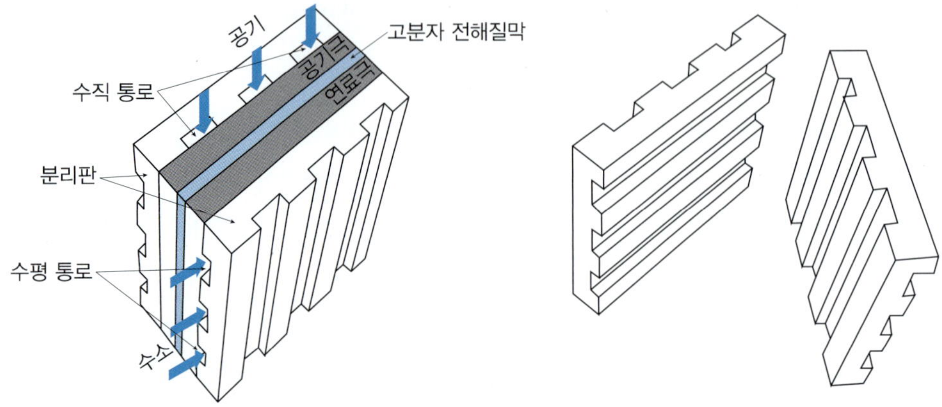

(a) 연료전지 단일 셀의 구조　　　　(b) 분리판

[그림 10-13] 연료전지 단일 셀의 구조

개선된 분리판

연료전지의 스택을 구성하도록 제작, 조립하는 과정에서 가장 어려운 부분은 공기 혹은 산소와 수소의 누설이다. 공기극이나 수소극은 MPL의 미세다공성 기체 확산층인 GDL을 가지고 있어 공기나 수소를 공급하는 부분에서 효율과 동시성을 위해 GDL을 통해 촉매층에 도달하도록 구성한다. 분리판에 유로를 형성하고 MEA에 부착하면 GDL층 위로 부착되어 완벽한 밀봉이 어려우므로 완벽한 밀봉을 위해 분리판과 MEA의 형상과 구조를 바꿔야 한다.

GDL과 촉매층을 갖는 연료극과 공기극의 모서리 밀봉을 위해서는 개스킷(gasket)을 연료극과 공기극에 설치하여 외부 누설을 차단하는 구조로 변경하면 된다. 또한 외부에서 공급하던 가스들, 즉 공기와 수소를 내부에서 공급하여 밀폐력을 높이기 위해 외부 요철을 내부 요철로 바꾼 유로를 양면으로 형성하여 분리판 본연의 스택 구성, 즉 직렬 구성에 문제가 없게 구성할 수도 있다. 이러한 내부 요철로 유로를 형성한 것을 내부 매니폴드(internal manifold) 구조라고 한다. 스택은 이러한 분리판에 의해 고체 블록들이 적층되어 만들어진 구조이다.

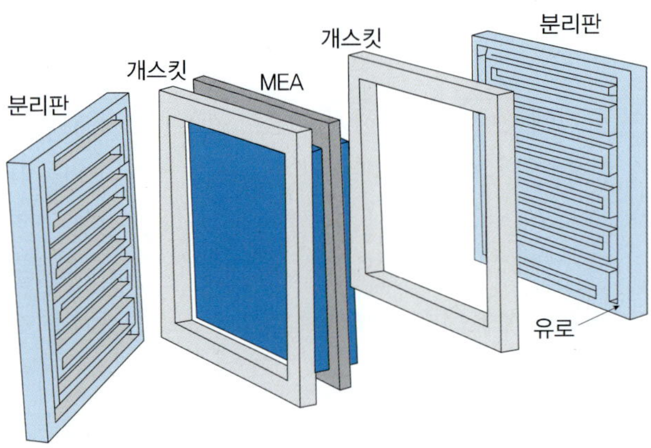

[그림 10-14] 기능이 향상된 연료전지 단일 셀의 분해구조(개선된 분리판 부착)

6 BOP

연료전지가 전력을 생산하는 효율을 유지하기 위해서는 여러 부수적인 운영 조건을 만족해야 한다. 대표적으로 수소 양이온이 연료극(anode)에서 공기극(cathode) 쪽으로 수소 이온의 이동 통로인 전해질막을 통과하기 위해서는 적당한 양의 수분이 반드시 필요하다.

연료전지 내부에서 물이 생성되기는 하지만 이를 전해질막에 곧바로 투입할 수는 없다. 건조를 막기 위해 전해질막의 온도를 낮춰야 하는 환경에서 발열 반응인 수소와 산소 결합으로 만들어진 고온의 물은 오히려 효율을 저해하기 때문이다. 따라서 MEA 내부에 수분을 공급하는 주요한 방법은 연료전지에 주입되는 수소와 공기에 가습된 연료와 공기를 공급하는 것이다.

냉각과 가습은 전해질막의 재료적 특성에 의한 필수 조건이다. 나피온을 구성하는 PTFE는 이온 전달을 돕는 친수적 성질과 공기극과 수소극을 분리하는 소수적 성질을 혼합하여 사용하기 때문이다. 따라서 가습과 냉각은 연료전지 효율 유지와 동작을 위해 반드시 수행되어야 하는 조건이다.

연료전지의 습도 유지와 온도 통제를 위한 주변 장치들은 이러한 필수 조건의 만족 및 효율과 발전 성능을 위해 사용된다. 따라서 전력을 공급받는 부하의 운용 조건의 변화에 따라 전압과 전류가 변동하는 동적인 전력수급 환경에서는 연료전지 스택의 운영환경을 통제하는 주변 장치들의 제어를 통해 동적인 전력제어가 가능하다. 이러한 이유로 습도 유지와 온도 통제를 위한 장치는 전력의 균형을 이루는 장치라는 의미에서 **BOP**(Balance of Power)라고 한다.

BOP는 연료전지의 종류에 따라 조금씩 구성이 다르고 전력생산의 규모와 크기에 따라 다양한 형태가 있다. 그러나 기본적으로 다음과 같은 장치들로 구성된다.

★ BOP 장치 ★

- 습도 유지를 위해 필요한 가습장치
- 수소와 공기를 공급하는 공급장치
- MEA의 발열을 통제할 냉각장치

가습장치

고분자 전해질막을 이용하는 연료전지인 PEMFC는 보통 90℃ 내외의 온도에서 구동된다. 이는 일반적인 대기온도보다 훨씬 높은 온도로, MEA의 상대습도를 저해하는 요인이 된다. 또한 나피온 재질의 전해질막을 건조하게 하고 이온 전달속도를 느리게 한다. 따라서 공급되는 연료인 수소와 공기의 습도를 높이는 가습장치가 필요한데, 연료전지시스템에서는 세 가지 정도의 가습 방식을 사용한다.

■ 저수조 통과 가습 방식

일정한 온도의 물이 담겨 있는 저수조에 연료인 공기와 수소를 통과시키면 물방울이 연료들과 접촉하면서 건조한 연료가 가습되는 간단한 방식으로, 공급되는 연료들의 가습을 개념적으로 설명하기 유용하다. 단, 실험실이 아닌 실제 연료전지시스템에서 사용하기는 쉽지 않다. 이에 개념적으로 유사하지만 실용적으로 적용 가능한 개선된 방식으로 다공성 막 통과 가습 방식이 있다.

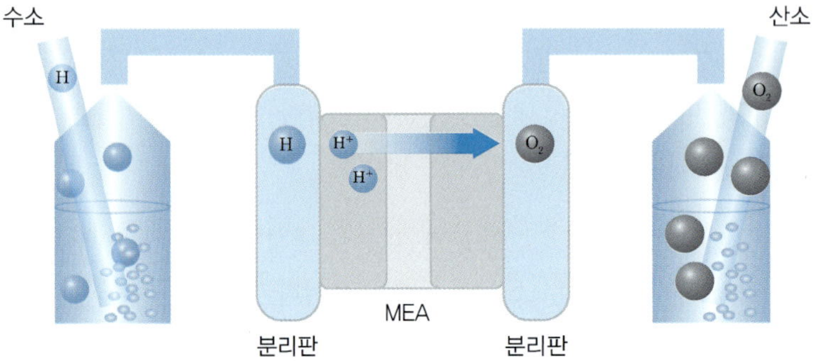

[그림 10-15] 저수조 통과 가습 방식

■ 다공성 막 통과 가습 방식

공기극에서 배출된 고온다습한 출구 공기를 저온건조한 연료와 접촉시켜 온도와 수증기를 교환할 수 있게 하는 방식이다. 습기가 많고 온도가 높은 공기는 연료 가습에 적당하므로 다공성 막을 이용하여 공기의 수분이 막의 치밀한 조직에 걸러져 응축되게 한 뒤, 다습해진 막을 지나는 건조한 공기가 수분을 흡수하게 한다. 매우 저렴하고 구조가 간단하며, 구현이 쉽고 실용적인 데다 가습을 위한 동적인 부품이 필요 없어 일정하게 가습이 가능하다.

[그림 10-16] 다공성 막 통과 가습 방식

■ 물 혹은 수증기 직접 분사 방식

연료전지에 투입하는 연료들인 공기와 수소에 수분을 직접 공급한 뒤 투입하는 방식이다. 연료들에 수분을 분사하는 장치와 펌프와 같은 부가적인 장치들을 사용하는 방식으로, 수분을 적절하게 조절해야 한다. 과다한 수분을 공급하는 경우 기체 확산층을 물로 막아버리는 역효과를 낼 수 있다.

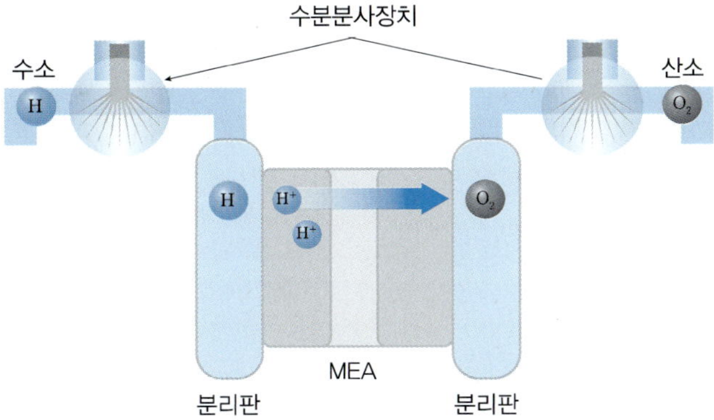

[그림 10-17] 수증기 직접 분사 방식

연료공급장치

연료공급장치의 연료는 수소와 공기 중의 산소이다. 수소는 저장 및 수송방법에 따라 다양하게 공급된다. 특히 **개질**이라는 방식을 이용하여 수소가 많은 분자로 구성된 물질들, 예를 들어 탄화수소 계열의 물질들에서 수소를 분리, 추출하여 고분자 전해질막을 사용하는 연료전지에 사용할 수 있다.

개질 방식을 사용하지 않고 수소를 직접 용기에 담아 공급할 때는 수소의 생산과 분배, 운송과 저장에 대해 고려해야 한다. 상온과 표준압력에서는 수소의 부피가 매우 크므로 압축과 저장 방식이 연료전지시스템을 구성하는 연료공급장치에 영향을 준다. 연료공급장치에 연료를 공급할 때 필요한 수소 운송과 저장은 대체로 압축수소가스 방식, 액체수소 방식, 그리고 메탈-하이드라이드 방식을 사용한다.

수송된 수소나 탄화수소 계열의 물질 중 무엇을 개질하여 사용하는지와 관계없이 연료전지의 MEA에 공급되는 수소는 연료극에서 공기극으로 이동한 후 산소와 반응하지 못하고 수소로 잔존할 때 순환시켜 재사용할 수 있도록 구성한다. 수소의 공급량을 결정하는 밸브와 가습장치까지 더해 수소공급장치는 연료 저장부, 밸브, 재순환 연결부, 가습장치 순으로 이어진 관을 따라 구성한다.

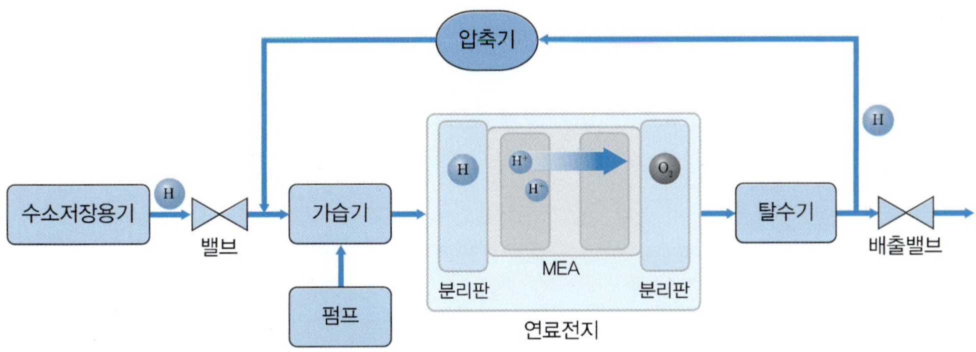

[그림 10-18] 수소공급장치

공기공급장치는 대기 중의 공기를 공기극에 공급하는 장치로, 송풍기나 압축기를 이용하여 공기를 공급한다. 연료전지에 공급하는 연료의 압력이 높은 상태로 동작하는 장치에서는 압축기를, 연료의 압력이 높지 않은 상태로 동작하는 장치에서는 송풍기를 사용한다. 대기에서 공기를 공급받으므로 필터를 통해 불순물과 먼지를 제거하고 가습기를 통해 수분을 보충하여 연료전지에 공급한다. 이때 사용하는 수분은 공기극에서 생성된 물을 저장하여 재사용한 것이다.

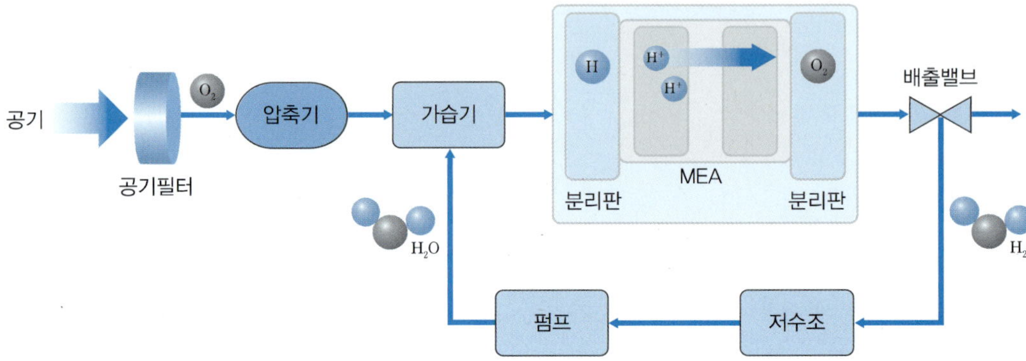

[그림 10-19] 공기공급장치

냉각장치

연료전지 동작 중 발생하는 대부분의 열은 공기극에 있는 촉매에서 수소 양이온, 전자 및 산소의 화학적 결합에 의해 물이 생성될 때 발열 반응으로 발생한다. 발생한 열은 온도가 높은 공기극의 촉매에서 온도가 낮은 주변으로 열전도현상에 의해 전달되고 이동한다. 공기극 쪽에서 일부 열은 기공이 많은 기체확산층(GDL)으로부터 공기에 전달되어 공기와 함께 외부로 배출되지만 대부분 분리판(bipolar plate)으로 전달된 후 다시 분리판에 공급되는 냉각수로 전달되어 외부로 배출할 수 있다.

SECTION
10.3 연료전지의 종류

연료전지는 전해질막의 성질에 따라 구분할 수 있다. 어떤 특성이 있고 어떤 조건에 사용되는지 살펴보자.

Keywords | 인산염 | 용융탄산염 | 고체산화물 | 알칼리 | 고분자전해질막 | 직접메탄올 |

연료전지의 느린 반응속도는 저전류와 저출력의 원인이 되며, 이러한 문제를 해결하기 위해 다양한 물질적 특성에 따른 다양한 전해질 물질과 촉매의 반응이 시험되어 왔다. 수소는 쉽게 확보할 수 있는 물질이 아니므로 생성 또는 대체 방식에 따라 다양한 연료전지시스템이 개발되며, 여러 구성요소 중 전해질막의 종류에 따라 다른 특성을 가진 연료전지시스템으로 분류할 수도 있다.

전해질의 종류에 따라 동작온도는 상이하다. 500℃ 이상의 고온에서 동작하는 고온형 연료전지시스템과 150℃ 이상 300℃ 이하에서 동작하는 중온형 연료전지시스템, 그 이하의 온도에서 동작하는 저온형 연료전지시스템으로 구분할 수 있다.

1 중 · 고온형 연료전지

연료전지를 고온에서 운전하면 전기화학 반응이 빠르게 진행되어 활성화 전압손실이 작다. 따라서 고가의 금속 촉매를 사용하지 않아도 되므로 가격이 비교적 저렴해진다. 또한 천연가스 등의 연료로부터 수소를 추출할 수 있을 만큼 높은 온도의 열을 셀로부터 이용할 수 있어 추가적인 장치가 필요하지 않다. 고온의 출구가스와 냉각액체는 **열병합발전**(Combined Heat and Power, CHP)시스템을 구성하는데, 여기에 가스터빈 구동발전을 추가할 수 있으므로 하부 사이클(bottoming cycle)을 구성하여 고온형 연료전지와 열기관을 조합하면 상호보완적이고 효율 높은 발전장치가 될 수 있다.

중 · 고온형 연료전지는 공통적으로 천연가스 등을 개질하여 이용할 때 탄화수소로부터 수소를 발생시키기 위해 수증기 개질법을 사용한다.

$$C_xH_y + xH_2O \rightarrow \left(x + \frac{y}{2}\right)H_2 + xCO$$

이때 흡열 반응이 일어나므로 열 공급은 필수이며, 수증기를 이용한 개질은 일산화탄소를 생성한다. 예를 들어 메탄은 다음과 같은 수증기 개질 반응을 보인다.

$$CH_4 + H_2O \rightarrow 3H_2 + CO$$

인산형 연료전지

연료전지의 전해질로 사용할 수 있는 유일한 무기산인 인산(H_3PO_4)은 충분한 열적, 화학적, 전기화학적 안전성을 가지며, 휘발성도 낮다. 또한 고온의 연료전지에 비하면 구동 온도가 150℃ 정도로 높지 않아 중온형 구동 연료전지에 속한다. 이러한 **인산형 연료전지**(Phosphoric Acid electrolyte Fuel Cell, PAFC)의 전해질은 탄화플루오르 결합형 매트릭스를 포함한 인산 박막이다. 고분자 전해질 연료전지(PEMFC)와 동작 특성과 특징이 유사하고 스택을 구성하여 사용할 수 있다는 공통점이 있는 인산형 연료전지는 고분자 연료전지와 마찬가지로 산성 전해질 연료전지로 분류된다.

단, 고온형과 구분되는 PAFC의 특성은 빠른 반응을 위해 금속 촉매가 필요하고 수증기 개질 방식에 의한 연료가스 개질 과정에서 일산화탄소가 배출되므로 연료처리시스템이 복잡하다는 것이다. 이렇게 발생한 일산화탄소는 백금 촉매를 오염시켜 촉매의 성능을 저하시킨다. 따라서 일산화탄소를 제거할 수 있는 공정인 **수성가스 전환 반응**(water-gas shift reaction)을 이용해야 한다. 인산형 장치는 200 kW 이상의 전력을 출력하는 고정식 발전에 널리 사용된다.

★ 수성-가스 전환 반응 ★

$$CO + H_2O \rightarrow CO_2 + H_2$$

용융탄산염형 연료전지

전해질로 이온전도도가 매우 높은 알칼리금속 탄산염을 사용하는 **용융탄산염형 연료전지**(Molten Carbonate Fuel Cell, MCFC)는 약 600 ~ 700℃ 의 온도에서 작동한다. 알칼리 탄산염은 공기극에서 산소와 이산화탄소를 같이 공급하고 전해질을 통해 연료극으로 이동하는 탄산염 이온으로 화학변화를 하며, 연료극에서 탄산염 이온이 수소와 반응하여 이산화탄소와 물을 생산한다. 고온형 연료전지는 수소뿐만 아니라 일산화탄소도 연료극의 연료로 사용 가능하다. 따라서 연료에 따라 반응과 생성물이 다른데, 수소를 연료로 사용하는 반응식은 다음과 같다.

• 공기극 :	$O_2 + 2CO_2 + 4e^- \rightarrow 2CO_3^{2-}$	↰	전력
• 전해질 :	↓ CO_3^{2-} 이온이 통과 이동	$4e^-$	부하
• 연료극 :	$2H_2 + 2CO_3^{2-} \rightarrow 2H_2O + 2CO_2 + 4e^-$	↗	회로

MCFC에서는 탄산염 음이온이 공기극에서 연료극으로 이동하면서 4개의 전자가 전기회로를 통해 연료극에서 공기극으로 이동하므로 전자가 하나씩 이동하는 PEMFC에 비해 많은 전자를 이동시킬 수 있다. 연료극에서는 탄산이온과 수소의 산화 반응이 이루어져 물과 이산화탄소와 전자가 동시에 발생한다. 전체적인 반응식에서는 수소와 산소가 반응하여 물을 생성하지만 MCFC를 운전하려면 연료극에서 발생된 이산화탄소를 다시 공기극으로 순환시키는 기능이 필요하여 장치가 복잡해진다. 일산화탄소를 연료로 사용하는 반응식은 다음과 같다.

- 공기극 : $O_2 + 2CO_2 + 4e^- \rightarrow 2CO_3^{2-}$ ↰ 전력
- 전해질 : ↓ CO_3^{2-} 이온이 통과 이동 $4e^-$ 부하
- 연료극 : $2CO + 2CO_3^{2-} \rightarrow 4CO_2 + 4e^-$ ↗ 회로

고온에서 작동하는 MCFC의 특성상 저가의 촉매를 사용할 수 있으며, 연료극은 니켈-크롬(Ni-Cr) 합금 혹은 니켈-알루미늄(Ni-Al) 합금으로 제작한다. 이때 공기극은 니켈(Ni)로 제작한다. MCFC는 독립된 개질기가 필요하지 않고 공급된 공기 중의 이산화탄소로 인해 손상을 입지 않아 다양한 연료를 사용할 수 있다.

고체 산화물형 연료전지

고체 산화물형 연료전지(Solid Oxide Fuel Cell, SOFC)는 단단한 산화물 이온전도 세라믹을 전해질로 사용한다. 고체와 기체상태의 연료만 필요하므로 다른 연료전지에 비해 단순하지만 시동과 멈춤이 느리다. 전해질인 세라믹을 얇게 만들어 사용하므로 가열시간이 빠르면 열팽창에 의해 부서지기 때문이다. 따라서 용도가 제한될 수밖에 없다.

고온형 연료전지의 특징인 약 1,000℃ 정도의 운전온도는 탄화수소 연료의 내부 개질과 저가의 촉매 사용을 가능하게 한다. 수소와 일산화탄소를 연료로 사용할 수 있는 고체 산화물형 연료전지는 황과 일산화탄소의 독성에 대해 강한 저항력을 가지고 있어 다양한 연료의 사용이 가능하다. 수소를 연료로 사용하는 반응식은 다음과 같다.

- 공기극 : $O_2 + 4e^- \rightarrow 2O^{2-}$ ↰ 전력
- 전해질 : ↓ O^{2-} 이온이 통과 이동 $4e^-$ 부하
- 연료극 : $2H_2 + 2O^{2-} \rightarrow 2H_2O + 4e^-$ ↗ 회로

연료극에서 생성된 수증기는 연료를 개질할 때 사용한다. MCFC와는 달리 연료극에서 이산화탄소가 발생하지 않아 이산화탄소를 재처리 또는 재순환할 필요가 없어 전체적인 구조와 장치가 간편하다. 일산화탄소를 연료로 사용하는 반응식은 다음과 같다.

- 공기극 : $O_2 + 4e^- \rightarrow 2O^{2-}$ ↰ 전력
- 전해질 : ↓ O^{2-} 이온이 통과 이동 $4e^-$ 부하
- 연료극 : $2CO + 2O^{2-} \rightarrow 2CO_2 + 4e^-$ ↗ 회로

SOFC에서는 연료극은 지르코니아 서메트(ZrO_2 cermet)[9] 혹은 니켈(Ni)을 이용하여 촉매를 만든다. 공기극은 전자전도체 산화물 혹은 전자전도체이면서 이온 도체 기능이 있는 세라믹, 예를 들어 스트론튬(Sr)을 첨가한 란탄족 원소와 산화망단 합금을 사용하여 제작한다.

9 세라믹과 금속의 내열성 혼합물을 말한다.

[표 10-2] 중·고온형 연료전지의 종류와 특징[10]

종류/특징	중· 고온형 연료전지		
구분	인산염 연료전지 (PAFC)	용융탄산염 연료전지 (MCFC)	고체산화물 연료전지 (SOFC)
작동온도	150 ~ 250℃	550 ~ 700℃	600 ~ 1,000℃
주 촉매	백금	페로브스카이트[11]	니켈
전해질의 상태	H_3PO_4	Li/K 및 알칼리 탄산염 혼합물	YSZ GDC
전하전달 이온	H^+	CO_3^{2-}	O^{2-}
가능한 연료	H_2, CO (메탄올, 석탄가스)	H_2, CO (천연, 석탄가스)	H_2, CO (천연, 석탄가스)
효율 (%LHV[12])	40~45	50~60	50~60
전력밀도(Kw/m^2)	0.8~1.9	0.1~1.5	1.5~2.6
용도	중소사업소 설비, 바이오가스 플랜트	대규모발전, 중소사업소 설비	대규모발전, 중소사업소 설비, 이동체용 전원
특징	일산화탄소 내구성 큼, 열병합 대응 가능	발전효율 높음, 내부개질 가능, 열병합 대응 가능	발전효율 높음, 내부개질 가능, 복합발전 가능
과제	재료 부식, 인산 유출	재료 부식, 용융염 휘발	고온열화, 열파괴

2 저온형 연료전지

고분자 전해질 연료전지(PEMFC)를 비롯한 알칼리 연료전지(AFC)와 직접메탄올 연료전지(DMFC)는 고온에서는 작동하지 않고 저온에서 작동이 가능한 연료전지이다. PEMFC에 대한 설명은 충분히 하였으므로 여기서는 AFC와 DMFC에 대해 설명할 것이다.

알칼리 연료전지

일반적인 저온형 연료전지에서 수소 이온이 전해질막을 통과하여 이동했다면 **알칼리 연료전지**(Alkaline electrolyte Fuel Cell, AFC)에서는 수산기(hydroxyl) 이온인 OH^-가 이동한다. 연료극에서는 이 이온과 수소가 반응해서 에너지와 전자가 방출되고 물을 생성한다. 연료극에서의 수소와 수산기 이온의 반응은 다음과 같다.

$$2H_2 + 4OH^- \rightarrow 4H_2O + 4e^-$$

10 한국에너지공단, 『2016 신재생에너지백서』, 2017.

11 ABO_3의 화학식을 가지는 산화물질로, 부도체, 반도체, 도체의 성질은 물론 초전도현상까지 보이는 특별한 구조의 금속 산화물이다. 기본적으로 높은 내산, 알칼리 특성을 가지고 있고 전이 금속을 구조에 포함하고 있어 다양한 분야의 촉매로 활용 가능성이 매우 크다.

12 Lower(net) Heating Value의 약어로, 저위발열량을 뜻한다.

공기극에서는 산소가 전해질 중의 물 및 전극에서 이동한 전자와 반응하여 새로운 OH^- 이온이 생성된다.

$$O_2 + 4e^- + 2H_2O \rightarrow 4OH^-$$

이 반응이 연속적으로 진행되려면 OH^- 이온이 전해질을 통과해야 하며, 연료극에서 공기극으로 전자가 이동할 폐회로(closed circuit)가 형성된 전기부하가 있어야 한다. 각 극에서의 반응식을 보면 연료극에서 생성되는 물의 양은 공기극에서 소모되는 물의 양의 2배이다.

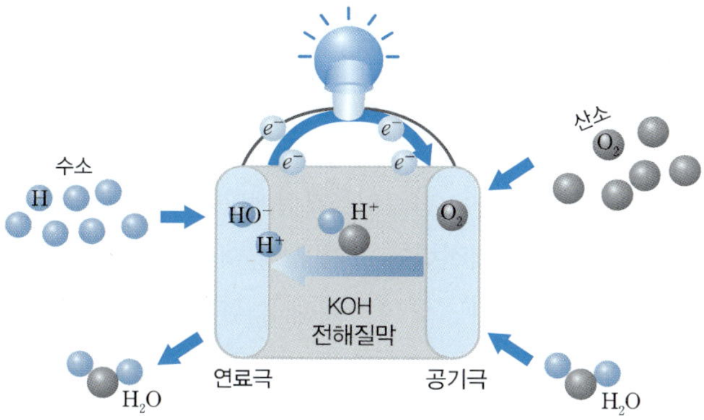

[그림 10-20] AFC 동작 설명도

직접메탄올 연료전지

직접메탄올 연료전지(Direct Methanol Fuel Cell, DMFC)는 수소의 저장, 공급에 따른 번거로움을 제거한 연료공급 방식이다. 메탄올을 수소 운반의 운반체로 이용하며, 연료공급이 편리하여 휴대용 연료전지의 모델이 되고 있다. 단, 연료극의 반응이 수소 연료전지에 비해 상당히 느려 상용화하거나 대용량으로 사용하지 못한다는 단점이 있다. 또한 수소는 금속 촉매를 통해 전자를 빨리 분리할 수 있지만 메탄올은 금속 촉매를 이용해도 전자를 쉽게 내놓지 못하고 매우 느리게 산화되는데, 이로 인해 같은 크기에서 출력이 현저히 낮다.

또 다른 문제점으로 크로스오버(cross over) 현상이 있다. DMFC에서 사용하는 전해질막은 PEMFC와 동일한 물질로 메탄올을 쉽게 흡수한다. 이렇게 되면 메탄올이 물과 섞여 급속히 전해질막을 통과하는 현상이 발생하여 성능이 떨어지는데, 이처럼 메탄올이 연료극에서 반응하지 않고 공기극으로 넘어가는 현상을 크로스오버 현상이라고 한다. 메탄올이 연료극에서 산화되어 전자를 내놓고 이온화되어야 하는데, 반응하지 않고 공기극으로 이동하면 연료전지가 전자를 생성하지 못해 전력을 생산할 수 없는 것이다. 그러나 이러한 문제점에도 불구하고 연료전지의 연료를 쉽게 저장, 운반할 수 있는 편의성 때문에 PEMFC를 대체할 수 있는 연료전지 방식으로 지속적인 연구가 진행되고 있다.

DMFC의 동작 방식에는 AFC 방식과 PEMFC 방식이 있다. 이 중 AFC 방식을 적용한 DMFC는 연료극에서 메탄올 1분자에서 6개의 전자를 다음과 같이 생성한다.

$$CH_3OH + 6OH^- \rightarrow CO_2 + 5H_2O + 6e^-$$

이때 생성된 이산화탄소는 다시 수산기 이온과 결합하여 탄산염을 생성하고 물을 만든다. 이렇게 되면 탄산염에 의해 전해질은 알칼리성을 상실하고 수명이 짧아지지만 이산화탄소는 배출되지 않는다.

$$CO_2 + 2OH^- \rightarrow CO_3^{2-} + H_2O$$

반면 PEMFC 방식의 DMFC는 연료극에서 이산화탄소를 다음과 같은 반응식으로 배출한다.

- 연료극 : $CH_3OH + 2H_2O \rightarrow 6H^+ + 6e^-$ ↴ 전력
- 전해질 : ↓ H^+ 이온 이동 $6e^-$ 부하
- 공기극 : $1.5O_2 + 6H^+ + 6e^- \rightarrow 3H_2O$ ↲ 회로

DMFC의 이러한 방식은 메탄올을 개질해서 사용하는 방식과는 다르다. 직접메탄올을 연료극에 투입하여 메탄올을 산화시키는 방식이기 때문이다. 아직은 출력전력이 크지 않아 대형 장치에는 적합하지 않지만 출력이 작고 장시간 사용하는 장치들에 사용하기 유용하여 휴대용 장치의 전원으로 관심을 받고 있다.

[표 10-3] 저온형 연료전지의 종류와 특징

종류/특징	저온형 연료전지		
구분	알칼리 연료전지 (AFC)	고분자전해질막 연료전지 (PEMFC)	직접메탄올 연료전지 (DMFC)
작동온도	50 ~ 120℃	50 ~ 100℃	50 ~ 100℃
주 촉매	니켈	백금	백금
전해질의 상태	KOH	이온교환막	이온교환막
전하전달 이온	OH^-	H^+	H^+
가능한 연료	H_2	H_2	메탄올
효율 (%LHV)	–	< 40	–
전력밀도(kW/m^2)	–	3.8~6.5	–
주용도	지상용 초기 FC, 우주발사체 전원, 소형 저출력 시스템	수송용 전원, 가정용 전원, 휴대용 전원, 저출력 CHP[13]	저출력 장기 사용 시스템, 휴대용 전원
특징	–	저온 작동, 고출력밀도	저온 작동, 고출력밀도
과제	전해질 누수 방지	고온 운전 불가능, 재료비/가공비 높음, 낮은 효율 (30~50%)	고온 운전 불가능, 재료비/가공비 높음, 메탄올 크로스오버

13 Combined Heat and Power의 약어로, 열병합발전을 뜻한다.

SECTION
10.4 연료전지의 기전력

에너지의 크기를 정량화하는 것은 중요하다. 입력과 출력의 관계에서 입력에너지 연료와 출력에너지 전기의 비율인 효율을 통해 에너지 변환장치인 연료전지의 효율을 정량화할 수 있다.

Keywords | 깁스 자유에너지 | 기전력 | 효율 | 엔탈피 | 동작효율 | 네른스트 방정식 |

1 연료전지의 에너지 변환 정의와 기전력

대부분의 전력을 생산하는 발전장치는 일반적으로 입력에너지와 출력에너지의 관계, 즉 입출력 관계가 명확하다. 특히 입력되는 에너지의 종류와 상관없이 출력전기에너지가 출력된다. 입력과 출력 사이의 관계는 발전장치인 에너지 변환장치로 정의되며, 변환 과정에서의 정량적 변화를 계산할 수 있다.

단, 연료전지의 경우 명확한 입출력 관계를 정의하는 것이 쉽지 않다. 화학적 변화를 명확하게 기술하기 쉽지 않고 온도, 압력, 물질의 농도 등 환경 조건에 따른 변수들의 변화가 동적이기 때문이다. 무엇보다 화학에너지의 변환 과정에서 변화된 에너지를 정의하는 것이 어렵다.

연료전지의 에너지를 정의할 때는 엔탈피(enthalpy)와 깁스(gibbs) 자유에너지 개념을 사용한다. 엔탈피는 엔트로피와 깁스 자유에너지의 합성이고 깁스 자유에너지는 압력 및 부피변화에 의해 발생한 에너지로, 내부에서 한 일은 무시하고 외부에 대해 일을 한 에너지만 고려하여 에너지 변환을 정의한 것이다.

깁스 자유에너지 방식을 적용하려면 먼저 화학물질의 양을 정의하는 몰(mol)에 대해 이해해야 한다. 먼저 고려해야 할 것은 **모든 물질의 1 mol에는 같은 수의 분자가 있다는 것이다.** 아보가드로수로 변환하면 6.022×10^{23}개로, 즉 수소 1 mol에는 아보가드로수만큼의 전자가 있음을 의미한다. 전자 1개의 전하량은 1.602×10^{-19} C이므로 이러한 조건들을 모두 연결하면 수소 1 mol의 총 전하량을 구할 수 있다.

★ 전하량과 몰수 ★

- 수소 1 mol의 전자수 N : 6.022×10^{23} [개]
- 전자 1개의 전하량 e : 1.602×10^{-19} [C]
- 수소 1 mol의 전하량 F : $N\cdot e = 6.022\times10^{23}$ [개] $\cdot$ 1.602×10^{-19} [C] $= 96{,}475$ [C]

이제 깁스 자유에너지 생성량 g_f를 생각해보자. 생성물질의 깁스 자유에너지는 반응물질의 깁스 자유에너지가 변환되어 만들어진 것이다. 따라서 깁스 자유에너지의 변화량은 생성물질에서 반응물질의 깁스 자유에너지 생성량 g_f를 뺀 것이 되며, 다음과 같이 정리할 수 있다.

$$\Delta g_f = \text{생성물질의 } g_f - \text{반응물질의 } g_f$$

[그림 10-21] 물질의 화학변환

화학적 변화량을 깁스 자유에너지로 계산할 때는 몰 양의 정의로부터 식을 간략화할 수 있다. 예를 들어 수소 연료전지의 계산법은 다음과 같다. 식 하단에 수소의 연소 과정의 생성물질과 반응물질을 표시하였다.

$$2H_2O + 4e^- \leftarrow 2H_2 + O_2 \Rightarrow \underline{H_2O} + 2e^- \leftarrow \underline{H_2 + \frac{1}{2}O_2}$$

$$\text{생성물질의 } \overline{g_f} \quad - \quad \text{반응물질의 } \overline{g_f} = \Delta\overline{g_f}$$

$\overline{g_f}$ 는 몰값을 반영한 깁스 자유에너지의 크기 값이고 $\Delta\overline{g_f}$ 는 깁스 자유에너지 변화량이다. 생성물질 1 mol의 H_2O는 반응 물질 1mol의 H_2와 0.5 mol의 O_2의 화학변화로 생성된 것이다. $\Delta\overline{g_f}$의 크기는 다음과 같이 계산할 수 있다.

$$\Delta\overline{g_f} = \overline{g}_{f|H_2O} - \left(\overline{g}_{f|H_2} + \frac{1}{2}\overline{g}_{f|O_2}\right)$$

깁스 자유에너지의 크기 $\overline{g_f}$ 는 온도에 따라 변화하는 양으로, 표준온도와 압력에서의 크기를 기준으로 한다. $\Delta\overline{g_f}$ 의 크기가 음수이면 에너지를 방출한 것이며, 전력생산을 위해 음의 값을 갖는다.

앞서 다룬 식들에서 1 mol의 수소 분자가 2개의 원소로 이루어져 있으므로 $2N$개의 전자가 외부회로에 흐른다는 것을 알 수 있다. 이때 N은 아보가드로수, e는 전하량이다. 이를 식으로 나타내면 다음과 같다.

$$2N \cdot e = 2F[\mathrm{C}]$$

$$\text{전기적 일(혹은 에너지)} = \text{전류} \times \text{전압} = \text{전하/초} \times \text{전압} = 2N \cdot e \cdot V = 2F \cdot V$$

$$\Delta\overline{g_f} = -2F \cdot V$$

앞선 식에서 F는 **패러데이 상수**로, 1 mol당 전하량의 단위로 표시하며, 아보가드로수만큼의 전자들이 갖는 전하량을 계산한 값이다. 앞선 식으로부터 기전력 V는 다음과 같이 정의한다.

$$V = -\frac{\Delta \overline{g_f}}{2F} \tag{10.1}$$

연료전지의 **기전력**(Electromotive Force, EMF) V는 태양광 모듈의 개방회로전압(Open Circuit Voltage, OCV)과 동일한 값으로, 표준환경 조건에서 부하가 없는 상태의 연료전지 출력전압을 의미한다. 기전력을 표시하고 있는 식 (10.1)에서 분모항의 2는 수소 분자에서 원자수 혹은 전자수를 의미한다. 만약 투입된 연료의 종류가 다르고 1 mol당 분자의 원소수, 즉 발생할 수 있는 전자의 수를 Z라고 하면 식 (10.1)은 다음과 같이 쓸 수 있다.

$$V = -\frac{\Delta \overline{g_f}}{ZF}$$

예를 들어 PEM 방식의 직접메탄올 연료전지(DMFC)는 연료인 메탄 2 mol에서 12개의 전자가 발생하며, 깁스 자유에너지 생성량 $\Delta \overline{g_f}$는 $-698.2\,\text{kJ/mol}$이다. 이것을 1 mol 기준으로 간략화하면 6개의 전자가 발생한다. 기전력은 다음과 같다.

$$2CH_3OH + 3O_2 \rightarrow 4H_2O + 2CO_2 + 12e^-$$

$$\Rightarrow CH_3OH + \frac{3}{2}O_2 \rightarrow 2H_2O + CO_2 + 6e^-$$

$$V = -\frac{\Delta \overline{g_f}}{6F} = \frac{6.98 \times 10^5}{6 \times 96475} = 1.21\,[\text{V}]$$

2 연료전지의 효율 계산

연료전지의 에너지 변환 비율은 열기관의 효율과 자주 비교된다. 열기관의 카르노 효율은 투입된 열량에 대해 한 일, 즉 소모된 에너지의 크기를 온도로 비교하는 것이다. 열역학적으로 표현하면 높은 온도 T_1에서 낮은 온도 T_2로 변화된 양을 비교하는 것으로, 다음과 같이 정의하고 절대온도를 사용한다.

$$\text{카르노 효율} = \frac{T_1 - T_2}{T_1}$$

이와 유사하게 연료전지에서 **발열량**(calorific value)은 생성 엔탈피의 변화 $\Delta \overline{h_f}$로 표시하며, 에너지 방출 시 음의 값으로 표시한다. 연료가 반응하여 전력을 생산하는 과정이 발열 반응이므로 연료전지의 효율은 생성된 열, 즉 생성 엔탈피의 변화 $\Delta \overline{h_f}$를 이용하여 1 mol의 연료에서 발생하는 전기에너지를 $\Delta \overline{h_f}$와 비교하는 것으로 다음과 같이 정의할 수 있다.

$$\text{연료전지의 효율} = \frac{\text{1 mol의 연료에서 발생하는 전기에너지}}{\Delta \overline{h_f}}$$

수소의 연소 반응에서 생성되는 엔탈피의 변화는 생성물이 무엇인지에 따라 값이 다르다.

- 수소의 연소 : $H_2 + \frac{1}{2}O_2 \rightarrow H_2O + 2e^-$
- 수증기로 생성되는 엔탈피 : $\Delta \overline{h_f} = -241.83\,[\text{kJ/mol}]$
- 온수로 생성되는 엔탈피 : $\Delta \overline{h_f} = -285.84\,[\text{kJ/mol}]$

두 생성물의 차이에 따른 생성 엔탈피의 차이는 44.01 kJ/mol이다. 이러한 차이는 발열량이 수증기를 액화시키는 응축에 사용되었는지의 여부에 따라 다르다. 수증기 형태로 남아있는 발열량은 응축열로 소모되지 않았다는 의미에서 낮은 발열량을 뜻하는 **저위발열량**(Lower Heating Value, LHV)이 되고 액체 형태인 물로 생성된 발열량은 응축열로 소모되었다는 의미에서 높은 발열량을 뜻하는 **고위발열량**(Higher Heating Value, HHV)이 된다. 두 값의 차인 44.01 kJ/mol은 물의 생성 엔탈피, 즉 응축발열량의 크기이다.

연료전지의 최대 효율은 1 mol의 연료에서 발생하는 전기에너지인 깁스 자유에너지 $\Delta \overline{g_f}$와 생성 엔탈피 $\Delta \overline{h_f}$의 비율로, 다음과 같이 표시할 수 있다.

★ 연료전지 최대 효율 ★

$$\eta_{mx} = \frac{\Delta \overline{g_f}}{\Delta \overline{h_f}} \times 100\,[\%] \qquad (10.2)$$

여기에서 생성 엔탈피는 HHV 값과 LHV 값 중 무엇인지에 따라 효율이 달라질 수 있으며, 표시 없이 사용하는 경우 LHV 상태로 간주한다. 연료전지의 순수 효율은 LHV 상태에서 계산하는 것이 높지만 HHV 상태의 효율이 더 적다. [표 10-4]는 기전력과 효율을 정리한 것으로, 생성물질의 상태와 온도에 따라 깁스 자유에너지 $\Delta \overline{g_f}$가 변한다. [그림 10-22]는 HHV 상태의 생성 엔탈피를 기준으로 효율을 계산한 것으로, 연료전지 효율표의 온도에서 50℃로 응축할 때의 카르노 효율을 비교값으로 표시하였다.

[표 10-4] 수소 연료전지의 전기에너지 최대 기전력과 효율 @HHV(-285.84[kJ/mol])[14]

상태	온도 [℃]	$\Delta \overline{g_f}$ [kJ/mol]	최대 기전력 [V]	한계 효율 [%]
액체	25	−237.2	1.23	83
액체	80	−228.2	1.18	80
기체	100	−225.2	1.17	79
기체	200	−220.4	1.14	77
기체	400	−210.3	1.09	74
기체	600	−199.6	1.04	70
기체	800	−188.6	0.98	66
기체	1000	−177.4	0.92	62

[그림 10-22]에서 물질이 액체에서 기체로 변할 때 변곡점이 발생하며, 열기관의 효율과 달리 온도가 상승하면 효율이 떨어짐을 알 수 있다. 이 모든 값은 순수 발생한 최대 효율임을 유의해야 한다.

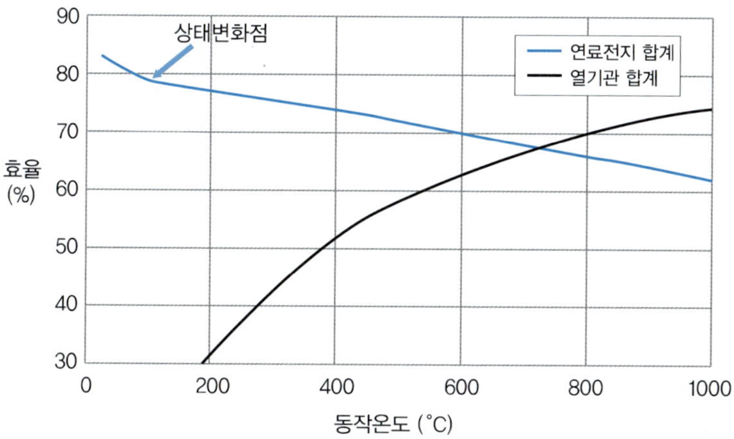

[그림 10-22] [표 10-4]의 온도와 효율 그래프

3 연료전지의 동작효율과 네른스트 방정식

연료전지의 동작효율

최대효율에서 기전력과 동작 중의 전압 V_c를 비교하면 동작효율, 즉 실질효율을 정의할 수 있다.

★ 연료전지 동작효율 ★

$$\eta_c = \frac{V_c}{V} \times 100\,[\%]$$

14 James Larminie, Andrew Dicks, Table 2.2 from 'Fuel Cell Systems Explained'

동작효율에서 한 가지 더 고려해야 할 것은 연료전지에 투입된 연료가 모두 전력생산에 사용되지는 않으며, 반응하지 않고 전해질막을 이동하여 넘어가는 연료도 있다는 것이다. 평균적으로 95% 정도가 반응하여 전력생산에 사용되며, 5% 정도는 반응하지 않는 것으로 알려져 있다. 이처럼 반응연료량에 대한 공급연료량의 연료전지 이용 비율을 연료이용률 μ_f이라고 한다. 일반적인 μ_f의 값은 0.95이다.

★ 연료이용률 ★

$$\mu_f = \frac{\text{반응연료량}}{\text{공급연료량}}$$

연료전지의 동작 효율식과 연동하여 생각하면 다음과 같은 효율식을 만들 수 있다.

$$\eta_c = \mu_f \cdot \frac{V_c}{V} \times 100 \tag{10.3}$$

연료전지에서의 네른스트 방정식

깁스 자유에너지는 반응물질인 화학물질이 압력과 온도, 농도에 따라 활성화되는 정도가 다르다. 이렇게 반응하는 정도를 **활성도**(activity)라고 한다. x mol의 물질 A와 y mol의 물질 B가 반응하여 z mol의 물질 C가 생성될 때 물질들의 압력에 의한 영향은 열역학의 이상기체 법칙을 적용하여 활성도 a로 다음과 같이 표시할 수 있다.

★ 이상기체 활성도 ★

$$a = \frac{P}{P^0}$$

여기에서 P는 기체 분압, P^0는 표준상태의 압력인 0.1 MPa을 의미한다. 깁스 자유에너지 변화를 열역학 이론에 따라 표시하면 다음과 같다. 이는 1889년 발터 네른스트(Walther Nernst)가 유도한 식으로, 전기화학에서 전지의 전위 V를 기술하는 식이다. 흔히 네른스트 방정식이라고 한다.

★ 네른스트 방정식 ★

$$\Delta \overline{g_f} = \Delta \overline{g_f^0} - RT\ln\left(\frac{a_A^x \cdot a_B^y}{a_C^z}\right) \tag{10.4}$$

여기에서 R은 기체상수로, 기체 1mol을 1K 올리는 데 사용되는 에너지이고 T는 절대온도이다. 연료전지에서 수소와 산소의 반응을 적용하여 기전력을 유도하면 다음과 같다.

$$\Delta \overline{g_f} = \Delta \overline{g_f^0} - RT\ln\left(\frac{a_{H_2}^1 \cdot a_{O_2}^{0.5}}{a_{H_2O}^1}\right)$$

여기서 $\Delta \overline{g_f^0}$ 는 표준상태에서의 깁스 자유에너지로, [표 10-4]와 같다. 앞선 식을 이용하여 기전력을 구하면 다음과 같다.

$$V = -\frac{\Delta \overline{g_f}}{2F} = -\frac{\Delta \overline{g_f^0}}{2F} + \frac{RT}{2F}\ln\left(\frac{a_{H_2}^1 \cdot a_{O_2}^{0.5}}{a_{H_2O}^1}\right) = V^0 + \frac{RT}{2F}\ln\left(\frac{a_{H_2}^1 \cdot a_{O_2}^{0.5}}{a_{H_2O}^1}\right)$$

수소, 산소, 생성물의 활성도 $a_{H_2} = \frac{P_{H_2}}{P^0}$, $a_{O_2} = \frac{P_{O_2}^{0.5}}{P^0}$, $a_{H_2O} = \frac{P_{H_2O}}{P^0}$를 적용하면 다음과 같다.

$$V = V^0 + \frac{RT}{2F}\ln\left(\frac{\frac{P_{H_2}}{P^0} \cdot \frac{P_{O_2}^{0.5}}{P^0}}{\frac{P_{H_2O}}{P^0}}\right) = V^0 + \frac{RT}{2F}\ln\left(\frac{P_{H_2} \cdot P_{O_2}^{0.5}}{P_{H_2O}}\right) \qquad (10.5)$$

식 (10.5)를 통해 압력변화가 기전력에 끼치는 영향을 알 수 있다. 수소의 분압이 P_1에서 P_2로 변하면 수소의 압력변화만 반영한 다음의 식으로 기전력의 변화를 계산할 수 있다.

$$\Delta V = \left[V^0 + \frac{RT}{2F}\ln\left(\frac{P_{H_2|2} \cdot P_{O_2}^{0.5}}{P_{H_2O}}\right)\right] - \left[V^0 + \frac{RT}{2F}\ln\left(\frac{P_{H_2|1} \cdot P_{O_2}^{0.5}}{P_{H_2O}}\right)\right]$$

로그의 성질을 이용하면 앞선 식을 다음과 같이 정리할 수 있다.

$$\Delta V = \frac{RT}{2F}\left(\ln(P_{H_2|2}) + \frac{1}{2}\ln(P_{O_2}) - \ln(P_{H_2O}) - \ln(P_{H_2|1}) - \frac{1}{2}\ln(P_{O_2}) + \ln(P_{H_2O})\right)$$

이를 최종적으로 정리하면 다음과 같다.

$$\Delta V = \frac{RT}{2F}\left(\ln(P_{H_2|2}) - \ln(P_{H_2|1})\right)$$

만약 기체의 분압이 특정 압력의 정수배가 된다면, 즉 $P_{H_2} = \alpha P$, $P_{O_2} = \beta P$, $P_{H_2O} = \gamma P$라면 식 (10.5)를 다음과 같이 간단하게 정리할 수 있다.

$$V = V^0 + \frac{RT}{2F}\ln\left(\frac{P_{H_2} \cdot P_{O_2}^{0.5}}{P_{H_2O}}\right) = V^0 + \frac{RT}{2F}\ln\left(\frac{\alpha \cdot \beta^{0.5}}{\gamma} \cdot P^{0.5}\right)$$

앞선 식에 로그의 성질을 적용하면 압력에 관한 이상기체 법칙에 대한 식을 유도할 수 있다.

$$V = V^0 + \frac{RT}{2F}\ln\left(\frac{\alpha \cdot \beta^{0.5}}{\gamma}\right) + \frac{1}{2}\frac{RT}{2F}\ln(P) \tag{10.6}$$

식 (10.6)의 우변 마지막 식은 시스템 압력의 영향을 나타낸 것으로, 시스템의 압력이 높아지면 기전력 V가 커짐을 알 수 있다. 실제 연료전지의 동작전압은 개방회로전압(OCV)인 기전력 전압에서 각종 손실에 의한 전압 강하를 반영하여 최종적으로 구할 수 있다. 이때 고려해야 하는 점은 다음과 같다.

- 내부전류 및 연료 교차의 등가전류밀도 i_n
- 비면적저항(Area Specific Resistance, ASR) r
- 공기극 과전압이 연료극 과전압보다 높을 때 공기극 교환전류밀도 전류 i_0

이러한 사항 등을 고려한 실질전압은 다음과 같다.

$$V_c = V - ir - A \cdot \ln\left(\frac{i + i_n}{i_o}\right) - j \cdot e^{k \cdot i} \tag{10.7}$$

$A \cdot \ln\left(\frac{i + i_n}{i_o}\right)$은 실험으로 도출된 과전압 발생 패턴과 연관된 식이고 $j \cdot e^{k \cdot i}$는 물질 수송 손실전압과 관련된 식이다. A는 타펠 기울기 값이며, 이상기체 공식과 연관이 있다. 마지막으로 j의 값은 3×10^{-5} V이고 k의 값은 8×10^{-3} cm^2/mA이다.

★ 타펠 기울기(Tafel slope) ★

타펠 기울기 값을 통해 수소 발생률이 전위(electric potential)를 얼마나 빨리 증가시킬 수 있는지 알 수 있다. 기울기가 더 작을수록 목표한 수소생산율을 얻기 위해 요구되는 전압이 더 작아진다.

SECTION
10.5 이차전지의 이해

이차전지는 일차전지와 달리 충전을 통해 재사용이 가능한 전지이다. 전기차에 대한 관심과 전력저장장치의 필요성으로 이차전지에 대한 논란이 계속되는 가운데 연료전지와 비교하여 이차전지란 무엇인지 알아보자.

Keywords | 충전식 전지 | 리튬이온 전지 | SoC | BMS |

1 이차전지의 특성과 범주

이차전지는 간헐적으로 발전하는 신재생에너지를 보완하거나 친환경 모빌리티를 구현하기 위해 최근 관심이 높아지고 있는 분야이다. 수송용 장치에 사용할 수 있는 재생에너지 분야는 9장에서 소개한 바이오연료와 10장에서 소개한 연료전지 정도이다. 그러나 전기에너지의 특성 중 변환의 용이성과 휴대의 편리함을 극대화하면 재생에너지의 활용 전략은 넓어질 수 있다. 즉 재생에너지를 이용하여 생산한 전력을 휴대하고 변환하여 사용하는 것이다.

그렇다면 휴대가 가능한 전기에너지의 활용방법은 무엇일까? 바로 충전식 전지(Rechargeable Cell, Secondary Battery)이다. 충전식 전지(충전지) 혹은 이차전지는 전기화학 반응이 가역적이므로 역전류를 인가하여 재충전할 수 있다. 또한 전지 양극의 활성물질은 전지의 전극 사이에 전위를 인가하여 에너지, 즉 전류를 주입함으로써 화학적 및 구조적으로 재구성할 수 있다. 따라서 이러한 전지는 여러 번 방전하고 재충전할 수 있다.

이차전지에는 두 가지 특징이 있다. 먼저 **에너지 저장장치로 사용할 수 있다.** 전지는 항상 에너지원에 연결되어 충전하고 필요할 때마다 저장된 에너지를 방출할 수 있도록 한다. 대표적인 예로 엔진을 시동하는 데 사용되는 자동차 전지, 항공기시스템, 대기 전력자원, 비상시 고장 없는 시스템 등이 있다. 다음으로 **휴대성이 높다.** 이러한 휴대능력을 극대화하여 적용한 것이 수송장치, 즉 자동차에 사용되는 전지이다. 따라서 휴대성에 재충전 및 재사용을 더한 이차전지는 활용성이 더 높다. 최근 모빌리티 전지로 불리고 있는 이 전지에는 전기자동차, 휴대전화, 카메라, 전동 공구, 장난감, 휴대용 컴퓨터 등이 있다. [표 10-5]는 다양한 충전식 전지의 종류 및 특징을 나타낸 것이다.

[표 10-5] 다양한 충전식 전지의 특성[15]

종류	셀전압 (V)	용량 (Wh/kg)	장점	단점	응용 분야
Pb/Acid	2.00	35	• 저렴한 비용 • 좋은 고온/저온 성능	• 낮은 반복 수명 • 낮은 에너지 밀도 • 낮은 전하 유지력	• 자동차 • 잔디깎이 • 비행기
Ni/Cd	1.20	30	• 높은 내구성 • 높은 전하 유지력 • 긴 사이클 수명	• 높은 비용 • 메모리 효과	• 항공기 • 비상전원 • 응용 프로그램
Ni/Fe	1.20	60	• 높은 내구성 • 긴 사이클 수명 및 정지 수명	• 낮은 전력 및 에너지 밀도 • 높은 자체 방전 • 높은 비용	• 고정형 응용 프로그램 • 지게차
Ni/Zn	1.60	27	• 높은 에너지 밀도 • 낮은 비용 • 좋은 저온 성능	• 사이클 수명이 짧음	• 전기스쿠터/자전거 • 군용 차량
Zn/AgO	1.50	90	• 가장 높은 에너지 밀도 • 낮은 자가방전 • 높은 방전율	• 높은 비용 • 낮은 수명 주기 • 낮은 저온 성능	• 군사장비 • 어뢰 추진장치 • 잠수함
Cd/AgO	1.20	55	• 높은 에너지 밀도 • 낮은 자가방전 • 긴 사이클 수명	• 높은 비용 • 낮은 저온 성능	• 휴대용 전동공구 • 위성
Ni/H_2	1.40	55	• 높은 에너지 밀도 • 긴 사이클 수명 • 과충전을 견딜 수 있음	• 높은 초기 비용 • H_2 압력에 비례한 자체 방전	• 항공우주
Ag/H_2	1.40	80	• 높은 에너지 밀도 • 좋은 사이클 수명	• 높은 비용 • 군사 및 항공우주 응용 분야에만 국한됨	• 항공우주
Li/Poly	4.2 이상	135	• 높은 비에너지 • 긴 저장 수명 • 성형 가능 • 비휘발성	• 높은 비용 • 충방전에 비싼 제어방법이 필요함	• 휴대전화 • 전기차

애노드와 캐소드, 그리고 이차전지의 극

애노드(Anode)와 캐소드(Cathode)는 전기화학에서 전류의 흐름에 따라 정의된다. 일반적인 전압과 전류의 관계에서 전류를 전자의 흐름이라고 하는 것과 달리 전류는 전자의 이동 방향과 반대로 흐른다.

보통 전기화학에서 캐소드는 환원이 일어나는 전극으로 정의하며, 소자 외부로부터 전자를 받아 환원된다. 반대로 애노드는 산화가 일어나는 전극으로 정의하며, 소자 내에서 전자를 잃고 산화된다. 즉 전자를 포함한 소자를 기준으로 소자의 캐소드와 애노드가 정해진다. 전자가 소자 내부로 유입하는 쪽을 캐소드로, 소자 외부로 유출하는 쪽이 애노드로 정의되므로 일반적인 일회용 전지, 즉 일차전지는 애노드를 양극(+)으로, 캐소드를 음극(−)으로 정의한다.

15 Dissemination of IT for the Promotion of Materials Science, University of Cambridge, https://www.doitpoms.ac.uk/tlplib/batteries/secondary.php.

이차전지의 경우 충전 시 외부에서 전류를 얻어 전지 내부에 저장하기 위해 양쪽 전극 사이에 높은 전압을 걸어 리튬 양이온(Li^+)을 양극(+)에서 음극(−)으로 이동시킨다. 이때 리튬 양이온이 떠나 다수의 전자들이 남겨져 환원 반응을 하는 양극이 캐소드가 된다. 또한 리튬 양이온이 캐소드의 반대쪽으로 이동함에 따라 양이온과 결합한 전자가 감소하는 산화 반응을 하는 음극이 애노드가 된다.

반면 방전 시에는 음극에 있던 리튬 양이온이 양극으로 이동하여 애노드 쪽에 전자가 쌓이며, 캐소드 쪽에는 전자가 줄어들면서 리튬 양이온이 쌓인다. 즉 일반 전지처럼 양극은 산화 반응을 하고 음극은 환원 반응을 한다. 캐소드와 애노드의 역할이 바뀌는 것이다. 그러나 양극과 음극을 바꾸는 것이 아니라, 일반 전지를 기준으로 양 극의 부호를 정한 다음 충전할 때의 역할에 따라 애노드와 캐소드를 구별한다. 양극재, 즉 양극 활성화물질(양극 활물질)을 캐소드로, 음극재, 즉 음극 활성화물질(음극 활물질)을 애노드라고 부른다.

이차전지의 구조와 동작 원리

이차전지는 양극재와 음극재로 양 극을 형성하고 그 사이에 전해질을 넣어 이온의 이동이 원활하도록 만든 구조이다. 중앙에는 분리막을 삽입하여 이온이 무분별하게 이동하는 것을 방지한다.

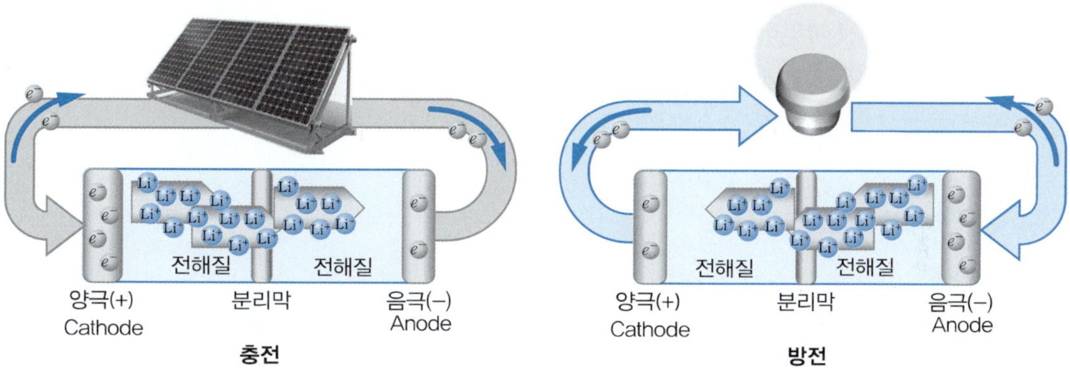

[그림 10-23] 이차전지의 구조와 충방전 동작

충전 시 외부전원에 의해 전지의 출력전압보다 높은 전압을 인가하면 전지 내부의 양극에서 환원 반응을 하여 리튬 양이온이 분리되고 음극으로 이동한다. 이때 리튬 양이온은 분리막을 넘어 음극에 도달하기 위해 정전기적 인력에 의해 이동하며, 양극의 전자들은 전지 외부의 회로를 통해 전파하여 음극으로 향한다.

반대로 방전 시 회로를 통해 전지 외부에 전기에너지를 소모할 부하를 두고 연결하면 전지의 음극은 리튬 양이온을 방출하며, 전자를 남기는 환원 반응을 하여 회로를 통해 부하를 지나 전자를 양극 쪽으로 전파하여 음극에서 출발한 리튬 이온을 맞이하게 한다. 이를 통해 회로를 통한 전자의 흐름인 전류가 만들어짐을 기억하자.

2 리튬이온 전지의 주요 구성요소와 전지 용어

이차전지와 관련된 전지 용어

다음은 전지의 상태에 대한 단어들이다. 전지의 특성을 평가하고 이차전지를 활용하기 위해 필요한 장치에는 어떤 것들이 있는지 알아보자.

- SoC(State of Charge) : 전지의 충전상태를 의미하며, 전지의 잔존 용량을 나타내기 위해 사용할 수 있는 전지의 남은 용량을 백분율(%)로 표시한 것이다.
- DoD(Depth of Discharge) : 방전심도라고도 하며, 전지의 방전된 정도를 나타낸다. 마찬가지로 백분율(%)로 표시한다.
- SoH(State of Health) : 전지의 제품 수명으로, 전지의 성능을 알려주는 지표이다. 최초 성능을 기준으로 전지의 현재 성능 수준을 백분율로 표시한다.
- BMS(Battery Management System) : 마이크로프로세서를 이용하여 전지의 과충전 및 과방전을 막으며, 온도 및 전지 셀당 충전 불평형을 방지하고 전지의 상태를 확인하는 시스템이다. 포괄하는 유사한 의미로 PCM(Protection Circuit Module)이 있다.
- EMS(Energy Management System) : 에너지 시스템을 보다 효율적으로 운영하기 위해 에너지 사용상황을 정확하게 파악하고 관리하는 것이 필요한데, 에너지가 사용되는 곳과 소비되는 양을 실시간으로 모니터링하고 데이터를 수집하는 시스템이다. 이 데이터를 통해 소모되는 전력의 패턴을 파악하고 에너지 충방전을 효율적으로 관리 및 제어한다.

리튬이온 전지의 주요 구성요소

리튬이온 전지는 다양한 충전식 전지 중 셀당 전압과 충전용량이 월등히 높은 전지이다. 따라서 현재 상업적으로, 그리고 산업적으로 가장 주목받고 있는 이차전지의 주요 원료는 리튬이며, 이차전지를 지칭할 때 일반전으로 이 물질을 혼합한 이차전지를 떠올린다.

생산원가 기준 리튬이온 전지는 양극재(37%), 음극재(13%), 전해질(13%), 분리막(15%), 그리고 동박, 알박, 모듈 등의 기타(22%)요소로 구성된다.

양극재에 있는 리튬이온이 에너지를 얻어 음극으로 이동하면 충전이 되며, 반대로 방전될 때는 음극의 리튬이온이 양극으로 이동한다. 양극재는 전지의 용량과 전압을 결정하는 소재이며, 리튬의 비중이 높을수록 전지의 용량이 커진다. 전지의 전압은 양극의 전위차에 의해 결정되므로 양극의 구조에 따른 전위가 중요하다. 최근 삼원계 소자를 이용한 양극재의 수요가 늘고 있는데, 삼원계란 불안정한 리튬을 안정화하기 위해 코발트와 산소 등을 첨가한 화합물에 니켈과 알루미늄 혹은 니켈과 망간 알루미늄 등을 더한 소재이다.

음극재는 양극에서 방출된 리튬이온을 저장 및 방출함으로써 전기를 발생시키며, 충전 시에는 음극에 리튬이온을 저장하고 방전 시에는 전해액을 통해 양극으로 전자를 잃은 리튬이온을 방출한다. 이때 리튬에서 떨어져 나온 전자가 도선 혹은 회로를 타고 양극으로 이동하면서 전기가 발생한다. 음극의 활성물질 혹은 활물질은 원활한 이온전도율과 높은 리튬이온 저장능력 및 출력, 긴 수명, 구조적 안정성, 낮은 전자화학 반응성, 그리고 저렴한 가격 등의 특성을 따져 선택한다.

3 리튬이온 전지의 성능을 결정하는 요인들

리튬이온 전지의 성능을 결정하는 것은 전지용량, 에너지 밀도, 안정성, 수명, 가격경쟁력이다. 전지용량은 전기차의 주행거리와 연관이 있다. 에너지 밀도는 전기차의 순간출력과 관련이 있으며, 짧은 순간에 큰 에너지를 출력할 수 있어야 토크 등의 기계적 에너지로의 변환에 유리하다. 안정성은 충전과 방전 시의 화재 등의 안전과 관련이 있으며, 수명은 전지의 SoH, 즉 사용기간과 관련된다. 마지막으로 가격경쟁력은 경제성을 고려할 때 논의되는 요소이다.

이러한 요인들은 전지를 구성하는 "양극재-음극재-전해질-분리막"의 구성을 어떻게 하느냐에 따라 달라진다. 먼저 양극재 양극 활물질, 즉 화학적으로 반응하여 양극을 이루는 전기에너지를 만들어 내는 활성물질에 따라 전지의 용량과 전압이 결정될 수 있다. 에너지 밀도를 높이려면 이러한 양극 활물질의 역할이 중요하다. 리튬을 이용한 대부분의 전지에서는 니켈의 에너지 밀도와 망간 및 코발트의 안정성 알루미늄의 출력이 그 특성에 관여하는 것으로 알려져 있다.

양극재

양극재는 활물질인 니켈(Ni), 코발트(Co), 알루미늄(Al), 그리고 망간(Mn)을 조합한 다섯 가지 물질로 정리할 수 있다.

■ NCA(Ni-Co-Al)

분자식은 Li(Ni, Co, Al)O_2로, 층상(layered)구조이며, 소형 및 중대형 전지에 주로 사용된다. 니켈 계열 삼원계 전지인 NCA 전지의 가장 큰 장점은 니켈의 함량이 80% 이상이어서 에너지 밀도가 높으며, 알루미늄을 사용하여 출력을 높임으로써 전지 효율성이 높다는 것이다. 그러나 니켈은 순간적으로 강한 에너지를 내지만 그만큼 불안정하며, 망간과 코발트 함량이 적어 안정성이 낮다는 단점이 있다.

■ NCM(Ni–Co–Mn)

분자식은 Li(Ni, Co, Mn)O_2로, NCA와 마찬가지로 층상구조이며, 소형 및 중대형 전지에 주로 사용되는 니켈 계열 삼원계 전지이다. 니켈, 코발트, 망간의 비율은 각각 80% ,10%, 10%인데, 니켈의 함량이 높아 에너지 밀도 측면에서 효율성이 높다. NCA와 비교했을 때 안정성은 비슷하지만 수명이 더 길다는 장점이 있다.

■ LFP(Li–Fe–P)

분자식은 $LiFeO_2$로, 올리빈(Olivine) 구조이며, 중대형 전지에 주로 사용된다. 니켈이 들어가지 않는 이원계 전지로, 안정성이 우수하다. 또한 코발트를 사용하지 않기 때문에 상대적으로 생산 비용이 저렴하다. 그러나 충전용량이 작아 전기차에 사용하면 주행거리가 짧다는 단점이 있다. 이를 극복하기 위해 부피를 크게 만들기도 하지만 무게가 증가한다는 다른 문제점을 낳기도 한다.

■ LCO(Li–Co–O)

분자식은 $LiCoPO_4$로, 층상구조이며, 중대형 전지에 주로 사용된다. 원료가 되는 산화물이 스피넬(spinel) 구조이며, 코발트 없이 망간을 사용하여 가격이 저렴하다. 그러나 리튬이온 대신 망간이온의 용출로 리튬이온의 공간을 방해하여 용량 및 수명이 저하된다는 문제점이 있다. 안정성이 비교적 높은 전지이지만 충전용량이 작고 고온에서 작동이 어렵다.

■ LMO(Li–Mn–O)

분자식은 $LiMn2O_4$로, 스피넬 구조이다. 중대형 전지에 주로 사용되며, 원조 리튬전지로 여전히 사용되고 있다. 에너지 밀도가 높고 긴 수명을 가진다는 장점이 있지만 코발트를 사용하기 때문에 충방전이 잦아지면 화학적 부작용으로 효율이 50%까지 감소한다. 현대 니켈 함유량을 높인 배터리를 통해 가격과 효율성을 개선하려는 연구가 진행 중이다.

이러한 양극재의 제조 공정을 간단하게 살펴보면 다음과 같다.

- 전처리 공정 : 새로운 물질을 만들기 전의 원재료를 전구체라고 하는데, 구조적 안정성을 위해 이러한 전구체와 리튬을 믹서로 혼합한다.
- 1차 소성 : 전처리 공정에서 생성된 혼합품을 리튬금속산화물과 산화 작용을 통해 합성하기 위해 700 ~ 900℃ 의 소성로에서 소성한다.
- 후처리 공정 : 1차 소성 과정에서 생성된 혼합물을 다단 분쇄하는 과정이다. 크랙(crack) 형태의 분말로 만든 후 순도를 높이기 위해 불순물을 제거한다.
- 2차 소성 : 후처리 공정이 끝난 반제품의 표면 안전성을 위해 코팅재와 혼합하여 300 ~ 400℃ 의 온도로 다시 소성하여 완제품을 생산한다.

전해질과 전고체 전지

전해질은 액체상태로 리튬이온이 양극과 음극을 이동하는 경로가 된다. 이 전해질은 분리막을 통해 양극과 음극으로 분리된 공간을 채우고 있는데, 액체상태의 특성상 불안정성이 존재하여 전지의 안전사고의 원인이 되고 있다. 따라서 전해질을 고체상태로 바꾸려는 연구 개발이 끊임없이 진행되고 있다. 고체 전해질, 즉 전고체상태의 전지는 양극과 음극은 유지하고 분리막을 제거한 형태로, 부피 등이 작아져 전지의 형태를 다양하게 할 수 있으면서도 전지의 무게와 부피를 현저하게 줄일 수 있을 것으로 기대하고 있다.

황화리튬은 이러한 고체 전해질로 기대하고 있는 물질이자 전해질의 원래 목적인 이온의 이동 통로로, 전도성이 우수한 것으로 알려져 있다. 그러나 황화리튬은 생성 과정이 복잡하고 황화수소라는 위험한 가스가 발생할 우려가 있어 다루는 것이 매우 어렵고 특별한 기술이 필요하다. 따라서 온도와 압력을 통제하여 적절한 조건을 만든다. 그리고 수산화리튬(LiOH)을 가열하는 중에 황화수소(H2S) 가스를 주입하여 황화수소의 황과 수산화리튬이 반응하도록 유도하여 황화리튬을 생성한다. 온도와 압력이 적절하지 않으면 생성된 황화리튬의 품질이 저하되므로 온도와 압력을 통제하는 것이 매우 중요하다.

음극재

음극재는 전지의 충전속도와 수명에 영향을 준다. 흑연(graphite)은 규칙적인 구조 덕분에 리튬이온이 흑연 사이사이에 안정적으로 삽입되므로 음극재의 소재로 가장 많이 사용되고 있다.

흑연은 천연흑연과 인조흑연으로 나뉜다. 천연흑연은 음극재로 사용하면 리튬이온의 저장용량이 크고 생산 비용이 저렴하다는 장점이 있다. 그러나 리튬이온이 주입될 때 얇은 판으로 된 입자 내부구조가 팽창하고 표면이 불안정하여 이온 삽입과 방출 능력이 떨어져 전지의 수명이 줄어든다. 반면 인조흑연은 입자 내부 및 표면구조가 안정적이어서 천연흑연에 비해 팽창이 적고 수명 성능이 우수하다.

전지 시장의 수요가 증가하면서 더 많은 충전용량을 위해 차세대 음극재 소재로 떠오르는 것은 실리콘(silicon)이다. 실리콘을 사용할 경우 전지 1 g당 흑연에 비해 용량이 10배 이상 높아지며, 급속 충전 설계도 더 용이해지고 친환경적이다. 이에 따라 차세대 음극재로 주목받고 있으나 현재는 순수 실리콘 음극재보다는 5% 전후로 실리콘을 흑연에 섞어 사용하는 정도이다.

실리콘뿐만 아니라 리튬을 사용한 음극재 역시 주목받고 있다. 리튬은 흑연 대비 에너지 밀도가 이론상 10배에 달하며, 지구에서 가장 가벼운 금속 중 하나이다. 전지가 가벼울수록 차량 연비 향상에 도움이 되므로 동일한 무게라면 리튬이온을 흑연 대비 50% 이상 저장할 수 있는 만큼 전지가 차지하는 공간을 줄일 수 있다. 무엇보다 리튬이온 전지에 리튬으로 된 음극재가 적용되면 이동한 리튬이온과의 호환성 및 반응성이 뛰어나므로 충전속도가 빨라지고 반응 안정성이 뛰어날 것으로 기대하고 있다.

CHAPTER

10 연습문제

10.1 산화 과정이 아닌 것을 고르시오.

① 연소를 통해 탄소가 산소와 결합하여 일산화탄소 혹은 이산화탄소가 되는 과정
② 철이 공기에 노출되어 서서히 녹슬어 산화철이 되어가는 과정
③ 수소가 산소와 반응하여 물이 되는 과정
④ 철광석을 제련하여 산소를 제거한 후 순수한 철을 얻어내는 과정

10.2 빈칸에 들어갈 내용이 순서대로 나열된 것을 고르시오.

> 이온화 경향이 큰 금속일수록 (A)을/를 쉽게 잃고 산화되는데, 칼륨, 칼슘, 나트륨, 마그네슘, (B), 아연, 철, 니켈, 주석, 납, (C), 구리, 수은, 은, (D), 금 순서로 이온화 경향이 작아진다.

① 전자, 알루미늄, 수소, 백금 ② 정공, 알루미늄, 백금, 수소
③ 이온, 수소, 알루미늄, 백금 ④ 이온, 알루미늄, 수소, 백금

10.3 빈칸에 들어갈 내용이 순서대로 나열된 것을 고르시오.

> 일반적인 화학전지의 원리는 양극과 음극을 구성하는 금속 중 이온화 경향이 큰 금속을 (A)에, 이온화 경향이 작은 금속을 (B)에 배치하여 음극에서는 (C)으로 전자를 잃고 양극에서는 (D)으로 전자를 얻어(혹은 뺏어) 전자가 음극에서 나와 폐회로의 부하를 거쳐 양극으로 이동하도록 하는 것이다.

① 양극, 음극, 산화 반응, 환원 반응
② 음극, 양극, 산화 반응, 환원 반응
③ 음극, 양극, 환원 반응, 산화 반응
④ 양극, 음극, 환원 반응, 산화 반응

10.4 전자를 잃거나 얻도록 하는 과정에는 이온화 경향을 자극하는 촉매가 필요하다. 이러한 촉매 역할을 하는 것을 고르시오.

① 전해질 수용액 ② 염소 수용액
③ 플라즈마 수용액 ④ 당 수용액

10.5 연료전지에 대한 설명으로 옳지 않은 것을 고르시오.

① 연료가 되는 수소의 이온화 과정
② 산소와 전자, 수소 이온의 재결합
③ 수소 이온과 전자의 분리와 서로 다른 이동 경로
④ 산소와 수소의 결합으로 흡열 반응과 물 생성

10.7 빈칸에 들어갈 내용이 순서대로 나열된 것을 고르시오.

연료전지의 연료인 수소는 (A)을/를 쉽게 잃어버리는 성질이 있다. 수소가 (A)을/를 잃고 수소 양이온이 되면 (B)을 횡단하며, 분리된 전자들은 결선된 회로를 따라 (C)이/가 모여 있는 쪽으로 이동하게 된다. (C)는 양이온이 된 수소 이온과 회로를 타고 이동해 온 전자들과 반응하여 (D)를 형성한다. 이렇게 반응하는 과정에서 수소 양이온과 산소, 전자의 결합은 발열 반응을 일으킨다.

① 이온, 산성의 전해질막, 산소, 물 분자
② 이온, 산성의 전해질막, 수소, 물 분자
③ 전자, 산성의 전해질막, 산소, 물 분자
④ 전자, 산성의 전해질막, 산소, 물 분자

10.8 다음 설명에 대해 알맞은 요소를 고르시오.

① 연료개질장치	② 연료전지 본체	③ BOP	④ PCS

Ⓐ 연료공급장치에 담긴 수소 원소를 함유한 가스 등으로부터 이온 결합 되어있는 분자들을 분리하여 연료전지의 주 연료인 수소를 분리하는 장치
Ⓑ 공기 중의 산소로 직류 전기와 물 및 부산물인 열을 발생시키는 장치
Ⓒ 통풍기와 배관으로 구성되며, 플랜트의 효율을 높이기 위해 연료전지 반응에서 생기는 반응열과 연료 개질 과정에서 나오는 폐열 등을 이용하는 부수적 부가장치
Ⓓ 인버터를 이용하여 전압과 주파수로 전력을 관리하고 계통연계 혹은 독립 사용에 필요한 진력특성을 관리하는 장치

10.9 빈칸에 들어갈 내용으로 옳은 것을 모두 고르시오.

판 형태의 연료극과 공기극을 세밀히 관찰하면 수소 분자를 수소 이온과 전자로 분리할 때 촉매 역할을 하는 금속 ( )와/과 이 금속을 지지하는 물질 ( )으로/로 구성되어 있다.

① 백금　　② 탄소분말　　③ 아연　　④ 니켈

10.10 양극을 이루는 판 바깥쪽으로는 기체가 고르게 확산될 수 있도록 다량의 미세한 통로를 만들어 수소와 산소 및 전해용액이 양 극판에 골고루 침투할 수 있도록 하는 다공질 구조의 층을 고르시오.

① 기체확산층 ② 미세다공질층 ③ 휘산층 ④ 다공성층

10.11 연료전지의 종류를 구분하는 기준이 되는 연료장치의 구성품을 고르시오.

① 전해질막 ② 촉매 ③ 공기극 ④ 연료극

10.12 고분자전해질막 연료전지에서 전해질을 구성하는 물질로 사용하는 것을 고르시오.

① 나피온 ② 비닐 ③ 나일론 ④ 합성수지

10.13 수소 이온이 연료극인 애노드에서 공기극인 캐소드로 이동할 때 전해질막을 통과하면서 물과 함께 이동하는 현상으로, 전류의 세기와 비례하여 영향을 주는 것을 고르시오.

① 전기삼투항력 ② 삼투압력 ③ 이온화 경향 ④ 반응성

10.14 연료전지 시스템에 냉각장치가 반드시 필요한 이유를 고르시오.

① 발열 반응에 의한 시스템의 마름을 방지한다.
② 수소의 온도를 일정하게 유지한다.
③ 산소의 온도를 냉각하여 반응속도를 조절한다.
④ 발열 반응으로 인한 열을 감소시킨다.

10.15 연료전지 하나의 전압은 0.7 V이다. 전압을 높이기 위해 전지를 직렬로 연결하여 붙인 것을 고르시오.

① 스택 ② 스틱 ③ 뱅크 ④ ess

10.16 분리판의 역할이 아닌 것을 고르시오.

① 연료극의 연료 통로 ② 연료전지의 직렬 연결단자
③ 공기극의 연료 통로 ④ 방열판의 역할

10.17 분리판 내부에 요철 모양의 골을 내고 유로를 형성한 형태를 지칭하는 것을 고르시오.

① 매니폴드 ② 폴더패널 ③ 음각판 ④ 양각판

10.18 전력을 공급받는 부하의 운용 조건의 변화에 따라 전압과 전류가 변동하는 동적인 전력수급환경에서 연료전지 스택의 운영환경을 통제하는 주변 장치들의 제어를 통해 동적인 전력 제어가 가능하도록 하는 장치를 고르시오.

① BOP ② BOF ③ EOF ④ CNT

10.19 연료전지시스템의 BOP 장치가 아닌 것을 고르시오.

① 습도 유지를 위해 필요한 가습장치
② 수소와 공기를 공급하는 공급장치
③ MEA의 발열을 통제할 냉각장치
④ 개질반응기

10.20 연료전지시스템의 저수조 통과 방식에 대한 설명으로 옳지 않은 것을 고르시오.

① 일정한 온도의 물이 담겨 있는 저수조에 연료인 공기와 수소를 통과시킨다.
② 물방울이 연료들과 접촉하면서 건조한 연료가 가습된다.
③ 아주 간단하여 개념적으로 가습을 설명하기 좋다.
④ 활용하기 쉬워 실제로 가장 많이 사용한다.

10.21 연료전지시스템의 다공성 막 통과 가습 방식에 대한 설명으로 옳지 않은 것을 고르시오.

① 연료전지의 연료인 공기와 수소에 수분을 직접 공급한다.
② 연료들에 수분을 분사하는 장치와 펌프와 같은 부가장치들을 사용한다.
③ 적절한 수분 조절이 반드시 필요하다.
④ 과다한 수분 공급 시 기체 확산층을 물로 막아버리는 역효과를 낼 수 있다.

10.22 고분자 연료전지의 경우 스택 촉매의 비활성화를 막기 위해 혼합가스 중 일산화탄소의 농도를 10 ppm 이하로 유지시켜야 한다. 이를 위해 적용되는 반응을 고르시오.

① 선택적 산화 반응인 PROX 반응
② 선택적 환원 반응인 PROX 반응
③ 선택적 산화 반응인 PSA 반응
④ 선택적 환원 반응인 PSA 반응

10.23 반응 생성물 중에 포함된 수소 성분의 순도를 높이는 목적으로 이산화탄소, 일산화탄소, 질소, 미반응 메탄 등과 같은 성분을 제거하기 위한 공정으로, 이산화탄소 제거율이 가장 높은 공정을 고르시오.

① 압축흡입 공정 ② PROX 공정 ③ PSA 공정 ④ 고압생성 공정

10.24 고온형 연료전지의 특징이 아닌 것을 고르시오.

① 전기화학 반응이 빠르게 진행되어 활성화 전압 손실이 작다.
② 전해질막을 구성하는 데 비용이 많이 든다.
③ 천연가스로부터 수소를 추출할 수 있을 만큼 충분히 높은 온도의 열을 셀로부터 이용한다.
④ 고온의 출구 가스와 냉각 액체는 열병합발전시스템을 구성할 수 있다.

10.25 알칼리금속 탄산염을 전해질로 사용하고 600~700°C 정도의 온도에서 작동하는 연료전지를 고르시오.

① PAFC ② MCFC ③ SOFC ④ AFC

10.26 수소 이온 대신 수산기 이온인 OH^-가 전해질막을 이동하며, 연료극에서 이온과 수소가 반응하여 에너지와 전자가 방출되고 물을 생성하는 연료전지를 고르시오.

① PAFC ② MCFC ③ SOFC ④ AFC

10.27 DMFC에서 사용하는 전해질막은 PEMFC와 동일한 물질로 쉽게 메탄올을 흡수하는데, 메탄올이 물과 섞여 급속히 전해질막을 통과하는 현상이 발생하여 성능을 떨어뜨린다. 이렇게 메탄올이 연료극에서 반응하지 않고 공기극으로 넘어가는 현상을 고르시오.

① 크로스오버 현상 ② 크로스 현상 ③ 오버 현상 ④ 클록킹 현상

10.28 오르토수소와 파라수소에 대한 설명으로 옳지 않은 것을 고르시오.

① −273.5℃ 에서 수소는 주로 안정적인 파라수소를 함유한다.
② 공기의 임계 온도인 −140.7℃ 에서 오르토수소와 파라수소의 비율은 1:1이다.
③ 모멘트인 스핀의 방향은 서로 역평형 관계이며, 다른 방향이 오르토수소이다.
④ 매우 높은 온도에서도 오르토수소 대 파라수소의 비율은 3:1을 초과하지 않는다.

10.29 중·고온형 연료전지는 공통적으로 천연가스 등을 개질하여 이용할 때 탄화수소로부터 수소를 발생시키기 위한 수증기 개질법을 사용한다. 이와 관련하여 빈칸에 들어갈 내용으로 옳은 것을 고르시오.

$$C_xH_y + xH_2O \rightarrow (\qquad\qquad)$$

① $\left(2x + \frac{y}{2}\right)H_2 + xCO$ ② $\left(x + \frac{y}{2}\right)CO + xH_2$

③ $\left(x + \frac{y}{2}\right)H_2 + xCO$ ④ $\left(2x + \frac{y}{2}\right)CO + xH_2$

10.30 다음은 연료극에서 메탄올 1분자에서 6개의 전자를 생성하는, AFC 방식의 DMFC 반응식이다. 빈칸에 들어갈 내용으로 옳은 것을 고르시오.

$$CH_3OH + (\qquad) \rightarrow CO_2 + 5H_2O + 6e^-$$

① $3OH^-$ ② $6OH^-$ ③ $9OH^-$ ④ $4OH^-$

10.31 패러데이 상수(F)라고 불리는, 수소 1 mol의 전하량을 계산하시오. 이때 아보가드로수는 6.022×10^{23}개이며, 전자 한 개의 전하량은 1.602×10^{-19} C이다.

① 96,872 C ② 96,772 C ③ 96,472 C ④ 96,372 C

10.32 화학적 변화량을 깁스 자유에너지로 계산할 때 수소의 연소 과정 중 생성 및 반응물질의 반응식은 $2H_2O + 4e^- \leftarrow 2H_2 + O_2 \Rightarrow H_2O + 2e^- \leftarrow H_2 + \frac{1}{2}O_2$이다. 몰값을 반영한 깁스 자유에너지의 크기 값 $\Delta\overline{g_f}$가 깁스 자유에너지 변화량일 때 $\Delta\overline{g_f}$의 크기를 계산한 식을 고르시오.

① $\Delta\overline{g_f} = \overline{g}_{f|H_2O} - \left(\overline{g}_{f|H_2} + 2\overline{g}_{f|O_2}\right)$ ② $\Delta\overline{g_f} = \overline{g}_{f|H_2O} - \left(\overline{g}_{f|H_2} + \frac{1}{4}\overline{g}_{f|O_2}\right)$

③ $\Delta\overline{g_f} = \overline{g}_{f|H_2O} - \left(\overline{g}_{f|H_2} + \frac{1}{2}\overline{g}_{f|O_2}\right)$ ④ $\Delta\overline{g_f} = \overline{g}_{f|H_2O} - \left(\overline{g}_{f|H_2} + 4\overline{g}_{f|O_2}\right)$

10.33 1 mol의 분자에서 $2N$개의 전자가 외부 회로에 흐르면 $2N \cdot e = 2F$ C으로 표시할 수 있다. 이 식으로부터 깁스 자유에너지의 변화량에 대한 기전력 V를 정의한 식을 고르시오.

① $V = -\dfrac{\Delta\overline{g_f}}{F}$ ② $V = -\dfrac{\Delta\overline{g_f}}{4F}$ ③ $V = -\dfrac{\Delta\overline{g_f}}{2F}$ ④ $V = -\dfrac{2\Delta\overline{g_f}}{F}$

10.34 PEM 방식의 DMFC는 메탄 2 mol에서 12개의 전자가 발생하며, 깁스 자유에너지 생성량 $\Delta\overline{g_f}$는 -698.2 kJ/mol이다. 이를 1 mol 기준으로 간략화하면 6개의 전자가 발생한다. 이때 기전력을 계산한 식을 고르시오.

① $V = -\dfrac{\Delta\overline{g_f}}{F} = \dfrac{6.98 \times 10^5}{96{,}745} = 7.26\,[\mathrm{V}]$

② $V = -\dfrac{\Delta\overline{g_f}}{6F} = \dfrac{6.98 \times 10^5}{4 \times 96{,}745} = 1.82\,[\mathrm{V}]$

③ $V = -\dfrac{\Delta\overline{g_f}}{6F} = \dfrac{6.98 \times 10^5}{6 \times 96{,}745} = 1.21\,[\mathrm{V}]$

④ $V = -\dfrac{\Delta\overline{g_f}}{6F} = \dfrac{6.98 \times 10^5}{12 \times 96{,}485} = 0.6\,[\mathrm{V}]$

10.35 네른스트 방정식을 통해 연료전지에서 수소와 산소의 반응을 적용하여 기전력을 유도한 식으로 옳은 것을 고르시오.

① $\Delta\overline{g_f} = \Delta\overline{g_f^0} - RT\ln\left(\frac{a_{H_2}^1 \cdot a_{O_2}^{0.5}}{a_{H_2O}^2}\right)$ ② $\Delta\overline{g_f} = \Delta\overline{g_f^0} - RT\ln\left(\frac{a_{H_2}^2 \cdot a_{O_2}^{0.5}}{a_{H_2O}^1}\right)$

③ $\Delta\overline{g_f} = \Delta\overline{g_f^0} - RT\ln\left(\frac{a_{H_2}^1 \cdot a_{O_2}^{0.5}}{a_{H_2O}^1}\right)$ ④ $\Delta\overline{g_f} = \Delta\overline{g_f^0} - RT\ln\left(\frac{a_{H_2}^2 \cdot a_{O_2}^{0.5}}{a_{H_2O}^2}\right)$

10.36 전기화학에서 캐소드와 애노드에 대한 일반적인 설명으로 옳지 않은 것을 고르시오.

① 캐소드는 환원이 일어나는 전극으로 정의된다.
② 캐소드는 소자 외부로부터 전자를 받아 환원된다.
③ 애노드는 전자를 받아들이는 전극이다.
④ 애노드는 소자 내에서 전자를 잃고 산화된다.

10.37 이차전지의 에노드와 캐소드에 대한 설명으로 옳지 않은 것을 고르시오.

① 이차전지는 충전 시 양쪽 전극 사이에 높은 전압을 걸어 리튬 양이온(Li^+)을 양극(+)에서 음극(−)으로 이동시킨다.
② 리튬 양이온이 떠나 다수의 전자들이 남겨지는 환원 반응하는 양극이 캐소드이다.
③ 양이온과 결합한 전자가 감소하는 환원 반응하는 극이 음극이다.
④ 캐소드에 전자가 쌓이고 리튬 양이온이 캐소드에서 반대편인 애노드 쪽으로 이동한다.

10.38 이차전지에 관한 용어와 그 설명이 옳지 않게 연결된 것을 고르시오.

① SoC − 전지의 충전상태를 의미하며, 전지의 잔존 용량을 나타내기 위해 사용할 수 있는 전지의 남은 용량을 백분율로 표시한 것이다.
② DOD − 전지의 방전된 정도를 의미하며, 백분율로 표시한다.
③ SoH − 전지의 불량 정도를 표시한 것으로, 전지 성능을 알려주는 지표이다.
④ BMS − 마이컴을 이용해 전지의 과충전 과방전을 막아주고 온도 및 전지 셀당 충전 불평형을 막고 전지의 상태를 확인하는 시스템이다.

10.39 이차전지 소재 중 양극재에 대한 설명으로 옳지 않은 것을 고르시오.

① 양극재에 있는 리튬이온이 에너지를 얻어 음극으로 이동하면서 충전이 된다.
② 충전된 전지가 방전할 때는 음극의 리튬이온이 양극으로 이동한다.
③ 전지 용량 및 전압을 결정하며, 전해질 비중이 높을수록 전지 용량이 커진다.
④ 전지 전압은 양극의 전위차에 의해 결정되므로 양극 구조에 따른 전위가 중요하다.

10.40 불안정한 리튬을 안정화하기 위해 삼원계 소자를 이용한 양극재의 수요가 늘고 있다. 삼원계에 대한 설명으로 옳은 것을 고르시오.

① 코발트와 산소 등을 제거한 화합물에 니켈과 알루미늄 혹은 니켈과 망간 알루미늄 등을 더한 소재이다.
② 코발트와 산소 등을 첨가한 화합물에 니켈과 알루미늄 혹은 니켈과 망간 알루미늄 등을 제거한 소재이다.
③ 코발트와 산소 등을 첨가한 화합물에 니켈과 알루미늄 혹은 니켈과 망간 알루미늄 등을 더한 소재이다.
④ 코발트와 산소 등을 제거한 화합물에 니켈과 알루미늄 혹은 니켈과 망간 알루미늄 등을 제거한 소재이다.

10.41 이차전지 소재 중 음극재에 대한 설명으로 옳지 않은 것을 고르시오.

① 양극에서 방출된 리튬이온을 저장 및 방출함으로써 전기를 발생시킨다.
② 충전 시에는 음극에 리튬이온을 저장하고 방전 시에는 전해액을 통해 양극으로 전자를 잃은 리튬이온을 방출한다.
③ 리튬에서 떨어져 나온 전자는 전해질을 타고 양극으로 이동하며, 이때 전기가 발생한다.
④ 음극의 활성 물질 혹은 활물질은 원활한 이온전도율, 리튬이온 저장능력과 큰 출력 및 긴 수명, 구조적 안정성, 낮은 전자화학 반응성, 저렴한 가격 등의 특성을 따져 선택한다.

Index

Index